絵で見てわかる ITインフラ の仕組み【新装版】

山崎泰史／三縄慶子／畔勝洋平／佐藤貴彦＝著
小田圭二＝監修

JN194983

SE
SHOEISHA

はじめに —— 新装版刊行にあたって

本書の第一版を執筆してから、早いもので5年ほど経ちました。ITインフラ界隈は、クラウド化に向けて大きく舵取りが行なわれ、皆さんの関わるシステムも、一部または全部でクラウドが利用されているでしょう。

クラウドを活用することで、ハードウェアの領域、ネットワークの領域、またはデータベースやミドルウェアの領域について、設計／管理／運用のほとんどをクラウドベンダーに任せることができるようになります。では、クラウド化が進んでいる現在、ITインフラの知識は必要ないのでしょうか？

多くのエンジニアにとっては、そうとも言えるかもしれません。しかし、クラウドそのものは、ミドルウェア技術や、自動化技術の延長線上にあり、内部で動いているITインフラが抜本的に置き換わっているわけではありません。クラウド上で動くシステムを構築する際に、その下で何が起きているかを無視せずに、ITインフラ知識を併せて活用することで、より効率的で、可用性が高く、構築／運用コストを抑えたシステムを実現できるはずです。

本書をお読みいただくことで、変わらないITインフラ技術に興味を持っていただければ幸いです。

皆さんが普段関わっているITシステムは、いまや社会インフラの1つであり、その仕組みはとても高度化し、複雑になりました。この複雑さを支えるために、エンジニアのスキルには専門性が重視されるようになり、その結果、エンジニアが、ITシステム全体を俯瞰できる機会が減っています。また、必要とされるスキルの専門性が高くなることで、専門外の技術に触れることの敷居が高く感じられるようにもなりました。

しかし、現場では、ITシステムの企画／設計のみならず、パフォーマンスチューニングやトラブルシューティング等においても、ITシステム全体を俯瞰し、技術を横断的に把握する力が要求されます。ITシステムについてひも解いてみると、実際は多くの普遍的な常識により支えられています。個々の専門領域で利用されている技術要素や理論は、実は他の領域でも利用されているのです。

本書では、普遍的な常識をもとに、ITインフラという領域全体を、ミクロ、マクロの視点で、わかりやすいように絵（図）で説明します。ITインフラの常識（＝勘所）をつかむことで、よりITシステムに対する理解が深まり、専門外または新しい技術に出会ったときにその本質を理解するための基礎力が身につくはずです。

この本は、以下のように構成されています。

第1章　インフラアーキテクチャを見てみよう〜どういうシステム構成があるのか把握しよう〜

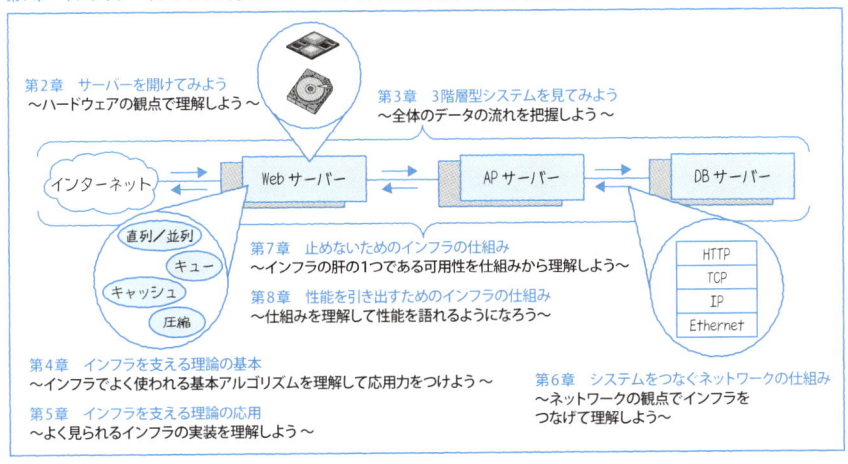

本書は、ITに関わる仕事を始めて5年目くらいまでのエンジニアを対象としています。自分の扱う領域については知見が深まりつつある中で、ITインフラ全般を学びたいという方におすすめです。アプリケーション開発に携わられているエンジニアやプログラマの方も、普段利用されているアルゴリズムがITインフラにも使われているのだと、身近に感じていただけることでしょう。また、ベテランエンジニアの皆さんも、新たな気づきが得られれば幸いです。

本書は、初心者向けに「例外はあるけど基本はこう考えるとわかりやすいですよ」という方針で書いています。各技術での実装の違いや例外については、それぞれの技術の専門書を確認して理解を深めてください。

謝辞

　本書を執筆するにあたり、たくさんの方々にご協力いただきました。あらためて感謝いたします。ここに一部ですが、御礼とともに掲載させていただきます。
- ネットワーク技術の実装についてレビューと助言いただいた、伊藤忠テクノソリューションズの林慎也さん
- Web サーバー、AP サーバーの仕組みについてレビューと助言いただいた、日本オラクルの佐久間康弘さん
- サーバーの仕組みについてレビューと助言いただいた、日本オラクルの丸山毅さん
- カーネル内部の動きについてレビューと助言いただいた、石橋賢一さん
- 絵を美しく進化させていただいた、堀明子さん
- Dell EMC PowerEdge R740 サーバーについて助言いただいた、Dell の松田雄介さん
- サーバー部品の写真撮影を許可してくださった、日本オラクルの谷地田紀仁さん、大曽根明さん、澤藤高雅さん

CONTENTS

はじめに——新装版刊行にあたって……ii

【第1章】 インフラアーキテクチャを見てみよう　1

1.1　ITインフラって何だろう？……2

1.2　集約型と分割型アーキテクチャ……4

1.2.1　集約型アーキテクチャ……4

1.2.2　分割型アーキテクチャ……7

物理サーバーと論理サーバーの違い……8

1.3　垂直分割型アーキテクチャ……9

1.3.1　クライアントサーバー型アーキテクチャ……10

1.3.2　3階層型アーキテクチャ……11

1.4　水平分割型アーキテクチャ……13

1.4.1　単純水平分割型アーキテクチャ……13

1.4.2　シェアード型アーキテクチャ……15

1.5　地理分割型アーキテクチャ……17

1.5.1　スタンバイ型アーキテクチャ……17

1.5.2　災害対策型アーキテクチャ……18

【第2章】 サーバーを開けてみよう　21

2.1　物理サーバー……22

2.1.1　サーバーの外観と設置場所……22

2.1.2　サーバーの内部構成……25

2.2　CPU……27

2.3　メモリ……29

2.4　I/Oデバイス……32

2.4.1　ハードディスクデバイス（HDD）……32

2.4.2　ネットワークインターフェース……35

2.4.3　I/Oの制御……36

2.5 バス……40

　2.5.1　帯域……40

　2.5.2　バスの帯域……41

2.6 まとめ……44

【第3章】　3階層型システムを見てみよう　45

3.1　3階層型システムの図解……46

3.2　主要概念の説明……47

　3.2.1　プロセスおよびスレッドとは？……47

　3.2.2　OSカーネルとは？……52

　　　　①システムコールインターフェース……53

　　　　②プロセス管理……54

　　　　③メモリ管理……54

　　　　④ネットワークスタック……54

　　　　⑤ファイルシステム管理……54

　　　　⑥デバイスドライバー……56

3.3　Webデータの流れ……57

　3.3.1　クライアントPCからWebサーバーまで……57

　3.3.2　WebサーバーからAPサーバーまで……61

　　　　DBサーバー以外の選択肢……63

　3.3.3　APサーバーからDBサーバーまで……64

　3.3.4　APサーバーからWebサーバーまで……68

　3.3.5　WebサーバーからクライアントPCまで……69

　3.3.6　Webデータの流れのまとめ……70

3.4　仮想化……72

　3.4.1　仮想化とは？……72

　3.4.2　OSも仮想化技術の1つ……72

　3.4.3　仮想マシン……74

　3.4.4　コンテナの歴史……75

　3.4.5　Dockerの登場……76

　3.4.6　クラウドと仮想化技術……78

【第4章】 インフラを支える理論の基本　79

4.1　直列／並列……80

　4.1.1　直列／並列とは？……80

　4.1.2　どこで使われているか？……83

　　　　WebサーバーとAPサーバーでの並列化……83

　　　　DBサーバーでの並列化……84

　4.1.3　まとめ……86

4.2　同期／非同期……87

　4.2.1　同期／非同期とは？……87

　4.2.2　どこで使われているか？……89

　　　　DBMSで使われる非同期I/O……90

　4.2.3　まとめ……93

4.3　キュー……96

　4.3.1　キューとは？……96

　4.3.2　どこで使われているか？……97

　　　　データベースのディスクI/O……99

　4.3.3　まとめ……101

4.4　排他制御……102

　4.4.1　排他制御とは？……102

　4.4.2　どこで使われているか？……104

　　　　DBMSで使われる排他制御……104

　　　　OSのカーネルで使われる排他制御……105

　4.4.3　まとめ……106

　　　　クラスタデータベースでの排他制御……106

4.5　ステートフル／ステートレス……108

　4.5.1　ステートフル／ステートレスとは？……108

　4.5.2　深く見てみよう……110

　4.5.3　どこで使われているか？……111

　　　　コンピュータ内部の仕組み……111

　　　　ネットワーク通信における仕組み……112

　4.5.4　まとめ……113

4.6　可変長／固定長……114

　4.6.1　可変長／固定長とは？……114

4.6.2　どこで使われているか？……116

4.6.3　まとめ……119

4.7　データ構造（配列と連結リスト）……120

4.7.1　データ構造（配列と連結リスト）とは？……120

4.7.2　どこで使われているか？……121

4.7.3　まとめ……124

4.8　探索アルゴリズム（ハッシュ／ツリーなど）……124

4.8.1　探索アルゴリズム（ハッシュ／ツリーなど）とは？……124

4.8.2　どこで使われているか？……126

インデックスがない場合……126

インデックスがある場合……127

インデックスの仕組み───B-Treeインデックス……129

ハッシュテーブル……130

4.8.3　まとめ……131

【第5章】　インフラを支える理論の応用　133

5.1　キャッシュ……134

5.1.1　キャッシュとは？……134

5.1.2　どこで使われているか？……135

5.1.3　まとめ……137

向いているシステム……137

不向きなシステム……138

5.2　割り込み……139

5.2.1　割り込みとは？……139

5.2.2　深く見てみよう……140

5.2.3　どこで使われているか？……141

5.2.4　まとめ……142

5.3　ポーリング……143

5.3.1　ポーリングとは？……143

5.3.2　どこで使われているか？……145

5.3.3　まとめ……146

向いている処理……146

不向きな処理……147

5.4 I/Oサイズ……148

5.4.1 I/Oサイズとは？……148

5.4.2 どこで使われているか？……149

Oracle Databaseの例……149

ネットワークの例……151

5.4.3 まとめ……154

5.5 ジャーナリング……155

5.5.1 ジャーナリングとは？……155

5.5.2 どこで使われているか？……156

Linuxのext3ファイルシステム……156

Oracle Database……157

5.5.3 まとめ……158

向いているシステム……159

不向きなシステム……159

5.6 レプリケーション……162

5.6.1 レプリケーションとは？……162

5.6.2 どこで使われているか？……163

5.6.3 まとめ……165

向いているシステム……165

向いていないシステム……166

5.7 マスター／ワーカー……167

5.7.1 マスター／ワーカーとは？……167

5.7.2 どこで使われているか？……169

Oracle Real Application Clusters（RAC）……169

5.7.3 まとめ……170

5.8 圧縮……171

5.8.1 圧縮とは？……171

5.8.2 深く見てみよう……172

可逆圧縮と非可逆圧縮……174

5.8.3 どこで使われているか？……174

5.8.4 まとめ……176

5.9 誤り検出……177

5.9.1 誤り検出とは？……177

5.9.2 深く見てみよう……178

5.9.3 誤り（エラー）を検出するには？……179

誤り（エラー）の検出……179

5.9.4 どこで使われているか？……181

5.9.5 まとめ……182

【第6章】 システムをつなぐネットワークの仕組み 183

6.1 ネットワーク……184

6.2 階層構造……185

6.2.1 会社で例える階層構造……185

6.2.2 階層構造は役割分担……186

6.2.3 階層モデルの代表例――OSI 7階層モデル……187

6.2.4 階層構造はネットワークだけではない……188

6.3 プロトコル……189

6.3.1 人間同士の意思疎通もプロトコル……189

6.3.2 コンピュータにはプロトコルが必要不可欠……190

6.3.3 プロトコルはサーバーの内部にも……193

6.4 TCP/IPによる今日のネットワーク……193

6.4.1 インターネットの発展とTCP/IPプロトコルスイート……193

6.4.2 TCP/IPの階層構造……194

TCP/IP 4階層モデルとシステムの対応関係……195

TCP/IPの各階層の呼び方……196

6.5 レイヤー7 アプリケーション層のプロトコルHTTP……196

6.5.1 HTTPにおける処理の流れ……196

6.5.2 リクエストとレスポンスの具体的な中身……197

6.5.3 アプリケーションプロトコルはユーザー空間での処理……199

6.5.4 ソケット以下はカーネル空間での処理……200

6.6 レイヤー4 トランスポート層のプロトコルTCP……203

6.6.1 TCPの役割……203

6.6.2 カーネル空間でのTCPの処理イメージ……205

6.6.3 ポート番号によるデータ転送……207

6.6.4 コネクションの生成……208

6.6.5 データの保証と再送制御……210

データを喪失しない仕組み……210

データの順番を保証する仕組み……210

TCPの再送制御……211

6.6.6　フロー制御と輻輳制御……212

フロー制御……213

輻輳制御……214

6.7　レイヤー3　ネットワーク層のプロトコルIP……215

6.7.1　IPの役割……216

6.7.2　カーネル空間でのIPの処理イメージ…………216

6.7.3　IPアドレスによる最終宛て先へのデータ転送……218

6.7.4　プライベートネットワークとIPアドレス……221

6.7.5　ルーティング……222

6.8　レイヤー2　データリンク層のプロトコルEthernet……225

6.8.1　Ethernetの役割……225

6.8.2　カーネル空間でのEthernetの処理イメージ……225

IPパケットがEthernetフレームに格納される様子……227

6.8.3　同一リンク内のデータ転送……228

6.8.4　VLAN……230

6.9　TCP/IPによる通信のその後……232

6.9.1　ネットワークスイッチの中継処理……232

6.9.2　最終宛て先での受信処理……235

【第7章】　止めないためのインフラの仕組み　237

7.1　耐障害性と冗長化……238

7.1.1　耐障害性とは？……238

7.1.2　冗長化とは？……239

7.2　サーバー内冗長化……242

7.2.1　電源、デバイスなどの冗長化……242

7.2.2　ネットワークインターフェースの冗長化……243

障害が発生したらどうなるの？……244

7.3　ストレージ冗長化……248

7.3.1　HDDの冗長化……248

ストレージの内部構造とRAID……248

RAIDの構成パターン……251

障害が発生したらどうなるの？……253

7.3.2　パスの冗長化……254

7.4　Webサーバーの冗長化……256

7.4.1　Webサーバーにおけるサーバー内冗長化……256

障害が発生したらどうなるの？……258

7.4.2　サーバー冗長化……259

ロードバランサーによるWebサーバーの冗長化……260

障害が発生したらどうなるの？……262

7.5　APサーバーの冗長化……264

7.5.1　サーバー冗長化……264

障害が発生したらどうなるの？……265

7.5.2　DBへのコネクションの冗長化……266

障害が発生したらどうなるの？……268

7.6　DBサーバーの冗長化……269

7.6.1　サーバー冗長化（アクティブ−スタンバイ）……269

障害が発生したらどうなるの？……271

クラスタ構成向きなサービスとは？……273

7.6.2　サーバー冗長化（アクティブ−アクティブ）……273

キャッシュの転送……275

7.7　ネットワーク機器の冗長化……279

7.7.1　L2スイッチの冗長化……279

トランクポート利用の際に必要な対策……280

7.7.2　L3スイッチの冗長化……282

障害が発生したらどうなるの？……284

7.7.3　ネットワークトポロジー……285

ネットワーク構成の代表的なパターン……287

7.8　サイトの冗長化……290

7.8.1　サイト内の冗長化全体図……290

7.8.2　サイト間の冗長化……291

7.9　監視……292

7.9.1　監視とは？……292

7.9.2　死活監視……293

7.9.3　ログ監視……294

7.9.4　性能監視……295

7.9.5　SNMP……296

7.9.6　コンテンツ監視……299

7.10　バックアップ……301

7.10.1　バックアップとは？……301

7.10.2　システムバックアップ……302

7.10.3　データバックアップ……304

7.11　まとめ……305

【第8章】　性能を引き出すためのインフラの仕組み　307

8.1　レスポンスとスループット……308

8.1.1　性能問題の2種類の原因……308

8.1.2　レスポンス問題……311

8.1.3　スループット問題……313

8.2　ボトルネックとは？……315

8.2.1　処理速度の制限要因となるボトルネック……315

8.2.2　ボトルネックはどう解消すべきか？……316

　　　　ボトルネック解消のアプローチ……316

8.2.3　ボトルネックは必ず存在する……317

8.3　3階層型システム図から見たボトルネック……319

8.3.1　CPUボトルネックの例……319

　　　　待ち行列でのボトルネック……322

　　　　レスポンスでのボトルネック……325

　　　　CPU使用率が上がらない……328

8.3.2　メモリボトルネックの例……331

　　　　領域不足によるボトルネック……331

　　　　同じデータに対するボトルネック……333

8.3.3　ディスクI/Oボトルネックの例……335

　　　　外部ストレージ……335

　　　　シーケンシャルI/OとランダムI/O……338

8.3.4　ネットワークI/Oボトルネックの例……341

　　　　通信プロセスのボトルネック……341

　　　　ネットワーク経路のボトルネック……344

8.3.5　アプリケーションボトルネックの例……346

データ更新のボトルネック……347

外部問い合わせのボトルネック……349

8.4 まとめ……351

参考文献 352

索引 354

プロフィール（著者・監修） 361

Column

究極、至高のアーキテクチャは存在する？……3

集中→分散→集中→分散……16

技術は受け継がれている……20

コードネームの正体は……32

自作パソコンのススメ……39

SASその先へ……43

棒人間の冒険……51

カーネルは決して一枚岩ではない……56

データとともに届く、あなたへの想い……64

RDBMSと◯◯の仁義なき戦い……68

大空を飛ぶ〜鳥瞰図……71

「仮想」と「バーチャル」の違い？……73

並列と並行……87

C10K問題……95

マルチプロセッサシステムでの排他制御は難しい……107

アルゴリズムとデータ構造をもっと知りたい人へ……132

変化は常に一瞬でやってくる……161

標準化団体のお話……192

一度捕まえたらなかなか離さないわよ……202

インターネットは誰のもの？……204

IPアドレスの枯渇とIPv6……220

IPヘッダーからチェックサムが消えた日……224

Ethernet速度の向上とジャンボフレーム……236

パパは冗長化に悩む……241

障害百物語 その1　「もう時間切れ！？」……255

障害百物語 その2　「診断で死んだ（ん）」……278

障害百物語 その3　「ブロードキャストストーム」……289

障害百物語 その4　「RAIDで吹き飛ぶDB」……305

最も重視すべきレスポンスタイムとは？……311

ボトルネックのラスボスたるデータベース……319

余裕を持った大人のようなシステム……322

CはJavaより速い？……330

子どもは公園で遊ばせましょう……338

ORDER（N）一丁あがりました……341

帯域がすべて？……344

オーバーコミットは営業だけのものじゃない……351

第1章

インフラアーキテクチャを
見てみよう

まずは、代表的なインフラアーキテクチャを紹介していきます。歴史だけではなく、それぞれの仕組みが生まれた理由を考えながら読み進めてください。また、仕組みには必ずメリットとデメリットが存在するということを理解してください。

1.1 ‖ IT インフラって何だろう？

　突然ですが、「インフラ」と言われると、何を思い浮かべますか？

　電気、水道、ガスといった家庭で利用するものや、電車、バスのような公共のものを思い浮かべる方が多いかもしれません。インフラを日本語に直訳すると「基盤」であり、皆さんの生活を支える基盤という意味です。インフラの仕組み自体は複雑なものですが、専門家によって管理されており、利用者がその仕組みを理解せずとも、簡単に使うことができるという特徴があります。

　「ITインフラ」も同じように、ITの基盤となり、皆さんの生活を支えています。皆さんが普段利用しているインターネット検索エンジンを思い浮かべてみてください。検索キーワードを入力し、検索ボタンを押すと、たくさんの検索結果が返ってきます。この膨大なデータがどうやって管理されているか、考えてみたことはありますか？これを支えているのが、ITインフラです。

　では、この章のタイトルでもある「インフラアーキテクチャ」とは何でしょうか？

　アーキテクチャとは、直訳すると「構造」という意味です。ここでは、列車を例に取ってみましょう。日本国内だけでも多数の鉄道会社がありますが、列車そのものは大きく変わりませんよね。電気で動いており、車輪があり、中には座席があり、つり革があります。列車の「構造」または「アーキテクチャ」は確立しており、共通化されています。

　「インフラアーキテクチャ」は、ITインフラの「構造」のことです。たとえば、インターネット検索システム、航空会社のチケット発券システム、コンビニのレジなど、すべて利用方法や利用者は異なりますが、すべてITインフラの上で動いています。そして、それらの「インフラアーキテクチャ」は、実は驚くほど似ており、同じような仕組みで動いています。

　本章では、一般的なインフラアーキテクチャについて、図1.1に記載した順番で説明していきます。

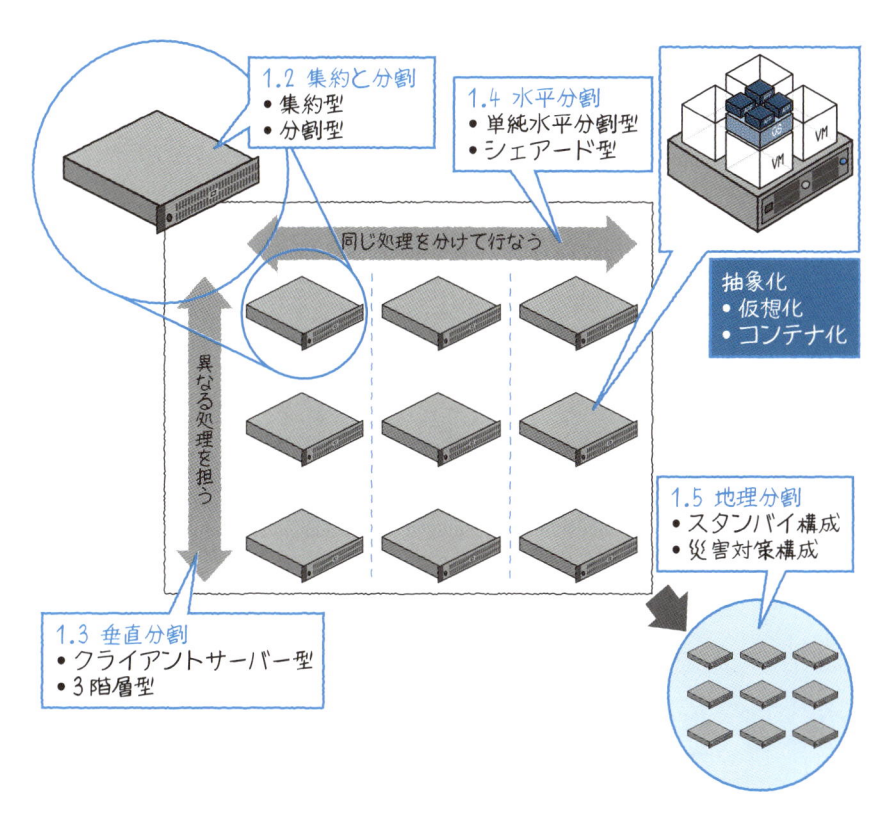

図1.1　本章で紹介するアーキテクチャ

||| Column

究極、至高のアーキテクチャは存在する？

　本書では、さまざまなアーキテクチャ構成、その技術構成要素、冗長性や性能観点について触れていきます。読み進めると、頭に疑問が浮かぶはずです。「どんなシステムでも、要件はそこまで大きく変わらないはず。では、1つのアーキテクチャで、万能的にすべてに対応できるのではないか？」「究極、至高のアーキテクチャが1つあれば、設計はいらないのでは？」

　その答えはNOです。なぜなら、アーキテクチャや設計要素には、必ずメリットとデメリットが存在します。メリットだけであれば最大公約数を取ればよいかもしれませ

んが、デメリットを最小公倍数とするのは難しいので、必ず取捨選択が発生します。

　中でも大きな制約となるのが、システムを導入するコストです。たとえば、100万人が利用する大規模Webサービスと、社内10人が利用するシステムでは、予算の総額が異なります。しかし、重要度という観点では、利用者にとってはどちらも大切なものです。多くの現場でコストの制約が厳しくなってきている中、そのシステムにとって最も重要なポイントをメリットとして享受でき、許容できないデメリットは最小化するような設計を目指すべきです。

　皆さんも「設計？　そんなのみんな同じでしょ？」と言われても、システムにとって重視すべきポイントを押さえ、より適切な設計を行なうようにしてくださいね。

1.2 ║ 集約型と分割型アーキテクチャ

　ITインフラはコンピュータにより構成されます。基本的な考え方として「集約型」と「分割型」というものがあります。それぞれのメリットとデメリットを比較していきましょう。

1.2.1 集約型アーキテクチャ

　昔の映画でコンピュータというと、部屋いっぱいの謎の機器、巨大なカセットテープのような装置、青・緑・黄などに光る多数のランプ、さらにメガネの科学者が大量に映し出されていましたよね。企業で利用されるコンピュータはここまで巨大ではないですが、ITシステム黎明期には、大型コンピュータを利用し、すべての業務処理をその上で実行する形が主流でした（図1.2）。

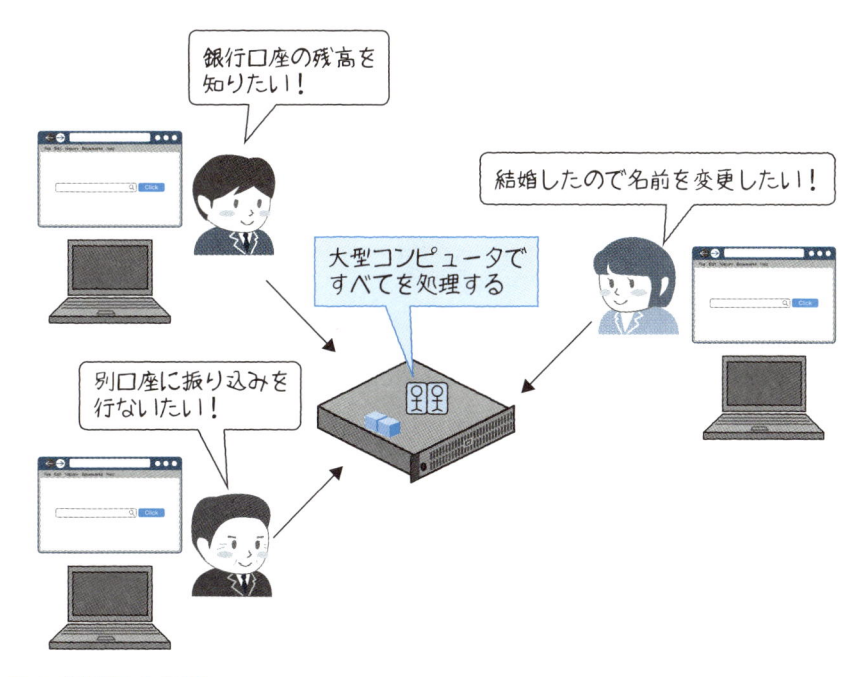

図1.2　集約型アーキテクチャ

　こういった大型コンピュータは「汎用機」「ホスト」「メインフレーム」などと呼ばれます。システムアーキテクチャという観点では、1つのコンピュータですべてを処理するため、「集約型」と呼ぶことができます。集約型の最大のメリットは、構成がシンプルになることです。

　集約型アーキテクチャでは、その企業における主要業務のすべてをその1台で実行するため、機器故障などで業務が止まらないように、さまざまな工夫が行なわれています。たとえば図1.3にあるように、コンピュータを構成する主要部品はすべて多重化されており、その1つが故障しても、業務を継続することが可能になっています。CPUを含むその構成要素については第2章でより詳しく説明します。

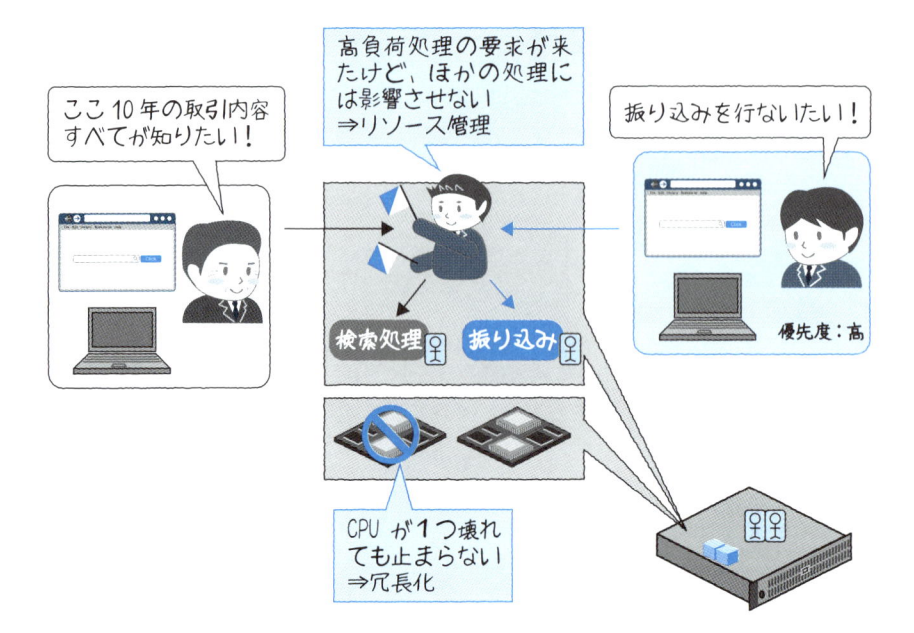

図1.3　大型コンピュータの工夫

　また、複数の異なる業務処理を同時に実行できるよう、有限リソースの管理を行なっています。これにより、1つの処理が誤って大量データをリクエストするなど、コンピュータに負担をかけるような処理を実行しても、ほかの処理に影響がないようになっています。1台のコンピュータとはいえ、中の人がたくさんいるようなイメージです。

　多くの企業においていまだ利用されており、主に「基幹系」と呼ばれる、その企業にとっての最重要業務システムにおいて利用されていることが多いです。たとえば銀行であれば「勘定系」と呼ばれるシステムがこれに当たります。

　ただし、大型コンピュータは導入コストおよび維持コストが高くなる傾向があります。また、大型コンピュータのパワーが不足した場合に、もう1つ別な機器を購入することは非常に高コストであり、拡張性に限界があるというデメリットがあります。昨今ではより安価かつ拡張性の高い仕組みとして、分割型が用いられるようになりました。この仕組みについて次項で説明します。

メリット
- 1台の大型コンピュータだけで済むため、構成がシンプルとなる
- 大型コンピュータのリソース管理や冗長化により、信頼性が非常に高く、かつ

高性能である

デメリット
- 大型コンピュータの導入コストと維持コストが高い
- 拡張性に限界がある

1.2.2　分割型アーキテクチャ

　分割型アーキテクチャは、図1.4のように、複数のコンピュータを組み合わせて1つのシステムを構築する仕組みです。

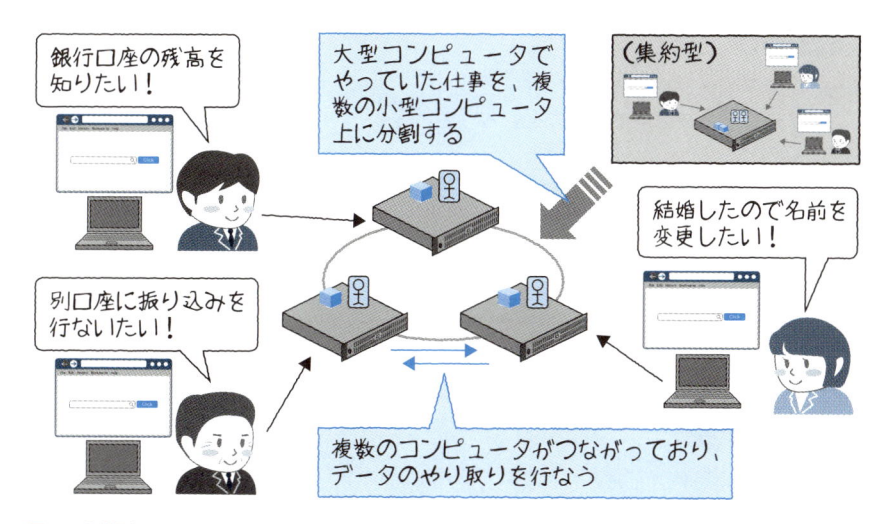

図1.4　分割型アーキテクチャ

　大型コンピュータは信頼性が高く高性能でしたが、昨今では小型コンピュータでも、十分な性能を実現することができるようになりました。また、大型コンピュータに比べ、小型コンピュータは圧倒的に安く購入できます。その価格差は、100倍といったレベルになることもあります。ただし、1台のコンピュータとしての信頼性は、大型コンピュータには及ばない面があります。この欠点を補うため、分割型アーキテクチャでは複数のコンピュータを利用することで、1台が壊れた場合の信頼性を担保します。

　分割型アーキテクチャは、標準的なオペレーティングシステムや開発言語を利用することから「オープン系」とも呼ばれます。また、複数のコンピュータをつなげて利

用することから「分散システム」と呼ばれることもあります[※1]。

　分割型のメリットは、1つ1つのコンピュータの信頼性は低くてもよいため、より安価なものを利用することで、全体的なコスト削減につながることです。また、より多くのコンピュータを利用することでシステム全体の性能が向上するため、拡張性が高いという特徴があります。

　しかし、台数が増えることで、それを日々運用管理していくための仕組みが複雑になる傾向があります。また、各サーバーが壊れた場合の影響範囲を極小化するために、サーバーごとの役割について、より細かく検討する必要があります。サーバーを分割する一般的な方式として、垂直型と水平型の2つがあります。これらについて、次に説明します。

メリット
- より安価にシステムを構築できる
- サーバー台数を増やせるため、拡張性が高い

デメリット
- サーバー台数が増えることで、管理の仕組みが複雑となる
- 1台壊れた場合の影響範囲を極小化するための仕組みの検討が必要

物理サーバーと論理サーバーの違い

　分割型アーキテクチャで利用されるコンピュータは「サーバー」と呼ばれます。サーバーという言葉は、コンピュータそのもの（ハードウェア）を指すこともありますし、そのコンピュータで動いているソフトウェアを指すこともあります。

　サーバーという言葉は、本来「給仕する人」、つまりレストランのウエーターと同義です。ITインフラにおけるサーバーも、注文を受け取り、サービスを提供する役割があります。

　図1.5をご覧ください。たとえば、インターネットにアクセスした際に、ユーザーからの入力およびHTMLの生成を担うのは、サーバー上で稼働するソフトウェアである「Webサーバー」です。大量のデータを保存し、リクエストに応じてデータを提供するのはデータベース機能を提供する「DBサーバー」です。

※1　分散システムという言葉は、つながりを表わすだけでなく、別の意味を持っています。興味のある方は、調べてみてください。

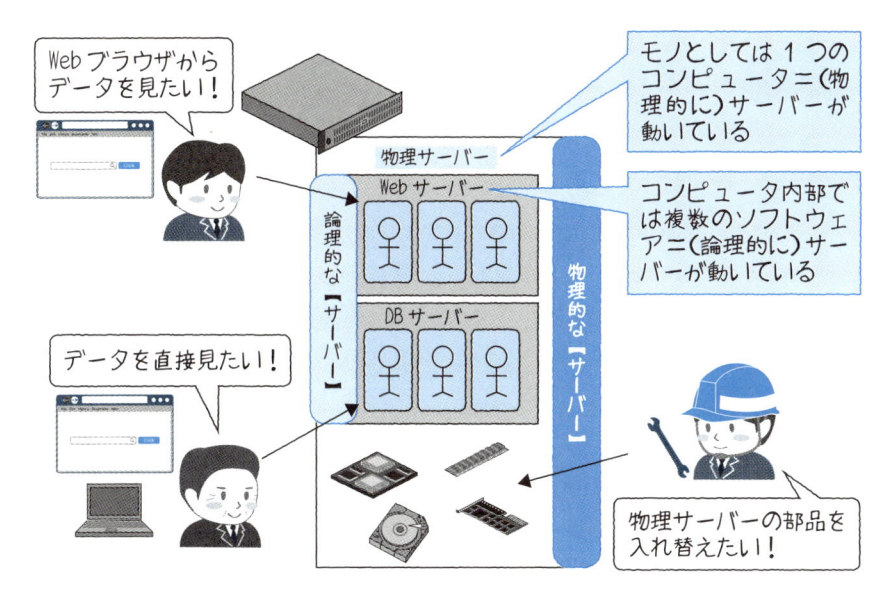

図1.5　サーバーという言葉が指すものの違い

　コンピュータそのものを指す場合は「物理サーバー」と呼びます。特にIntel社のx86系のサーバーは、Intel Architecture（IA）を採用していることから「IAサーバー」と呼びます。このIAサーバーは、皆さんがお使いのパソコン（PC）と、基本的なアーキテクチャが同じです。サーバーをイメージしにくい方は、「モニターのないPC」をイメージしてみてください。

　WebサーバーやDBサーバーが、1つの物理サーバーの上で動いていることがありますし、それぞれが個別の物理サーバーの上で動いていることもあります。

1.3 ‖ 垂直分割型アーキテクチャ

　分割型においては、サーバーの分割方式、すなわち役割分担を考える必要があります。複数のサーバーでまったく別のことを実施するのか、または似たようなことを実施するのかという観点です。

　本節では、サーバーごとに別の役割を担う形とする、「垂直分割型アーキテクチャ」を紹介します。垂直型と記しているのは、特定のサーバーから見たときに、別の役割を持つものは「上」や「下」のレイヤーに位置するという考え方に基づいています。

1.3.1　クライアントサーバー型アーキテクチャ

　クライアントサーバー型は、垂直分割型の1つの例です。図1.6のように、業務アプリケーション、ミドルウェア、データベースなどのソフトウェアをそれぞれ「物理サーバー」で動かします。それらのソフトウェアに対して、「クライアント」または「端末」と呼ばれる小型コンピュータからアクセスし、利用する形となります。クライアントとサーバーは、「クラサバ」やClient/Serverの頭文字を取って「C/S」とも呼ばれます。

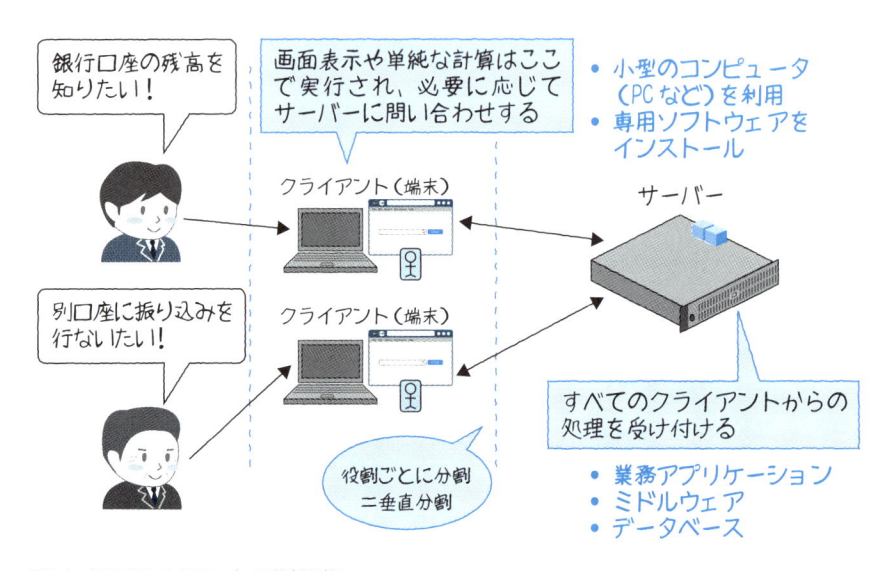

図1.6　クライアントとサーバーの役割分担

　クライアントサーバー型の特徴は、クライアント側に専用ソフトウェアをインストールする必要があることです。クライアント（端末）には主にPCが利用されますが、最近ではスマートフォンやタブレットも端末となり得ます。たとえば、株式売買システムでは、グラフ表示や株価の傾向分析はPCで実施し、必要に応じてサーバーから株価データを取得する方式が多いです。この方式では、サーバー側はデータの入出力のみを実施すればよいため処理1件当たりの負荷が少なく、多くのPCからのリクエストを同時にさばくことが可能となります。

　しかし、特に企業のITシステムでは、業務アプリケーションの機能追加やバグ修正などで、必ず定期的な更新（アップデート）が必要となります。クライアントサーバー型では、業務アプリケーション変更のたびに、クライアント側のソフトウェアのア

ップデートも生じます。皆さんのPC上でも、Microsoft社のWindows UpdateやOracle社のJavaのアップデートがあると思いますが、面倒に感じてスキップしたことはありませんか？　利用者から見ると使い勝手が悪くなりますし、必ずしも利用者がアップデートしてくれるとは限らず、システムのリスクとなり得ます。また、サーバーに処理の多くが集中することで、拡張性に限界が生じる可能性があります。これらのデメリットを改善しようとしたのが、次に紹介する3階層型です。

メリット

- クライアント側で多くの処理を実行できるため、少数のサーバーで多数のクライアントを処理できる

デメリット

- クライアント側のソフトウェアの定期アップデートが必要
- サーバーの拡張性に限界が生じる

1.3.2　3階層型アーキテクチャ

　3階層型は、垂直分割型のもう1つの例で、クライアントサーバー型を発展させたものです。図1.7のように「プレゼンテーション層」「アプリケーション層」「データ層」の3層に分割されていることから、3階層型と呼ばれます。

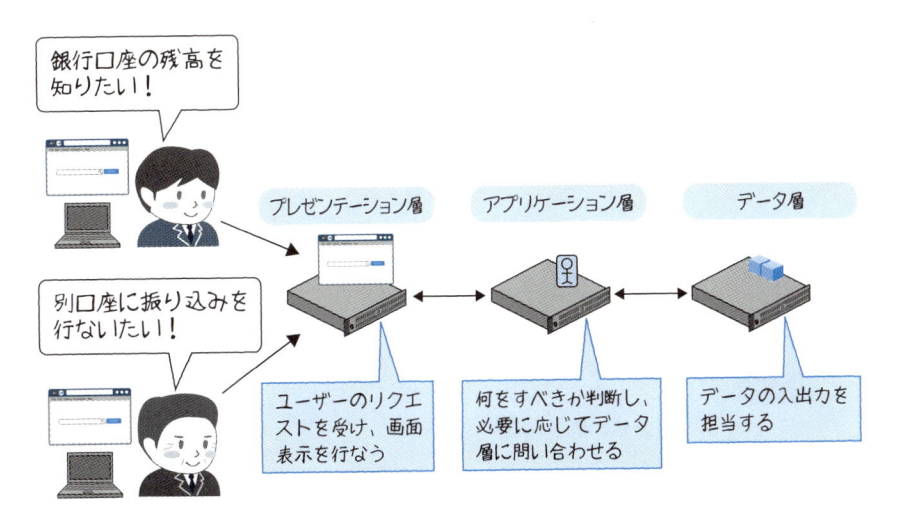

図1.7　3階層でのサーバーの役割分担

それぞれの層の役割は明確に分かれています。

プレゼンテーション層

- ・ユーザーからの入力を受け取る
- ・Webブラウザ向けの画面表示を行なう

アプリケーション層

- ・ユーザーからのリクエストに応じて、業務処理を行なう

データ層

- ・アプリケーション層からのリクエストに応じて、データの入出力を行なう

3階層型システムでは、ユーザーはWebブラウザからシステムにアクセスします。たとえばインターネット検索システムでは、ユーザーがWebブラウザに入力した画面は、まずプレゼンテーション層のWebサーバーに送られます。Webサーバーはそのリクエストを、後ろのアプリケーション層にいるアプリケーションサーバー（APサーバー）に渡します。APサーバーが検索キーワードをもとに何を検索すべきか判断し、後ろのデータ層にいるデータベースサーバー（DBサーバー）に対してデータをリクエストします。この処理の流れは、第3章でもう少し詳しく紹介します。

クライアントサーバー型と比較してのメリットは、特定のサーバーへの負荷の一極集中がなくなったことが挙げられます。また、業務アプリケーションの更新に伴うクライアントのアップデートが必要ではなくなり、ユーザーはWebブラウザを準備するだけでよくなります。

それに、このアーキテクチャでは、すべての処理がAPサーバーやDBサーバーを必要とするわけではありません。たとえば、画像ファイルを読むだけであればWebサーバーのみで処理が完結するため、そこで処理を折り返すことで、ほかのサーバーに負荷を与えません。

ただし、システム全体の仕組みとしては、クライアントサーバー型よりは複雑であると言えます。

メリット
- ・サーバーへの負荷集中の改善
- ・クライアント端末の定期アップデートが必要ない
- ・「折り返し」によるサーバー負荷低減

デメリット

・仕組みがクライアントサーバー構成より複雑となる

　皆さんが今日利用しているインターネットサイト、スマホ／携帯サイト、社内業務システムの多くは、この3階層型アーキテクチャ、またはその発展系を採用しています。エンジニアとして日々活躍されている方は業務で扱い慣れていることでしょう。本書でも、3階層型アーキテクチャを基本形として、さまざまなアルゴリズムや特性について説明していきます。

1.4 ‖ 水平分割型アーキテクチャ

　前節では、サーバーごとに別の役割を担い、システムを垂直に拡張する仕組みを紹介しました。しかし、より高い拡張性を実現するには、もう1つの軸への分割が必要となります。

　本節で説明する「水平分割型アーキテクチャ」では、同じ用途のサーバーを増やします。サーバー台数が増えることで、1台がシステム全体に与える影響が下がり、信頼性が向上します。また、処理を担うサーバー台数が増えることで、全体的な性能の向上も実現します。

　なお、垂直分割型と水平分割型は排他的ではなく、多くのシステムではこの2つが併用されます。

1.4.1 単純水平分割型アーキテクチャ

　図1.8のような水平分割では、東京本社と大阪支社のシステムが完全に分割されています。東京にいながら大阪支社の情報を知りたければ、大阪支社側のシステムにアクセスすればよいわけです。「Sharding（シャーディング）」や「Partitioning（パーティショニング）」と呼ばれることもあります。

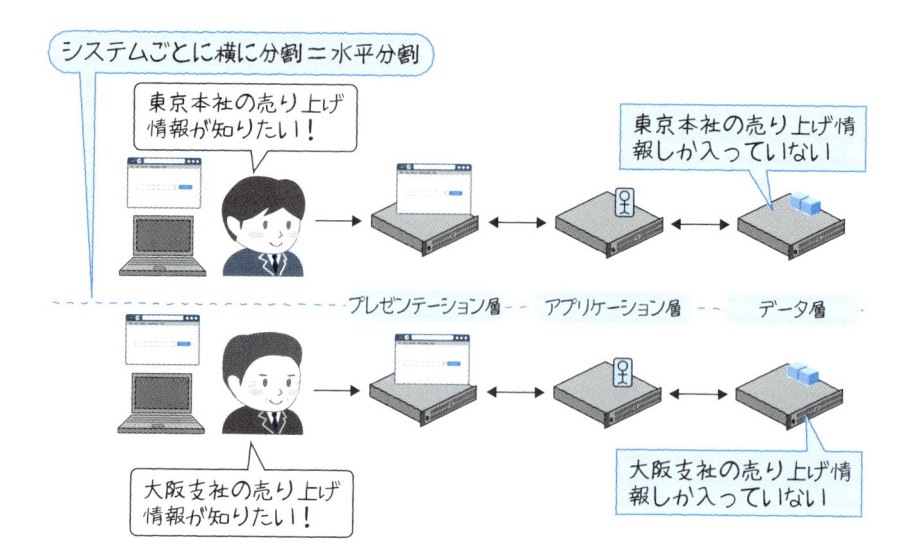

図1.8　同機能を持つ複数のシステムに単純に分割する

　この構成では、システムが2つに分割されることにより、システム全体の処理性能も2倍に向上することが期待できます。また、2つの独立したシステムが生まれることにより、たとえば東京側のシステムに障害が発生しても、大阪側のシステムにはまったく影響しないことになり、独立性が向上します。

　しかし、東京と大阪で同じ業務アプリケーションを利用している場合、アプリケーションの更新を両方のシステムに対して都度実行する必要があります。データも東京と大阪で分断されるため、両方のデータを同時に（一元的に）利用することができません。

　また、東京と大阪の利用者数が同じくらいであればよいですが、たとえば利用者の大半が東京側のシステムを利用している場合、東京側のシステムは過負荷となり、大阪側のシステムはガラ空きとなります。これでは、システム全体の処理性能が2倍になったとは、とても言えませんよね。

　この仕組みは、地理的に遠く離れたシステムではよく利用されます。また、工場のように、各拠点が完全に独立したオペレーションを行なっている場合にも、適していると言えます。たとえば、多くのユーザーがいるソーシャルネットワーキングなどのWebサービスでは、ユーザーIDによるサーバー分割（Sharding）を実施することがよくあります。

メリット

・水平にサーバーを増やせるので、拡張性が向上する

・分割したシステム同士は独立しており、相互に影響しない

デメリット

・データを一元的に見ることができない

・アプリケーションの更新は両方に対して行なう必要がある

・処理量が均等に分割されていない場合、サーバーごとの処理量にかたよりが出る

1.4.2 シェアード型アーキテクチャ

通常の企業システムであれば、よほど仲が悪い組織でない限り、東京と大阪で別々の業務アプリケーションを利用することは少ないでしょう。シェアード型では、単純分割とは異なり、一部レイヤーに限って相互接続を行ないます（図1.9）。

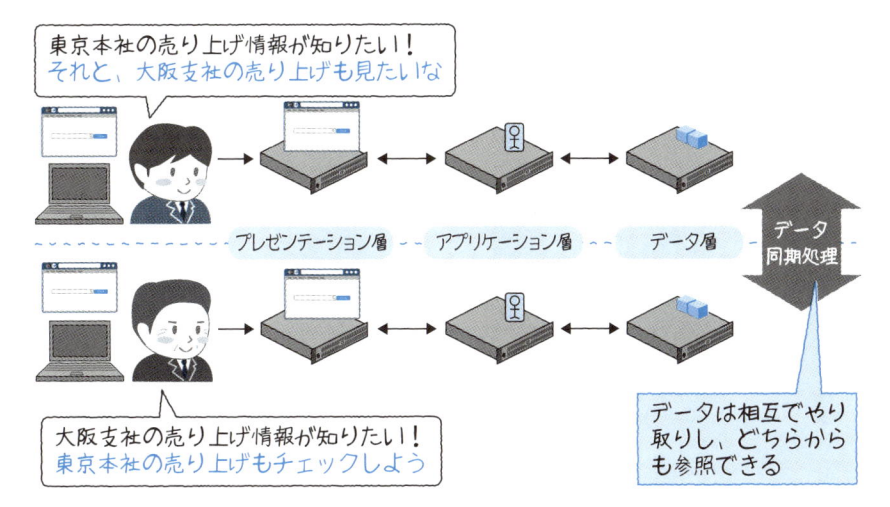

図1.9　データ層を相互接続する

この構成では、東京側のシステムにおいても、必要な場合は大阪側のデータにアクセスすることが可能となります。逆もしかりです。データ層はデータの保管庫であり、機密情報を扱うことも多くなります。データが各地に点在しているよりも集中的に管理するほうが、セキュリティ面や保守面において有利な場合があります。また、この

構成ではデータをまとめて参照できるので、たとえば本社の商品管理部が全拠点の商品情報を参照できるといったメリットもあります。

- 水平にサーバーを増やせるので、拡張性が向上する
- 分割したシステムそれぞれで、どちらのデータでも利用できる

- 分割したシステム同士の独立性が低くなる
- シェアした階層においては、拡張性が低くなる

Column

集中→分散→集中→分散

　気づけば筆者もミドルエイジにさしかかり、そろそろ人生の半分ぐらいITに関わってきたことになります。これまでに、脱ホスト／オープン化（分散）→仮想化／クラウド化（集中）→エッジコンピューティング（分散）イマココ！、というアーキテクチャの変遷を見てきました。

　エッジコンピューティング（Edge Computing）は、最近のキーワードです。これは、仮想化によるデータセンター統合や、クラウドへのシフトにより、ネットワーク帯域と費用の増加が足かせになりつつあるという背景から、地理的に近い場所に処理を分散し、処理結果のみ中央に送ろうというアーキテクチャを指します（図1.A）。あれ？クラサバ時代を思い出しますね。

　集中、分散といった概念は繰り返しますが、利用されるテクノロジーはより安価に、より使いやすくなっているので、毎回新しい発見があるのも、楽しいものです。

　集約のメリットは構成のシンプルさ、つまり管理性がよいことで、分散はその裏返しです。このため、エッジコンピューティングでは、いかに管理の手間を増やさず、サーバーを分散するかがポイントになります。

- 分散配置されるネットワーク機器を集中管理したい（ルーティング設定の配布や状態監視）＝SD-WANのこと
- デバイスや処理装置も集中管理したい（処理の制御や状態監視）＝IoTの一要素

　エッジコンピューティング、SD-WAN、IoTというキーワードを聞くと、「もうおなかいっぱい」と思う方もいるかもしれませんが、アーキテクチャ変遷の動機はこのよう

にいたってシンプルです。

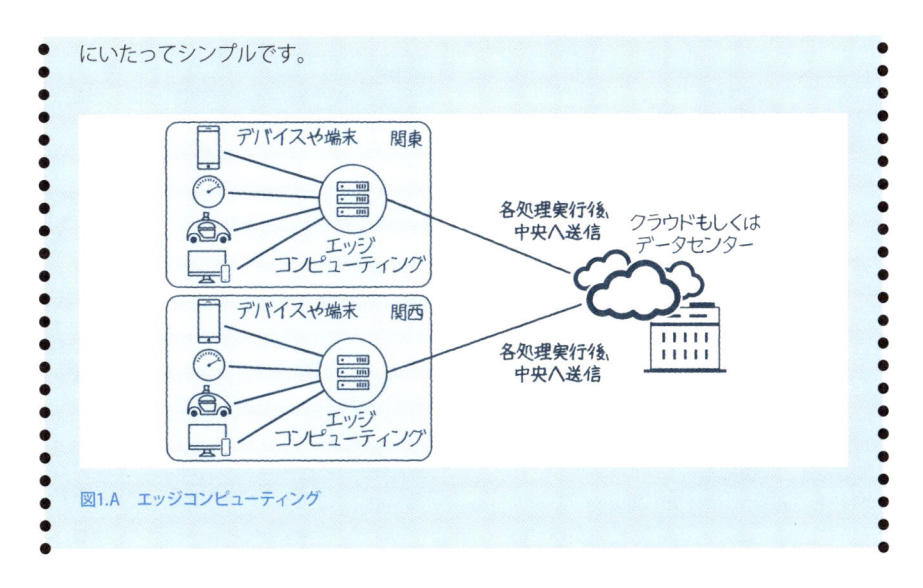

図1.A　エッジコンピューティング

1.5 ‖ 地理分割型アーキテクチャ

　ここまでで、サーバーを垂直または水平に分割するアーキテクチャを説明しました。これらのアーキテクチャを組み合わせることで、より目的に適した構成を取ることができます。

　本節では、業務継続性およびシステム可用性を高めるための方式として、地理的な分割を行なうアーキテクチャについて説明します。

1.5.1　スタンバイ型アーキテクチャ

　図1.10は、スタンバイ構成、HA（High Availability）構成、アクティブスタンバイ構成などと呼ばれる形です。物理サーバーを最低2台用意し、1台が故障した場合に、稼働していたソフトウェアをもう一方の物理サーバーで再起動させる方式です。この再起動を自動で行なう仕組みを「フェイルオーバー」とも言います。格好つけて「フェイル」「F/O」と呼ぶ人もいます（フェイルオーバーについては、第7章でも詳しく説明します）。

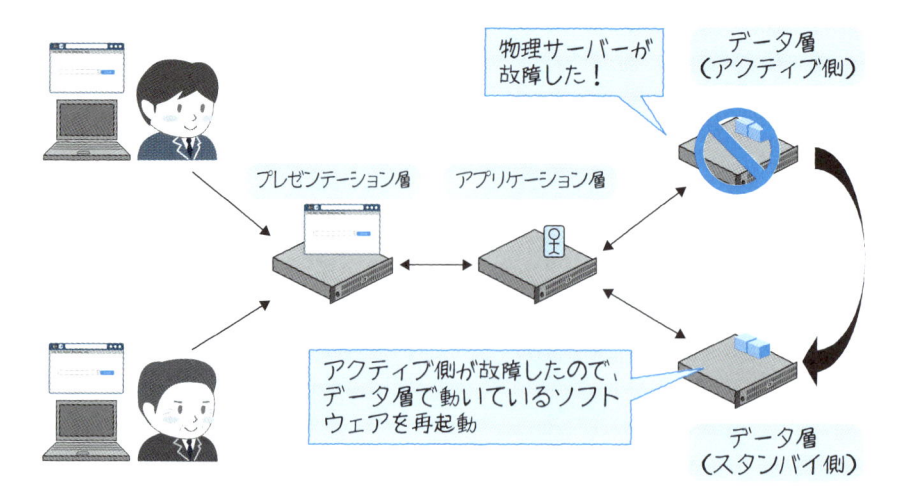

図1.10 アクティブスタンバイ構成

　この方式では物理サーバーの故障からは保護されますが、普段はフェイルオーバー先のサーバー（スタンバイ）は空いているので、リソース面で無駄が生じます。投資対効果が低いと、CIO（最高情報責任者）から怒られる原因ともなります。これを解消するため、スタンバイを用いず、両方のサーバーを同時利用し、たすき掛けにする（一方が故障した場合には、他方で両方の処理を行なう）ことも多くあります。

　なお、物理サーバーではなく、仮想化されたサーバーを利用している場合は、サーバー上のソフトウェアだけでなく、仮想サーバーごと別の物理サーバーにフェイルオーバーさせるような方式も選択肢の1つとなります。

1.5.2 災害対策型アーキテクチャ

　激甚災害は、昨今では現実的なものとなりました。インフラアーキテクチャにおいても、災害に備えたディザスタリカバリ（Disaster Recovery）構成を取ることが多くなっています。具体的には、特定のデータセンター（サイト）にある本番環境が利用できなくなった場合に、別サイトにある災害対策環境で業務処理を再開できるようにすることを指します。

　図1.11のようにサーバー機器を、最小構成〜同等構成で別サイトに配置し、ソフトウェアも本番環境と同等に設定します。災害が発生した際には、図1.12のように、完全に別サイト側の情報を利用することになります。

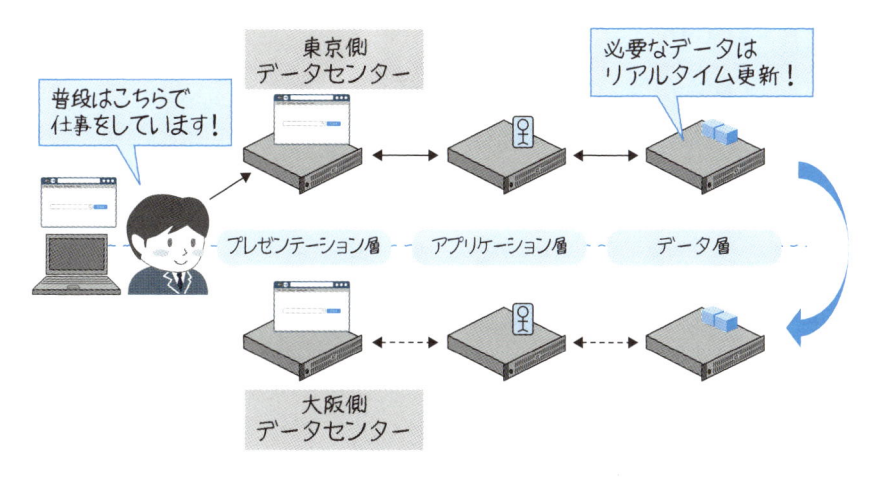

図1.11 通常時の災害対策サイトへのデータ反映

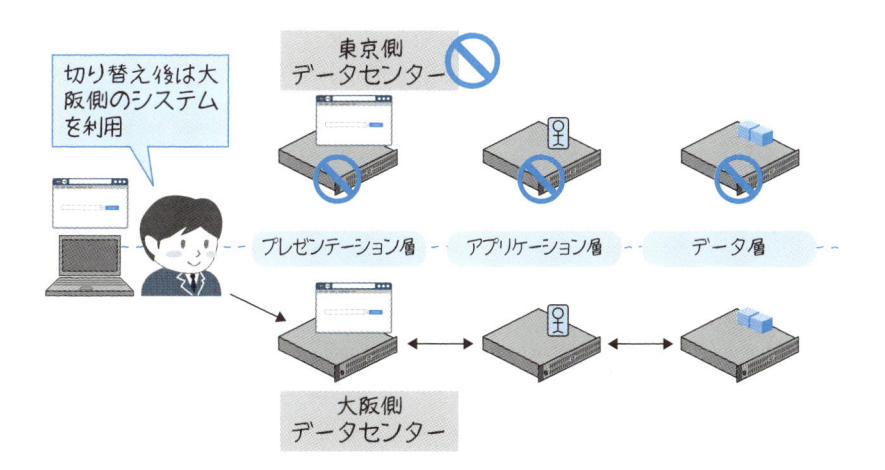

図1.12 災害発生時の利用

　ここで課題となるのは、アプリケーションの最新化と、データの最新化です。特にデータは日々更新されるものなので、ある程度のリアルタイム性を持って、サイト間の同期処理を行なう必要があります。ストレージ装置の機能、OSの機能、データベースの機能など、同期を行なう手段はいくつもあります。それぞれのコスト、対象となるデータ、同期遅延特性などを考慮して、決めていく必要があります。

技術は受け継がれている

　ハードウェアやソフトウェアにおいて日々新しい技術が登場してきますが、意外と基本的な仕組みは変わっていないように思います。

　たとえば、マルチプロセスシステム、仮想記憶システム、ファイルシステムといった機能は特に意識せずに空気のように使っていますが、元々は汎用機の時代に開発された仕組みです。汎用機のOS、商用UNIX、Linux、Windowsなどの各OSは使い勝手や見た目は異なりますが、そのコアには共通点が見られ、過去から技術を継承してきたのがわかります。

　現代のコンピュータは75年前にノイマン氏[※2]らが考案した原理から基本的には変わっていないと言われています。筆者は古い技術書などを読んでルーツや設計思想を調べるのが好きです。やや趣味の世界ではありますが、元々の設計思想などを知ると視野が広がり意外なところで役に立つこともあります。

※2　ジョン・フォン・ノイマン氏は米国の数学者です。多くのコンピュータアーキテクチャは、彼が考案した方式がベースになっていると言われています。

第 2 章

サーバーを開けてみよう

本章では、ハードウェア機器を紹介し、その中でのデータの流れについて説明します。

2.1 物理サーバー

2.1.1 サーバーの外観と設置場所

前章では、代表的なシステムアーキテクチャを紹介しました。アーキテクチャ全体を考えるときは、まずサーバーという単位で考えることを理解いただけたでしょうか。本章では、その物理サーバーの内部構造について、より詳しく見ていきます。

皆さんは、データセンターやサーバールームに入ったことはありますか？　サーバーが大量に設置されて、室内の温度はサーバーの排熱による室温上昇を防ぐために低く、風が常に送られ、日光の当たらない環境です。サーバーには優しく、人間には優しくない、図2.1のような場所です。

図2.1　サーバールームの例　（写真：sdecoret/Shutterstock.com）

サーバーは、ラックというものに搭載されます。ラックには、そのほか、HDDがたくさん搭載されているストレージや、インターネットやLANにつなぐためのネットワークスイッチなどが搭載されます（図2.2）。

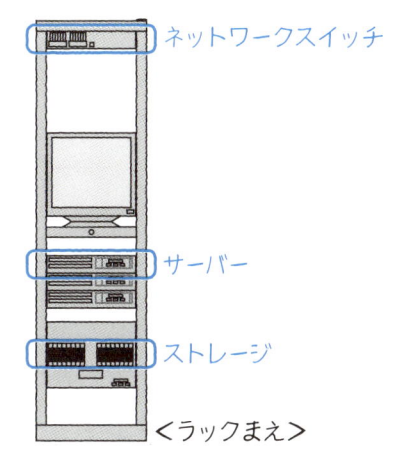

ネットワークスイッチ

サーバー

ストレージ

＜ラックまえ＞

図2.2　ラック前面イメージ

　皆さんは、なぜ、ラックにサーバーがぴったりと収まるのか不思議ではありませんか？　実はサーバーラックにも規格があり、大抵のラックは幅が19インチと決まっています。また、高さは、約4.5cm単位で40〜46目盛り付いています。この1目盛りを1Uと呼び、サーバーの高さは、この単位に従って作られます。このため、たとえば、2Uサーバーは、2目盛りぶん（高さ約9cm）のサーバーであることを意味します。

　また、電源やネットワークケーブル配線などはすべてラックの裏側で行なわれます（図2.3）。

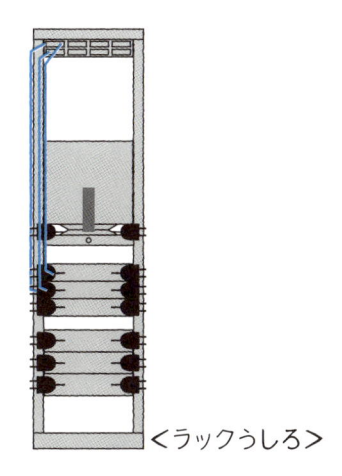

＜ラックうしろ＞

図2.3　ラック背面イメージ

サーバーの設置時に重要なのは以下の情報です。

・サーバーのサイズ（U）
・消費電力（A）
・重量（Kg）

次に、代表的なサーバーアーキテクチャとして、IAサーバーと呼ばれるIntelのCPU
を使ったサーバーを紹介します。

まず、サーバーの写真を見てみましょう（図2.4）。これは、Dell Technologies社の
Dell EMC PowerEdge R740（以下、PowerEdge R740）というモデルのサーバーの前
面の写真です。以降、このサーバーを例に解説します。

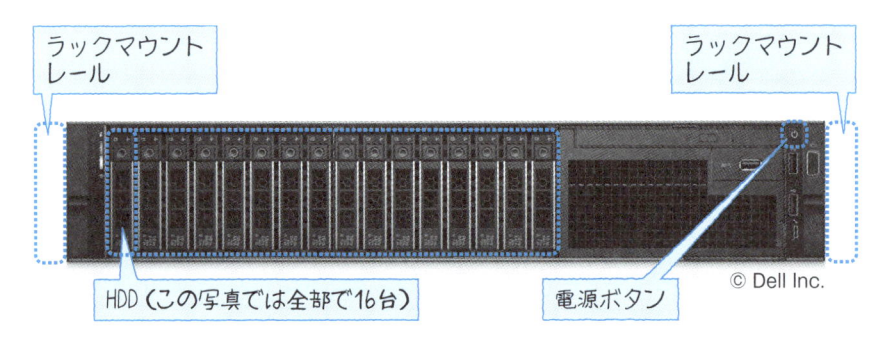

図2.4　サーバーの前面（Dell EMC PowerEdge R740）

　一般的なサーバーは、このように横長の形状です。さらに横にラックマウントレー
ルというレールが付き、タンスの引き出しのように設置することができます。

　前面には、HDDや電源ボタンなどがあります。HDDは交換がしやすい仕組みに
なっていて、手前に引き出して取り出すことができます。

2.1.2 サーバーの内部構成

このようなサーバーは、上のフタを開くことができます。図2.5は、フタを開けた写真です。

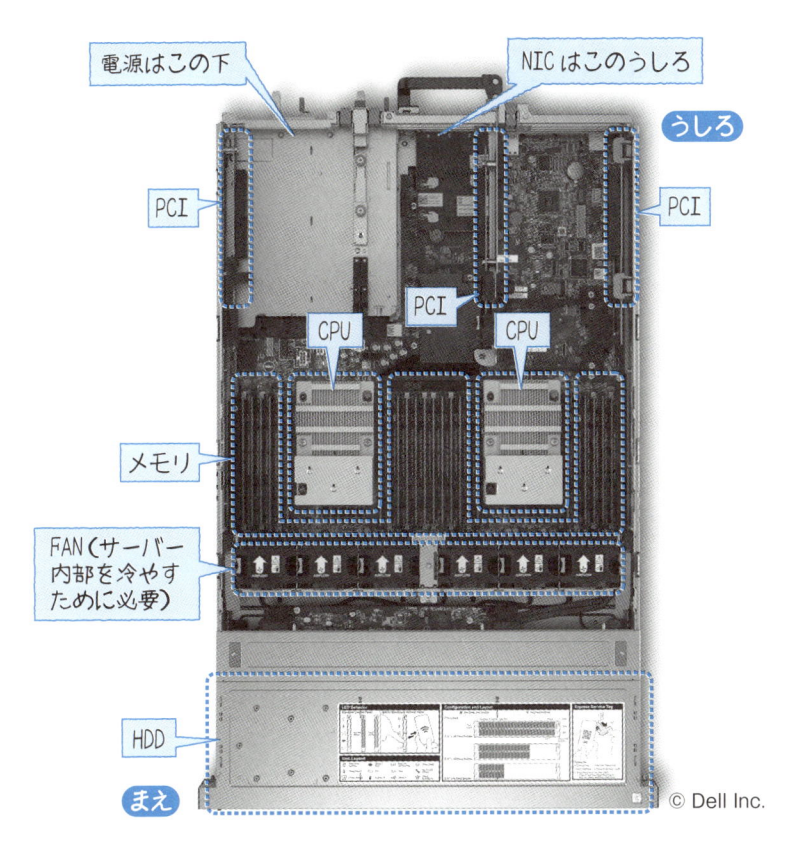

図2.5　サーバーの内部（Dell EMC PowerEdge R740）、コンポーネントはPCと同様

パソコンの部品と同じ種類のものが入っていますね。

では、それぞれのコンポーネントはどのように接続されているのでしょうか？　図2.6は、PowerEdge R740にも使われているCPUであるIntel Xeonスケーラブルプロセッサを用いたバス接続の一般例です。

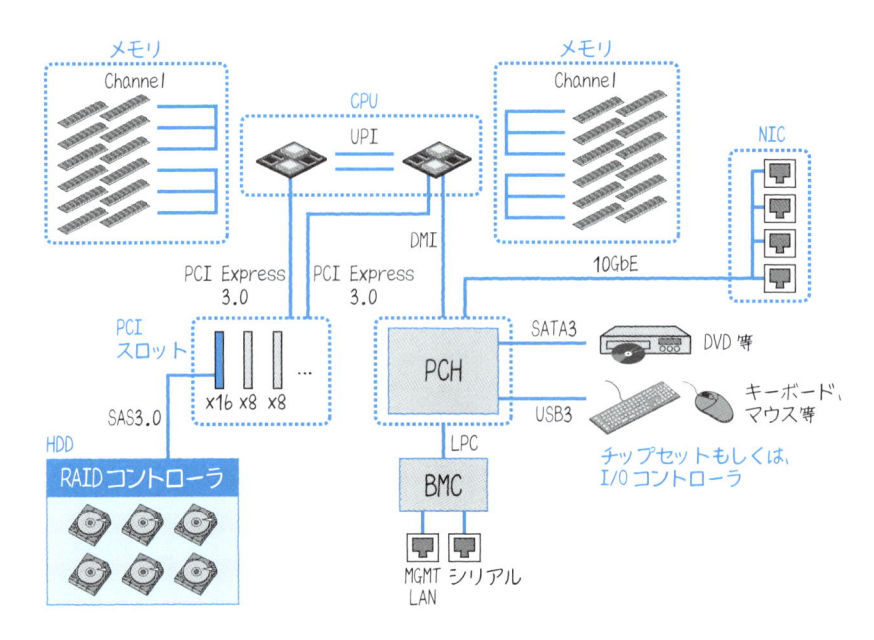

図2.6　コンポーネント同士はバスでつながっている

　CPU、メモリ、HDDなどの位置関係がわかります。コンポーネント同士をつなぐ線を「バス」と呼びます。

　図2.6の左上を見てください。CPUが2つ接続されていて、その横にメモリが配置されています。CPUとメモリは、直結していることがわかりますね。

　左下には、PCIスロットというものがあります。これは、外部機器を接続する場所です。Xeonスケーラブルプロセッサのアーキテクチャでは、CPUが直接PCIのコントロールを行ないます。

　続いて、右上を見てみましょう。このサーバーでは、チップセットがネットワークインターフェース（NIC）を4本まで直接制御できます。CPUを中心と考えると、ネットワークインターフェース（NIC）やUSBは、メモリに比べて離れた場所に位置していますね。これには理由があるので、後述します。

　また、下のほうにはBMC（Baseboard Management Controller）というコンポーネントがあります。これは、サーバーのH/W状態監視を行なっており、独立して稼働します。たとえば、サーバーのH/Wに障害があった場合にも、BMCのコンソールからサーバーの状態を確認したり、ネットワークにも接続できるため、リモートでサーバーを再起動したりすることができます。

　サーバーの中にはこのほかにも多数のコンポーネントが存在しますが、本書では、

主要な登場人物であるCPU、メモリ、HDD、ネットワークインターフェース、バスに絞って説明します。

　ここで注目していただきたいのは、サーバーとパソコンは、物理構成としては基本的に同じだという点です。パソコンと異なるのは、電源が冗長化されていて障害に強くなっていたり、監視機能がついていたり、大容量のCPUやメモリが搭載できたりするところです。しかし、原則的にはパソコンと変わりません。したがって、各ハードウェアメーカーが競うのは、その各CPUやメモリなどコンポーネントそのものの改良や、コンポーネントの配置やバスの工夫、ハードウェアを稼働させるためのファームウェアの開発であり、その結果として、性能の向上などにより、差別化をはかろうとしています。

　以降、サーバーにはどのような工夫があるのか、また、その工夫の下、サーバーはどのような物理設計をしたらよいのかを、ここで示したサーバーをもとに説明します。

　ハードウェアの進化は目覚ましいため、本書で記載する技術構成、帯域速度、特にバス配置等はすぐに古いものとなります。ここでは、どのような考え方や技術工夫の手法があるのかを、イメージとしてつかんでください。

2.2 ‖ CPU

　CPUとは、Central Processing Unitの略です。サーバーの中心に位置し、演算処理を行ないます。図2.7は、PowerEdge R740に搭載できるXeonスケーラブルプロセッサというCPUファミリーのCPUの前面の写真です。

表面。大量の電気信号がやり取りされることで発熱するため、この部分には通常『冷却器』が設置される

裏面は、システムボードに設置されていて見えない。まわりを取り囲む大量のピンが、バス（後述）に接続され、メモリやディスクとのデータのやり取りを行なう

© Intel Corporation

図2.7　CPU（Xeonスケーラブルプロセッサ、Intel Xeon Gold 5115）

CPUは、命令を受け、演算をデータに対して実行し、結果を返します。命令とデータは、記憶装置や入出力装置から送られます。

演算は、1秒間に10億回以上も実行できます。

現在は、このCPUを「コア」と呼び、1つのCPUに複数の「コア」が存在するマルチコア化が進んでいます。「コア」は、それぞれ独立して処理を行なうことが可能です。

さて、命令やデータは記憶装置にありますが、「誰が命令を出す」のでしょうか？　それは、ソフトウェアであるオペレーティングシステム（OS）です。では、誰がOSに命令を出すのでしょうか？　それは、OSの上で動くWebサーバーやデータベースといったソフトウェアの実体である「プロセス」です。また、ユーザーのキーボード／マウス等の入力です。CPUが自発的に何かを行なうわけではありません。図2.8は、コンピュータのデータの流れの原則を表わしています。

キーボードやマウスが行なう処理を、「割り込み処理」と呼びます。「割り込み処理」については、第5章で詳しく説明します。

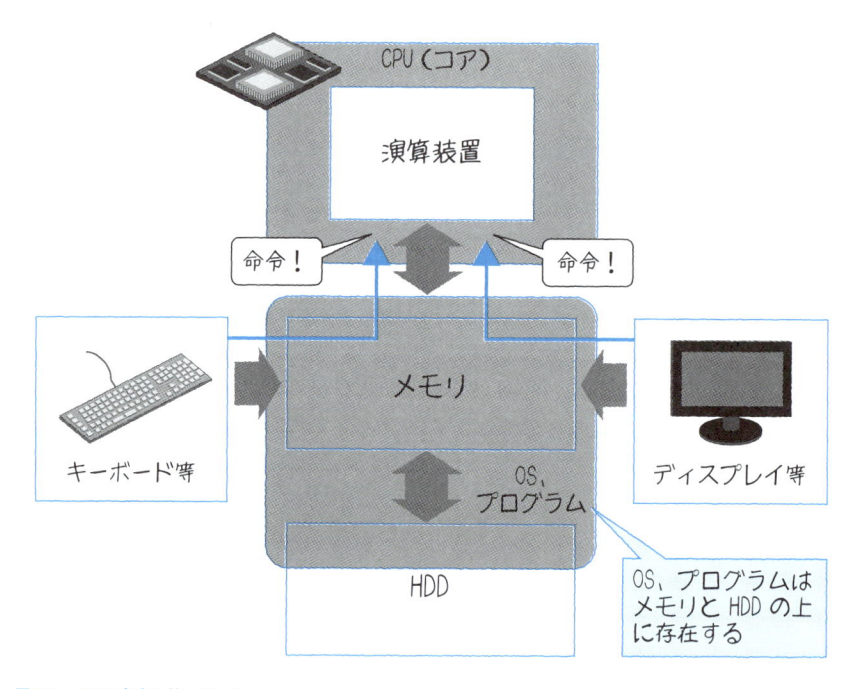

図2.8　CPUは命令を待っている

2.3 ▎ メモリ

メモリはその名の通り、記憶領域です（図2.9）。CPUの隣に位置し、CPUに渡す処理内容やデータを保存したり、処理結果を受け取ったりします。

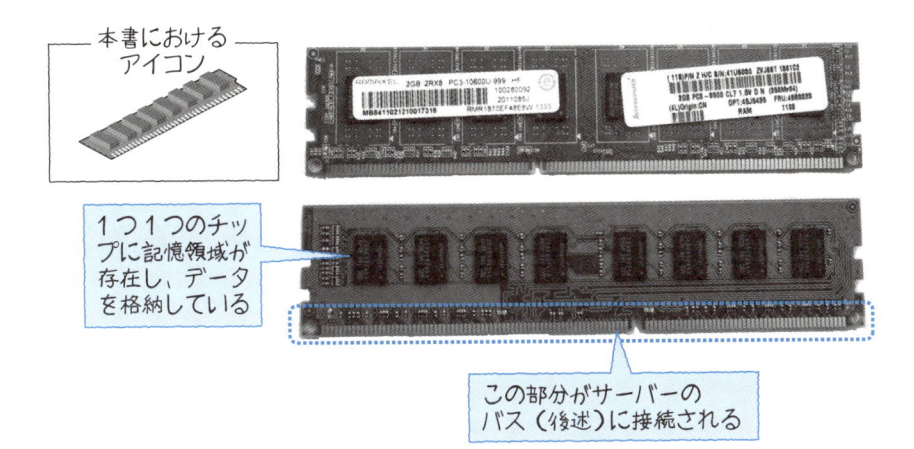

本書における
アイコン

1つ1つのチップに記憶領域が存在し、データを格納している

この部分がサーバーのバス（後述）に接続される

図2.9　メモリ

メモリに格納された情報には、永続性はありません。永続性がないということは、サーバーを再起動すると失われるということです。人間は時間とともに記憶があせていきますが、システムにそのようなことがあったら困りますよね。

このような欠点があってもメモリを利用するのは、メモリのアクセスは非常に高速であるためです。データ保存時に物理的な駆動は生じず、電気的な処理のみによってデータを格納しているからです。

ところで、CPU自身も記憶領域を持っています。これはレジスタや一次（L1）／二次（L2）キャッシュと呼ばれ、CPUの内部に存在します。それらはメモリよりもさらに高速ですが、容量はメモリよりもだいぶ少ないものです（「キャッシュ」という概念については、第5章で詳しく説明します。ここでは、メモリよりも高速なハードウェアだと思ってください）。

図2.10は、Intel Xeon Gold 5115プロセッサのキャッシュ構造です。多段に存在しているのがわかりますね。このアーキテクチャでは、L2キャッシュはメモリから直接データを読み込み、L2キャッシュに載りきらなかったデータがL3キャッシュに載ります。そのため、L2とL3キャッシュは持っているデータが異なり、またコア間で

データが共有されることはありません。

　本書の旧版（2012年刊）で掲載していたXeon 5500アーキテクチャでは、L2とL3
は同じキャッシュが載り、L3キャッシュ上のデータは各コア間で共有できたので、
10年経つとずいぶんと変わりますね。このあたりは、Intelが改良に改良を重ね、ボ
トルネックをいかに改善し、よりたくさん、より高速に処理できるように工夫を続け
てきたため、今後の動向も楽しみです。

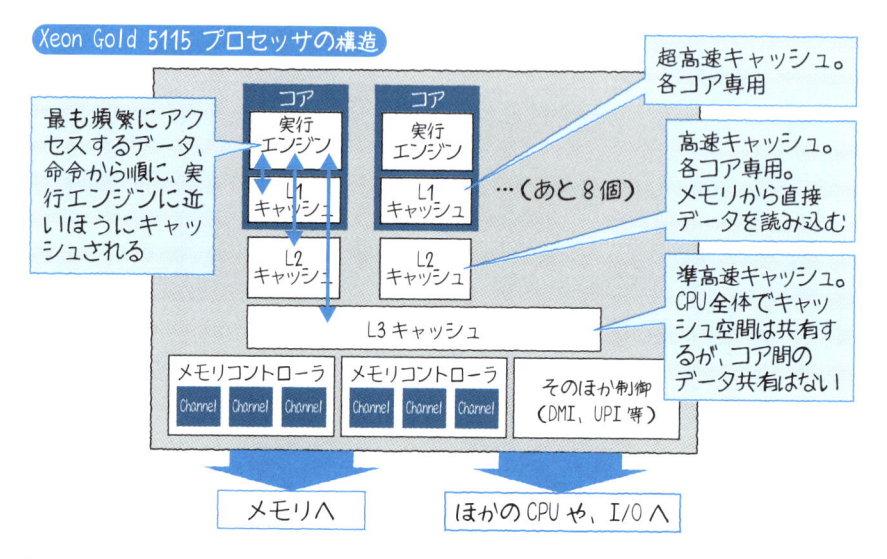

図2.10　キャッシュを多段に配置してレイテンシー（遅延）を抑える

　なぜ記憶領域をいくつも用意するのでしょうか？　図2.10にあるように、メモリを
利用するのには、メモリコントローラを経由し、いったんCPUの外に出る必要があり
ます。高速なCPUにとっては、この遅延（レイテンシー）ですらもったいないのです。
レイテンシーを極力減らすために、最も頻繁に利用する命令／データをコアの近くに
配置しておきます。

　領域が多段に分かれている理由は、アクセス速度です。一般に、キャッシュメモリ
は大きくなるにつれ、アクセス速度が遅くなります。また、高速なキャッシュであれ
ばあるほど高価です。しかし、できるだけCPUの近くに多くのキャッシュを置いてお
きたいのも事実です。このため、キャッシュを多段に配置し、超高速にアクセスした
いデータをL1キャッシュに、高速にアクセスしたいデータをL2に……といった階層
を作っています。

　また、メモリにはあらかじめデータをCPUに送っておきレイテンシーを抑える、「メ

モリインターリーブ」という機能があります。Xeon Gold 5115の仕組みは図2.11の通りです。

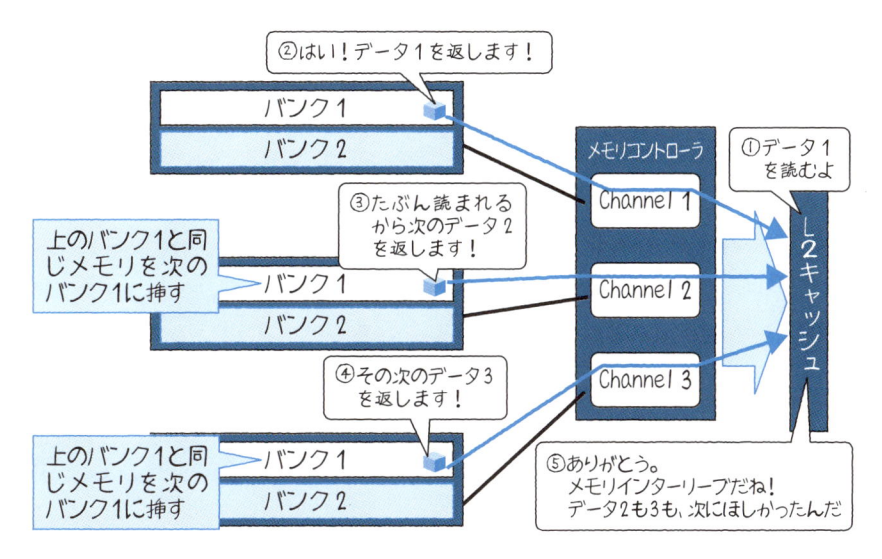

図2.11　先読みしてメモリのレイテンシーを軽減

　図2.10の左下にメモリコントローラとチャネル（Channel）があります。チャネルとは、メモリとCPU間のデータの経路です。

　その詳細が図2.11です。1つのメモリコントローラにつき、最大3つのチャネルを使って、データ1を要求された際に、データ2も3も送り込んでしまうのです。これは、大抵のデータは連続してアクセスされるという臆測のもとに作られています。この先読みにより、レイテンシーの緩和を行なっています。この機能を活用するために、全チャネルの同じバンクにメモリを挿しましょう。チャネルの帯域も多く使うことができます。異なるベンダーのCPUやメモリでも、原則は変わらないため、それぞれの仕様を確認してみてください。

　このように、メモリは多段階の構造を取っており、それぞれのアクセス速度に従って使われ、CPUがデータを求めるスピードに影響を与えないように、工夫が行なわれています。

2.4 I/O デバイス

2.4.1 ハードディスクデバイス（HDD）

ここからは、データの入出力を行なうI/Oデバイスについて見ていきます。

まずは記憶領域であるHDDを見てみましょう。サーバーにおいては、HDDはメモリに比べて、CPUから離れたところに位置します。主に長期保存目的のデータの格納先として利用されます。メモリもディスクも記憶領域ですが、アクセス速度が異なるという点と、電気が通っていない場合にデータが失われるか／失われないかという点で異なります。メモリは電気が通わなくなるとデータが消えますが、ディスクは電気が通わなくてもデータは消えません。

HDDの中身を見てみましょう。図2.12のように磁気の円盤が何枚もあり、それが高速で回転し、読み書きが行なわれます。CDやDVDと同じような仕組みです。この回転があるせいで、そのスピードは物理法則に左右され、メモリのように一瞬でアクセスすることができません。一般的に、数ミリ～数十ミリ秒といったアクセス時間がかかります（メモリアクセスは数マイクロ～数十マイクロ秒）。

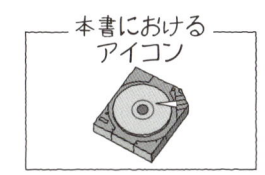

本書における
アイコン

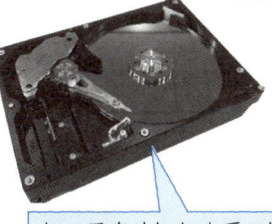

ケースを外した上面。中身は
多数の磁気円盤が入っており、
高速回転している。レコード
の針のようなものでデータの
読み書きを実施する

ケースを外した底面。基盤部分
は、HDDのデータをコンピュータ
との間でやり取りをする

図2.12　ハードディスクデバイス（HDD）

　このサーバーでは、3.5インチサイズのHDDが最大8台、2.5インチサイズで16台搭載可能で、SASもしくはSATAという接続規格のドライブを挿すことができます。パソコンだと、搭載できるHDDの数は1台か2台程度だと思いますが、サーバーはもっと多くのHDDが搭載できるということがわかりますね。

　まだまだこのようなHDDも多くのシステムで利用されていますが、最近の主流は、Solid State Disk（SSD）という、物理的に回転する要素を省いたディスクです。SSDは、メモリと同じような半導体でできていますが、電気が通らなくても、データが消えません。SSDの登場により、記憶装置とメモリとの速度差はかなり少なくなっています。もう数年経つと、磁気ディスクはなくなってしまうかもしれませんね。

　また、HDDがたくさん搭載されているハードウェアを「ストレージ」と呼びます。ストレージはI/Oのサブシステムとも言える装置で、内部にはCPUもキャッシュも存在し、HDDをたくさん搭載するだけでない、それ以上の機能を提供しています。

　サーバーとのI/O時にはHDDが直接のやり取りするのではなく、キャッシュを経由します。ストレージキャッシュの使われ方は図2.13の通りです。CPUキャッシュの利用方法と同じです。「キャッシュ」という概念については第5章で詳しく説明するので、ここではHDDよりも高速にI/O処理ができるハードウェアだと思ってください。

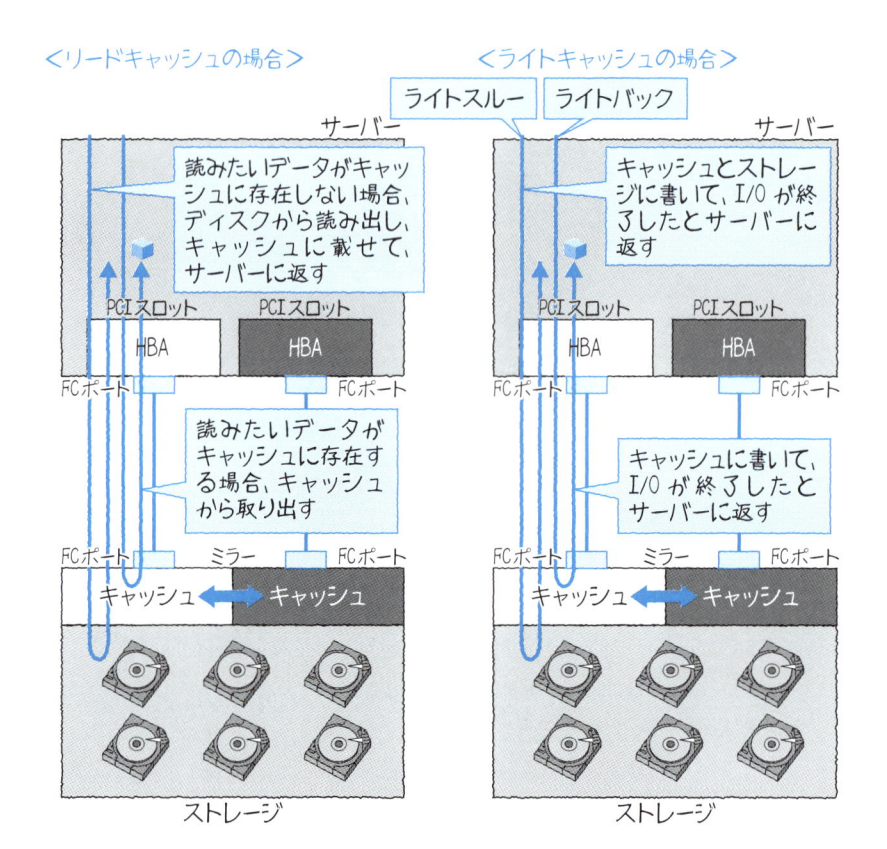

図2.13 ストレージキャッシュへのI/O

大型ストレージとの接続には一般に、ファイバーチャネル（FC）というケーブルを使用し、SAN（ストレージエリアネットワーク）というネットワークを利用します。SANに接続するためのファイバーチャネルインターフェースをFCポートと呼びます。通常、サーバーのシステムボードにFCポートは付いていないため、PCIスロットにHBAと呼ばれるカードを挿します。

図2.13では、2種類のI/Oがあることを示しています。1つは、書き込み、読み込み時にキャッシュというメモリ領域にアクセスする方法です。読み込みキャッシュの場合、キャッシュ上にデータのコピーがあるだけですが、書き込み時にキャッシュのみにデータを書いて書き込みを完了したとみなす場合、万が一の場合にデータを失う可能性があることを意味します。メリットは、キャッシュに書き込むだけで書き込みが終了するので、高速なI/Oを実現することができます。この書き込みI/Oを「ライトバック」と呼びます。多くのストレージ製品では、このキャッシュをもう1つ別のキャッ

モリインターリーブ」という機能があります。Xeon Gold 5115の仕組みは図2.11の通りです。

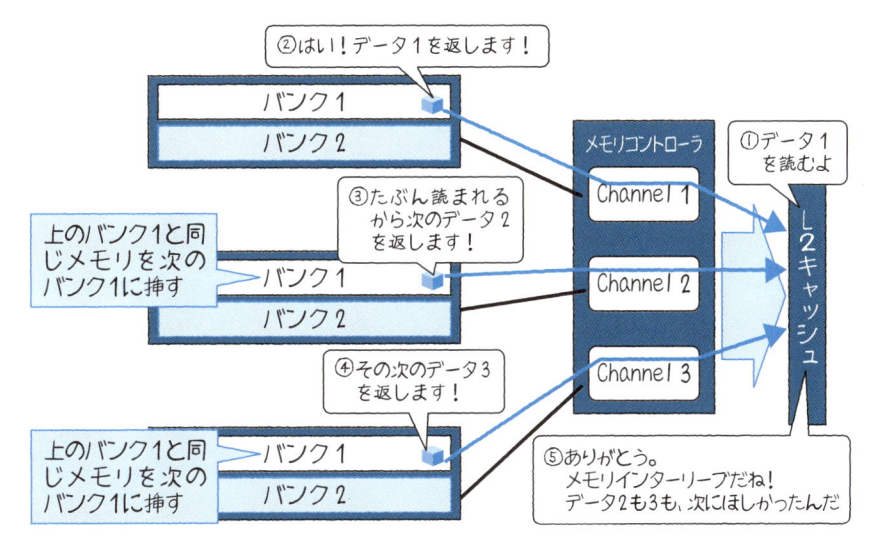

②はい！データ1を返します！

上のバンク1と同じメモリを次のバンク1に挿す

③たぶん読まれるから次のデータ2を返します！

④その次のデータ3を返します！

上のバンク1と同じメモリを次のバンク1に挿す

メモリコントローラ

Channel 1

Channel 2

Channel 3

①データ1を読むよ

L2キャッシュ

⑤ありがとう。メモリインターリーブだね！データ2も3も、次にほしかったんだ

バンク1
バンク2

図2.11　先読みしてメモリのレイテンシーを軽減

　図2.10の左下にメモリコントローラとチャネル（Channel）があります。チャネルとは、メモリとCPU間のデータの経路です。

　その詳細が図2.11です。1つのメモリコントローラにつき、最大3つのチャネルを使って、データ1を要求された際に、データ2も3も送り込んでしまうのです。これは、大抵のデータは連続してアクセスされるという臆測のもとに作られています。この先読みにより、レイテンシーの緩和を行なっています。この機能を活用するために、全チャネルの同じバンクにメモリを挿しましょう。チャネルの帯域も多く使うことができます。異なるベンダーのCPUやメモリでも、原則は変わらないため、それぞれの仕様を確認してみてください。

　このように、メモリは多段階の構造を取っており、それぞれのアクセス速度に従って使われ、CPUがデータを求めるスピードに影響を与えないように、工夫が行なわれています。

2.4 ▍I/O デバイス

2.4.1 ハードディスクデバイス（HDD）

ここからは、データの入出力を行なうI/Oデバイスについて見ていきます。

まずは記憶領域であるHDDを見てみましょう。サーバーにおいては、HDDはメモリに比べて、CPUから離れたところに位置します。主に長期保存目的のデータの格納先として利用されます。メモリもディスクも記憶領域ですが、アクセス速度が異なるという点と、電気が通っていない場合にデータが失われるか／失われないかという点で異なります。メモリは電気が通わなくなるとデータが消えますが、ディスクは電気が通わなくてもデータは消えません。

HDDの中身を見てみましょう。図2.12のように磁気の円盤が何枚もあり、それが高速で回転し、読み書きが行なわれます。CDやDVDと同じような仕組みです。この回転があるせいで、そのスピードは物理法則に左右され、メモリのように一瞬でアクセスすることができません。一般的に、数ミリ～数十ミリ秒といったアクセス時間がかかります（メモリアクセスは数マイクロ～数十マイクロ秒）。

シュとミラーリングを行なって耐障害性を高めています。

　また、もう1つのI/Oは、キャッシュにもHDDにもアクセスを行なうI/Oです。読み取り時には、キャッシュにデータがなかった場合の読み込みのためのアクセスです。書き込み時には、キャッシュにもディスクにも書き込みを行ない、ライトバックに比べ、より確実な書き込みを行なうためのアクセスです。この場合、書き込みキャッシュのメリットは出ません。この書き込みI/Oを「ライトスルー」と呼びます。

　基本的には、キャッシュのメリットを生かすため、「ライトバック」の設定を行ないます。2つのI/Oの違いをおわかりいただけたでしょうか？

2.4.2　ネットワークインターフェース

　次に、ネットワークインターフェース（NIC）を見てみます。ネットワークインターフェース（NIC）とは、サーバーと外部機器をつなぐための、外部接続用インターフェースです。図2.14は、イーサネットのネットワークアダプタです。

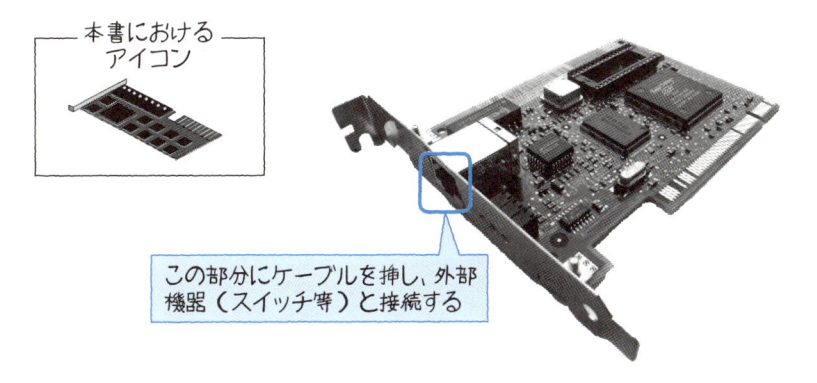

図2.14　ネットワークアダプタ

　サーバーの外部機器としては、ネットワーク接続されたほかのサーバーや、ストレージ装置などがあります。図2.14にはLAN（ローカルエリアネットワーク）のアダプタを載せていますが、SAN（ストレージエリアネットワーク）のようなほかのネットワークのアダプタもあります。

PowerEdge R740では、専用のネットワークカードスロットがあり、1Gbps、10Gbpsを最大4本もしくは25Gpsを最大2本接続することができます（もちろんPCIカードで増設することもできます）。

2.4.3　I/O の制御

　さて、HDD、ネットワークインターフェースと、I/Oの話が出てきました。ここで、I/Oの制御について説明しておきます。I/Oの制御の話には、少し専門的な用語が出てきます。あまり目にする言葉ではありませんが、難しくはないのでおもいきって読んでみてください。I/O制御は、昨今改良がめざましく、一般的な構成というものがありません。Xeonスケーラブルプロセッサの場合は、PCH（Platform Controller Hub）というチップセットが搭載され、CPUが制御するメモリやPCIe（PCI Express）以外の、比較的処理が遅くても許されるI/Oの制御を行なっています。

　図2.15に、Xeonスケーラブルプロセッサの一般的なバス接続を載せます。

　図2.15では、各バスのI/O帯域についても触れていますが、バスの流れについては後述します。I/Oがどのようなバスを使い、どのようにつながっているかを見てください。PCIのx8、x16という数字はパソコンでも見かけますが、何を表わすものかと言うと、PCIのI/Oレーンが何本束ねてあるか、ということです。x8であれば、8本という意味になります。各CPU／チップセットアーキテクチャごとに、PCIの接続可能なレーンは決まっています。Xeonスケーラブルプロセッサの場合は、各CPUに48本のPCIレーンがあります。ただし、各サーバーには、内部的な利用もあるため、外部接続として利用可能なPCIレーン数は、CPUが扱える総量より少なくなります。たとえば、PowerEdge R740にはさまざまな構成パターンがあり、CPUは2ソケット搭載可能であることから、最大96レーンのPCIレーン数がありますが、それを分配して、x8を2枚、x16を3枚といったパターンや、x8を4枚のみといったPCIカードの構成パターンが可能です。搭載するCPU数によっては、利用可能なPCIレーン数も変わるからですね。

　本書の旧版（2012年刊）のCPU世代では、PCI等外部接続の制御はPCHのようなI/Oコントローラの役目でしたが、昨今は大量のI/Oや通信の処理がサーバーに求められるようになったことから、PCIコントローラがボトルネックにならないよう、CPUが直接制御するモデルになったのではないかと思います。

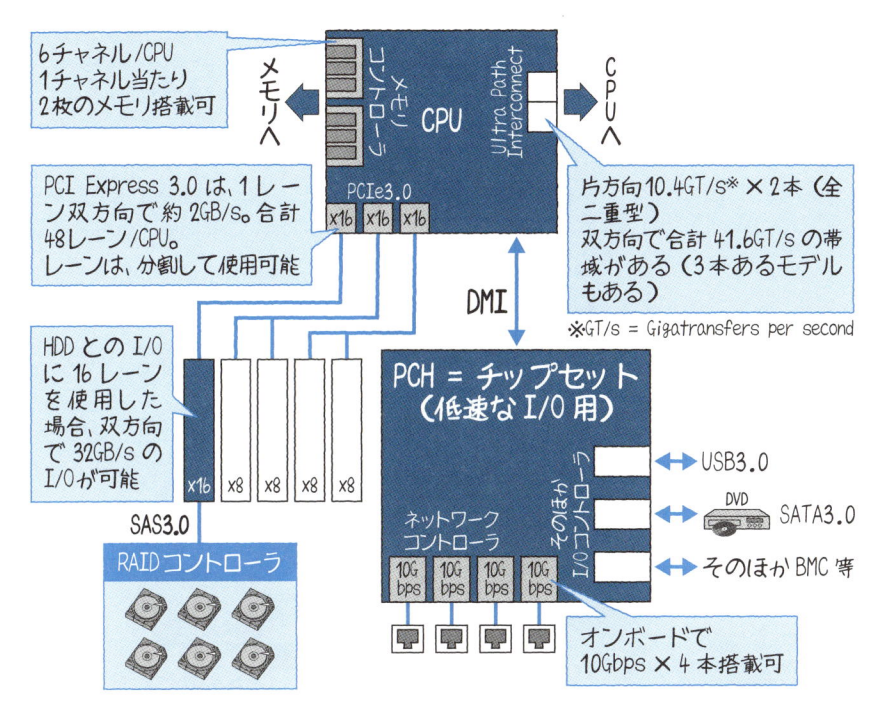

図2.15 I/O制御に注目してみよう

　このように、CPUのほかにもハードウェアを制御するコントローラがあることがわかります。ほかのコントローラが存在する理由は、CPUが行なうべき演算に、CPUをより集中させるためと言えます。CPUとチップセットの関係は、作業の役割分担なので、時代によって分担は変わります。たとえば、グラフィックボードにもGPUという演算装置があり、CPUのオフロード（処理の肩代わり）が行なわれていますが、この仕組みもそのうち変わるかもしれません。

図2.16に、さまざまなI/Oの具体例を示しました。HDDからのI/Oと、DVDからのI/Oは経路が物理的に異なることなどがわかります。

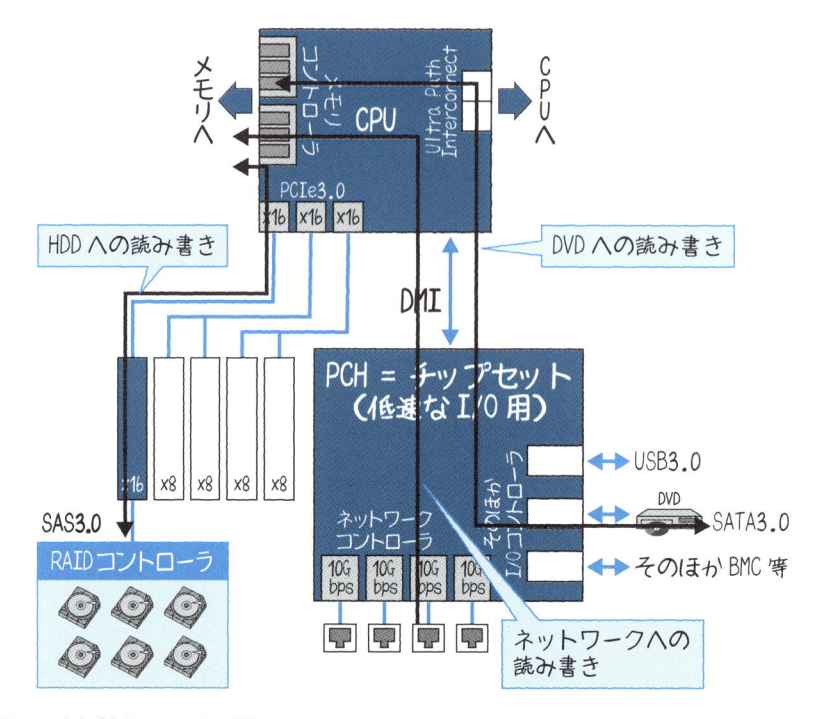

図2.16　さまざまなI/Oのイメージ例

自作パソコンのススメ

ここまで読んでみて、サーバーについてもっと詳しく知りたい！と思った方には、パソコンの自作をオススメします！　筆者も、ハードウェアのことを詳しく知りたいと思ったときに、パソコンを自作しました。そのときに、チップセットはCPUの型番に対応したものでなければならないとか、HDDを足したら電源ユニットのパワーが足りなかったとか、挫折とともにいろいろなことを知りました。

ちなみに、パソコンを作るときは、ベアボーンキット（パソコン組み立てキット）ではなく、一から部品を集めましょう。そのほうが勉強になります。だいたいこんなフローで考えます。

① まず、使いたいCPUを決める（値段と相談し、いったん決めます。ほかのパーツが決まってから再考する必要があるかもしれません）
② 使いたいCPUに対応したマザーボードを調べる（何種類かピックアップします）
③ そのマザーボードが入るPCケースを調べて決める（このときにファンや電源ユニットも決める。ここではかなり妄想がふくらみます）
④ マザーボードに対応したメモリを調べて決める
⑤ そのほか周辺パーツを決める（グラフィックカードやRAIDボードなど）
⑥ ディスプレイを決める
⑦ ショップへGO！

男の子なら工作は好きなはず（本章の筆者は女子ですが）！　難しい情報理論は要りませんので、ぜひ試してみてください。

2

サーバーを開けてみよう

2.5 ｜｜ バス

　バスとは、サーバー内部のコンポーネント同士をつなぐ回線を指します。すでに、図2.6「コンポーネント同士はバスでつながっている」でサーバー全体のバス結線例を挙げていますが、バスにおける大事なポイントは何でしょう？

　その答えは、そのバスがどれだけのデータ転送能力を持っているか、つまり帯域がどれぐらいあるかということです。

2.5.1 　帯域

　帯域とは何でしょうか？　本来は、周波数帯域のことを指しますが、ITインフラの場合は少し異なり、帯域とはデータ転送能力を指します。帯域は、

　　　「一度にデータを送ることができるデータの幅（転送幅）」×

　　　　　　「1秒間に何回送ることができるか（転送回数）」

で決まります。

　転送回数は、

　　　「1秒÷1処理当たりの所要時間（レスポンスと呼びます）」

で表わすことができます。また、帯域は「スループット」と呼びます。これらの用語は、第8章の性能の章で詳しく説明します。

　図2.17を見てください。

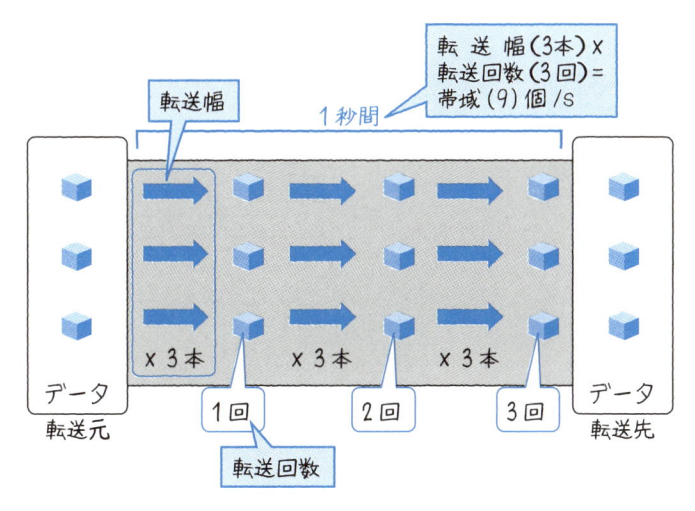

転送幅（3本）x
転送回数（3回）=
帯域（9）個/s

1秒間

転送幅

x3本　　x3本　　x3本

データ
転送元

1回　　2回　　3回

転送回数

データ
転送先

図2.17　帯域は転送幅×転送回数

　たとえば、インターフェース規格の1つであるPCI Express 3.0は、1レーン当たり約2GB/s（片方向1GB/s）の転送が可能なプロトコルです。x8や、x16、といった数字は、何レーンか、ということを表わします。つまり、x8だと8レーン（＝8倍）、x16だと16レーン（＝16倍）の転送能力を持つという意味になります。

2.5.2　バスの帯域

　このサーバーのバス帯域は、おおよその単位で図2.18のように表わすことができます。この数値自体は、技術の進歩に沿ってすぐに変わるので、覚える必要はありません。全体のイメージをつかんでください。

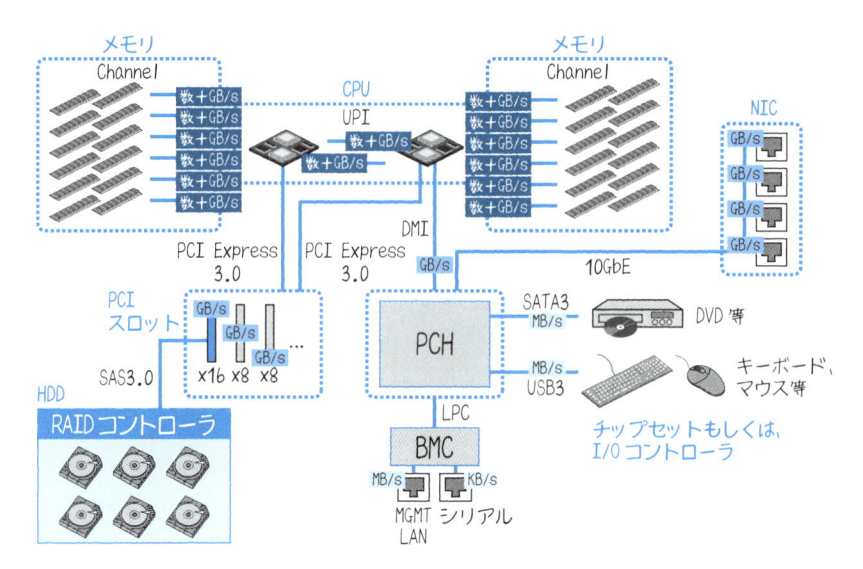

図2.18　CPUに近いほうがバスの帯域が大きい

　CPUに近いほうが、1秒間当たりの転送量が大きいことがわかります。たとえば、CPUとメモリは大量にデータのやり取りを行なうので、非常に高速な転送能力が必要であり、CPUのすぐ近くに配置します。逆に、USB3.0ポートは、具体的には約500MB/sの転送能力を持つ規格であり、他と比較すると低速なので、PCHの先に接続しても問題ありません。

　帯域の身近な例では、たとえば、ある商用の光回線のインターネットでは、最大1Gbps＝125MB/sの帯域で通信が可能です。CPU間の帯域は、具体的には片方向10.4GT/s（ギガトランスファー/秒）です。ギガトランスファーとは、あまり聞き慣れない単位かもしれません。最近、データ送受信速度と、電気的な信号速度はイコールではないという話があり、バス転送の速さにはギガバイトではなく、ギガトランスファーを用いるケースが増えてきたようです。ここでは複雑な計算は省きますが、換算すると、CPUは20.8GB/sの処理が可能です。インターネットと比較すると、170倍も速いことがわかります。

　バスの流れにおいて重要なのは、CPUからデバイスまでの間にボトルネックがないことです。ボトルネックとは、データの転送が詰まることを意味します。

　システム設計時に特に見落としやすいのは、外部デバイスとの接続時のバス帯域を考慮することです。

　たとえば、PCI Express 3.0のスロットのx16（片方向約16GB/s）と、x8（片方向約8GB/s）では転送能力に2倍の性能差があります。SAS 3.0の規格としての転送能力

は約1,200MB/sなので[※1]、単純にx8スロットでは7本以上のHDDが同時にI/Oを行なうと、PCIバスがボトルネックになります（図2.19）。もちろん、HDDが全回転することはないので、上記はあくまで例えですが、ハードウェア設計、特に外部デバイスとの接続の検討を行なう際は、このようにバスやI/O能力を考慮します。

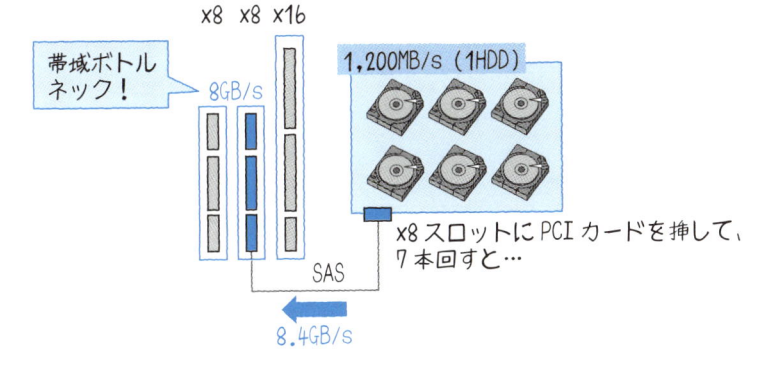

図2.19　PCIバス帯域のボトルネック（理論値）

Column

SASその先へ

以前SSDの接続規格は2種類でしたが、最近3種類目が登場しました。この3つのSSD接続規格は、SATA（Serial ATA）、SAS（Serial Attached SCSI）、NVMe（NVM Express）で、右に向かうに従ってより高速です。

SATA3.0（6Gbps）、SAS3.0（12Gbps）、PCIe 3.0x4/NVMe4（32Gbps）と言われてもイメージするのは難しいですが、NVMeはSATAに比べて、約5倍も高い転送能力を持っています。

「SSDのデータ読み書き性能」と「データの転送性能」では、後者のほうがボトルネックとなっていたという点がNVMeの登場背景です。当然、そのぶん価格は高くなっています。

昨今、「オールフラッシュストレージ」という、搭載しているハードディスクはすべてSSDの製品に出会う方もいるかもしれません。すべてSSDであったとしても、そのSSDの転送速度に8倍もの差があると思うと、その接続規格にもこだわりたいものですね。

また、「クラウド派なのでIOPSで購入しています」という方も、IOPS（処理量）とレイテンシー（遅延）は異なるものです。

NVMeはレイテンシーを向上するので、NVMe対応サービスも確認してみてください。

※1　一般的に、SAS3.0規格であっても、HDDの実際の転送能力は各メーカーによって異なります。ここではイメージとしてとらえてください。

2.6 まとめ

　これで、CPUからHDDやネットワーク等I/Oデバイスまでの一通りのデータの流れについて説明できました。この一連の流れを絵にすると図2.20のようになります。CPUがPCIコントローラの役割を持ったことから、少し絵が複雑になりましたが、このアーキテクチャも今後変わっていくでしょう。

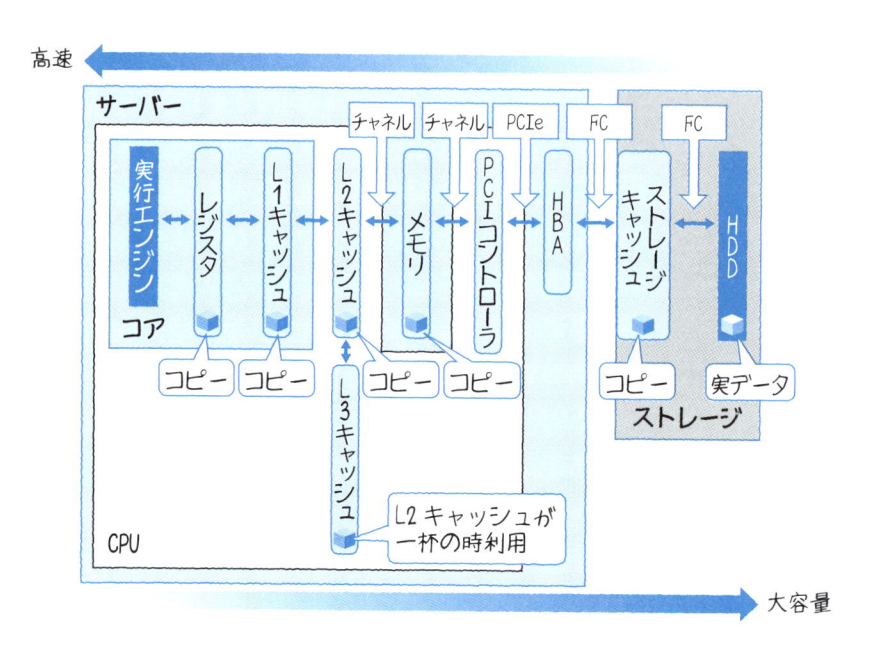

図2.20　CPUまでの道のりは遠い

　いかにHDDのデータがCPUに到達するまでの道のりが遠いか、わかりますね。HDDのデータはさまざまな転送バスを通り、何度もキャッシュされ、CPUコアに到達します。また、CPUに近いほうが高速で、遠いほうが大容量であることもわかります。

　ハードウェアはシステムの基盤中の基盤です。アプリケーション、OSは、このハードウェアを動かすプログラム群と言えます。プログラムが動くとハードウェアがどのように動くのかをイメージでき、それを踏まえて新たな仕組みやシステムを生み出せるようになるのが、真のITエンジニアなのだろうと筆者は思います。筆者もまだまだ道半ばで、勉強の日々です。本章が皆さまにとって、ハードウェアにおけるデータの流れの理解のために、少しでもお役に立てば幸いです。

3 階層型システムを見てみよう

前章では、システムやサーバーを構成する物理機器について説明しました。しかし残念ながら、システム利用者は、サーバーやその部品を実際に目にすることは少ないものです。利用者が一番多く目にするものは「データ」です。本章では、第1章で紹介した「3階層型アーキテクチャ」を主軸に、システムが扱う「データ」に着目し、そのシステム上での流れを具体的に見ていきます。

3.1 ┃ 3階層型システムの図解

第1章で紹介した3階層アーキテクチャについて、まず主要構成要素であるWebサーバー、アプリケーション（AP）サーバー、データベース（DB）サーバーをまとめて1つの図としてみました（図3.1）[※1]。

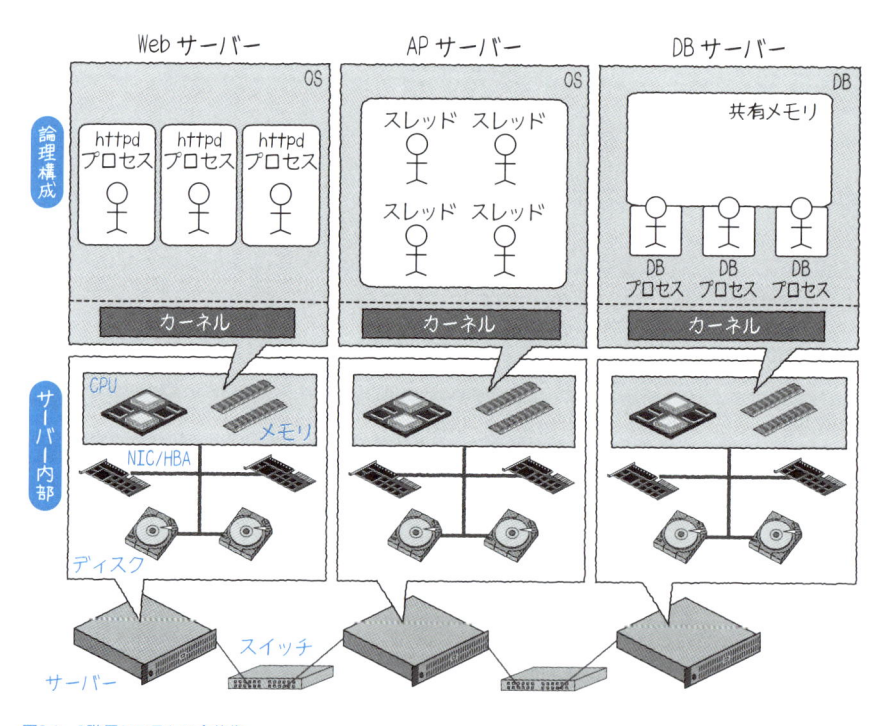

図3.1　3階層システムの全体像

※1　実はこの本の表紙の裏には、この絵をより詳しく書いたものが載っています。第4章／第5章の要素とのひも付けも行なっていますので、ぜひ確認してみてください。

まず最初に目につくのは棒人間ですよね。これが何かは次節で説明しますが、本書では彼の姿を何度も見かけることになりますので、慣れ親しんでおいてください。

　下から見ていきましょう。3台のサーバーは、スイッチ経由で接続されています。それぞれのサーバーについてズームアップしてみると、CPU、メモリ、ディスク、NIC/HBAといったハードウェア機器が並んでいます。これらは、前章で紹介した物理機器です。

　その上に、CPUとメモリ領域をズームアップした枠組みがあります。この部分が、本章のメインテーマとなる、論理構成です。この枠組みは「オペレーティングシステム（OS）」領域を表わしています。棒人間とカーネル（Kernel）については、次節で説明します。

　データの流れを見ていく前に、論理構成における主要要素について見ていきます。

3.2 ‖ 主要概念の説明

　OSを理解する上で欠かせない概念である、プロセスおよびスレッドと、カーネルについて簡単に説明していきます。さらに詳しいことが知りたくなった方は、姉妹書『絵で見てわかるOS／ストレージ／ネットワーク 新装版』（ISBN：978-4-7981-5848-8）も併せて読んでみてください。

3.2.1　プロセスおよびスレッドとは？

　まずは注目の棒人間から説明します。皆さんも、インターネットからプログラムをダウンロードし、PCにインストールしたことがありますよね。プログラムをインストールし、アイコンをダブルクリックして起動すると、ウィンドウが表示されますよね。もう1回ダブルクリックすると、別のウィンドウが起動することもあります。これらが、プロセスやスレッドと呼ばれるものです。図3.2をご覧ください。

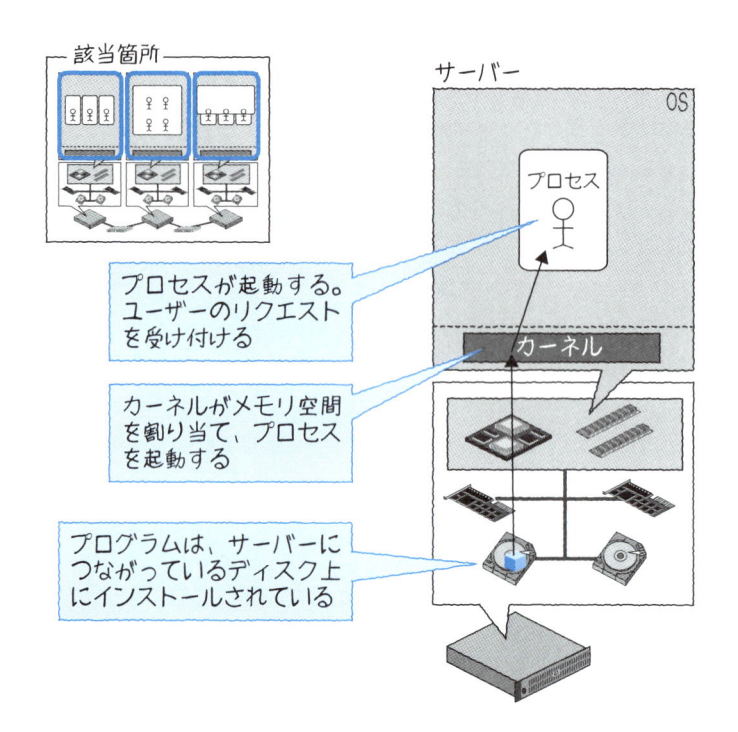

図3.2　プロセス起動時に何が起きているか

　プロセスやスレッドは、プログラムの実行ファイルそのものではありません。OS の上で起動し、ファイルからは独立して、自分で動いている状態になっているものを指します。多くの書籍でも「人型」として記載されるように、プロセスやスレッドが起動するということは、息が吹き込まれ、まるで人間であるかのように活動を開始することを表わします。本書を読み終わるころには、プログラムを起動するたびに棒人間が脳裏に浮かぶようになりますよ。

　さて、プロセスおよびスレッドが活動するには、メモリ空間が必要です。これはカーネル（後述）により、メモリ上に確保されます。このメモリ空間は、棒人間が自分のために所有する空間、さながらパーソナルスペースとでも言うべき領域です。さまざまな処理を行ない、データのやり取りを行なう上で、このメモリ空間を利用します。図3.2にあるように、プロセス起動時にこの空間が確保されます。

　では、3階層型システムにおけるサーバーごとに具体的にどういったプロセスが起動しているのか、見ていきましょう。図3.3をご覧ください。

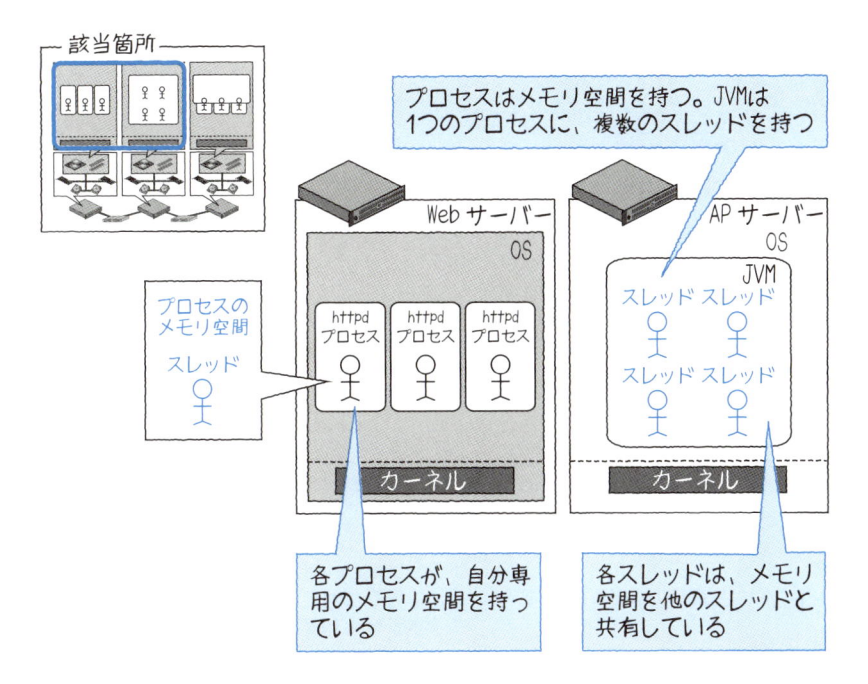

図3.3　プロセスとスレッドのメモリ空間の違い

　まず、Webサーバーを見てみましょう。ここではApache HTTP Serverを用いて説明します。「httpdプロセス」とラベルが貼られている棒人間がプロセスです。その周りを囲むような白い空間がありますよね。これがプロセスのメモリ空間を表わしています。プロセスの具体的な動きについてはあとで出てきますが、ここでは、個々の棒人間が独立したメモリ空間を所持している点に注目してください。

　APサーバーも見てみましょう。「スレッド」とラベルが貼られている棒人間が、スレッドです。Webサーバーとは異なり、APサーバー上の棒人間は1つのメモリ空間を共有していますよね。これがプロセスとスレッドの大きな違いです。プロセスは、自分専用のメモリ空間を主に利用して動きます。スレッドは、ほかのスレッドとメモリ空間を共有した運命共同体となります。

　たとえば、プロセスは夫婦共働きで、財布は別々に管理しているイメージです。一方のスレッドは、奥さんは旦那さんの扶養家族というイメージです。子どもがたくさんできれば扶養家族が増えますが、お財布1つをやりくりすることになりますね。どちらの家族も構造こそ違いますが、生活するという目的は同じです。プロセスとスレッドの関係も似たようなイメージです。

プロセスとスレッドのどちらを利用するかは、アプリケーション開発者が決めます。その際は、それぞれの特性を理解した設計、プログラミングを行なう必要があります。たとえば、プロセスは独自のメモリ空間を持つため、生成時のCPU負荷が、スレッドと比較して高くなります。ですので、マルチプロセスのアプリケーションでは、プロセスの生成コストを下げるために、あらかじめプロセスを起動しておくといったことを行ないます。その実例がコネクションプーリングと呼ばれるものであり、第7章で詳しく説明します。

　複数同時起動を前提とした場合での、プロセスとスレッドのメリットとデメリットを簡単にまとめておきます（表3.1）。

表3.1　プロセスとスレッドの比較

	プロセス	スレッド
メリット	個々の処理の独立性が高い	生成時の負荷が低い
デメリット	生成時のCPU負荷が高い	メモリ空間が共有されるため、意図しないデータの読み書きが発生し得る

　ただし、プロセス同士がメモリ空間を共有できないわけではありません。たとえばOracle Databaseにおいては、図3.4のように、複数のプロセスが「共有メモリ空間」を相互利用するアーキテクチャを取ります。それとは別に、プロセスごとの独自のメモリ領域もあり、用途ごとに使い分けています。各プロセスで共有したいようなデータ、たとえばキャッシュとして格納しているデータ（第4章で詳しく説明します）は共有メモリ上に置きます。一方で、各プロセスのみ利用するようなデータ、たとえば自らの計算結果は、自分専用のメモリ領域に置きます。

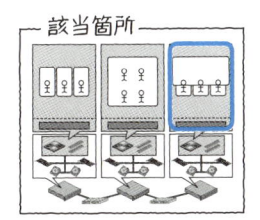

該当箇所

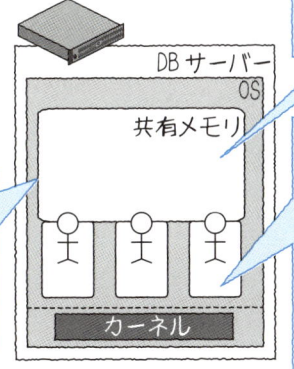

DBサーバー
OS

共有メモリ

カーネル

①Oracle Database では、各プロセスごとのメモリ空間（PGA）と、プロセス全体で共有するメモリ空間（SGA）に分かれている

②共有メモリ（SGA）には、ディスク上データのキャッシュや、実行済みSQLのキャッシュ、表、索引などが格納されている

③プロセスごとのメモリ（PGA）には、そのプロセスのSQLで利用するソート領域や、表同士の結合に利用するメモリ領域が格納される。この領域は、ほかのプロセスからアクセスされることはない。ここが足りなくなった場合は、共有メモリをいくら大きくしても効果は出ない

図3.4　共有メモリ型DBMSにおけるメモリ管理

‖‖ Column

棒人間の冒険

　棒人間は英語では「Stickman」「Stick Person」と呼ばれます。日本だけで使われるものではなく、国際的ヒーローです。

　ITの世界では、Unified Modeling Language（UML）という規格において、アプリケーションのユースケース図にも用いられます。アプリケーション畑の方から見ると、そちらのイメージが強いかもしれません。

　本書では、OS上の「プロセス」をイメージしていますので、慣れ親しんでください。

OSにとって、カーネルとはその心臓であり、脳であり、脊髄となるものです。カーネルがOSの本質そのものであり、そのほかは豪華なオマケと言っても差し支えありません。カーネル自身が、OSにとっての「インフラ」であるとイメージしてください。カーネルの主な役目は多数ありますが、重要なのは「裏で何が起きているかを隠蔽し、便利なインターフェースを提供する」という事実です。カーネルが存在することで、開発者は、ハードウェアの詳細を理解せずとも、またほかのアプリケーションへの影響を深く意識せずとも、アプリケーションを作ることが可能となります。

OSとしての処理は、原則的にカーネルを通じて行なわれます。カーネルの役割は多岐にわたりますが、図3.5に6つの機能を挙げました。本章では、そのうちの5つ（①

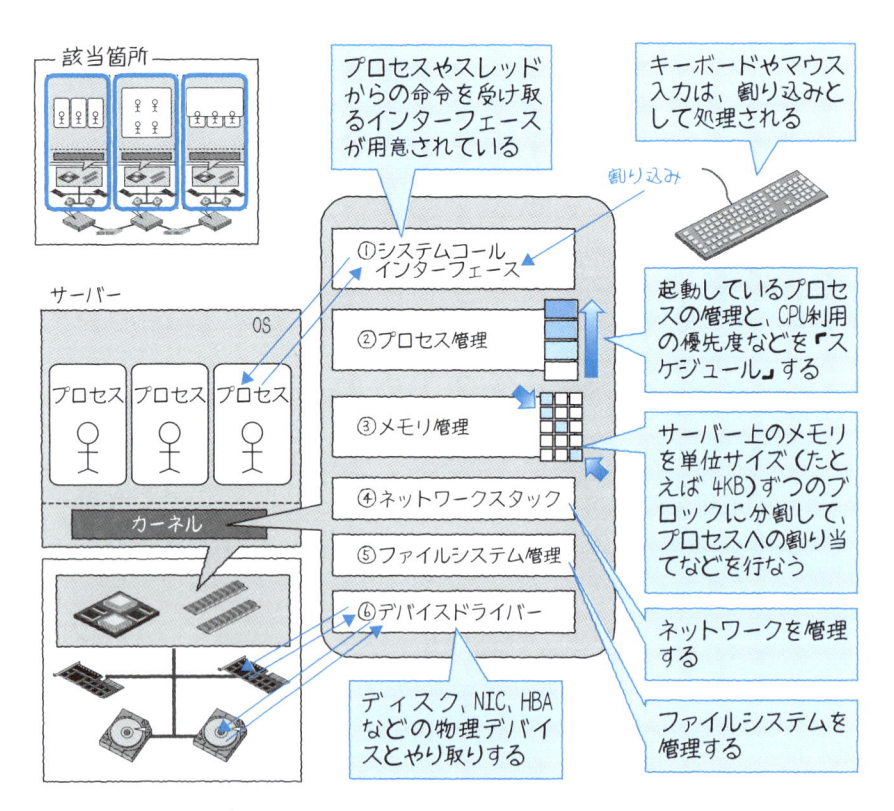

図3.5　カーネルの6つの役割

②③⑤⑥）をピックアップしてご紹介します（最後の1つ「④ネットワークスタック」
は第6章で取り上げます）。

①システムコールインターフェース

　プロセス／スレッドからカーネルへのインターフェースです。アプリケーションが
OSを通じて何かを行ないたいときは、システムコールと呼ばれる命令を利用するこ
とで、本インターフェースを通じて、カーネルに対して命令を出します。銀行や役所
の、受付窓口をイメージすると良いかもしれません。

　たとえばディスク上のデータを読み書きしたい場合や、ネットワーク通信を行ない
たい場合、新しいプロセスを生成したい場合など、該当するシステムコールを呼び出
せば、その機能を利用できます。その裏で具体的に何が行なわれているか、プロセス
は意識する必要がありません。

　図3.6のように、ディスクアクセスもネットワークリクエストも、プロセスから見
た場合、カーネルに対するシステムコールという観点では差がありません。

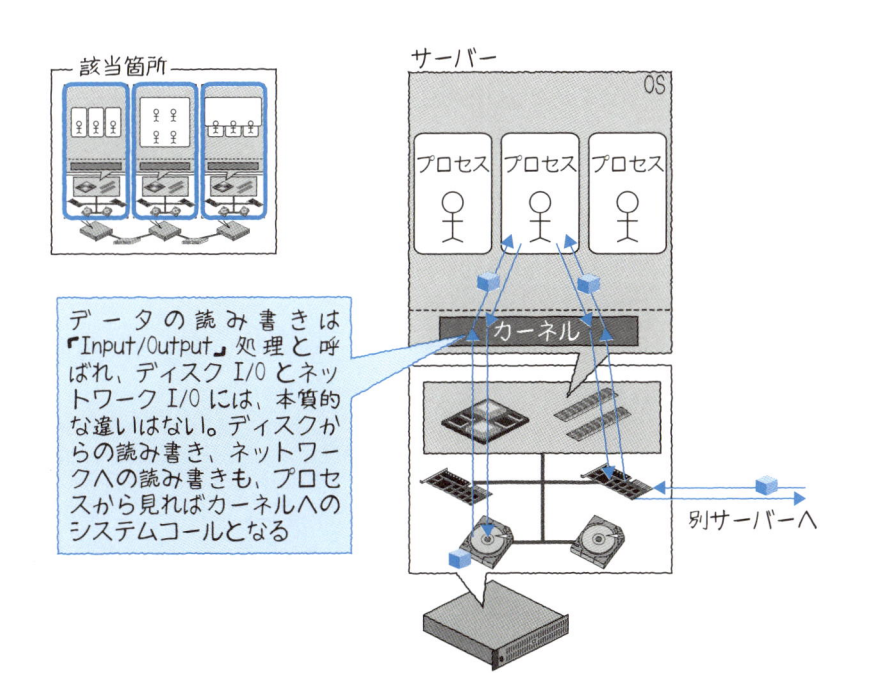

図3.6　ディスクI/OもネットワークI/Oもシステムコール

②プロセス管理

　プロセスを管理します。OS上では数十、数百、数千といった数のプロセスが稼働することができます。それに比べて、物理サーバーでのCPUコア数は、多くても数十といった数しかありません。いつ、どのプロセスが、どれだけCPUコアを利用できるのか、処理優先度をどうつけるか、そういったことを管理するのが本機能の役割です。たとえば、遠足における引率の先生のようなイメージです。「はい、みんな並んでー」「男子と女子は交互に座ってー」などです。この機能がない場合、そもそもOSが成り立たないので、OSにとって最も重要な機能と言えます。

③メモリ管理

　メモリ領域を管理します。プロセス管理はCPUコアを考慮しましたが、メモリ管理では物理メモリ空間の上限を考慮します。プロセスが利用する独立したメモリ空間を確保したり、お互いが参照すべきでない領域を守るための独立性を管理したりするのも、メモリ管理機能の役目となります。この機能がない場合、各プロセスは自分以外のプロセスが利用しているメモリ領域の範囲も把握する必要があり、そのハードウェアの神でもない限り、アプリケーション開発が非常に難しいものとなります。

④ネットワークスタック

　ネットワークについては、第6章でより詳しく説明します。

⑤ファイルシステム管理

　これはファイルシステムへのインターフェースを提供します。図3.7をご覧ください。

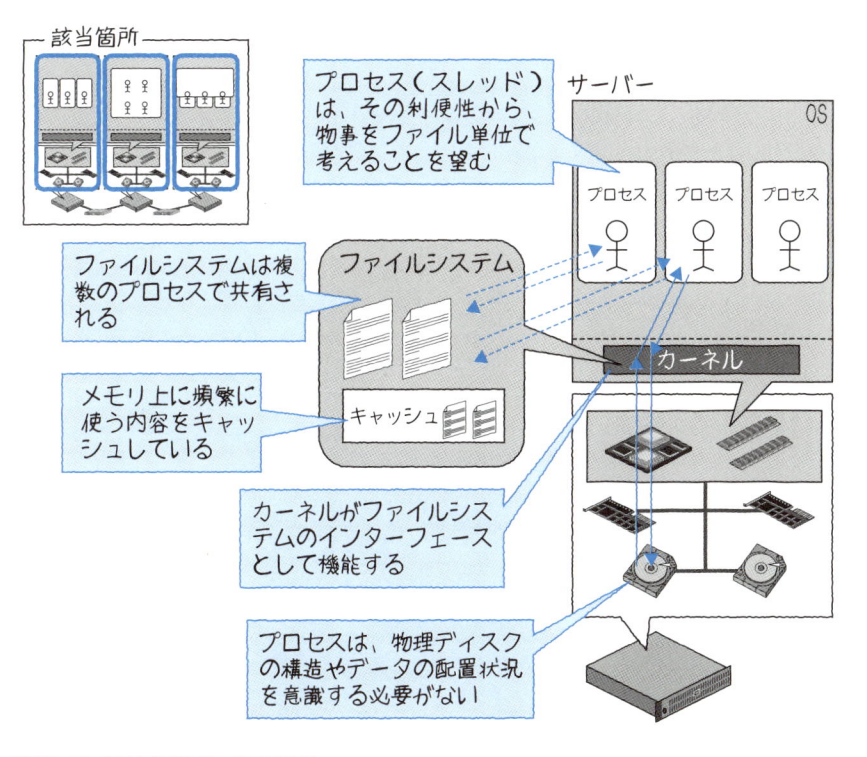

図3.7　プロセスから見たファイルシステム

　ファイルシステムとは、OSの機能の1つとして提供され、物理ディスクに格納された データを管理する機能を指します。

　皆さんが普段利用する「文書ファイル」や「表計算ファイル」がファイルです。物 理ディスクに書き込まれているデータはただの「01011110…」などといった数値の 集まりであり、区切りなどもなく、そのままでは非常に扱いにくいものです。ファイ ルシステムがあるおかげで、アプリケーションは「ファイル」という単位でデータを 作成したり、更新したり、削除したりできるようになります。

　管理機能には主に、ディレクトリ（フォルダ）構造の提供、アクセス管理、高速化、 耐障害性の向上が含まれます。

⑥デバイスドライバー

　ディスクやNICなどの物理機器とのインターフェースを提供します。たとえばディスクやNICは、多数のベンダーが独自の製品を提供しています。それぞれに対応したアプリケーションを作成することは現実的ではないため、カーネルはデバイスドライバーを利用し、その下にある物理デバイスを隠蔽する役目を果たします。各機器のベンダーが、OSに対応したデバイスドライバーを用意し、そのOSの標準的なデバイスとしてカーネル経由で利用できるようにします。

Column

カーネルは決して一枚岩ではない

　カーネルの設計思想および実装には、主に2種類あります。「モノリシック（Monolithic）カーネル」と「マイクロ（Micro）カーネル」です。モノリシックとは「一枚岩」であり、マイクロとは「小さい」を意味します。

　モノリシックカーネルは、OSの主要構成要素をすべて1つのメモリ空間で提供しています。まさに一枚岩という言葉が示す通り、単一の「王様」がすべての機能を提供するイメージです。もう一方のマイクロカーネルでは、必要最小限のみをカーネルが提供し、それ以外の機能はカーネル外で提供します。カーネル自身が小さくなるので、よりシンプルになると言えます。前者の代表例はUnix系のOSやLinuxであり、後者の代表例はApple社のmacOSです。

　とはいえ、どちらもメリットやデメリットがあるので、現在主流の多くのアーキテクチャは両方の「いいとこ取り」をしています。たとえばLinuxではカーネルモジュールを利用することで追加機能を取り込めますので、マイクロカーネル的な特徴も併せ持っています。

　何事も一枚岩とはいかないものです。

3.3 ‖ Web データの流れ

さて、ここからは皆さんにとっても一番なじみ深いと思われる、3階層型システムにおけるWebデータの流れについて説明します。図3.8の流れに沿って見ていきましょう。

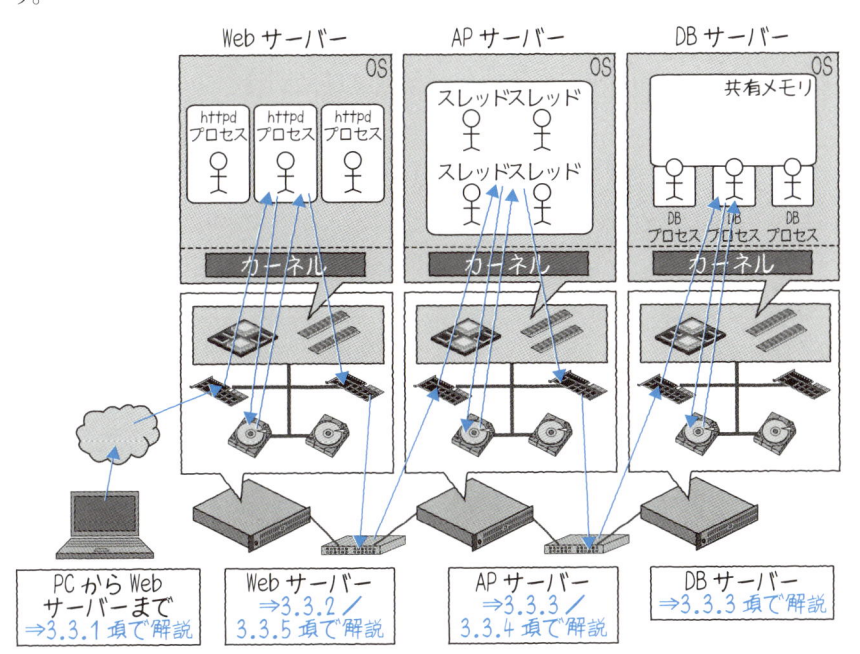

図3.8　本節で説明する内容：3階層型システムでのWebデータの流れ

3.3.1　クライアント PC から Web サーバーまで

図3.9には、クライアントPC上でWebブラウザを起動してから、Webサーバー上にリクエストが行なわれ、APサーバーへの問い合わせが行なわれるまでの流れを記載しています。それぞれのステップで何が起きているのか、細かく見ていきましょう。

全体の流れは、以下のようになります。

①Webブラウザからリクエストが発行される
②名前解決が行なわれる

③Webサーバーがリクエストを受け付ける

④Webサーバーが静的コンテンツか、動的コンテンツかを判断する

⑤必要な経路でデータにアクセスする

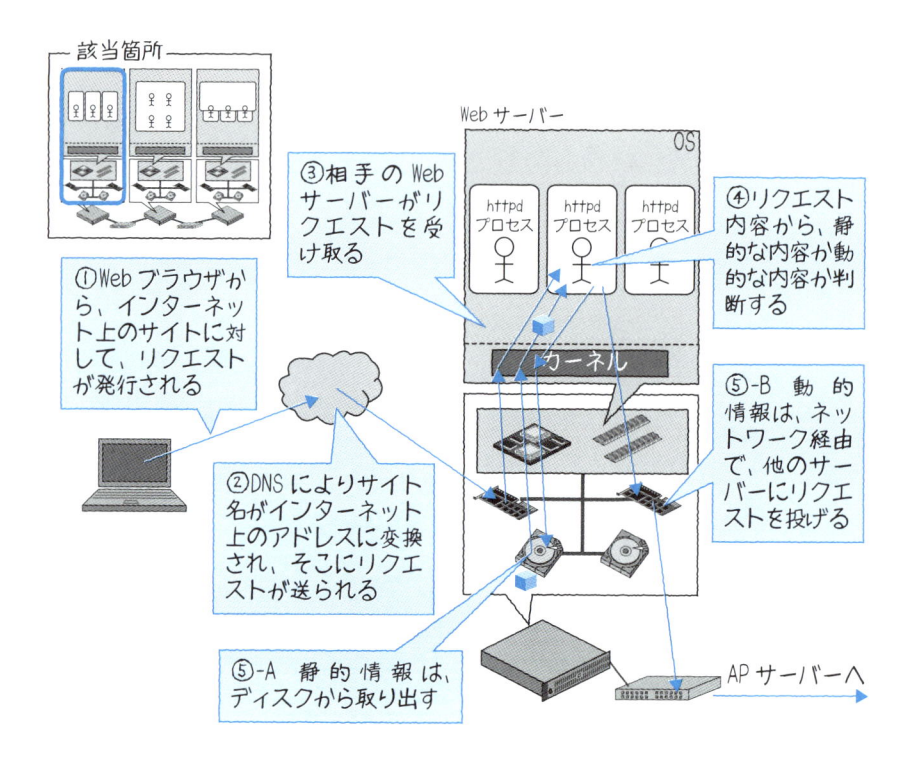

図3.9　クライアントPCからWebサーバーへのデータの流れ

　まず、インターネットに接続されている環境で、Webブラウザを起動してみます。

　図3.10は、サーバーではなくPCでの処理の図解です。ディスクからプログラムが読み込まれ、プロセスが起動し、メモリ空間を確保します。この流れは、PCでもサーバーでも、基本的には同じ動きとなります。前節で紹介したシステムコールが用いられている点に注目してください。

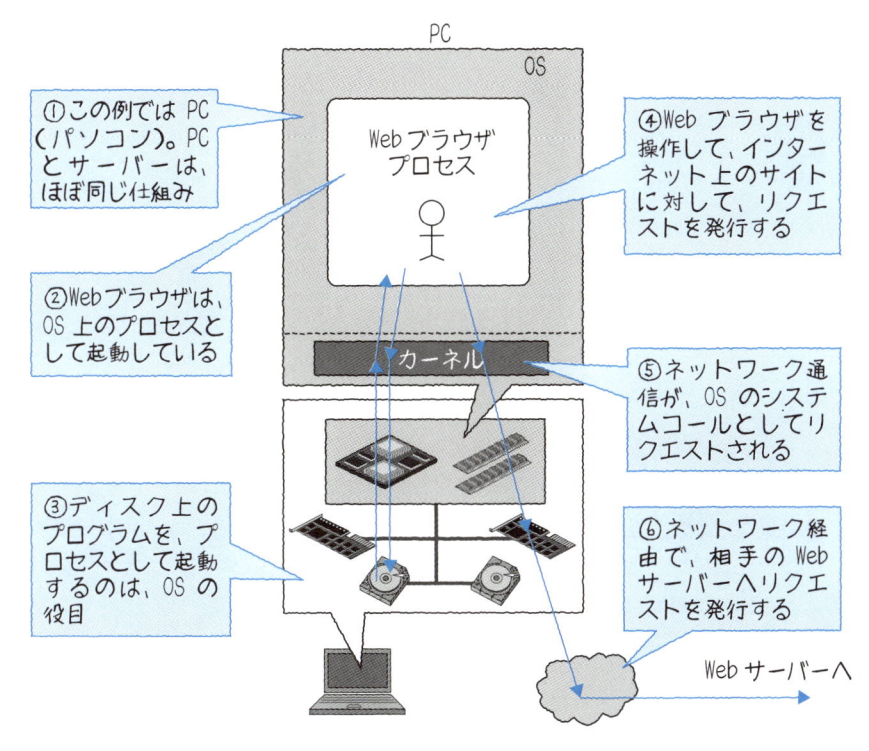

図3.10　クライアントPC上でのWebブラウザの起動

　Webブラウザのアドレス欄に「http://www.yahoo.co.jp」とURLを入力し、[Enter]キーを押します。このとき、名前解決が行なわれてからWebサーバーにアクセスします。このURLがどういう意味か、皆さん知っていますか？　答えは、「HTTPを利用して、www.yahoo.co.jpサーバーにアクセスする」という意味です。

　しかしWebブラウザは、このサーバーがどこにあるのかがわからないため、図3.11のように調べる必要があります。この仕組みを「名前解決」と呼びます。

　どうしてこのような仕組みが必要なのかというと、インターネット上のアドレスは「IPアドレス」という数値で表わされており、文字列であるURLとIPアドレスとを結びつけないと、通信ができないためです。こうしたネットワーク関連の細かな話は、第6章でご説明します。

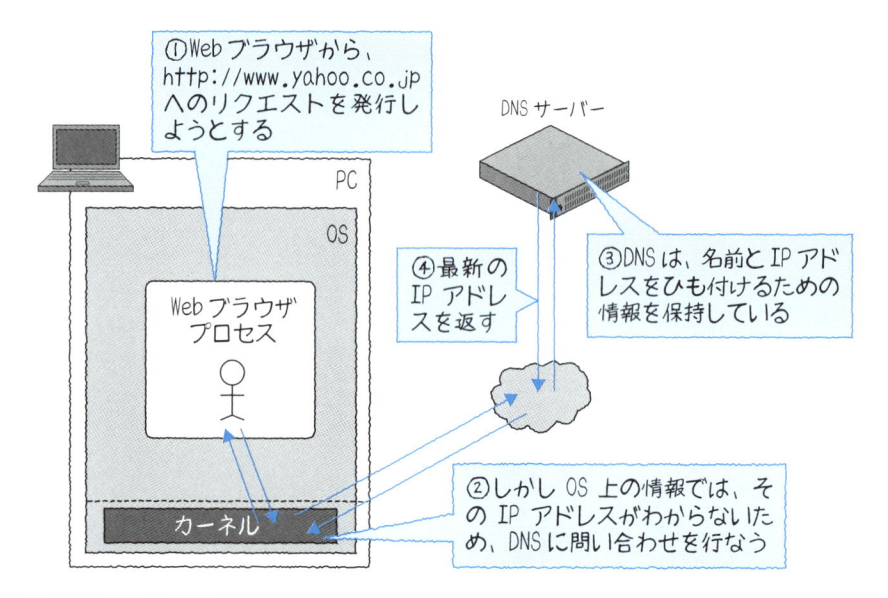

①Webブラウザから、http://www.yahoo.co.jpへのリクエストを発行しようとする

DNS サーバー

③DNS は、名前と IP アドレスをひも付けるための情報を保持している

④最新の IP アドレスを返す

Web ブラウザ プロセス

②しかし OS 上の情報では、その IP アドレスがわからないため、DNS に問い合わせを行なう

カーネル

PC

OS

図3.11　名前解決の仕組み

　さて、Webサーバーまでたどり着きました。Webサーバーの役割は、HTTPリクエストに応じて、適切なファイルやコンテンツを返すことです。HTTPとは、「HyperText Transfer Protocol」というプロトコルのことです。プロトコルの意味は第4章で詳しく説明しますが、「HTTPとは、テキストを送受信するための約束事である」とイメージしてください。現在のHTTPは画像や動画データの伝播にも利用されますが、あくまでベースはテキストデータとなっています。

　前掲した図3.8（p.57）のWebサーバー上には、HTTPを扱うことができる「httpdプロセス」が稼働しています。Apacheでは、基本的には親プロセスと子プロセスで処理が分担して行なわれます[※2]。設定によりさまざまな処理方法を選べますが、どのケースでも、基本的に子プロセスがHTTPリクエストを受け付けます。

　リクエストへの返答内容は、HTMLファイルというテキストデータや、画像や動画といったバイナリデータです。これらは「静的コンテンツ」と「動的コンテンツ」に分類することができます。

　「静的コンテンツ」とは、リアルタイムに変化する必要がないものを指します。たとえば、会社のロゴ画像データなど。会社のロゴが毎日変化したら困りますよね。Webサーバーでは、こういったデータの更新頻度が少ないものはディスク上に格納しておき、リクエストがあったときにはこの格納しておいた内容をHTTPに載せて、ユーザーのWebブラウザに返します。

※2　子プロセス内部で複数スレッドが起動する形も取ることができます。

「動的コンテンツ」とは、高頻度で変化するデータを指します。たとえば、ユーザーの銀行残高情報、最新の天気予報データ、ショッピングサイトの買い物かごのデータなど。預金したのに銀行口座が変化しなかったら嫌ですよね。性能への影響は第8章で説明しますが、こういったデータをサーバー内部のディスク上に格納すると、更新頻度が高すぎるため、ディスク性能がボトルネックとなる場合がありますし、そもそも、いったんファイルという形で格納すること自体が非効率です。こういった動的コンテンツは、一般的に「APサーバー」でHTMLファイルを動的に生成させます。Webサーバーは、動的コンテンツに対するリクエストをAPサーバーに丸投げし、結果を待ちます。

3.3.2　Web サーバーから AP サーバーまで

　「動的コンテンツ」へのリクエストを処理するのがAPサーバーです。図3.12で、具体的な処理内容について見てみましょう。

　全体の流れとしては、以下となります。

①Webサーバーからのリクエストが到着する
②スレッドがリクエストを受け取り、自分で計算できるのか、DBへの接続が必要か判断する
③DBへの接続が必要な場合、コネクションプールにアクセスする
④〜⑤DBサーバーにリクエストを投げる

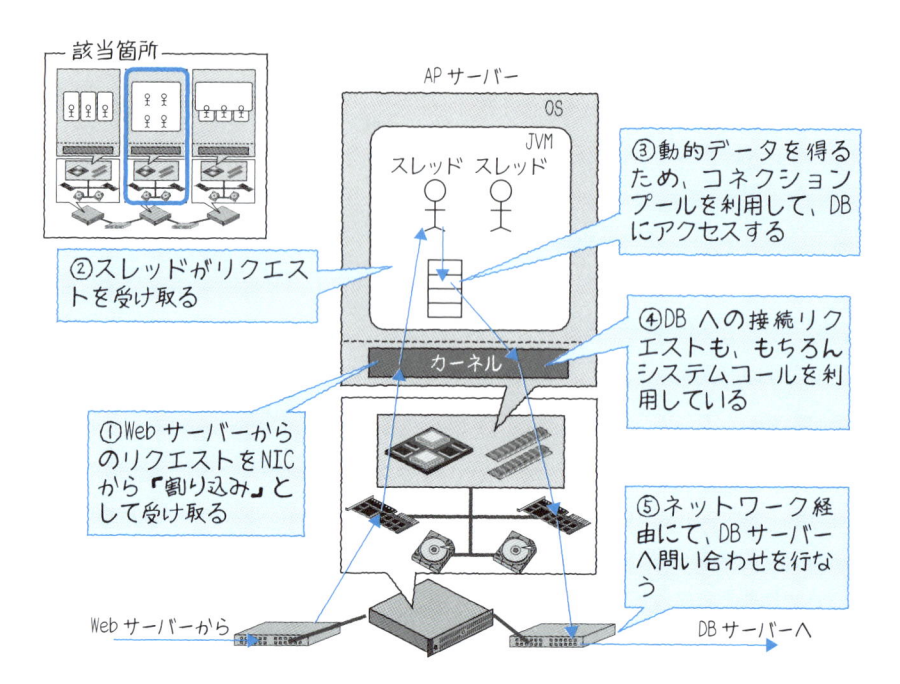

図3.12　WebサーバーからAPサーバーのデータの流れ

　動的コンテンツへのリクエストに対しては、まだ存在しないコンテンツを可及的速やかに作り出す必要があります。この役割を担うのがAPサーバーです。

　Javaを利用したAPサーバー上では、Java Virtual Machine（JVM）と呼ばれる仮想マシンが動いています。このJVMも、実は1つの巨大なプロセスです。仮想マシンという名前の通り、それ単体で1つのOSであるかのように、さまざまな機能を備えています。その中で動く1つのスレッドが、リクエストを受け取ります。

　たとえば、このリクエストが「1＋1の計算結果」を求めるものだとします。こういった単純なリクエストはアプリケーション上で計算すれば良いので、APサーバーの担当スレッドが計算を行ない、結果を返します。

　たとえば、このリクエストが「ユーザーの残高情報」だとします。こういった情報はAPサーバーでは持っていません。1つの銀行には口座数が数十万、数百万といった単位で存在します。APサーバー上でこれらすべてのデータを管理することは現実的ではなく、大量データを管理するにはDBサーバーが向いています。こういったケースでは、APサーバー上のスレッドはDBサーバーへの問い合わせを行ない、その結果をまとめてから返します。

　APサーバーからDBサーバーへのアクセスには「ドライバー」が利用されます。前

述のカーネルのデバイスドライバーと同じような位置づけであり、その裏側にある
データベースへのインターフェースとなり、そのデータベース自体を隠蔽する役目が
あります。

DBサーバー以外の選択肢

さて、データが欲しければDBサーバーへアクセスするのが一般的ですが、必ずし
もこれは効率的ではありません。たとえば、「日本の都道府県情報」は頻繁に変更さ
れるものではないので、これを毎回データベースに問い合わせる必要はありませんよ
ね。こういった小規模かつ更新頻度が少ない情報は、図3.13のように、JVM内部に
キャッシュとして格納しておいて、そのまま返すことが有効です。

また、JVM内部ではなく、他のキャッシュ専用サーバーを利用していることもあり
ます。その場合は、ネットワーク経由で、さらに問い合わせが行なわれます。

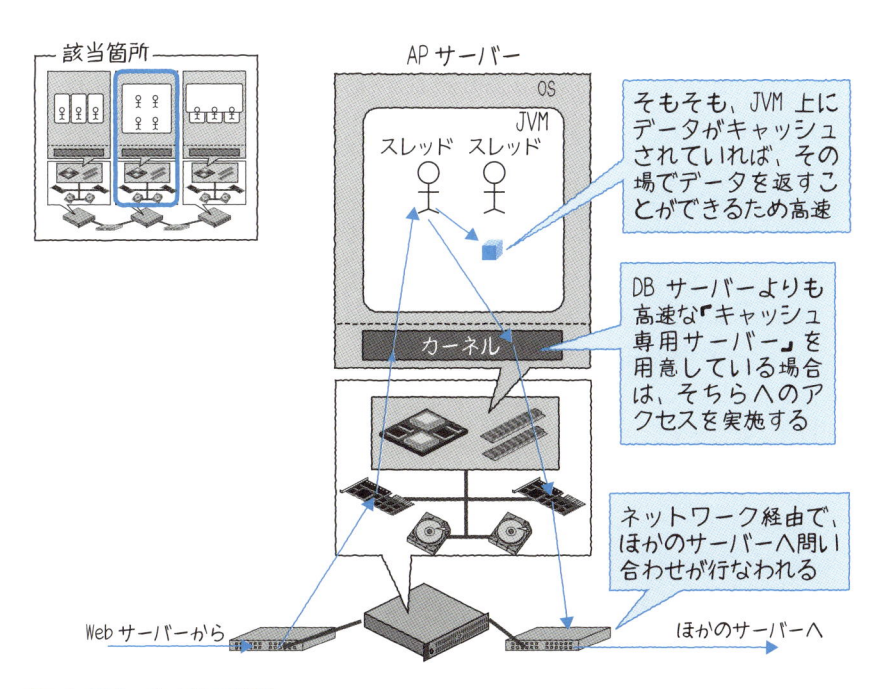

図3.13　DBサーバー以外の選択肢

3.3.3 AP サーバーから DB サーバーまで

図3.14のDBサーバー上では、Oracle Databaseであればサーバープロセスがリクエストを受け取ります。リクエストはSQLという言語の形でやってきます。このSQLを解析し、データのアクセス方式を考え、ディスクやメモリ上から必要なデータだけを集めてくるのが、データベースの主な仕事です。

全体の流れとしては、以下となります。

①APサーバーからのリクエストが到着する
②プロセスがリクエストを受け取り、キャッシュが存在するか確認する
③キャッシュになければ、ディスクにアクセスする
④ディスクからデータが返る
⑤データをキャッシュとして格納する
⑥結果をAPサーバーに返す

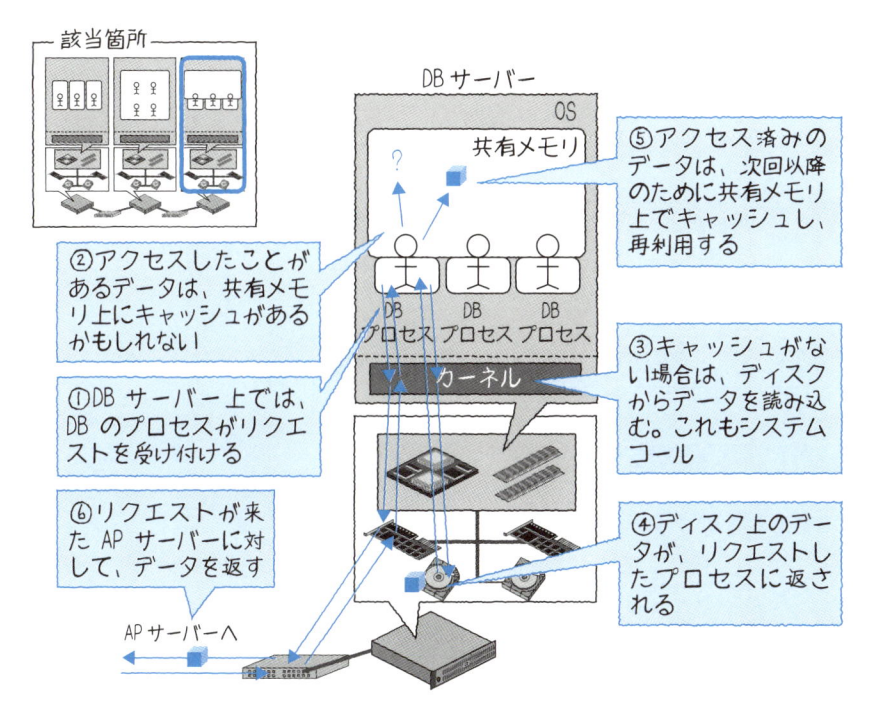

図3.14　APサーバーからDBサーバーに来て、戻るまでのデータの流れ

該当箇所

⑤アクセス済みのデータは、次回以降のために共有メモリ上でキャッシュし、再利用する

②アクセスしたことがあるデータは、共有メモリ上にキャッシュがあるかもしれない

①DBサーバー上では、DBのプロセスがリクエストを受け付ける

③キャッシュがない場合は、ディスクからデータを読み込む。これもシステムコール

⑥リクエストが来たAPサーバーに対して、データを返す

④ディスク上のデータが、リクエストしたプロセスに返される

APサーバーへ

DBサーバー
OS
共有メモリ
DBプロセス　DBプロセス　DBプロセス
カーネル

　DBサーバーにもさまざまなソフトウェアがあります。Web系のシステムでポピュラーなものとしてはMySQLやPostgreSQL、企業向けではOracle社の提供するOracle Database、Microsoft社の提供するSQL Serverなどがあります。ここでは、Oracle Databaseを用いて説明を進めます。

　DBサーバーはデータの格納庫です。管理対象データは膨大なので、いかに効率的にアクセスするかを重視します。多くのケースでは、まずサーバーのメモリ上にキャッシュがないか確認します。存在しない場合は、ディスクにアクセスして、必要なデータを持ってきます。このキャッシュの仕組みについては第5章をご覧ください。

　上記はOracle Databaseの例ですが、たとえばインメモリデータベースなどでは、そもそもディスクを多用せず、すべての処理をメモリ内で完結させるようなアーキテクチャを取り、高速化を実現しています。

　Webサーバーでは個々のプロセスが独立して動いている例を示しましたが、DBサーバー上では、複数のプロセスが役割を分担することがあります。たとえばOracle Databaseでは図3.15のような作業分担が行なわれています。リクエストをSQLとして受け付けて解析やデータへのアクセスを行なうプロセスもあれば、メモリ上にキャッ

シュとして格納されたデータとディスク上のデータの「定期的な同期」を行なうプロセスもあります。これは、分業することで処理を並列化し、「スループット」を向上できるからです。この観点についても第8章でより詳しく説明します。

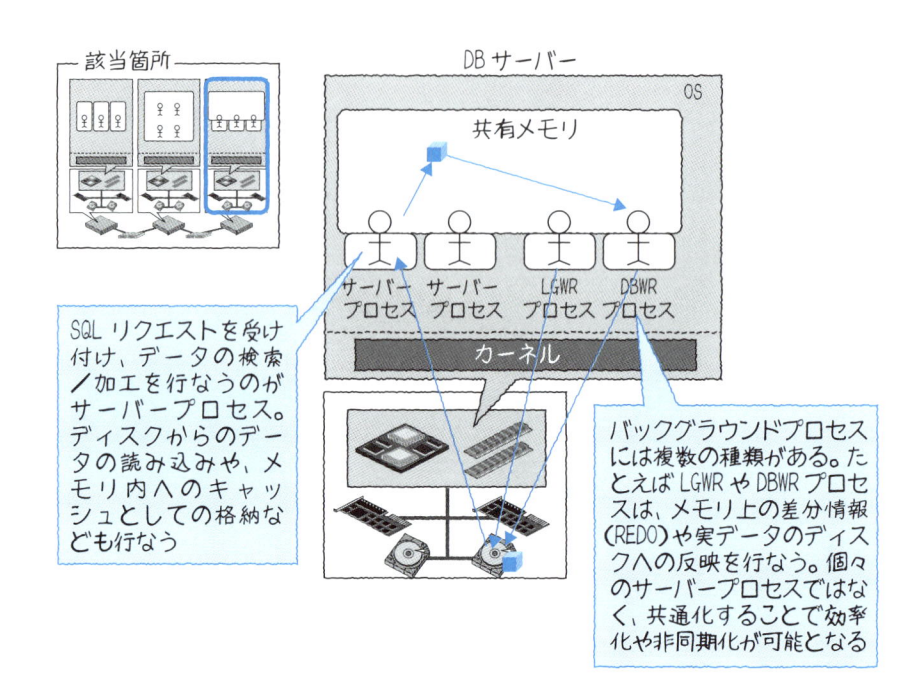

図3.15　Oracle Databaseのプロセス間での作業分担

　さて、これまでに挙げてきた図では、DBサーバーにおけるディスクへのアクセス部分は簡略化されており、多くのエンタープライズ向けシステムの実情を表わしていません。実際にはDBサーバー内部のディスクは耐障害性という観点で劣るため、それを直接利用するケースは少ないです。多くのケースでは、図3.16のように別のストレージ装置へのアクセスが行なわれます。

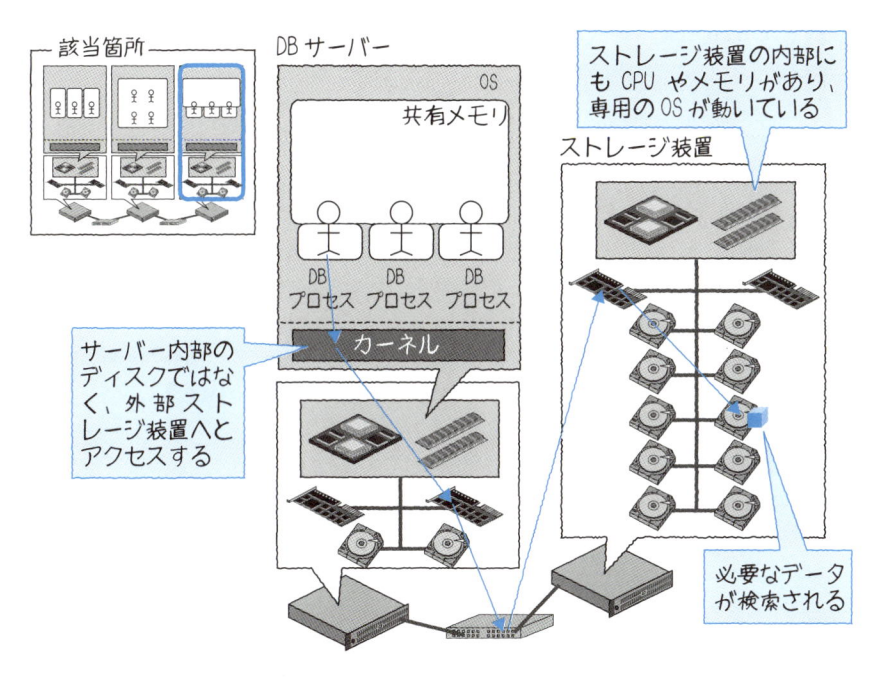

図3.16　外部ストレージ装置へのアクセス

　ストレージ装置には、多数のディスクが格納されています。しかし本質的なアーキテクチャは、これまで登場したWebサーバー、APサーバー、DBサーバーと大差なく、同じようにCPUやメモリがあり、OSが動いています。メモリ上にデータをキャッシュとして格納する仕組みもあります。大量データへの高速アクセスに特化している専用サーバーであるとイメージしてください。外部ストレージの利用例については、第8章で紹介します。

3.3.4　AP サーバーから Web サーバーまで

今度は、同じルートの帰り道を見てみます。DBサーバーからデータが返ってきたので、APサーバーのリクエスト元のスレッドに結果が渡されます。この流れは非常にシンプルです。データを集計するなど、リクエストされた内容に沿うように加工した上で、Webサーバーへとデータが返ります（図3.17）。

全体の流れとしては、以下となります。

①DBサーバーからのデータが到着する
②スレッドがデータを元に計算等を加え、ファイルデータを生成する
③結果をWebサーバーに返す

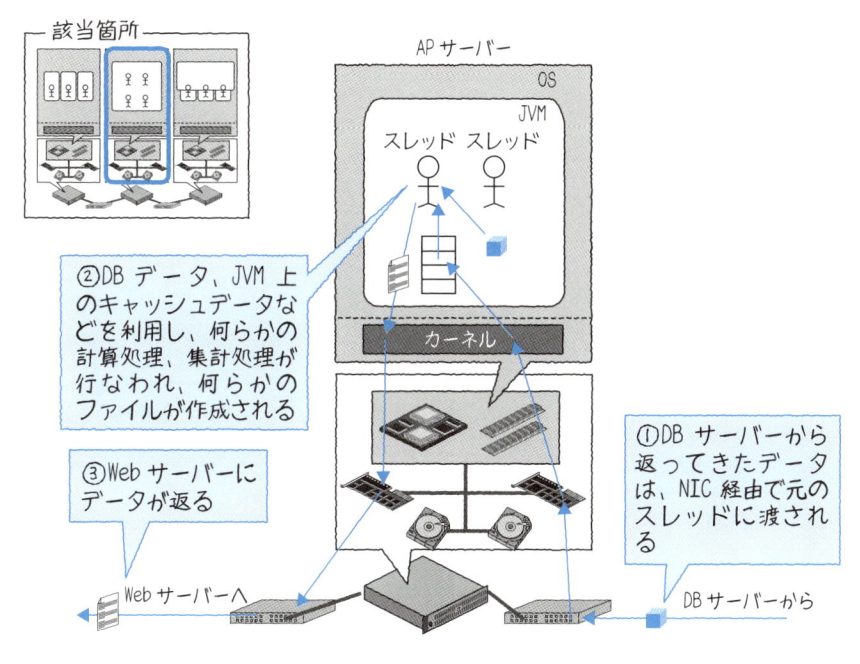

図3.17　APサーバーからWebサーバーに戻るまでのデータの流れ

　加工結果は、テキストデータであればHTMLやXMLファイルが一般的です。そのほかにも、動的に画像などのバイナリデータを生成して返すようなケースもあります。HTTPで転送可能なデータであれば、何を生成してもかまいません。

3.3.5　WebサーバーからクライアントPCまで

　APサーバーから返ってきたデータは、Webサーバーのhttpdプロセスが PC上のWebブラウザに返します（図3.18）

　全体の流れとしては、以下となります。

　①APサーバーからのデータが到着する
　②プロセスは受け取った結果をそのまま返す
　③結果がWebブラウザに返り、画面に表示される

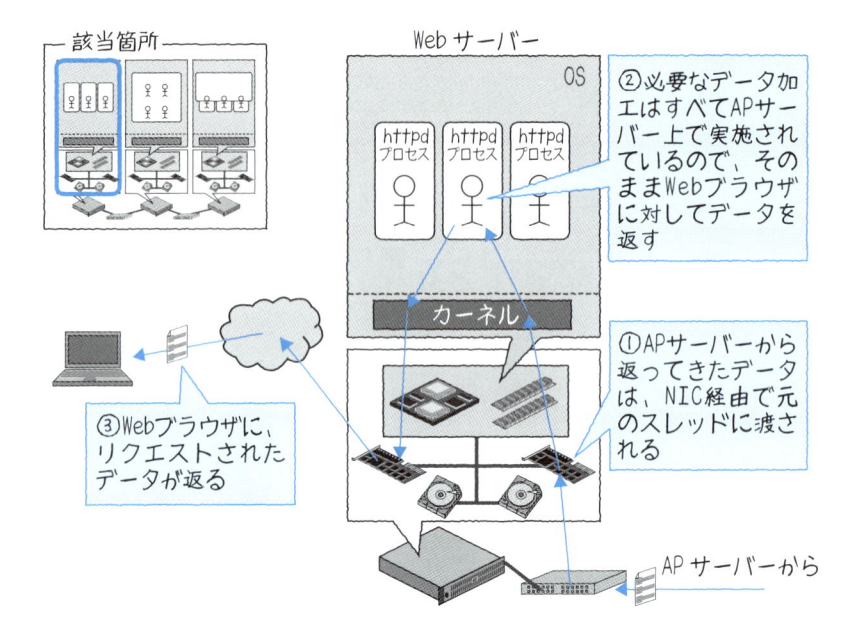

図3.18　WebサーバーからクライアントPCに戻るまでのデータの流れ

　長い道のりでしたが、リクエスト結果がWebブラウザまで返りました。

　基本的には1つのリクエストにつき、1つのデータが返ります。一般的なWebページにおいては、ページのHTMLファイルと、多数の画像ファイルなどがありますので、複数のリクエストに分割されてWebサーバーに届き、それぞれのリクエストごとにデータを返します。

3.3.6　Web データの流れのまとめ

各サーバーで実施される内容は異なりますが、以下のような共通点がありました。

- プロセスやスレッドが何かしらのリクエストを受け取る
- 自分で完結して処理できれば処理するが、必要に応じて、別のサーバーに対してリクエストを送る
- 返答を行なう

3階層システムでは、ユーザーのリクエストが起点となり、そのリクエストが次へ、次へと色々なサーバーに送られます。特徴としては、自分でできない処理は、他の役

割を持つサーバーに渡していくという点です。3階層という名前ですが、実際には
もっとたくさんの階層を利用していることがほとんどです。

　また、基本的に各サーバーは、ユーザーからのリクエストが来るまで、口を開けて
待っている状態です。どのくらいのリクエストが来るかは、実際にリクエストが来て
みるまでわかりません。これがITインフラで性能問題が起きやすい理由の1つです。

　第8章で紹介する性能観点での説明を読む際には、この本質を念頭に置いておいて
ください。

3

 Column

大空を飛ぶ〜鳥瞰図

　鳥瞰図（ちょうかんず）という言葉を知っていますか？　英語で言うと「bird's eye view」です。大空
を飛ぶ鳥から見れば、どんな巨大なシステムだって、ちっぽけなものです。システム
における鳥瞰図は、システム構成図であると言えます。

　多くの現場では、レイヤーごとに担当者が分かれており、自分の担当するレイヤー
しか興味がない、という悲しい状況も多く見られます。全体を見るのはアーキテクト
の仕事、と言われればそうかもしれませんが、全体像を把握しておけば、余計な障害
が未然に防げる可能性があります。

　たとえば「WebユーザーからのDBセッション数は、合計で100接続程度です。ぜん
ぶコネクションプーリングされています」と、ヒアリングで聞いていたとします。な
るほど、これなら現在のメモリ量でも足りるかもしれません。しかし、全体図を確認
すると、どうも社内ユーザーからの接続は、プーリングではなく都度接続が発生する
ようです。改めて確認すると「ああ、確かにそこは都度接続ですね。でも人数は少な
いですよ」と言われます。詳細確認を進めると、実はそこだけで100人以上のユーザー
がいることがわかりました。これは、最大で当初の倍のユーザーが来る可能性を示し
ます。また、APサーバーは2台程度ですが、今後は別業務からの接続が発生するよう
な点線が引かれているではありませんか。「足りなくなったら、DBサーバーのメモリを
増やせばいいじゃない」と言われるかもしれません。しかし、ハードウェアには物理
的な制限があります。拡張が行なえるかどうかは、事前にそれを想定した設計をして
おく必要があるのです。

　自分のレイヤー以外の設計がどうなっているか、どういった拡張計画があるかも、
全体図1つあるだけで、把握が容易になることがあります。なるべく、全体像をつかむ
ように心がけていきたいものです。

3.4 ‖ 仮想化

3.4.1 仮想化とは？

　昨今、オンプレミスでは仮想化技術を利用するケースのほうが多いでしょう。大量のコンピュータを扱うクラウド環境は仮想化技術をベースに構築されています。現在避けては通れない「仮想化」について、その歴史とメリットを紹介します。

　仮想化とは、一言で言うと「コンピュータシステムにおける物理リソースの抽象化」のことです。物理リソースには「サーバー」「ネットワーク」「ストレージ」などがありますが、ここではサーバーの仮想化について見ていきます。サーバーの仮想化のうち「1台のサーバーを複数の論理リソースに見せかける」技術について説明しますが、この技術は古くは1970年代のメインフレームの時代から存在するものです。

3.4.2 OS も仮想化技術の 1 つ

　ハードウェアを意識せずにアプリケーションを実行できるOperating System（OS）は仮想化技術の1つと言えます（図3.19）。OS登場以前は、ハードウェアを意識したプログラミングが必要で、非常に手間がかかりました。OSのカーネルによってハードウェアが抽象化されたことで、コンピュータにつながれた記憶装置や、ネットワークを通じたデータのやり取りが、ハードウェアを意識せずとも行なえるようになりました。

　また、もし一度に動くプログラムが1つだけであれば、OSの役目はさほど大きくなかったでしょう。しかし実際には、1つのコンピュータ内で同時に複数のプログラムが動きます。OSのないプログラムでこれを実現しようと思うと大変なことになります。たとえばOSがない場合、1つのプログラムのバグのせいで、コンピュータ全体が機能停止に陥る可能性があります。対して、OSがある場合は、仮想メモリによりプロセスやOSカーネルのメモリ空間が隔離され、1つのプログラムが処理に失敗しても、システム全体に影響が出ないように工夫されています。

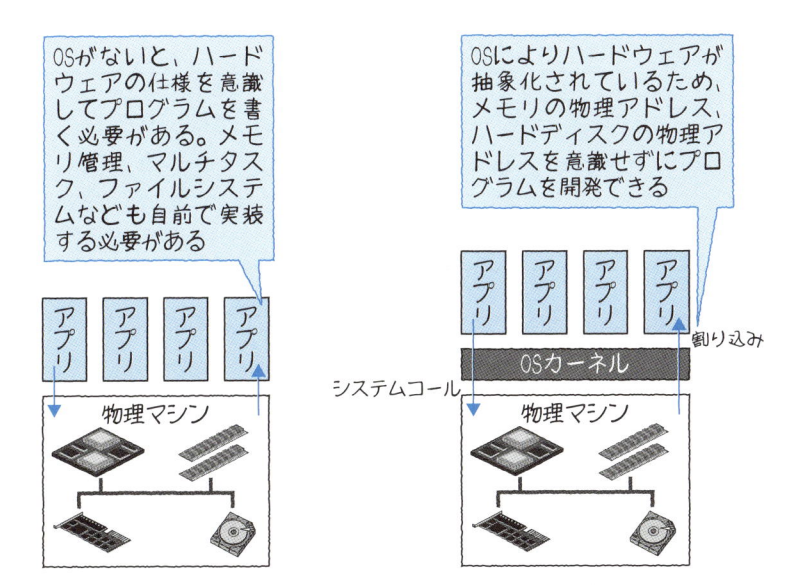

図3.19　OSも仮想化技術の1つ

Column

「仮想」と「バーチャル」の違い？

　コンピュータの世界では、「Virtual（バーチャル）」という英単語は「仮想」という日本語で訳されますね。「仮想」の意味を辞書で引くと、「仮の想定。仮に○○だと考えること。」といった内容が書かれています。「Virtual」（こちらは形容詞ですが）の意味を辞書で引くと、「ほとんど真実に近い〜。厳密には違うが事実上の〜。」といった内容が書かれています。けっこう意味が違うと思いませんか？

　「仮想」という漢字の意味につられると、仮想＝「実物ではない」という否定的なイメージを連想してしまいますが、本来のVirtualの意味としては「実物と見なせる」という肯定的なイメージになります。初めてコンピュータ用語のVirtualが邦訳された際の訳語が「仮想」だったそうですが、そのまま定着してしまい今でも使われ続けています。

　コンピュータで「仮想〜」という言葉が出てきた場合は、「実物ではない」ではなく、物理的には存在しないが「実物と見なせる」という肯定的なイメージのほうが、理解が進むかもしれません。

3.4.3 仮想マシン

　仮想マシン方式には、ホストOS型とハイパーバイザー型があります（図3.20）。ホストOS型は、WindowsやLinuxなどホストOS上にアプリケーションとして仮想化ソフトをインストールして利用するもので、VMware Server、Microsoft Virtual Serverなどがあります。ソフトウェアでハードウェアをエミュレートするため性能面で課題があり、その後ハイパーバイザー型が登場しました。VMware vSphere、Hyper-V、Xen、KVMなどハイパーバイザー型はハードウェア上で直接仮想化ソフトウェアを動かし、その上で仮想マシンを動作させる技術です。ホストOSを介さないためホストOS型よりもパフォーマンスが高く、サーバー仮想化の主流になっています。

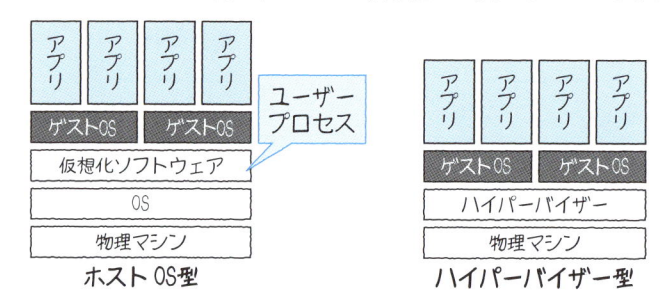

図3.20　仮想化の種類（ホストOS型とハイパーバイザー型）

　ハイパーバイザー型仮想化のアーキテクチャには、完全仮想化と準仮想化があります（図3.21）。完全仮想化は物理マシン上で動作するOSやドライバーをそのままゲストとして利用できるメリットがある反面、ソフトウェアでのエミュレーションを行なうためにパフォーマンスが低下するデメリットがあります。この問題を解決するために登場したのが準仮想化で、実存するハードウェアをエミュレーションするのではなく、仮想環境用の仮想ハードウェアをソフトウェア的にエミュレートします。準仮想化では、仮想環境で動作させるゲストのOSごとに準仮想化専用のドライバーや、準仮想化用に最適化されたOSカーネルを利用する必要がありました。その後、IntelやAMDなどのプロセッサメーカーがハードウェア支援機能（Intel VT-x/VT-d/VT-c、AMD V/Viなど）を開発してハイパーバイザー側もサポートし、現在では完全仮想化が主流になっています。

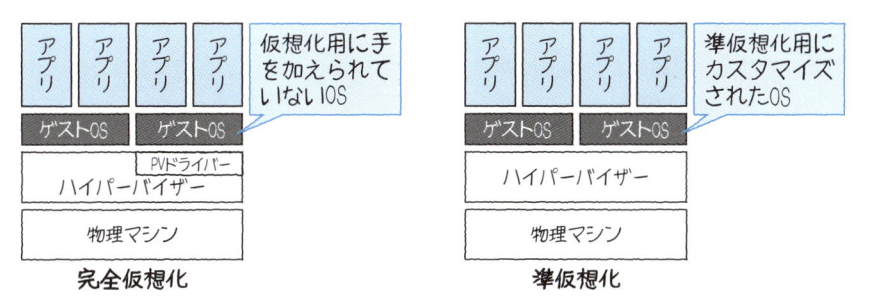

図3.21　仮想化の種類（完全仮想化と準仮想化）

3.4.4　コンテナの歴史

　Docker登場以降、急激にコンテナが流行しましたが、コンテナとは何かそのメリットを紹介します。コンテナは「入れ物」や「容器」といった意味で、一言で言うと「リソースが隔離されたプロセス」です。1つのOS上で複数同時稼働可能で、それぞれ独立したルートファイルシステム、CPU／メモリ、プロセス空間等々を使うことができる点が、ハードウェアの仮想化である仮想マシン（VM）とは異なります（図3.22）。

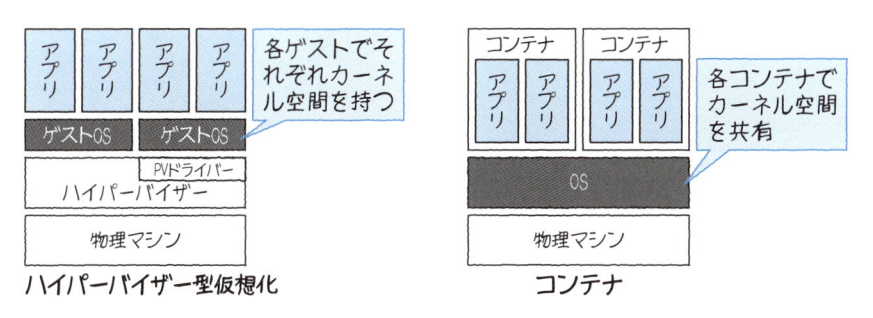

図3.22　仮想マシンとコンテナ

　コンテナのルーツをたどると、1970年代にBSD（Barkley Software Distribution）UNIXやTCP/IP、viなどの開発者として有名なBill Joyが開発したchrootがルーツと言われています。1970年代はコンピュータは非常に高価で、本番環境と開発環境を用意するには高い費用が必要でしたが、1つのコンピュータで本番環境と開発環境を共存させると誤ってファイルを変更したり削除してしまったりするリスクがありました。この課題を解決するために生まれたchrootは、OSのルートディレクトリ以下の特定の階層以下へのアクセスをプロセスに許可する機能で、現在でもさまざまな分野

で応用され利用されています。たとえば、Linuxのレスキューモード、FTPでユーザーごとのアクセス範囲限定、PostfixやBINDなどでのアクセス可能なディレクトリの限定などに活用されています。

1990年代にFreeBSD jailが登場し、「あるディレクトリ配下をルートディレクトリに見せる」chrootの概念に加え、アプリケーションのプロセスも隔離できるようになりました。その後、Bill Joyの所属していたサン・マイクロシステムズは2000年代にはSolarisコンテナと呼ばれるコンテナ機能を提供していました（Oracle Solaris 11ではOracle Solarisゾーンと呼ばれています）。

3.4.5 Docker の登場

その後も商用UNIXやオープンソースでコンテナ技術の開発は地道に続けられていましたが、2013年にファイルシステムとプロセスを分離する機能に加えて、ファイルシステムイメージのパッケージングとバージョニングができ、コンテナイメージをシェアできるDockerが登場したことでコンテナは一躍脚光を浴びました（図3.23）。

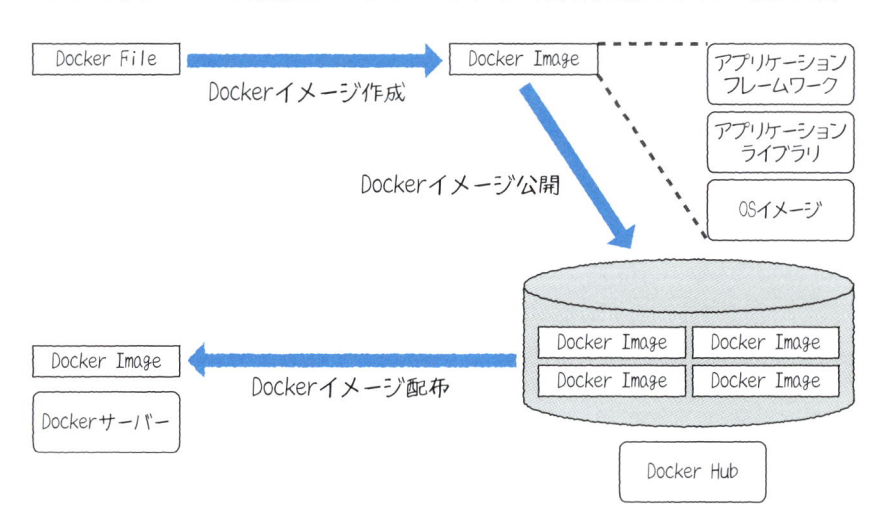

図3.23　Dockerの基本機能

2014年にGoogleは、Googleのすべてのサービス、そしてGoogleの社内で使われているツールもすべて、Docker登場以前からコンテナ型仮想化技術の上で実行されていると発表しています[※3]。

Docker社は改名する前はdotCloud社で、2008年に言語中立なPaaSを構築するために設立しました。dotCloudのPaaSは開発したアプリケーションをクラウドにデプロイすると実行できるというものでしたが、アプリケーション周辺のフレームワークやライブラリなどのバージョンの不一致などでローカルでは動作したプログラムがクラウドでは動作しないといった問題が多発したため、元々クラウド内部の仕組みとして開発していたアプリケーション実行環境を自動構築して「Dockerイメージ」に固める技術を、クラウド以外の環境でも利用できるようにオープンソースとして公開しました。さらにDocker Hubと呼ばれるパブリックなレジストリで、誰でもDockerイメージをシェアできるようにしたため、爆発的な人気を得ました。仮想マシンと比較してDockerのメリットとしては、以下のような点があります。

- コンテナはホストOSとOSカーネルを共有するため、コンテナの起動や停止が速い
- ホストOSのカーネルを共有するため、VMだけを使う場合に比べて、1台のホストマシンではるかに多くのコンテナを実行でき、リソース集約率が高くなる
- DockerはライブラリやフレームワークなどをDockerイメージに固めて共有できるため、ある人の環境では再現するが自分の開発環境では再現しないといった問題が起きにくくなり、効率的なバグフィックスが可能になる

※3 https://www.publickey1.jp/blog/14/google20.html

3.4.6 クラウドと仮想化技術

ハイパーバイザーやコンテナなどの仮想化技術はGoogleやFacebook、Amazon.comなどの大規模Webサービスの裏側で利用され、AWS（Amazon Web Services）、GCP（Google Cloud Platform）、Azure（Microsoft Azure）などのクラウドサービスでは、仮想マシンサービス、コンテナサービス、Function as a Service（FaaS）[※4] などのサービスとして、またはそのほかのサービスを支える裏側の機能として利用されています（図3.24）。

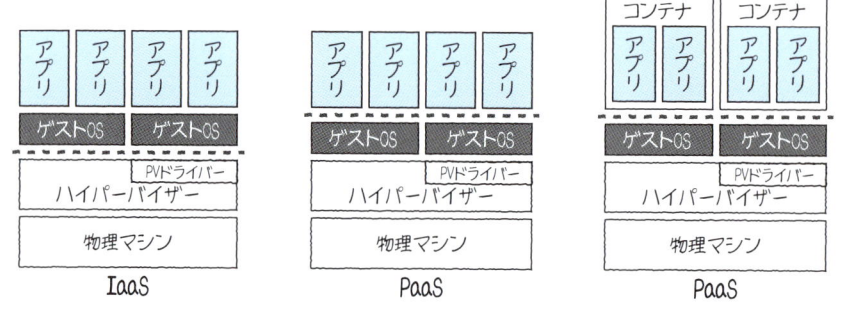

図3.24　クラウドと仮想化技術

※4　機能（Function）の実行環境がサービスとして提供されるもの。

インフラを支える理論の基本

前章までで、3階層型システムの概要とシステムを構成するハードウェア、そしてデータの流れについて説明しました。第4章では、3階層型システムの中からズームアップしてインフラを理解する上で基本となる概念や仕組みについて解説します。なお、本書カバー裏の絵で第4〜5章で紹介する技術が3階層型システムのどこで使われているかを紹介しています。ぜひご覧ください。

4.1 直列／並列

4.1.1 直列／並列とは？

最近、エンジニアが並列処理を扱う機会がこれまで以上に増えていると感じます。サーバーはもちろん、PCにも複数のCPUコアが搭載されています。その背景の1つとして消費電力と発熱の問題により、プロセッサメーカーがクロックスピード倍増路線からメニーコア化[*1]に方針転換しているという事情があります。

CPUというミクロの視点からシステム全体というマクロな視点に目を移すと、大規模Webサービスでは膨大な数のユーザーからのリクエストを処理するためにたくさんのサーバーを並べて並列処理が行なわれています。このように身の回りには並列処理があふれていますが、やみくもに並列化すれば性能が向上するわけではありません。たとえばCPUコアやサーバーを並列化する場合、いかに並列化したハードウェアを遊ばせずに使うかがポイントになります。以降、直列／並列とは何かからはじめ、並列処理の勘所を説明していきます。

複数のモノが一直線に並んでいるのが直列、2列以上で並んでいるのが並列です。たとえば、1車線の道路は直列、2車線以上の道路は並列です（図4.1）。道路は1車線から複数車線に分岐したり、複数車線から1車線に合流したりします。高速道路の料金所は、通過する車のスピードが遅く混雑しやすいポイントになるため、たくさんのゲートがあり並列度を上げています。

※1 メニーコアとは、1つのCPUコア内に非常に多くのプロセッサコア（演算回路の中核部分）を搭載する技術のこと。

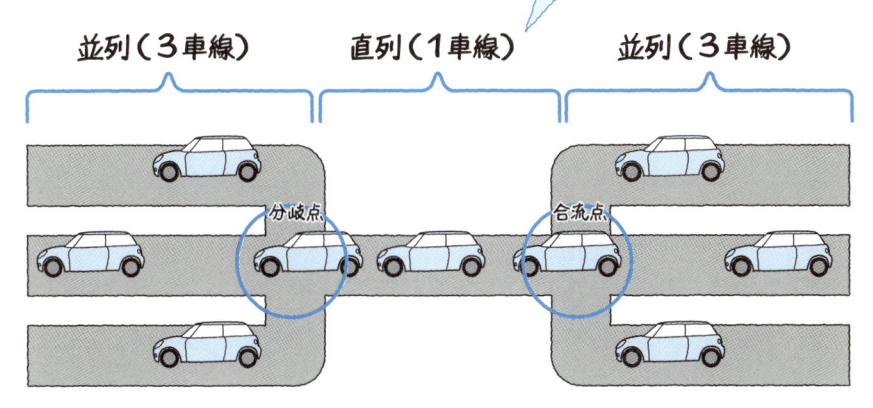

> 複数車線の道路が1車線になって、また複数車線になる場合、合流点や分岐点が混雑したり、事故が起こりやすいポイントになる

並列（3車線） **直列（1車線）** **並列（3車線）**

分岐点　　　　合流点

図4.1　1車線の道路は直列、2車線以上の道路は並列

　図4.1では、3車線の道路が途中で合流して1車線になって、また3車線に分岐しています。合流点から1車線の区間は混雑しやすく、合流点や分岐点は事故が発生しやすいポイントになります。1車線になっている区間が全体の流れを遅くしてしまう要因、つまり「ボトルネック」になります。

　どうすれば混雑が解消するでしょうか？　3車線の区間を4車線にしても解消しません。1車線の区間の制限速度を3車線の区間の3倍にすると混雑しないかもしれません。3車線の区間の制限速度を60km/hとすると、その3倍は180km/hとなり、法定速度を超えています。さらに、5車線が合流する場合には5倍とすると300km/hとなり、市販車で出せるスピードを超えています（少なくとも筆者の車では300km/hは出ません）。……と答えを引っ張りましたが、1車線の区間を3車線にすればよいですね。

　コンピュータの世界でも同じことが言えます。CPUやHDDなどのハードウェア性能は製品によって差がありますが、いくら性能が良いハードウェアでも単体で可能な仕事量には限界があります。

　図4.2を見てください。ある期間内に1つのCPUでできる仕事量には限界がありますが、複数のCPUを並べることで仕事量を増やすことができます。ただし、複数のCPUで分担できる処理であることが前提になります。分担して並列化できない処理の場合、いくらCPUコアを増やしても効果はありません。その場合、CPUのクロック周波数を上げる、つまり直列処理のスピードをあげることで高速化できます。

　また、道路と同じで処理の特性によって並列化できるものとできないものがあり、

直列処理が分岐して並列になり、また合流して直列になったりします。この合流点、直列化する箇所、分岐点が、ボトルネックや問題が発生しやすいポイントになります。並列処理を行なう場合は、できるだけ並列化して直列化する箇所を少なくし、どうしても直列化せざるを得ない箇所は無駄をなくして効率化することがポイントになります。また、並列化には、分担を決めて、各自仕事をして、また集約するためオーバーヘッドがかかります。無理に並列化すると直列処理より遅くなることがあります。並列化する場合はオーバーヘッドを見込んで、どの部分を並列化するかの見極めが大切になります。

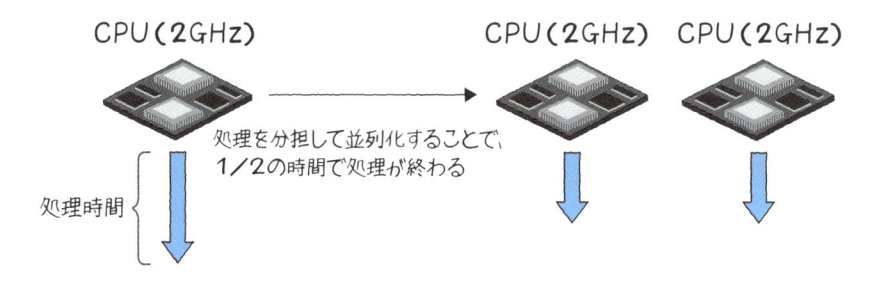

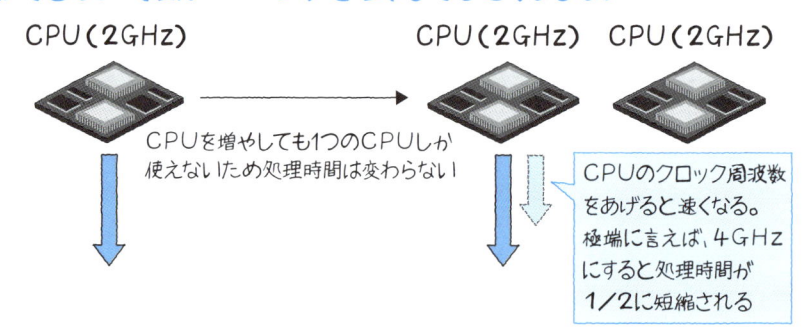

図4.2　CPUコア数かクロック周波数か

　直列／並列のポイントをまとめます。

- ・直列処理のスピードを上げるには限界がある
- ・並列化することで、スピードは上がらないが、単位時間当たりの仕事量を増やすことができる

→並列処理では、合流点、直列化する区間、分岐点がボトルネックになり
やすい
→並列化する場合は、分担を決めて、各自仕事をして、また集約するオーバー
ヘッドがかかるので、このオーバーヘッドを考慮しても並列化する効果
がある場合に並列化する

4.1.2 どこで使われているか?

WebサーバーとAPサーバーでの並列化

図4.3は、WebサーバーとAPサーバーの内部処理の様子を簡略化して図示したもの
です。Webサーバーには複数の利用者がアクセスするので、複数のプロセスで分担
して並列処理を行なっています。APサーバーではJVMのプロセスは1つですが、複数
のスレッドで並列処理を行なっています。Apache HTTP Server（以降、Apache）で
は今回紹介したマルチプロセスモデルのほかに、マルチプロセスとマルチスレッドの
ハイブリッド型などもあります。JVMのプロセスを複数起動すれば、マルチプロセス
かつマルチスレッドで使うことも可能です。

図4.3の例ではApacheは1プロセス1スレッド、JVMは1プロセス4スレッドですが、
1つのCPUコアを同時に使えるのは1スレッドです。たとえば、1つのCPUコアしかな
いサーバーの場合、Apacheのプロセスをいくら増やしても同時に実行できるのは1プ
ロセスだけです。プロセスやスレッドの数を調整する場合、併せてCPUコア数も考慮
する必要があります。コンビニでレジが1台しかないのにレジ担当が何人もいても仕
方がないのと同じです。

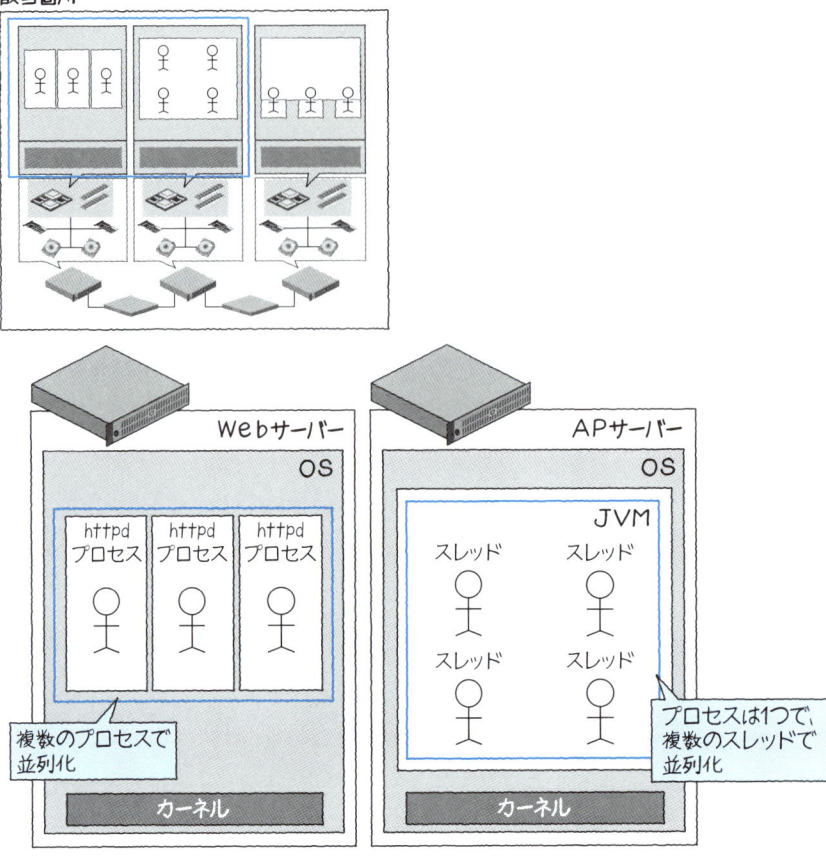

図4.3　WebサーバーとAPサーバーでの並列処理

DBサーバーでの並列化

DBサーバーでもプロセスを増やして並列処理を行なうことが可能です（図4.4）。

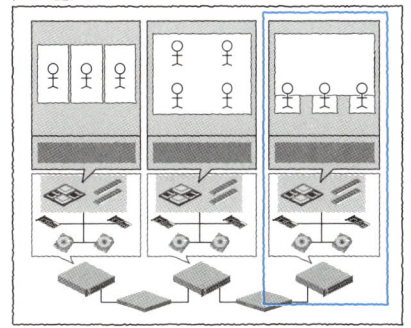

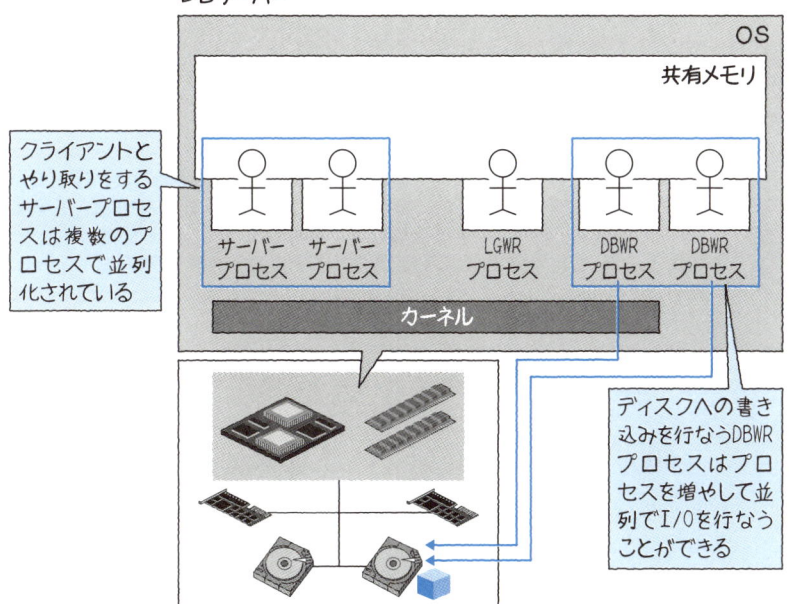

DBサーバー

OS

共有メモリ

クライアントと
やり取りをする
サーバープロセ
スは複数のプ
ロセスで並列
化されている

サーバー　サーバー　　　LGWR　　　DBWR　　DBWR
プロセス　プロセス　　　プロセス　　プロセス　プロセス

カーネル

ディスクへの書き
込みを行なうDBWR
プロセスはプロ
セスを増やして並
列でI/Oを行なう
ことができる

図4.4　DBサーバーでの並列処理

　Oracle Databaseでは、クライアントとの窓口となるサーバープロセスは、クライ
アントからの接続と対になって生成されます。たとえば、クライアントから10接続
あるとサーバープロセスの数も10になります（専用サーバーの場合）。サーバープロ
セスについてはマルチプロセスモデルのほかに、共有サーバー型と呼ばれるマルチプ
ロセスとマルチスレッドのハイブリッド型もあります（共有サーバー）。

　また、データファイルへの書き込みがボトルネックになっている場合は、Oracle
Databaseの場合、メモリにキャッシュされた更新済みのデータのHDDへの書き込み

を行なうDBWR（データベースライター）プロセスの数を増やして並列でI/Oを発行することも可能です。DBWRプロセスについてはプロセスの数を増やす以外に、非同期I/Oを使ってOS側で書き込みを並列化する方法もあります。非同期I/Oについては4.2節で詳しく説明しますが、I/O要求を出したら終わるのを待たずに次のI/O要求をどんどん出す方式です。

4.1.3 まとめ

直列と並列のメリットとデメリットを整理します（表4.1）。

表4.1 直列／並列のメリット／デメリット

	メリット	デメリット
直列	仕組みがシンプルで設計や実装の難易度が低い	複数のリソース（コンピュータやプロセッサなど）を有効利用できない
並列	複数のリソース（コンピュータやプロセッサなど）を有効利用でき、直列に比べて同じ時間で処理できる仕事量が増える。また、1つが故障しても処理を継続できる	処理の分岐や合流のためのオーバーヘッドがある。排他制御などを考慮する必要があり、仕組みが複雑になるため、設計や実装の難易度が高い

また、並列化を行なう場合の注意点は以下の通りです。

- 並列化では直列処理の性能は向上しないが、単位時間当たりの仕事量を増やすことができる
- 並列処理では、合流点、直列化する区間、分岐点がボトルネックになりやすい
- 並列化が有効なポイントを見極めて並列化しないと効果が出ない。オーバーヘッドや仕組みの複雑化といったデメリットがある上で、それを上回るメリットが享受できる場合に並列化を行なう

ここまで並列化のメリットとして処理能力の向上を挙げてきましたが、冗長化というメリットもあります。たとえばLinuxには、複数のNICを1つに束ねて利用する、Bonding（ボンディング）という機能がありますが、これを用いることで1つのNICが故障しても処理を継続できます。Bondingの詳細は、7.2.2項で改めて紹介します。

4.2 ║ 同期／非同期

4.2.1 同期／非同期とは？

2000年代中盤からGoogleマップなどAjax（Asynchronous JavaScript＋XML）を使ったWebサービスが数多く登場し、「非同期」というキーワードを目にする機会が増えたように感じます。Ajaxの「A」はAsynchronousの略で「非同期」という意味です。最近Ajaxという言葉は耳にしなくなりましたが、ブラウザの裏側では非同期通信が当然のように行なわれるようになっています。

前節で並列について書きましたが、筆者は非同期の本質は並列ではないかと考えています。ちまたでは「クラウド」という言葉があふれ、Google、Facebook、Twitterのような大量データを並列処理する大規模Webサービスが増え、マシンは発熱と消費電力の問題でメニーコア化が進んでいるという歴史の流れを見ると、エンジニアが「非同期で並列処理を行なう」技術を扱う機会がこれまで以上に増えるでしょう。

さて、同期、非同期とは何でしょうか？ 簡単に説明すると、誰かに用事を頼んで終わるまで横で「じ〜っ」と待っているのが同期、「できたら言ってね」と言ってほかのことをできるようにするのが非同期です。非同期では物事を並行して進めること

ができます。

　身近な例で説明しましょう。図4.5を見てください。

　あなたが友人にケーキを買ってきてもらうとします。友人にお願いして、買って帰ってくるまでほかのことをせずに待っているのが「同期」、友人がケーキを買いに行っている間に紅茶を入れるなどほかのことをしているのが「非同期」です。

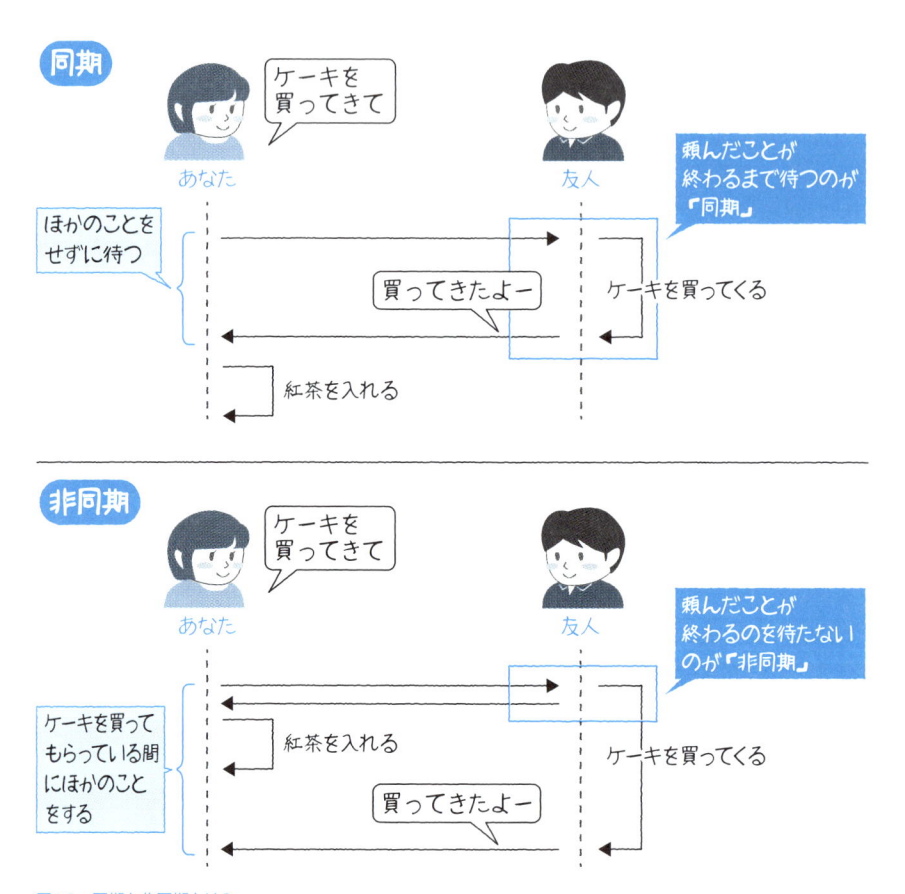

図4.5　同期と非同期とは？

　同期／非同期の特徴をまとめると、以下のようになります。

・同期は他人に用事を依頼してから終わるまで何もせずに待つため、その間にほかのことをできないが、依頼した用事が終わったかどうかを確実に確認できる
・非同期は終わるまで待たないので、並列で用事をすることができるが、依頼した

用事が終わったかどうかを知りたい場合は別途確認しないといけない

4.2.2 どこで使われているか?

　この節の冒頭で紹介したAjaxでは、非同期通信による並列処理が可能になります。Ajaxが登場する以前はリンクやボタンをクリックするたびに画面が変わるのを待たされていましたが[※2]、このような非同期処理を使ったWebページでは非同期で通信ができるようになったので、画面を見たり入力したりしながら必要な箇所だけ更新することができるようになりました。

　図4.6を見てください。Google検索で「絵で見てわかるo」まで入力すると入力候補が表示されています。この処理の流れを図4.7に示します。

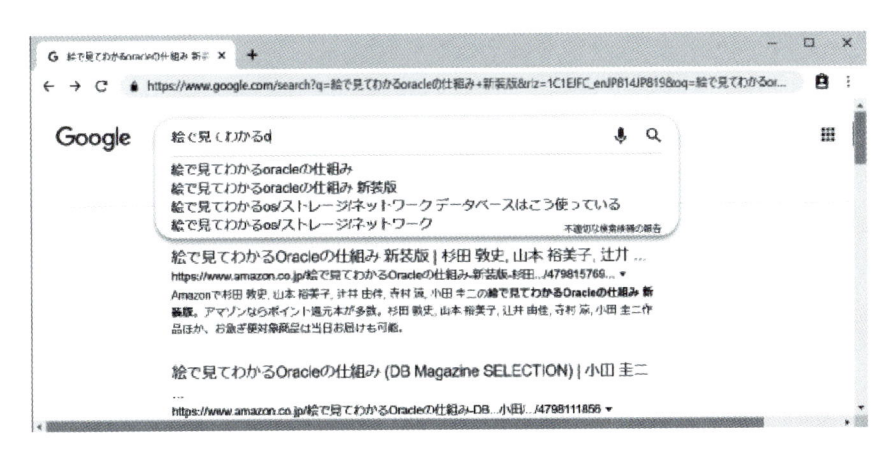

図4.6　Google検索の非同期通信

　キーワードを入力すると、Ajaxにより入力途中のキーワードがGoogle検索エンジンのサーバーに送られ、入力候補のデータがブラウザに送り返されて表示されます。もし画面全体が再読み込みされると、再読み込みが終わるまで何もせずに待たされますが、この仕組みでは入力エリアの入力候補の部分のみが更新されるため、「キーワードの入力」と「入力候補の表示」を同時並行で進めることができます。

※2　Ajax以外にも同様のことを実現する技術がありますが、本書のテーマからそれるため取り上げません。

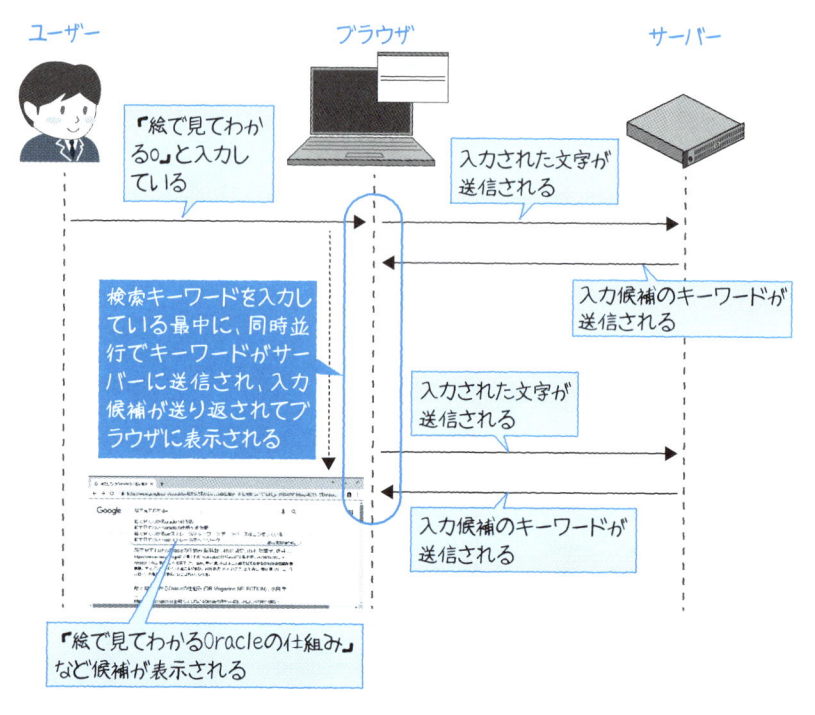

図4.7　Google検索の非同期通信のイメージ

DBMSで使われる非同期I/O

　次に、古くから非同期を使っている例としてDBMSの非同期I/Oを紹介します。DBMSはHDDなどのストレージへの書き込みを非同期で行なうことができます。これを非同期I/Oと呼びます（図4.8）。Oracle Databaseを例に説明します。

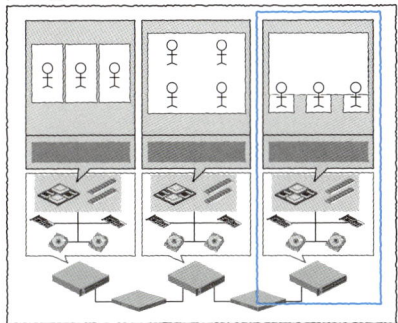

該当箇所

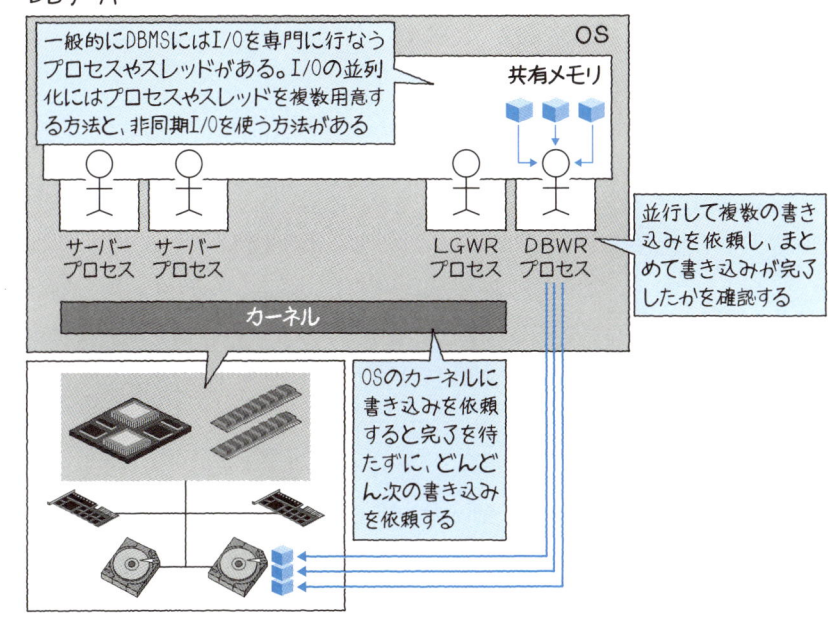

DBサーバー

一般的にDBMSにはI/Oを専門に行なう
プロセスやスレッドがある。I/Oの並列
化にはプロセスやスレッドを複数用意す
る方法と、非同期I/Oを使う方法がある

OS

共有メモリ

サーバー
プロセス

サーバー
プロセス

LGWR
プロセス

DBWR
プロセス

並行して複数の書き
込みを依頼し、まと
めて書き込みが完了
したかを確認する

カーネル

OSのカーネルに
書き込みを依頼
すると完了を待
たずに、どんど
ん次の書き込み
を依頼する

図4.8 DBMSの非同期I/O

　同期I/Oでは、I/Oが終わるまで次の処理をプロセスが行なうことはできませんが、非同期I/OではI/Oが終わらなくても次の処理を行なうことができます。

　非同期I/Oは、大量のI/Oを効率的に行ないたいDBMSに向いていると言えます。共有メモリ上の複数のデータをプロセスがHDDに書き出す場合、同期I/Oでは1つのI/Oが返ってくるまで次のI/Oを発行できませんが、非同期I/Oなら1つのI/Oが終わるのを待たずにどんどん次のI/Oを発行できるため、ストレージの性能を十分に活用する

ことができます。

図4.8のDBMSのプロセスとOSの部分を拡大したものが図4.9です。

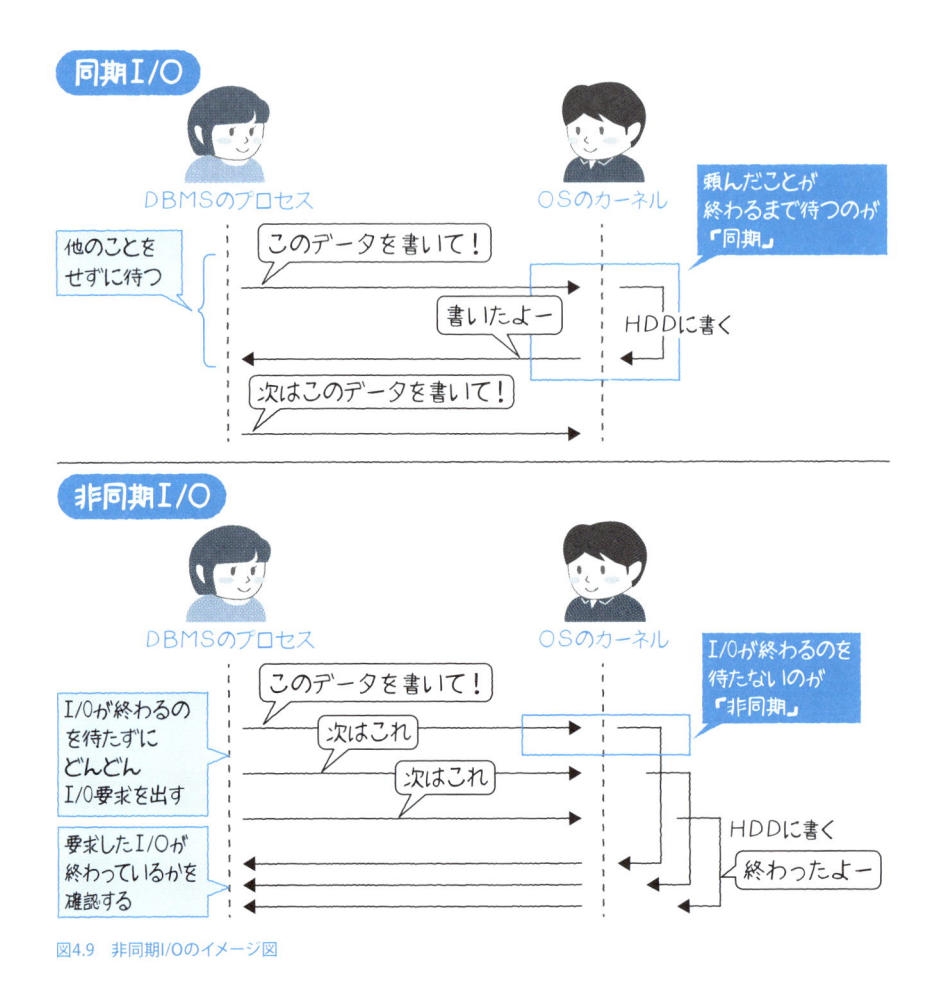

図4.9　非同期I/Oのイメージ図

上段が同期I/Oです。DBMSのプロセスはOSのカーネルにI/O要求を出し、処理が終わるまで待ってから次のI/O要求を出します。同期I/OでI/Oを並列化するには、DBMSのプロセスを増やすことで実現できます。

そして下段が非同期I/Oです。DBMSのプロセスはI/O要求を出したら、処理が終わるのを待たずにどんどん次のI/O要求を出してI/Oを並列化しています。ここで、「DBMSで非同期I/Oって大丈夫なの？　書き込みが終わったか確認せずにどんどん進んで大丈夫？」と思った方もいるかもしれません。

実はDBMSでは非同期でI/O要求を出した後に、I/Oが終わったかどうかを確認しています。たとえば、OSの非同期I/Oライブラリやシステムコールを使って非同期で複数のI/O要求を出した後にI/Oが完了しているか確認します。DBMSによっては確認を行なわないものもあるようです。このあたりの仕様はDBMSがOSのライブラリやシステムコールをどのように使っているかによって異なります。

このように、DBMSではI/Oを並列化するための手段として非同期I/Oを使うこともできます。

なお、非同期I/OでどんどんI/Oを発行しても、ストレージの性能以上には速くなりません。いまに始まったことではありませんが、ストレージのキャッシュ機能やSSD（Solid State Drive）などにより、ハードウェアのI/O性能の高速化が進む中で、非同期I/OなどソフトウェアレベルでI/Oを効率化する方法はますます需要が高まるでしょう。

一般的に、非同期I/OはOSで用意されているライブラリやシステムコールを使って実現されており、OSごとに異なります。また、DBMSで非同期I/Oを使うかどうかは通常はDBMS側で設定でき、その設定によって、OSのライブラリやシステムコールに渡されるオプションが変わります。

4.2.3 まとめ

最後に、同期と非同期のメリット／デメリットを整理します（表4.2）。

表4.2　同期／非同期のメリット／デメリット

	メリット	デメリット
同期	依頼した処理が終わったかどうかの確認が容易なため、仕組みがシンプルで実装の難易度が低い	依頼した処理が終わるまで待つため、待っている時間を有効活用できない
非同期	依頼した処理を待っている時間を効率的に使って並列処理ができる	依頼した処理が終わっているか確認しないとわからないため、やり取りが増える。仕組みが複雑になり実装の難易度が高い

この節の最初に述べた通り、筆者は非同期の本質は並列だと考えています。並列化のために非同期処理を使う場合の注意点は、前節のまとめ（4.1.3項）で述べた注意点と同じです。それ以外では以下のような点が注意点です。

・非同期で要求した処理が終わらないうちに次の処理を進めて問題ないか
・非同期で処理の要求を出した後に完了したかどうか確認が必要か

　今回取り上げた例のほかにも、非同期処理はさまざまなところで使われています。たとえば、通常DBMSのレプリケーションを行なう場合は同期モードか非同期モードか選択することができます。メッセージキューイングを行なうミドルウェアなども非同期処理です。

　通常、レプリケーションやメッセージキューイングなどにおける非同期は処理を依頼したら、依頼主はどんどんほかの処理を進めてしまい、処理が終わったかどうかは確認しないため、その後、処理が失敗しても気づかずに進んでしまうというリスクがあります。

　身近な例でも、大事な連絡はメール（非同期の連絡手段）ではなく、電話や口頭（同期の連絡手段）で伝える、というケースがあります。電子メールで連絡する場合は返信が届くまで、または別途確認しないときちんと伝わったかどうかわかりません。これと同じイメージです。

　逆にすべてを同期で処理すると待つ時間が長くなりすぎて、現実的な要件を満たさないケースもあります。それぞれのメリット／デメリットを踏まえて使い分けることが大切です。たとえば、ITシステムの設計において、トランザクションスコープを設計するときには性能、対象外性、信頼性などとのトレードオフを考慮して設計する必要がありますが、トランザクションスコープの範囲内が同期、その外が非同期になるので、同期／非同期の考え方が使えるでしょう。

C10K問題

　インターネットの普及が進み、Webサービスにアクセスするユーザー数が膨大になり「C10K問題」ということが言われるようになりました。といってもこの問題についての記事が書かれたのは1999年です。C10K問題とは、ハードウェアの性能上は問題がなくても、あまりにもクライアントの数が多くなるとサーバーがパンクする問題のことです。ちなみにC10KのCはクライアント、10Kは1万を意味していて、1万クライアントが同時に接続したらという話から来ています。クライアントの接続ごとにプロセスを生成すると、大量のプロセスが生成され、OSのファイルディスクリプタやプロセス数の上限に達する可能性があります。また、1プロセス当たりの消費するメモリサイズはたいしたことがなくても、それが数万ともなると、ちりも積もれば山となり、大量のメモリを消費してしまいます。他にも、数万ものプロセスになるとコンテキストスイッチなどで使われるCPU使用率も無視できません。さらには、プロセス数が多くなりすぎるとプロセスを管理するOSのカーネル内の管理用データのサイズが大きくなります。

　C10K問題を解決する方法として、1プロセスで複数の接続を処理するという方法があります。1プロセスで複数の接続を処理するので、クライアントとの通信は本当に必要なときにだけ処理します。たとえば、1接続＝1プロセスが家庭教師だとすると、1プロセス＝複数接続は塾の先生みたいなイメージでしょうか。塾の先生と同じで1プロセスで複数の接続を処理するためには、各クライアントと通信する際、本当に必要なときだけ通信して切り替える必要があります。

　このような手法をノンブロッキングI/Oと呼びます。ノンブロッキングI/OはOSのシステムコールで実装されており、それを使います。ノンブロッキングI/Oの注意点はすべての接続を完全に同時に処理できるわけではないので、同時処理数を考える必要があるという点です。また、ある処理が長時間化したり、ハングしたりするとほかの接続に影響が出るという点もあります。逆に、膨大な接続数があるものの同時に処理する必要がない場合は非常に有効です。

4.3 キュー

4.3.1 キューとは？

　「キュー」は日本語で言うと「待ち行列」です。人気ラーメン店やスーパーのレジなどあらゆるところに行列があるのと同じように、コンピュータの世界でもあらゆるところに行列（キュー）があります。ハードウェア、OS、データベース、アプリケーションまであらゆるところで使われている仕組みで、設計やパフォーマンスチューニングなどの際に知っていると役に立ちます。図4.10を見てください。

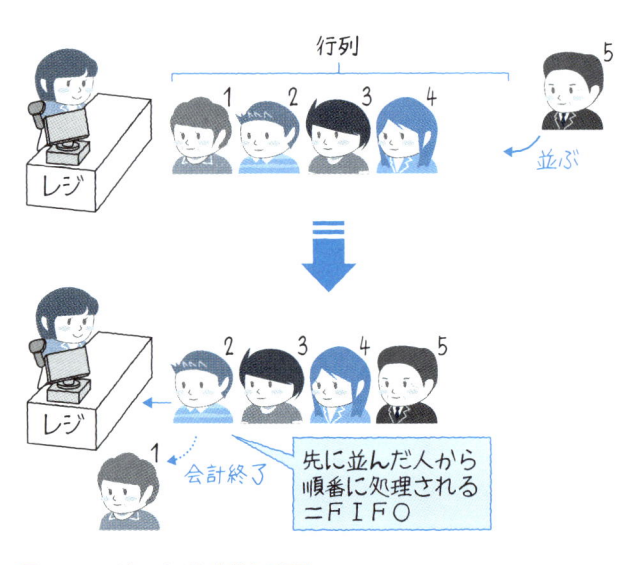

図4.10　コンビニのレジに並ぶ人の行列

コンビニで買い物をするとき、レジに並んでいる行列の最後尾に並びますよね。列の先頭の人から順番に店員が会計し、先頭の人がいなくなると2番目に並んでいた人が列の先頭になりその後ろに並んでいた人は前に進みます。当たり前ですが、列に割り込んだり、前の人を追い越したりはしてはいけません。このように先に並んだ人から順番に処理されるため、キュー（待ち行列）の動作原理はFIFO（First In First Out）と呼ばれます。

キュー（待ち行列）の特徴をまとめると、以下のようになります。

・キュー（待ち行列）では、並ぶときは最後尾に並び、先頭から順番に処理される
・先に入ったデータが先に出るキューの動作はFIFO（First In First Out）と呼ばれる

4.3.2　どこで使われているか？

本節の冒頭で触れたように、現実世界と同様にコンピュータの世界にもいたるところに行列があります。たとえば以下のようなものがあります。

・CPUで処理されるのを待っているプロセスやスレッドの行列
・ハードディスクなどのストレージに読み書きされるのを待っているI/O要求の行列
・ネットワークで接続の確立を待っている接続要求の行列

これらの場合でもコンビニのレジと考え方は同じです。WebサーバーのCPUで処理されるのを待っているApacheのプロセスを例に説明します。

図4.11は、WebサーバーであるApacheの内部動作を簡略化して図示したものです。

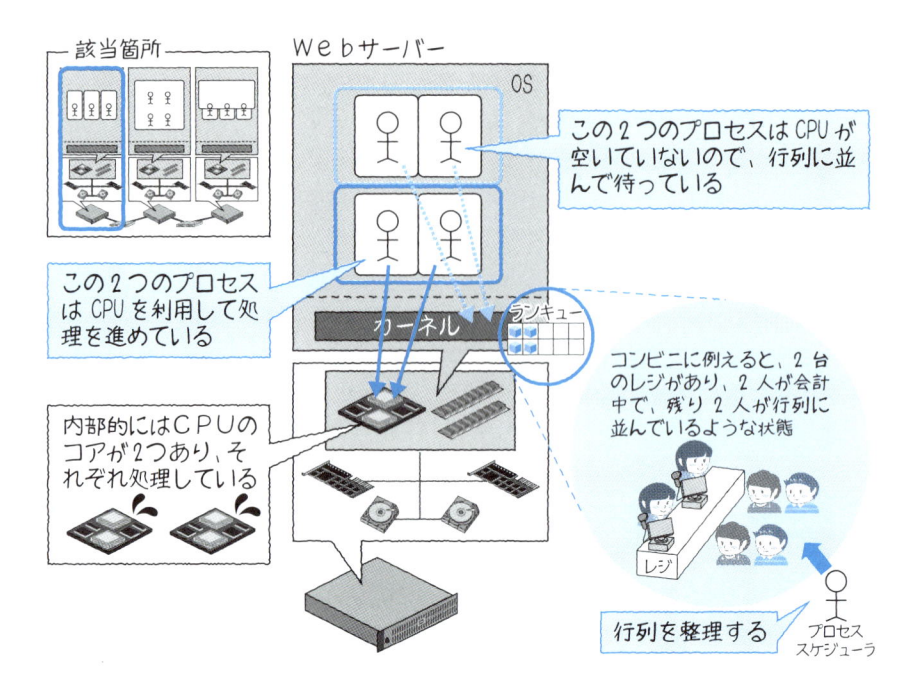

図4.11　CPUで処理されるのを待つ

　2つのコアを搭載したCPUが1つあります。Apacheのプロセスは4つあり、2つは
CPUにおいて処理中で、残りの2つは待っています。さて、この状態は処理が遅延し
ているのでしょうか？

　たとえばコンビニのレジでこれと同じ状態だとどうでしょうか？　1人待ちであれ
ば許容範囲ではないでしょうか。コンピュータの世界でも同じです。CPUを待ってい
るプロセスの行列を「ランキュー」と呼びます。「ランキューにたまったプロセス数
をコア数で割って1であれば問題ない」と言われることがあります。これはコンビニ
のレジで言うと1人がレジで会計中で自分がその後ろに待っている状態です。図4.11
のようなイメージです。

　なお、CPUで処理中のプロセスをランキューにカウントするかどうかはOSにより
異なります。LinuxではCPUで実行中のプロセスもランキューにカウントします。図
4.11の状態でのランキューの値はLinuxの場合は4になり、実行中のプロセスをカウン
トしないOSの場合は2になります。OSのカーネルにはプロセススケジューラと呼ば
れる機能があり、ランキューなどの管理を行なっています。

　CPUで処理されるのを待っているプロセスやスレッドの数はどこを見ればわかるか
というと、UNIX系OSであればvmstatのr列（図4.12）、Windowsの場合はパフォーマ

ンスモニターのSystem/Processor Queue Length（図4.13）などで見ることができます。これらのツールが参照しているデータの実体はOSのカーネルにあります。

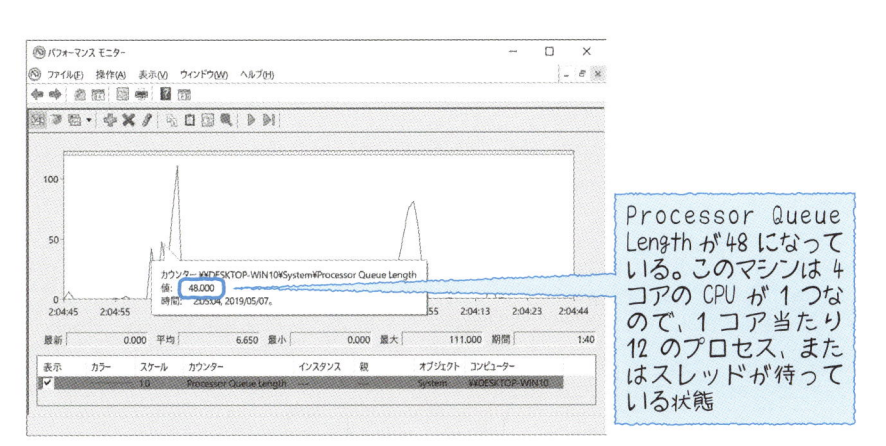

図4.12　5秒間隔のLinuxのvmstatのデータ

図4.13　Windowsのパフォーマンスモニターのデータ

データベースのディスクI/O

次にデータベースでのディスクI/Oの例を説明します。基本的な考え方はCPUと同じです。プロセスやスレッドから使う対象がCPUではなくHDDに変わっただけです。

図4.14は、DBサーバーでのOracle Database動作を簡略化して図示したものです。左のHDDに、サーバープロセスとDBWRプロセスがI/Oを行なっています。右のHDDに、LGWRプロセスがI/Oを行なっています。左のHDDでは同時にアクセスが発生してしまい、DBWRプロセスのリクエストは、待たされてしまっているようです。HDDの場合はデータが記録されている特定のものにアクセスする必要があるため、CPUのように空いているから別のものを使用するというわけにはいかない点が異なります。

このため、高速なI/Oが求められるもの（図4.14の例ではLGWRプロセスが書き込む
REDOログ）には、専用のディスクを使うことで、待ち行列を回避できます。これは、
クリスマスケーキなど特定の商品に専用のレジを設けるようなものです。

　また、内蔵のHDDの例では図4.14のようになりますが、共有ストレージでは一般的
にキャッシュと呼ばれるメモリを内蔵しており、I/Oが発生するとキャッシュに置い
てHDDに書き込まれるまで待たなくてもよい設計にして高速化が行なわれています。

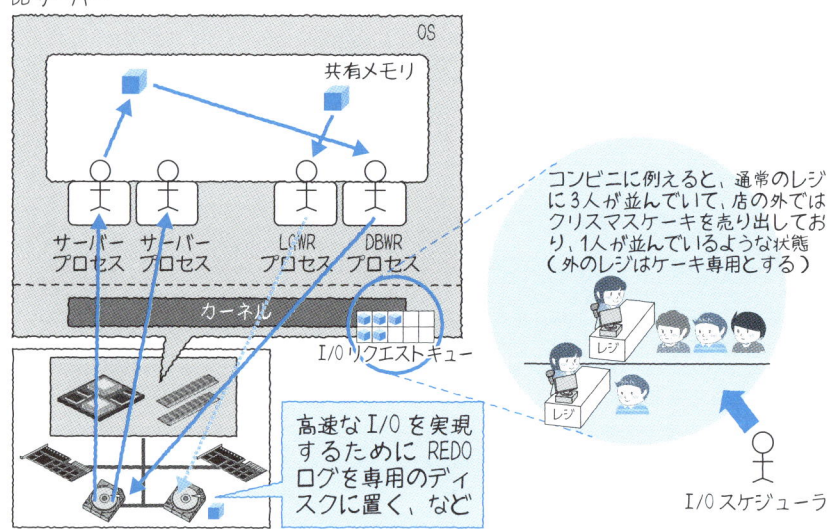

図4.14　データベースのディスクI/O待ち

　ディスクへのI/Oを待っているプロセスやスレッドの数はどこを見ればわかるかと
いうと、UNIX系OSであればvmstatのb列（図4.15）、Windowsの場合はパフォーマン
スモニターのAvg. Disk Queue Length（図4.16）などで見ることができます。本書で
は紹介しませんが、詳細なI/O性能統計情報はUNIX系OSであればiostatコマンドなど
で確認することができます。

```
$ vmstat 5
   procs                                          memory  swap      io       system         cpu
r    b    w    swpd    free     buff    cache  si  so  bi  bo   in     cs   us  sy   id
0   10    0  48,628  64,124  162,532  476,356   0   0   0   0    1      4   11   3   11
0   10    0  48,628  64,112  162,540  476,356   0   0   0   4  102  1,768   98   2    0
```

I/O 待ちのプロセス数が 10 になっている。10 の I/O リクエストがディスクの読み書きを待っている状態。処理が遅くなっている可能性がある

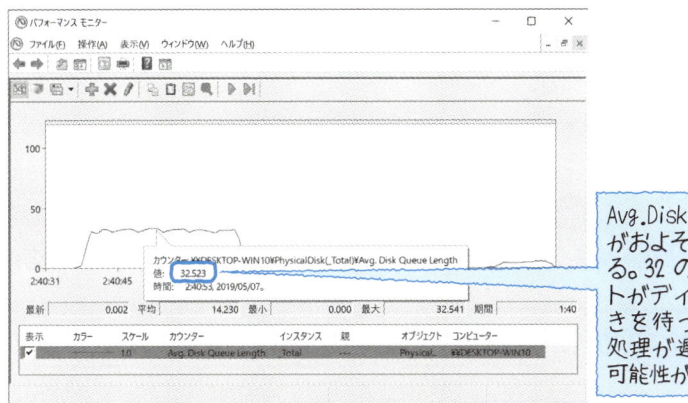

図4.15　5秒間隔のLinuxのvmstatのデータ

図4.16　Windowsのパフォーマンスモニターのデータ

4.3.3 まとめ

キューの特徴は先頭から順番通り処理される点です。複数の処理から使われるものにはキューがあることが多く、いろいろなレイヤーのいろいろなところにキューがあります。性能問題ではキューの長さを見ることで、どのレイヤーのどこで詰まっているかがわかります。たとえば、データベースの性能問題ではデータベースのキュー、OSのランキュー、I/Oリクエストキューなどを見ることで、どこで処理が詰まっているかを切り分けることができます。したがって、キューの使いどころは順番を守って処理を行ないたい場合や、行列ができるところです。CPU、ストレージなど複数の処理が何かを使うところではキューがあることが多く、性能問題が発生しやすいポイントになります。性能問題ではキューの長さ、つまり、行列の長さを確認することが重

要になります。たとえば、CPU使用率だけではなくランキューの長さも確認すること
が重要です。

　CPUのランキューとI/Oのキューというミクロな例を紹介しましたが、メッセージ
キューイングのようなマクロなものもあります。メッセージキューイングを使うと、
アプリケーション間の相互運用性が向上し、システム全体の耐障害性も向上します。
どこかが止まったときに、それに引きずられてシステム全体が止まることはないため
です。

　「待ち時間」の節約や、バッファリングを行なうための資源の節約により、パフォー
マンスが向上する場合もあります。非同期処理では処理を依頼すると終わるのを待た
ずに次に進みますが、依頼先では処理がたまって順番待ちしており、ここでもキュー
が使われていたりします。一種のメッセージキューイングである電子メールを例に挙
げれば、送信側は相手の状況に関係なく電子メールを送信できるので、相手の状況に
引きずられません。

4.4 ｜｜ 排他制御

4.4.1　排他制御とは？

　排他制御は、文字通り「他を排する制御」です。複数の人で共有物を使用するとき
誰かが共有物を使っている間はほかの人は使えません。同時に使うと不都合があるこ
ともあります。自分1人で使うものを排他制御する必要はありません。複数の人で共
有するから排他制御が必要になります。

　コンピュータの世界でも、直列処理では排他制御は必要ありませんが、並列処理で
は排他制御が必要になります。排他制御を行なう箇所はボトルネックが発生しやすく
なります。並列処理と排他制御の絵を頭の中でイメージできるようになると、トラブ
ルシューティングやパフォーマンスチューニングで役に立つことがあります。

　たとえば、会議室の使用状況を思い浮かべてください（図4.17）。

図4.17　会議室の排他処理

　会議をしているときに会議室の外のプレートを「使用中」にしておくと、ほかの人は使用中で使えないことがわかります。会議が終わってプレートを「空き」に変えると空いていることがわかり、使いたい人が使えるようになります。これも排他制御です。

　一般的にOSやDBMSでは、並列処理を行なうために排他制御が使われます。並列処理での性能問題では、排他制御が関係していることが少なくありません。OSやDBMSに限らず、並列処理でのパフォーマンスチューニングや性能問題を発生させないような設計を行なうためには、排他制御をよく理解しておく必要があります。

　並列処理を行なう場合、それぞれの処理が相互に無関係な場合は排他制御が不要ですが、多くの場合は共有しているデータがあり、部分的に直列処理を行なわないといけないポイントがあります。そこで排他制御が必要になります。そして、そこが最も問題の発生しやすいポイントでもあります。

　排他制御の特徴をまとめると、以下のようになります。

- 複数の処理の流れから共有資源（CPU、メモリ、ディスクなど）に同時アクセス（主に更新）すると不整合が発生するため排他制御で保護する必要がある
- 排他制御では、ある処理が共有資源を利用している間はほかの処理から利用できなくして不整合が発生しないようにする
- たとえば、3車線の道路が1車線になっているようなポイントの場合——3車線にわかれていた自動車が1車線に集約されるため、1台の自動車が通ろうとしているときにほかの車線から自動車が来ないように排他制御する。こうした場所はボトルネックが発生しやすいポイントでもある（車の例で言えば、排他制御時に待機

中の車が発生する＝ボトルネック）

4.4.2　どこで使われているか？

DBMSで使われる排他制御

DBMSでの排他制御の例を説明します。図4.18を見てください。

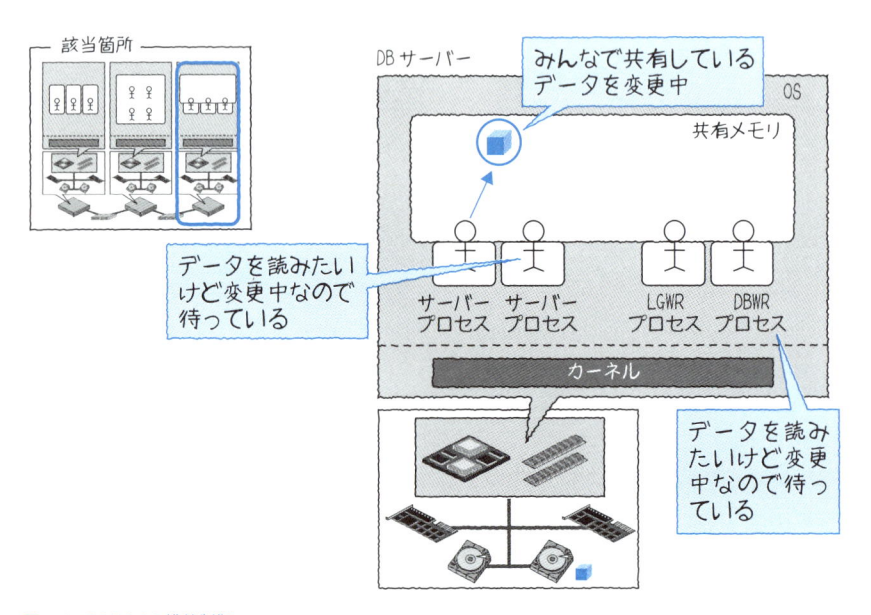

図4.18　DBMSでの排他制御

　Oracle Databaseでは複数のプロセスが同時並行で処理を行なっていますが、ある
プロセスが共有データを書き換えている途中でほかのプロセスがその共有データを読
み込んだり、別々のプロセスが共有データを同時に書き換えたりしないように排他制
御が使われています。

　DBMSの排他制御では、極めて短時間しかロックを獲得しない場合に用いられる
ラッチなどCPUで特に意味のない処理をしながら待つ「スピンロック」、比較的長時
間ロックを獲得する場合に用いられるキューで管理してスリープして待つ「ロック」
などがあり、保護する共有データの特性や待機する時間の長さによって使い分けられ
ています。スピンロックはCPUでスピン（ループ）して特に意味のない処理をして待
ちますが、単純にスピンし続けるのではなく、しばらくスピンしてロックを獲得でき

ない場合はスリープしたり、状況に応じてスピンするかスリープするか判断する（アダプティブロック）といった方式があります。スリープして待つとコストの高い操作であるコンテキストスイッチが発生するため、極めて短時間のロックではCPUでスピンして待つスピンロックが使われます。

OSのカーネルで使われる排他制御

次にOSのカーネルの例を紹介します（図4.19）。

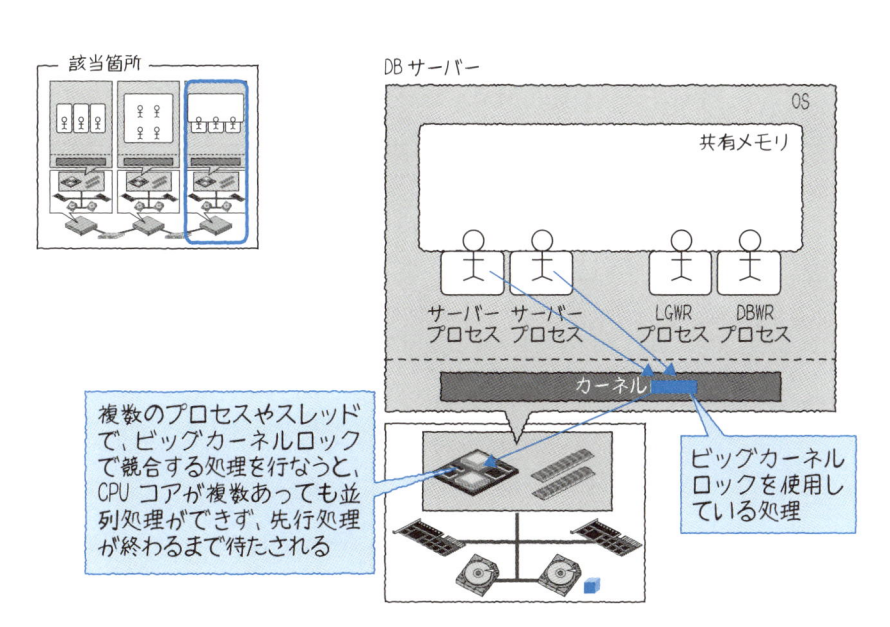

図4.19　Linuxのビッグカーネルロック

かつて、Linuxカーネルはビッグカーネルロック（BKL）と呼ばれる1つのスピンロックで守られていました（p.107のコラム「マルチプロセッサシステムでの排他制御は難しい」を参照）。カーネルのBKLが使用されている箇所では処理が直列化してしまい、同時に1つのCPUしかカーネルコードを実行できなくなるため、ボトルネックになりやすくなります。コンピュータが複数のCPUを有効活用して並列処理できる処理を増やすために、LinuxカーネルではBKLで保護されたカーネルコードが書き直されました。

4.4.3 まとめ

排他制御のメリット／デメリットを整理します（表4.3）。

表4.3 排他制御のメリットとデメリット

	メリット	デメリット
排他制御を使う	共有データの整合性を保つことができる	並列処理ができない
排他制御を使わない	並列で速く処理ができる	データの不整合が発生する可能性がある（同時に共有データを書き換えたりした場合）

　複数のCPUで並列処理を行なう場合、共有データを保護するために排他制御を行なう必要がありますが、必要以上に排他制御を使うといくら複数のCPUがあっても同時に1つしか使えず有効利用できません。したがって、本当に必要な箇所だけで排他制御を行ない、できるだけ並列処理が可能な箇所を増やすとCPUを有効利用して処理を速く行なうことができます。

クラスタデータベースでの排他制御

　本節では、DBMSやOSの排他制御というミクロな例を紹介しましたが、複数のDBサーバーを組み合わせて1つのデータベースとして使うActive/Activeのクラスタデータベースでも同じことが言えます。「CPU」を「サーバー」に、「プロセスやスレッド」を「アプリケーション」に置き換えて考えてみてください。各サーバーで並列処理を行なうと速く処理ができますが、サーバー間で排他制御による待ちが発生して待っている処理が多くなると、いくらサーバーがたくさんあっても並列処理を行なうことができません。クラスタデータベースではいかにサーバー間でのデータのやり取りや排他制御による待ちを少なくするかがポイントになります。

Column

マルチプロセッサシステムでの排他制御は難しい

CPUコアが1つしかないコンピュータでは同時に1つのプロセスやスレッドしかCPUを使うことができませんが、複数のCPUコアを搭載するコンピュータでは同時に複数のプロセスやスレッドが実行可能なため、排他制御の仕組みが難しくなります。

複数のCPUコアを持つマルチプロセッサシステムの排他制御は、基本的にはハードウェアによって実現されています。具体的にはCPUに排他制御を行なうための「test and set」や「compare and swap（CAS）」などと呼ばれる機能（命令）があります。これは、複数のCPUで確実に排他制御を行なうための仕組みです。また、各CPUコア間で協調動作して不整合が起こらないようにする仕組みも使われています。

DBMSの例で挙げたラッチのような排他制御も、一般にこの機能を用いて実現しています。

また、かつてLinuxカーネル全体は1つのスピンロックで保護されており、このスピンロックはビッグカーネルロック（BKL）と呼ばれていました。その後、BKLが使われているカーネルのコードは書き換えられ、ロックの粒度を小さくして並列度を向上させる改良が行なわれました。ちなみに、スピンロックとは、待っているプロセスやスレッドがCPU上で特に意味のない処理の繰り返し（スピン）を行ないながら、ロックが空くのを待つことです。CPUコアが1つしかない場合は同時に処理できるプロセスは1つだけで、ほかのプロセスはCPUを使うことができないため、スピンロックは必要ありません。

OSやDBMSなどマルチプロセッサで並列実行され、かつ共有データの整合性をとる必要のあるソフトウェアでは、排他制御を行ないつつ、いかに並列処理を行なうかという改良が日々行なわれています。

4

4.5 ステートフル／ステートレス

4.5.1 ステートフル／ステートレスとは？

ITシステムやコンピュータにおいて、ステートフル／ステートレスはあらゆるところに出てくる概念です。知っているとトラブルシューティングに直結するといったものではありませんが、アプリケーションのトラブルシューティングではプロセスの状態確認が原因の切り分けにつながることもあります。一般的な概念なので、いろいろなところで役に立つと思います。

ここでは、状態についての情報を持つステートフルと、持たないステートレスについて説明します。情報を多く持つステートフルは、きめ細かい制御が可能になる反面、複雑になります。一方、ステートレスは、高機能ではありませんがシンプルです。一長一短あるため、適材適所で使う必要があります。具体例を挙げると、SSHはステートフルなプロトコルですが、HTTPはステートレスなプロトコルです。では、ステートフルとステートレスとは何かについて見ていきましょう。

何かの作業を行なっているときに、今どこまで作業が終わったのか、といった「状態」を意識することがありますよね。システムの処理を行なっているときにも、この「状態」を考えなくてはならないことが多々あります。

コンピュータの世界で「状態」を考えるとはどのようなことか、まずは日常の例で見てみましょう。

あなたが病院で診察を受ける場面を想像してみてください（図4.20）。病院ではまず受付を済ます必要がありますよね。受付を済ませたあなたは「受付済み状態」になりました。名前を呼ばれたら診察室に行きます。どうやら風邪と診断されてしまったようです。これであなたは「診察済み状態」になりました。診察代を払ったら、薬をもらいに行きましょう。

受付をせずに診察室に行ったとしても「受付済み状態」ではないので、先生は診察してくれません。

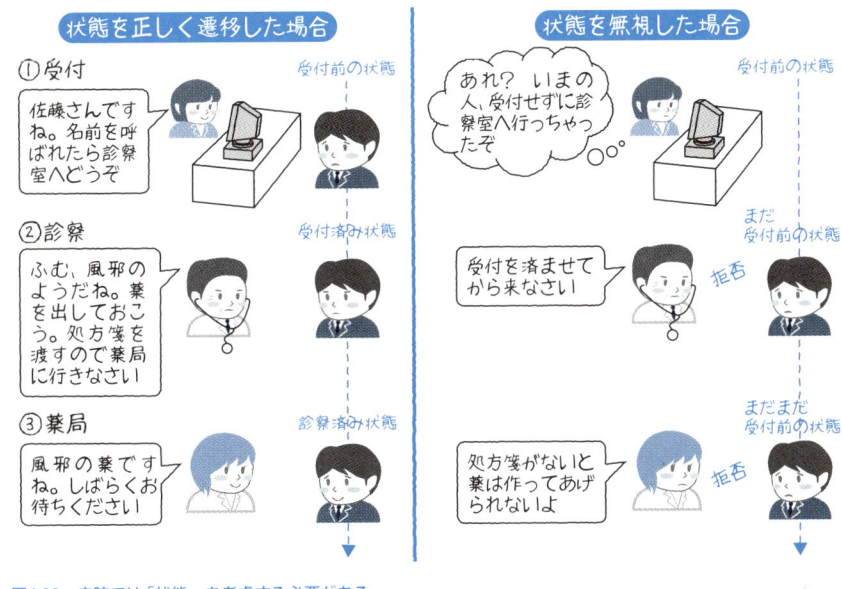

図4.20　病院では「状態」を考慮する必要がある

　一方、スーパーなどで買い物をする場面を想像してください（図4.21）。通常は状態を意識する必要はありませんよね。買いたいものを持ってレジにいけばそのまま会計をしてくれます。

図4.21　買い物では「状態」を考慮する必要がない

　この2つの例では何が違うのでしょうか？　病院では最初に診察で必要な基礎情報を用紙に記入したりする必要がありますよね。また2回目以降の通院では、病気の経過などをお医者さん側で記録してもらわないといけません。つまり、病院の診察では、受付で記入した現在の情報をお医者さんに引き継いだり、今回の診察結果を次回の診察に引き継いだりしなければならないわけです。

　「状態」を持つということは、過去に与えられた「情報」を格納し次に引き継ぐことができるということなのです。一方で状態を持たない場合、過去の情報を引き継ぐ

ことはできません。スーパーのレジでは、あなたが昨日この店で何を買ったかなんて考慮しませんよね。

4.5.2 深く見てみよう

現在の状態を考慮するものをステートフル（stateful）、考慮しないものをステートレス（stateless）と呼びます。

ステートフルは、与えられた情報によって、「状態」が遷移していきます。これを図で表現したものを、「状態遷移図」と呼びます。図4.22は、先ほどの病院の例を簡単な状態遷移図で表現したものです。ステートフルな仕組みを使うメリットとして、過去の情報を引き継ぐことができるため、情報に応じて複雑な処理を行なわせることができます。デメリットとしては、少なからずシステムの複雑性が増すことです。本来あり得ない「状態」になった場合のことなども考慮する必要が出てきます。

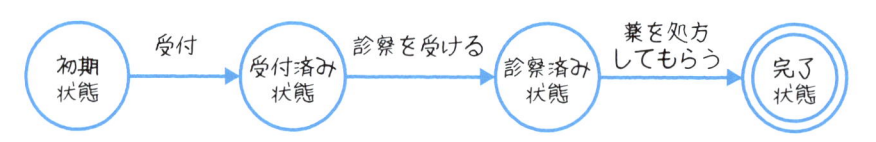

図4.22　状態遷移図

状態を考慮しないステートレスな仕組みを使った場合、メリットとして挙げられるのがシンプルさです。シンプルがゆえにステートフルに比べると性能面や堅牢性を追求しやすくなります。ただしデメリットとしては、当然過去の情報を引き継がせることができないため、複雑な処理を行なわせにくいことが挙げられます。必要な情報は処理のたびに毎回渡さなければなりません。

もし先ほどの病院の例がステートレスならどうなるでしょうか？　過去の情報は引き継げません。だから通院して2回目の診察を受けたとしても前回の記録なんて残ってないのです。「お名前は？　今回はどんな症状がありますか？　前回はどこまで治療しましたか？」と、また最初から診察し直しになってしまいますね。

まとめると、ステートフル／ステートレスの特徴は、以下のようになります。

・ステートフルは状態を考慮するため、複雑な処理が可能になるがシステムの複雑性が増す
・ステートレスは状態を考慮しないため、シンプルで性能面や堅牢性の面で優れていることが多い

4.5.3 どこで使われているか？

コンピュータ内部の仕組み

コンピュータの中では、ありとあらゆるところにステートフルが採用されています。複雑な処理を実現するためにステートフルは必要不可欠なのです。たとえばプロセスの処理の例を見てみましょう。

通常CPUは、1つのCPUで複数のプロセスを少しずつ処理します。そのため、ある瞬間に本当に処理を行なっているプロセスは、1CPU（コア）につき1つです。処理を行なっていないプロセスは、何かしらの待ちをしなければなりません。それらを効率良く処理するため、プロセスでは、図4.23のような状態遷移を行ないます。

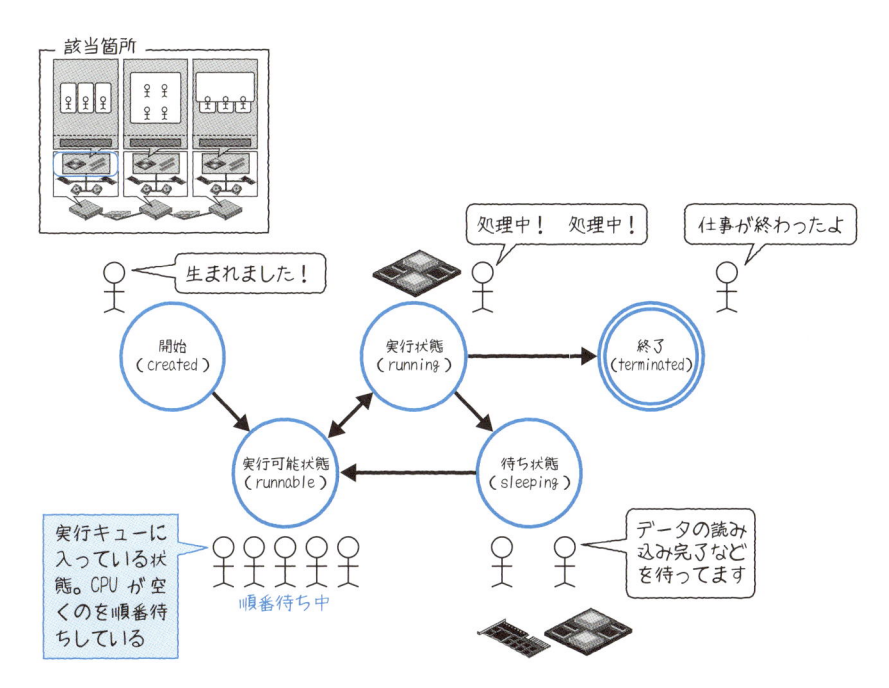

図4.23　プロセスの状態遷移（プロセスの処理はステートフル）

あなたが何かのコマンドやアプリを実行するとプロセスが生成されます。プロセスの実行開始ですね。

しかし、すぐに処理をすることはできません。最初に、実行キューと呼ばれる順番

待ちの行列に並ぶ必要があります。この状態を「実行可能状態」と呼びます。

　順番が回ってくると「実行状態」に遷移し、アプリの処理を行ないます。1つのプロセスがCPUを占有することなく、一定量処理を行なうとCPUを明け渡し、プロセスはまた順番待ちに並びます。もしディスクアクセスなど、I/O待ちが発生する処理を実行した場合、「待ち状態」と呼ばれる状態に遷移します。

　この代表的な3つの状態を遷移しながら、処理が全部終わると「終了」状態になります。

ネットワーク通信における仕組み

　今度はネットワーク通信に目を向けてみましょう。ブラウザなどからHTTPサーバーにアクセスする際には、HTTPと呼ばれるプロトコルを使用します。このHTTPは、基本的にはステートレスなプロトコルです。

　HTTPサーバーにブラウザから「○○のデータが欲しい」とリクエストが来た場合、状態がないため、毎回同じデータを返すことになります。ショッピングサイトなどの場合、会員には会員用ページを見せたいところですが、過去の状態がわからないので、相手が会員か会員でないのかを区別できません。もし強引にやるとしたら、会員の人には、ページにアクセスするたびに毎回ユーザー名とパスワードを送信してもらわないといけません。そんな面倒くさいページは嫌ですよね。

　HTTPは基本的にステートレスですが、上記のように、状態を扱いたいときがあります（図4.24）。状態を扱うことができれば、会員の人には最初に1回だけユーザー名とパスワードで認証してもらって、あとはその認証状態を保持すればいいのです。HTTPでは、セッションという概念を使って、この仕組みを実現しています。ログインなど認証を行なったら、サーバーはその状態を保存するとともに認証済みのセッション情報を返します。このセッション情報は簡単に推測できないよう、通常は非常に長い英数字の羅列になっています。以降ユーザーは、通信する際にこのセッション情報を一緒にサーバーに渡すだけで、前の状態を保持しながらアクセスすることができます。

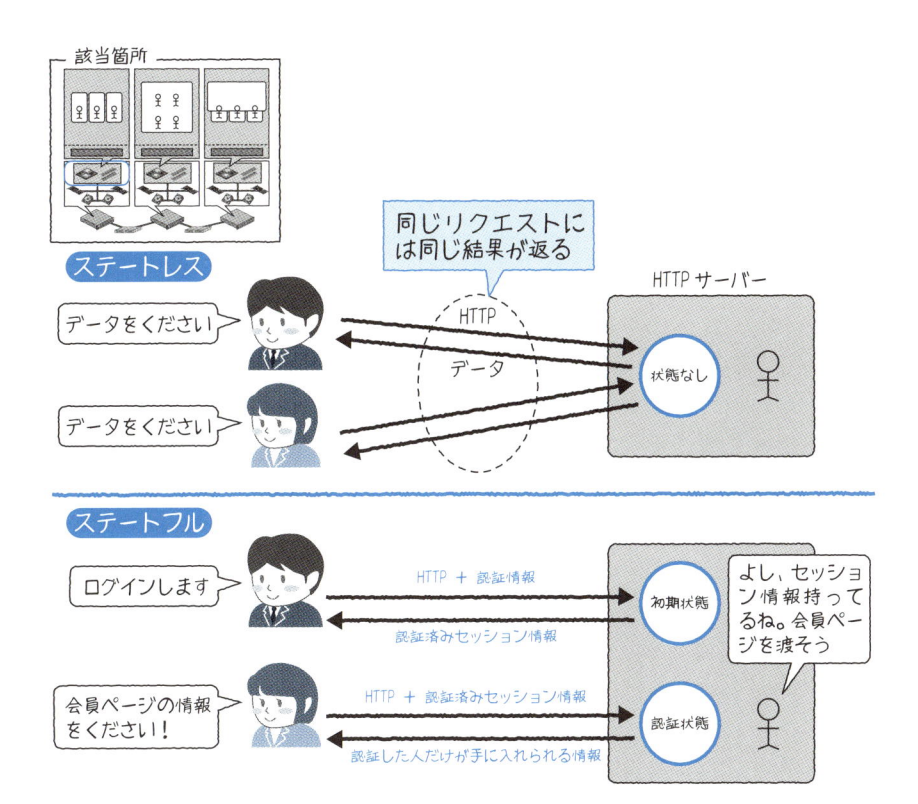

図4.24　HTTPはステートレスだけどステートフル

4.5.4　まとめ

　最後に、ステートフルおよびステートレスについてまとめます。

　ステートフルとは、相手が状態遷移を意識した処理を行ない、過去の経緯を理解した返答をしてくれることです。一方、ステートレスとは、毎回、新規リクエストになることを指します。ステートフルのメリットは、自分の状態を理解してくれているため、リクエスト内容は最小で済むということです。対してステートレスのメリットは、リクエストとそれに対するレスポンスの仕組みがシンプルになることです。

　状態を管理することで使い勝手は向上しますが、サーバー側処理が複雑になるほどリソース負荷も高く、大量のユーザーからのリクエストに弱くなる可能性もあります。ないよりはあったほうがいいということではなく、適材適所で利用を検討する必要があります。

4.6 可変長／固定長

4.6.1 可変長／固定長とは？

　本や書類を本棚や書類棚で保管するように、コンピュータで扱うデータも定められた入れ物の中に保存する必要があります。保存する際には、そのデータが入れ物に収まるかどうかを判断しなければならないため、その入れ物の大きさが決まっているか／いないかはとても重要です。このとき、あらかじめ大きさが決まっている場合を固定長、決まっておらず都度自由に大きさを変えられる場合を可変長と言います。

　普段コンピュータを使っているときには意識しませんが、コンピュータ内部のメモリやディスクなどのハードウェアのデータ処理を見てみると固定長の箱の集まりになっています。ユーザーがそれを意識しなくて済むのは、OSなどのソフトウェアによって人間が使いやすいようにハードウェアを隠蔽しているからです。

　もう少し具体的なイメージをつかんでもらうために、本棚の例で考えてみましょう。図4.25では、固定長の本棚と可変長の本棚の2種類を用意してみました。

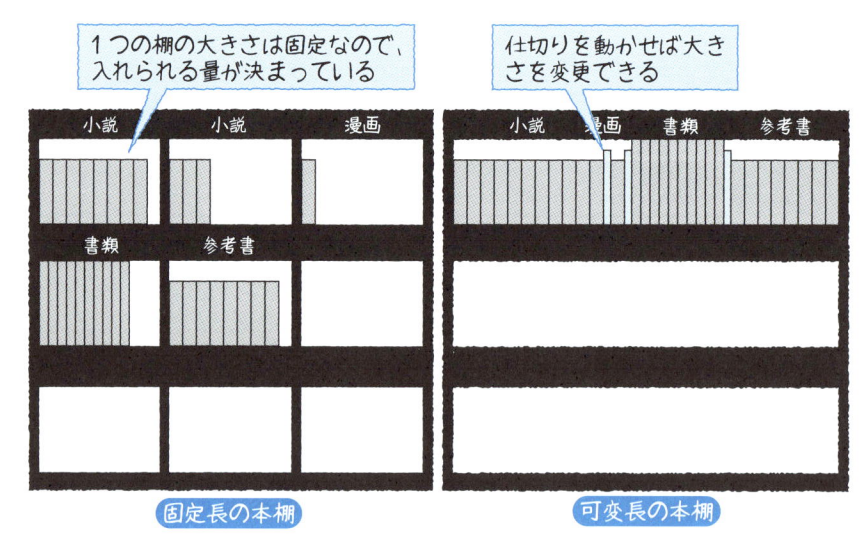

図4.25　データの格納は本棚のようなもの

固定長の本棚はあらかじめ1つの棚の大きさが決まっており、仕切りを自由に動かすことができません。一方、可変長の本棚は仕切りを自由に変更することができます。それぞれの本棚を使って本の種類ごとにきれいに整理することを考えてみましょう。

　まず、固定長の本棚では仕切りを動かせないので、棚ごとに入れる本の種類を決めるしかありません。そのため、小説と漫画は少なめなので、ずいぶんと無駄なスペースができてしまいました。可変長の本棚では仕切りを動かすことができるので、無駄なスペースを作ることなく本の整理ができたようです。

　次に、図4.26をご覧ください。本棚に新しい本や書類を追加したらどうなるでしょうか？

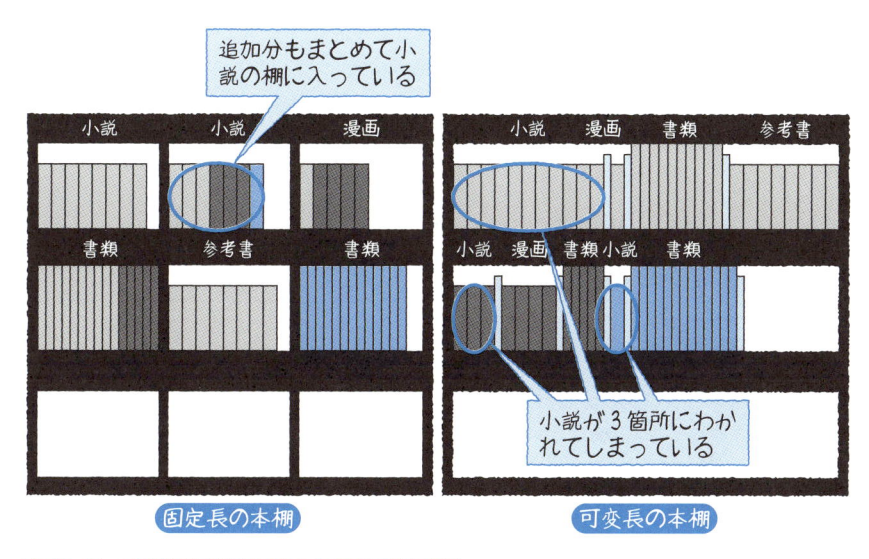

図4.26　データの格納は本棚のようなもの：本や書類を追加

　最初に濃灰色のものを追加し、その次の日に青色のものを追加しました。固定長の本棚では、入れる場所が決まっているので新しく増えた分も種類ごとにきれいに収まっていますね。一方で可変長の本棚では、本棚のスペースは節約できているものの、同じ種類の本が徐々にあちこちへと散らばり始めています。この調子だと、いずれ目的の書類や本を探し出すのが大変になりそうな予感がします。

　もちろん実際には「その都度、本を入れ替えて整理するよ！」という人もいるかもしれません。しかしそれはけっこう大変ですよね。一時的に本を別の場所に移動して、本を詰め直して……。ちなみに筆者の家では、この整理整頓が大変なので固定長の本棚にしています。

固定長のメリットとしては、枠の大きさが決まっているため、"本棚の4列目の5段目"といったように、目的のものに素早くアクセスできるということがあります。図書館や書店にあるような大きな本棚だと、棚に細かく番号が振られていますよね。その代わり、無駄なスペースができてしまうので、空きスペースをきれいに使いきるのは難しくなります。

　可変長の場合、データをきっちり詰め込むことができるため、保存する際のデータサイズを節約できるメリットがあります。ただし、枠の仕切りの位置が定まっていないため、目的の本を探すのには、固定長と比べて少々時間がかかります。また、大きさがバラバラであるため、同じ領域をずっと使っていると再利用性が低く、断片化も発生しやすくなります。

　固定長と可変長の特徴をまとめると、以下のようになります。

・固定長は無駄なスペースができるが、性能面で安定している傾向がある
・可変長はスペースを有効活用できるが、性能面で不安定な傾向がある

4.6.2　どこで使われているか?

　さて、具体的にコンピュータではどのように保存されているのでしょうか？　実例を見てみましょう。あなたが使っているPCの中には、さまざまなファイルが保存されていますよね。たとえばWindowsでは一般的にNTFSと呼ばれるファイルシステムが使われていますが、このファイルシステムでは固定長サイズで各種ファイルを保存しています。

　適当なファイルを1つ選択し、プロパティを見てみましょう（図4.27）。私のPCに保存されていたmemo.txtは「サイズ：326バイト」「ディスク上のサイズ：4,096バイト」と表示されました。これは、実際には326 byteしかデータ量がないのに、保存には4,096 byte使っているということです。一方、gazou.jpgは「サイズ：216,056バイト」「ディスク上のサイズ：217,088バイト」と表示されています。このディスク上のサイズ217,088は、4,096できれいに割り切れます。つまり、ディスク上のサイズは、保存したファイルサイズちょうど使われるのではなく、そのファイルサイズが収まり切る「4,096の倍数」だけ消費していることがわかります。

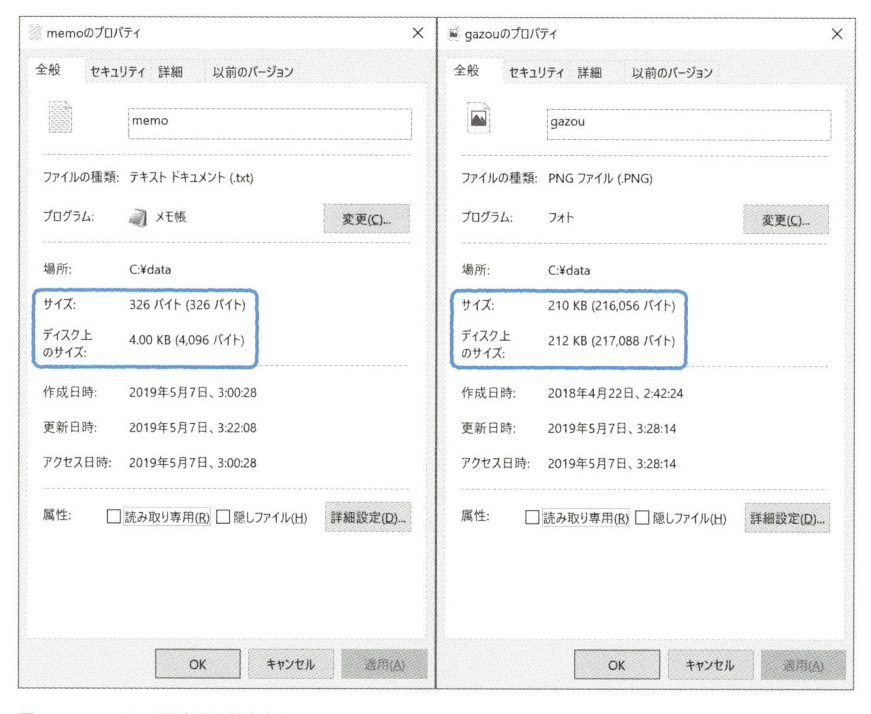

図4.27　ファイルは固定長で保存されている

　このファイルシステムでは、固定長の1つの枠の大きさが4,096 byte（4KB）になっています。そのため4KBに満たないファイルを保存する場合であっても、1ファイル保存するのに4KB使ってしまいます（図4.28）。先ほどのgazou.jpgの例のように、ファイルサイズがこの4KBよりも十分に大きければ、この無駄になるスペースは気にする必要ありません。実際、多くのファイルでは4KBを上回っているため、そこまで無駄に消費されることもありません。ただし、テキストデータばかり保存しなければならない場合などはまた話が変わってきます。固定長を採用する場合には、この1つの大きさをいくつにすべきかをよく考えなくてはなりません[※3]。

※3　ファイルシステムの4KBという数字も変更可能で、より最適なサイズに替えることもできます。

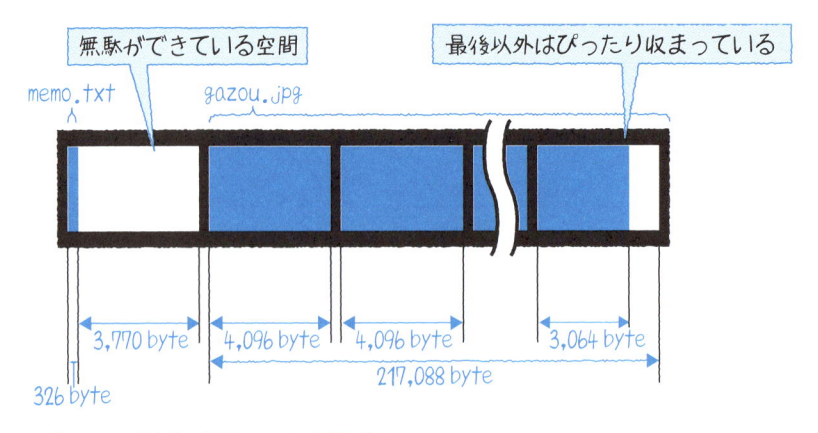

図4.28　ディスクには固定長の領域にファイルを保存する

　ネットワークでやり取りされるデータはどうでしょうか？　先ほどのようにディスクに保存するときだけではなく、ネットワーク経由でデータを送るときにも固定長か可変長か考えなくてはなりません。図4.29を見てみましょう。

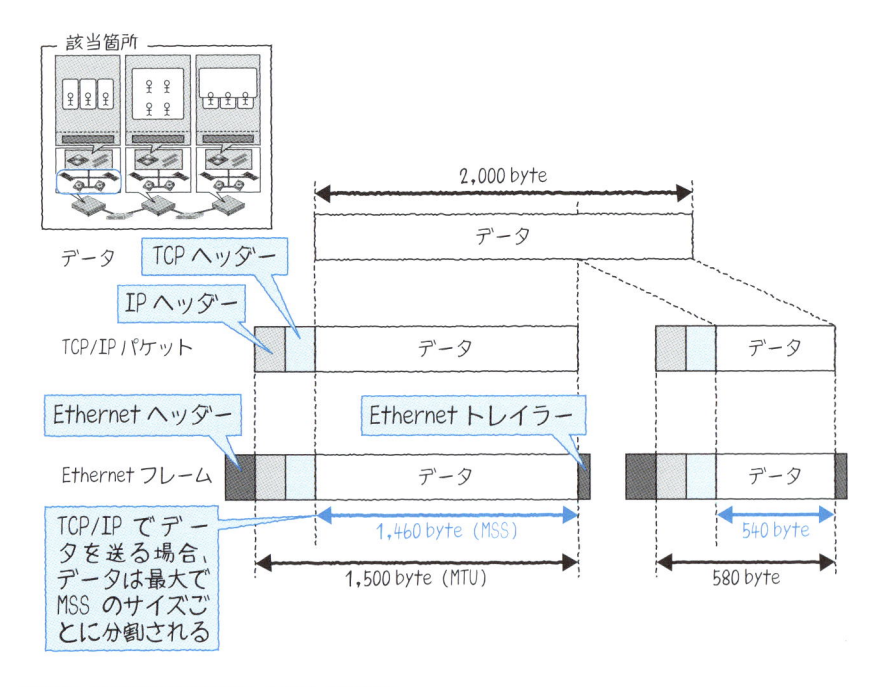

図4.29　TCP/IPは可変長のパケットでデータを扱う

ネットワーク通信を行なう場合、TCPの通信で送るデータは複数のセグメントに分割され、それぞれIPパケットによって運ばれます。さらにIPパケットはEthernetフレームに入れられて運ばれます。多くの場合Ethernetフレームに入る最大サイズ（これをMTUと呼ぶ）は1,500 byteです。TCP/IPヘッダーの合計が40 byteであるため、運べるTCPセグメントの最大サイズ（MSSと呼ぶ）は1,460 byteとなります[※4]。そのため、TCP/IPでデータを送信する場合、1,460 byte程度のセグメントに分割され、最後の余りは1〜1,460 byteのサイズとなり送られていきます。図の例だと、2,000 byteのデータが1,460 byteと540 byteの2つに分割されている様子がわかります。ここではネットワーク通信の少し細かい部分を紹介しました（第6章でも、この話を改めて詳細に解説します）。

　パケットは使い捨てなので、可変長でデータを扱っても本棚の例で紹介したような断片化のデメリットなどを受けることがありません。

4.6.3　まとめ

　最後に、可変長と固定長の特徴をまとめます。

　可変長とは、データのやり取りのサイズを都度変更することです。一方、固定長とは、すべて同じサイズでやり取りすることです。可変長は、やり取りする総量が減るというメリットがあり、固定長はサイズが均一であることによる管理性の向上というメリットがあります。

　効率性を求めるなら可変長、シンプルさを求めるなら固定長といった使い分けが適切であると考えられます。

※4　MTUやIPヘッダーのサイズは固定値ではないので、MSSは環境によって変わります。

4.7 データ構造（配列と連結リスト）

4.7.1 データ構造（配列と連結リスト）とは？

　よく使われているデータ構造のうち、ここでは配列と連結リストを紹介します。配列も連結リストも順番に並んだデータを扱うデータ構造ですが、構造が異なるため性能面での特徴が大きく異なります。4.8節でハッシュテーブルやB-Treeなどのデータ構造を紹介しますが、これらのデータ構造の中でも配列や連結リストが使われていることがあります。配列と連結リストはいろいろなデータ構造を理解する上で基本となるデータ構造です。

　図4.30は、それぞれのイメージを図にしたものです。

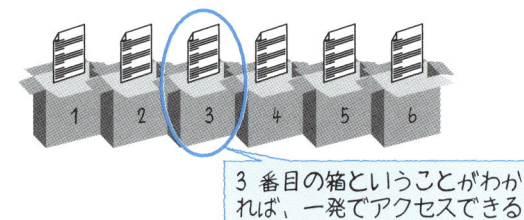
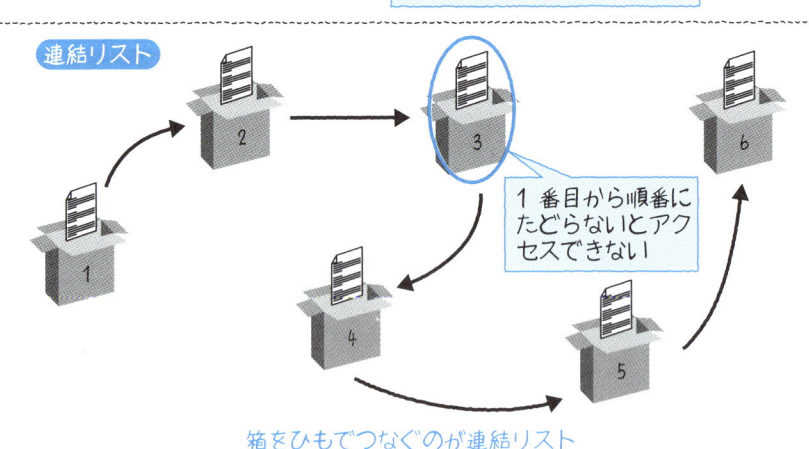

図4.30　配列と連結リストのイメージ図

配列は、同じ形の箱をすき間なく順番に並べたようなデータ構造です。「同じ大きさ」の箱を「すき間なく順番に」並べているので、何番目の箱なのかさえわかれば、その箱の場所に一発で素早くアクセスできます。

　一方、連結リストは箱がひもでつながれたようなデータ構造です。「ひもでつながれる」と表現しましたが、具体的には次の箱の位置情報を持っています。ひもでつながれているので配列のようにすき間なく順番に並べておく必要はありませんが、箱を探すときには末端から順番にひもをたどり、1つ1つ見ていかなければなりません。

　探索が速い配列のほうがよさそうに思えますが、配列にも苦手分野があります。配列の途中に箱を挿入しようとするとそれ以降の箱を全部1つずつ後ろにずらさないといけません。途中の箱を抜く場合は逆に1つずつ前にずらす必要があります。これにより、配列はデータの挿入／削除が遅いデータ構造と言えます。

　一方、連結リストは箱をひもでつないでいるので、途中に箱を挿入したり削除したりする場合はひもをつなぎ替えるだけで済みます。したがって、連結リストはデータの挿入／削除が速いデータ構造です。

　これらの特徴をまとめると、以下のようになります。

・配列はデータを隙間なく順番に並べたデータ構造
・連結リストはデータをひもでつないだデータ構造
・探索が速いのは配列で、遅いのは連結リスト
・データの挿入／削除が速いのは連結リストで、遅いのは配列

4.7.2　どこで使われているか？

　本節の冒頭でも触れましたが、ハッシュテーブルの実装には配列と連結リストが使われることがあります。その場合、配列が目次や索引のようになっていて、その配列に連結リストがぶらさがっているようなデータ構造になっています。同じ形の箱がすき間なく順番に並んでいて（配列）、箱の中（配列の要素）にはひもでつながった箱（連結リスト）の先頭の場所が書かれた紙が入っているようなイメージです（後掲p.123の図4.32）。

　詳しくは4.8節で説明しますが、データの挿入／削除が速い連結リストと探索が速い配列を組み合わせたハイブリッド型のデータ構造がハッシュテーブルなのです。

具体例を挙げましょう。Oracle DatabaseではSQLを実行するとSQLがパース[※5] されて実行され、結果を返しますが、一度実行されたSQLに関する情報はメモリ上に保持され、まったく同じSQLが実行された場合はまた一からパースするのではなく、前回実行時の情報を再利用します（図4.31）。このSQLに関する情報の管理にハッシュテーブルのようなデータ構造を使っています。パースしたSQLを再利用することで、CPUの使用時間を節約することができます。特に同じSQLが同時かつ大量に実行されるWebサービスやオンライン証券などのOLTP系のシステムでは、この再利用によってCPUの使用時間を大幅に節約することができます。

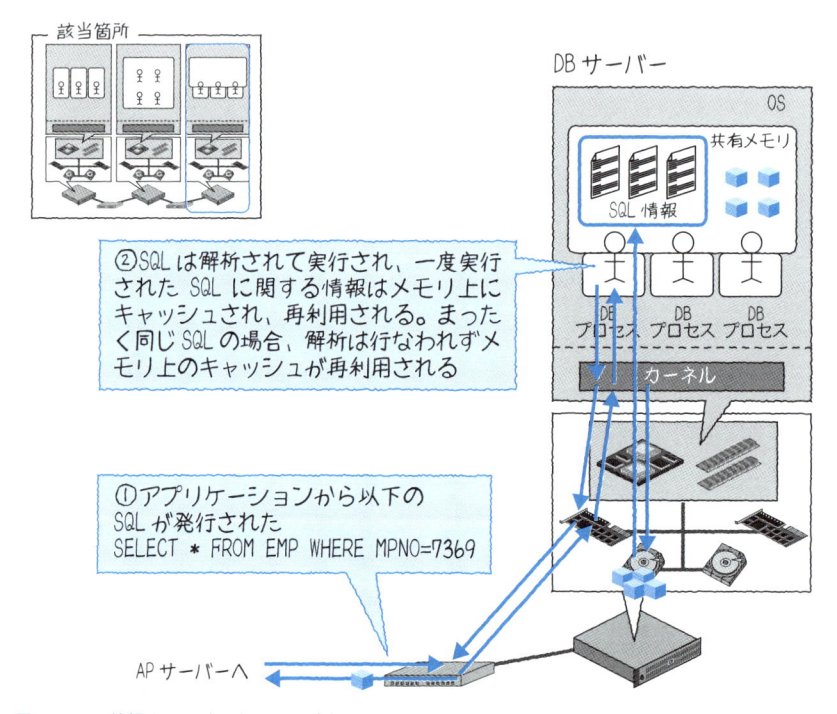

図4.31　SQL情報はメモリ上にキャッシュされる

　この再利用のためのハッシュテーブルの仕組みを図4.32に挙げました。

※5　プログラミング言語でいうと、コンパイルのようなイメージです。

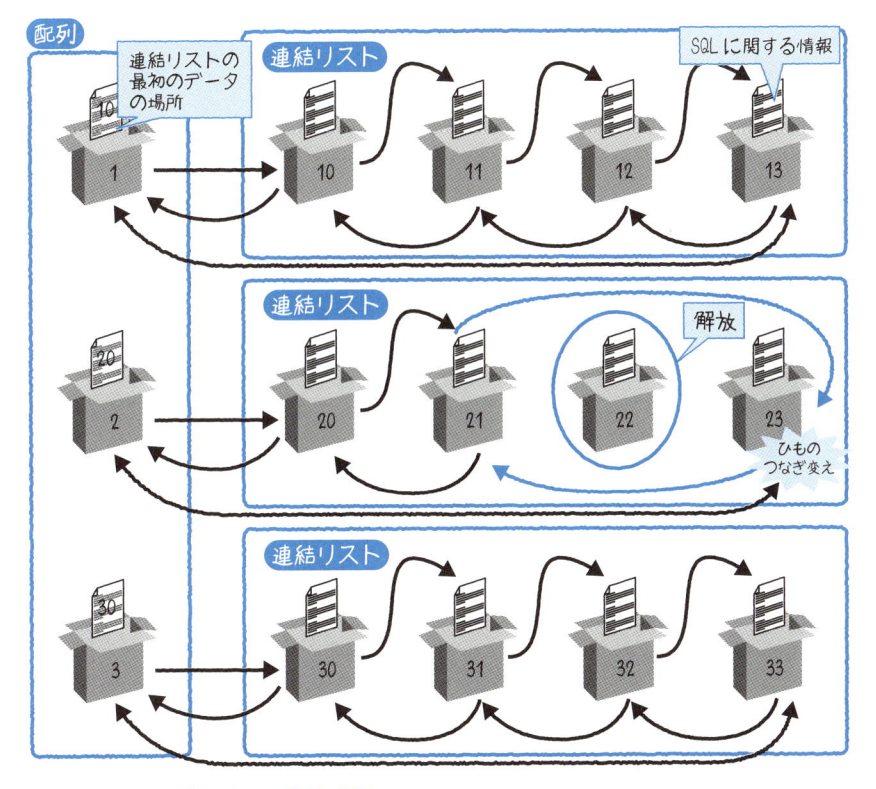

図4.32　ハッシュテーブルによるSQL情報の管理

　初めて実行されたSQLはパースされて実行された後もメモリ上に残り（キャッシュされ）、まったく同じSQLが実行されると再利用されます。メモリが足りなくなると実行中ではないSQLの情報を解放します。実行中ではないSQLはメモリ上のあちこちにあるので、データの挿入／削除が速い連結リストを使うと解放する処理を速く行なうことができます。しかし、連結リストは探索が遅いので、SQLが実行されたときに再利用できる情報を探すのが遅くなってしまいます。

　そこで、探索の速い配列の登場です。配列は固定長のデータが順番に並んだデータ構造ですが、SQLの長さはまちまちで配列では管理できないため、ハッシュ関数を通してハッシュ値にすることでSQLを固定長のハッシュ値に変換します。このハッシュ値の配列から連結リストをたどることで、速く探索することが可能になります。

　ハッシュテーブルのようなデータ構造は、Oracle DatabaseのSQL情報のキャッシュ以外にも、LinuxなどのOSのカーネルでのデータのキャッシュや、キーとバリュー（値）の組み合わせでデータを格納するKVS（Key Value Store）などでも使わ

れています。

4.7.3 まとめ

配列と連結リストのメリットとデメリットをもう一度整理してみます（表4.4）。

表4.4　配列と連結リストの比較

	メリット	デメリット
配列	N番目の要素の探索が速い	データの挿入／削除が遅い
連結リスト	データの挿入／削除が速い	N番目の要素の探索が遅い

　整理してみると一目瞭然ですが、得意不得意が真逆です。ハッシュテーブルは配列と連結リストのお互いの得意なところを組み合わせて、苦手分野を克服したデータ構造と言えます。そのほかにも、キューやスタックなどのデータ構造も配列や連結リストで実装されていたりします。

4.8 ‖ 探索アルゴリズム（ハッシュ／ツリーなど）

4.8.1 探索アルゴリズム（ハッシュ／ツリーなど）とは？

・データベースでインデックスを使うとなぜ検索が速いのでしょうか？
・インデックスを使えば常に速くなるわけではないのはなぜでしょうか？
・従来のDBMSとインメモリDBで適したインデックスの種類が違うのはなぜでしょうか？

　この節では、これらの疑問に対して答えます。ハッシュやツリーは探索アルゴリズムではなくデータ構造ですが、効率的に探索するために使われます。必要なときに必要なデータを素早く見つけるためには、データを整理しておく必要があります。データの整理の仕方と探し方にはどのようなものがあり、どういう場合にどの方法が適し

ているのか、一例を紹介しながらその本質を説明します。

　さて、皆さんは本や辞書で調べ物をするとき、どのように調べるでしょうか？　目的のキーワードがわかっているときは索引から調べたり、あるテーマについての記述を読みたいときは目次を見たりすることが考えられます（図4.33）。目次や索引がなかったら、読みたいページを探すときに全ページに目を通さないといけなくなってしまって大変です。

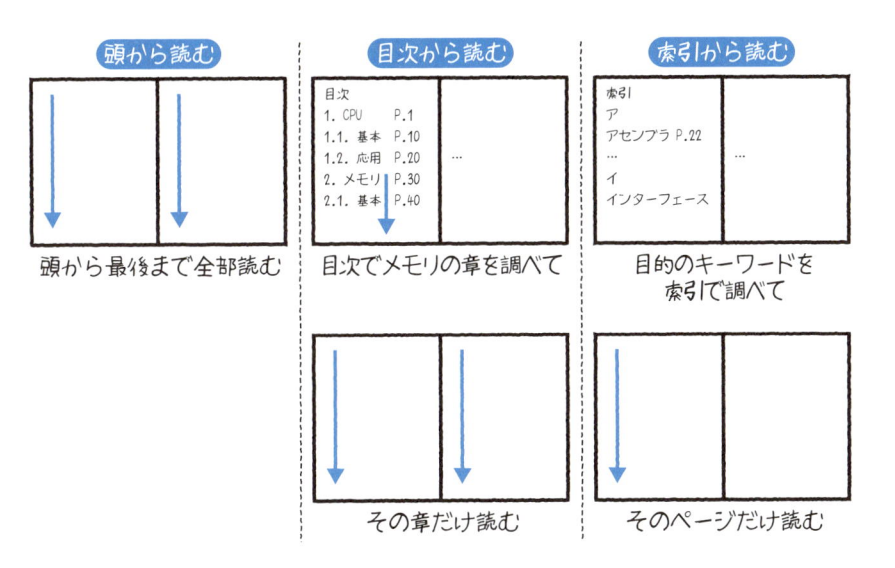

図4.33　本の読み方

　コンピュータでもデータを探しやすいように整理しておくと、目的のデータを速く見つけることができます。データの整理方法を「データ構造」、探す方法を「探索アルゴリズム」と呼びます。探す方法とデータの整理方法は切っても切り離せない関係なので、「アルゴリズムとデータ構造」というように、よくセットで扱われます。

　たとえば、英和辞典はアルファベット順にページが並んでおり（＝データ構造）、アルファベットで探し（＝アルゴリズム）やすくなっていますね。将棋でいう“定跡”のようなもので、アルゴリズムとデータ構造で1冊の本、いや何冊もの本になるほどたくさんの種類がありますが、本書ではそれらのうちほんの一部を紹介します。

探索について、アルゴリズムとデータ構造の本質をまとめると、以下のようになります。

- 必要なときに必要なデータを素早く見つけるためには、データを整理しておく必要がある
- データを探すときの切り口とデータを格納する入れ物（メモリ、HDD、SSDなど）の特性によって、適切なデータの整理方法は変わる
- データの整理方法を「データ構造」、処理手順を「アルゴリズム」と呼ぶ
- 処理手順に合わせてデータ構造を整理する必要があるため、よく「アルゴリズムとデータ構造」などとセットで扱われる

4.8.2 どこで使われているか?

では具体例を見てみましょう。アルゴリズムとデータ構造のデパートと言っても過言ではないDBMSの例を紹介します。

SQLチューニングで「フルスキャンになっていて遅かったので、インデックスを作成してインデックススキャンにしたら速くなった」という話を聞いたことはあるでしょうか？ 実はインデックススキャンにすれば必ず速くなるわけではありません。フルスキャンのほうが速い場合もあります。ディスクから目的のデータをいかに少ない労力で読み出すかがポイントで、インデックスはそのための1つの手段にすぎません。本質を理解すると、この意味がわかるようになります。

インデックスがない場合

まず、インデックスがないとどうなるか見てみましょう（図4.34）。

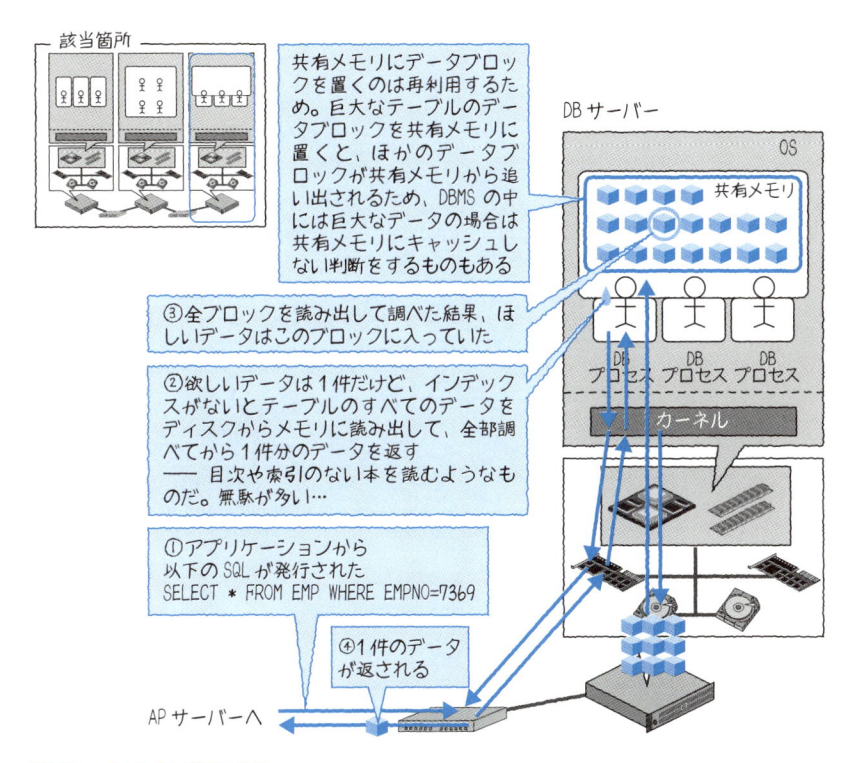

該当箇所

共有メモリにデータブロックを置くのは再利用するため。巨大なテーブルのデータブロックを共有メモリに置くと、ほかのデータブロックが共有メモリから追い出されるため、DBMS の中には巨大なデータの場合は共有メモリにキャッシュしない判断をするものもある

DB サーバー

OS

共有メモリ

DB プロセス　DB プロセス　DB プロセス

カーネル

③全ブロックを読み出して調べた結果、ほしいデータはこのブロックに入っていた

②欲しいデータは1件だけど、インデックスがないとテーブルのすべてのデータをディスクからメモリに読み出して、全部調べてから1件分のデータを返す —— 目次や索引のない本を読むようなものだ。無駄が多い…

①アプリケーションから以下の SQL が発行された
SELECT * FROM EMP WHERE EMPNO=7369

④1件のデータが返される

AP サーバーへ

図4.34　インデックスがないとき

　SQLを発行して1件のデータを取得するだけでも、インデックスがなければディスクからそのテーブルのデータをすべて読み出して調べます。テーブルのすべてのブロックを頭から順番に読み出すことを「フルスキャン」と呼びます。図4.34では18個のブロックを読み出しています。

　テーブルのサイズが大きくなるほど、読み出すブロックの数が多くなります[※6]。フルスキャンをして目的のデータを探すということは、例えるなら、目次も索引もなく、さらにはページが五十音順に並んでいない国語辞典で、言葉の意味を調べるようなものです。

インデックスがある場合

　次にインデックスがあるとどうなるかを見てみましょう（図4.35）。DBMSのインデックスにはいくつかの種類がありますが、一般的によく使われているB-Tree[※7]インデックスとします。

※6　通常、DBMSでは実データのサイズではなく、High-Water Mark（HWM）の位置によってフルスキャン時のブロック読み取り数が決まります。たとえデータが1件しかなくても、HWMまでのブロックをすべて読み出します。定期的にセグメント（テーブルなど）を縮小したりするのは、このHWMを下げて性能劣化を防ぐためです。
※7　B-Treeには、B-Tree、B+Tree、B*Treeなどの種類がありますが、本書では各データ構造の詳細には触れません。

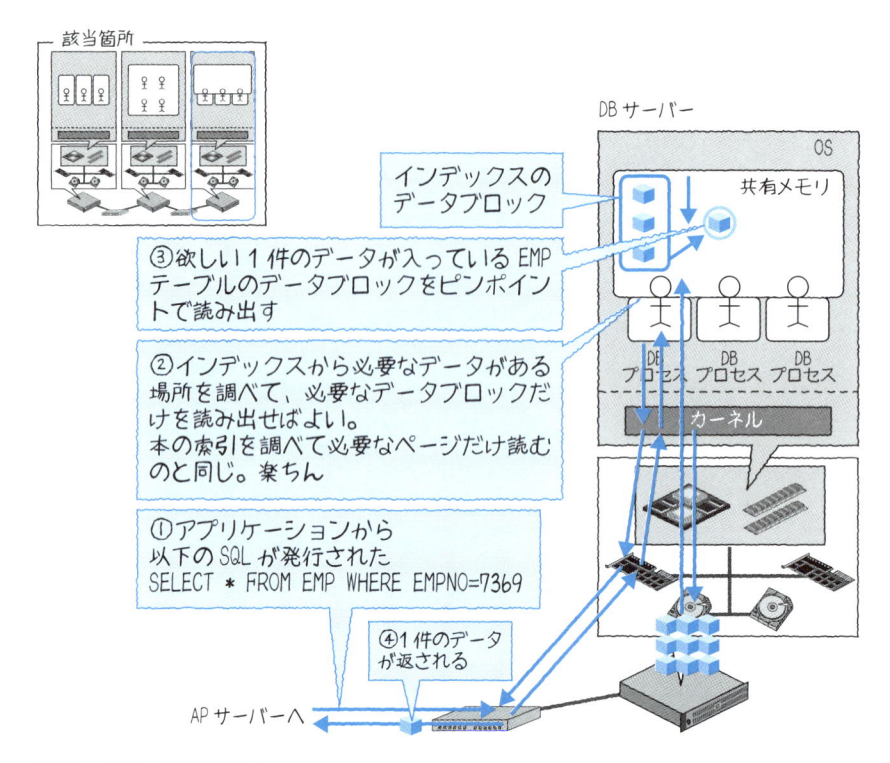

図4.35 インデックスがあるとき

　インデックスがあると必要最低限のブロックのみの読み出しで済みます。「インデックス」は、日本語で言うと「索引」です。辞書で調べものをするときに索引を使うのと同じイメージです。インデックスがないときは18個のブロックを読み出していましたが、このインデックスがある例では4個のブロックの読み出しだけですんでいます。

　しかし、インデックスがあるとよいことばかりかというと、そうではなくデメリットもあります。検索が速くなる代わりに、データの追加／更新／削除時にテーブルだけでなくインデックスのデータも更新しなければならないので、オーバーヘッドが余計にかかります。書類をファイリングするときにインデックスを貼ると探すのは速くなりますが、書類を追加するときなどにインデックスを貼り直す手間がかかるのと同じです。

インデックスの仕組み——B-Treeインデックス

では、このインデックスの仕組みをもう少し詳しく見てみましょう。先ほどの図4.35のデータブロックをズームアップして、インデックスの構造を見てみます（図4.36）。

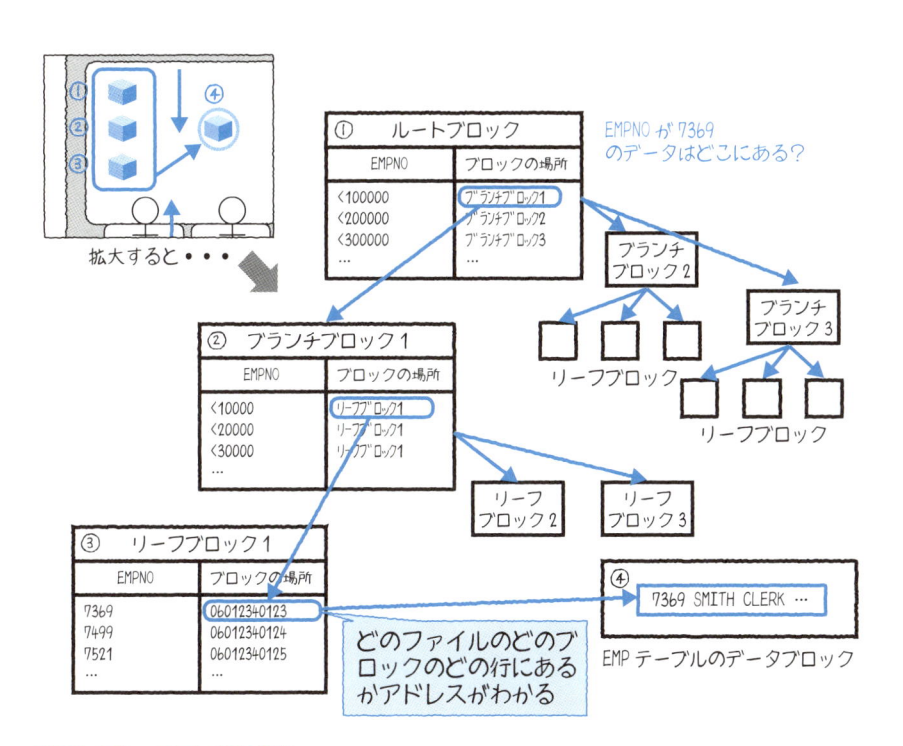

図4.36 B-Treeインデックスの構造

データブロックの①がルートブロック、②がブランチブロック、③がリーフブロックです。ルートは木の幹、ブランチは枝、リーフは葉です。木のように幹→枝→葉とたどっていくと葉に目的のデータの格納場所が書かれているイメージです。

「SELECT * FROM EMP WHERE EMPNO=7369」のようにSQLを発行すると、①ルートブロックを見て、②ブランチブロック1以下にあることがわかり、ブランチブロック1を見ると③リーフブロック1にあることがわかります。リーフブロック1を見ると、④のデータブロックのどの場所にデータが格納されているかがわかります。このような仕組みで4個のブロックを読み出すだけで済んでいるのです。

このようにインデックスは読み出すブロックを少なくするための手段ですが、インデックスを使うと逆に読み出すブロック数が増える場合があります。たとえば、テー

ブルのデータを全件取得したい場合です。この場合は、テーブルの全ブロックに加えて、さらにインデックスのブロックまで読み出すため、ディスクI/Oが増えてしまいます。

また、一般的にDBMSはインデックスを使わないフルスキャンでは、1回のディスクI/Oでできるだけ大きなサイズのデータを読み取ることでI/O回数を少なくします。しかし、インデックススキャンではインデックスブロックを読み出しながらテーブルのブロックを1つずつ読み出すため、アクセスブロック数が増えるだけでなくI/O回数も増えてしまい、フルスキャンと比べて遅くなります（詳しくは第8章p.338「シーケンシャルI/OとランダムI/O」を参照）。本を読むときの例で言えば、DBMSのフルスキャンは、頭から通しで読むときに索引を見ないのと同じことです。一方、インデックススキャンによる全件取得は、本を頭から読むときに索引を見ながら読むようなものです。現実にそんなことをしていたら、索引のページまで余計に見るので読むページ数が増える上に、索引ページと本文をいったりきたりするので余計な時間がかかってしまいます。

DBMSでB-Treeインデックスがよく使われるのは、木構造のデータの階層が深くならない工夫がされており、ディスクI/Oを最低限に抑えるのに適しているためです。逆に、メモリ上にすべてのデータを置くインメモリDBではディスクI/Oを気にする必要がないため、ディスクにデータが格納されていることを前提に開発されたDBMSとは別のアプローチが必要になります。たとえば、インメモリDBにはT-Treeインデックスと呼ばれる二分木の一種を使っているものがあります。二分木は枝が2本しかないため階層が深くなりますが、キー値の比較回数が少なくなるというメリットがあり、メモリ上のデータの探索には適しています。

ハッシュテーブル

B-Treeはイコール検索にも範囲検索にも強い万能型ですが、イコール検索にめっぽう強いハッシュテーブルというものもあります。4.7節でもハッシュテーブルを紹介しましたが、ここでは探索に焦点を当てて説明します（図4.37）。

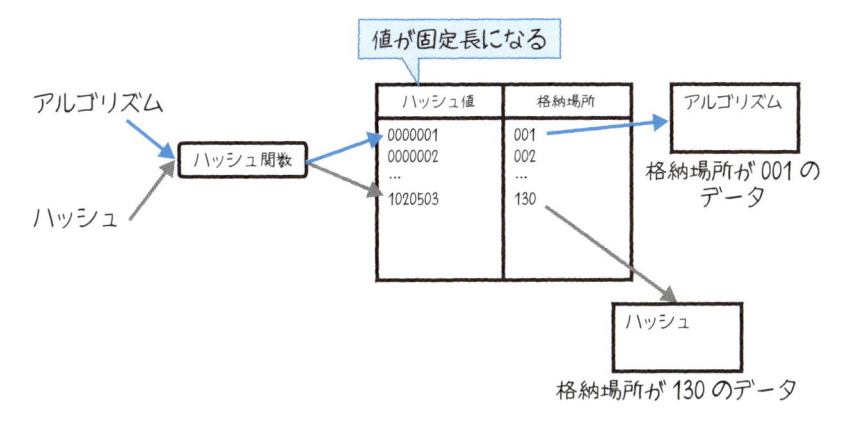

図4.37　ハッシュテーブルの探索の仕組み

　ハッシュテーブルは、キーと値のペアの表になっているデータ構造です。キーは、ハッシュ関数でハッシュ値に変換されます。ハッシュ値は固定長のデータのため、ペアの表のデータ構造がシンプルになり検索が速いというメリットがあります。

　ハッシュテーブルでは、どんなにデータ量が増えても基本的にイコール検索の速さは変わりません。イコール検索では最強のデータ構造の1つですが、範囲検索などは苦手です。一部のDBMSではハッシュを使ったハッシュインデックスと呼ばれるインデックスを実装しているものもあります。DBMSのインデックスとして考える場合、万能型のB-Treeインデックスに対して、ハッシュインデックスは専門分野に特化した一発屋と言えます。

4.8.3　まとめ

　イコール検索に強いハッシュテーブルを使った探索、イコール検索にも範囲検索もそつなくこなす万能型のB-Treeなどがあります。また、フルスキャンのように、100件データがあると100件すべてを見るような探索は線形探索と呼びます。すべてのデータが必要な場合には線形探索が適しています。データを探す切り口に適したデータ構造を選択する必要があります。

　また、HDDのような二次記憶装置上のデータの探索に適したB-Treeに対して、メモリ上のデータの探索に適したT-Treeなどもあり、データを格納している装置によっても適切なデータ構造は変わります。

　データ構造はデータを探す切り口や、データ格納場所の特性を考えて選択する必要

があります。また、DBMSでインデックスを作ると検索は速くなりますが、更新時に
オーバーヘッドがかかるといったデメリットも併せて考慮するようにしましょう。

Column

アルゴリズムとデータ構造をもっと知りたい人へ

　本書では、特にデータベースで関連があるアルゴリズムを少しだけ紹介しました。本当はもっと紹介したいところですが、きちんと説明するとなると本書の全ページを使っても足りません。アルゴリズムとデータ構造は、その仕組みを図でイメージしながら考えなければ、なかなか理解するのが難しい世界です。もう少し詳しく知りたい方は、『アルゴリズム図鑑　絵で見てわかる26のアルゴリズム』（翔泳社、ISBN：978-4-7981-4977-6）がおすすめです。アルゴリズムの仕組みが図解でわかりやすく書かれています。

　また、アルゴリズムとデータ構造の知識をさらに身につけたい方は、実際にプログラミング言語を使ってその仕組みを実装してみると、よりしっかりと理解できるようになります。たとえば本章の4.8節では、探索するアルゴリズムを紹介しました。多くのプログラミング言語には、探索をするための仕組みやライブラリがすでにありますが、あえてそれらを使わず自分で探索の仕組みを実装することで、より理解を深めることができます。筆者は大学時代に、まさにそのままの授業名「アルゴリズムとデータ構造」を受講しましたが、最初はテキスト片手に座学だったので、なかなか理解できなかったことを覚えています。その後、実際にC言語とJava言語で、さまざまなアルゴリズムとデータ構造を実装することで、ようやく理解を深めることができました。ぜひプログラミング言語によるアルゴリズムの実装に挑戦してみてください。

インフラを支える理論の応用

第4章に引き続き、3階層型システムの中からズームアップしてインフラを理解する上で基本となる概念や仕組みを見ていきます。第5章では、第4章と比べてより実装に近い概念や仕組みについて解説します。なお、本書カバー裏の絵で第4〜5章で紹介する技術が3階層型システムのどこで使われているかを紹介しています。ぜひご覧ください。

5.1 ┃ キャッシュ

5.1.1　キャッシュとは？

　キャッシュは、cash（現金）ではなく、cacheと書きます。cacheには「隠し場所」という意味があるそうです。コンピュータの世界では、キャッシュは使用頻度の高いデータを高速にアクセスできる場所に置くことを表わします。CPUの一次キャッシュや二次キャッシュ、ストレージのキャッシュ、OSのページキャッシュ、データベースのバッファキャッシュなど幅広い分野でキャッシュ技術が使われています。

　では、キャッシュについて詳しく見ていきましょう。キャッシュは一時的な置き場を表わします。すぐ使うから、とりあえずちょっとここに置いておこう、ということは日常生活でもよくあります——たとえばティッシュとか（図5.1）。しかし、何でもかんでもそのへんに置いていたら、片付けるのに苦労します。近場には頻繁に利用するものだけを置いておくとよいですね。また、誰かがティッシュを手元に置こうとしたら、ほかの人にとっては、すぐに使えないものとなってしまいます。

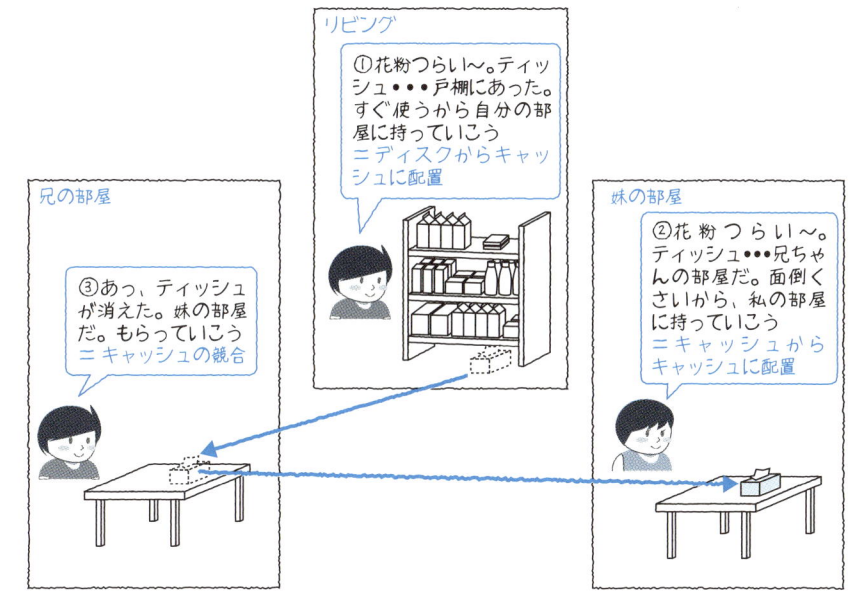

図5.1　ものぐさな人の行動とキャッシュは同じ？

キャッシュには、以下のような特徴があります。

- データの一部が、データの出力先に近い地点に一時的に格納される
- データが再利用されることが前提

5.1.2　どこで使われているか？

キャッシュはあらゆる箇所に利用されていますが、いくつか実装例を挙げてみます。

ブラウザキャッシュ（図5.2）は、Webブラウザにアクセス先のページをキャッシュするものです。これによりWebサーバーに対するアクセスを減らし、ブラウザでの表示を高速化することが可能です。

Webサーバー自体の負荷を減らすもう1つの手法に、Webサーバーとクライアントの間にキャッシュサーバーを配置するというものもあります（図5.3）。第3章でも触れましたが、自前でキャッシュサーバーを置くのではなく、CDN（コンテンツデリバリネットワーク）という、Webサーバーと異なるネットワークにWebコンテンツのキャッシュを配置する仕組みがあります。商用サービスでは、Akamai等が有名です。

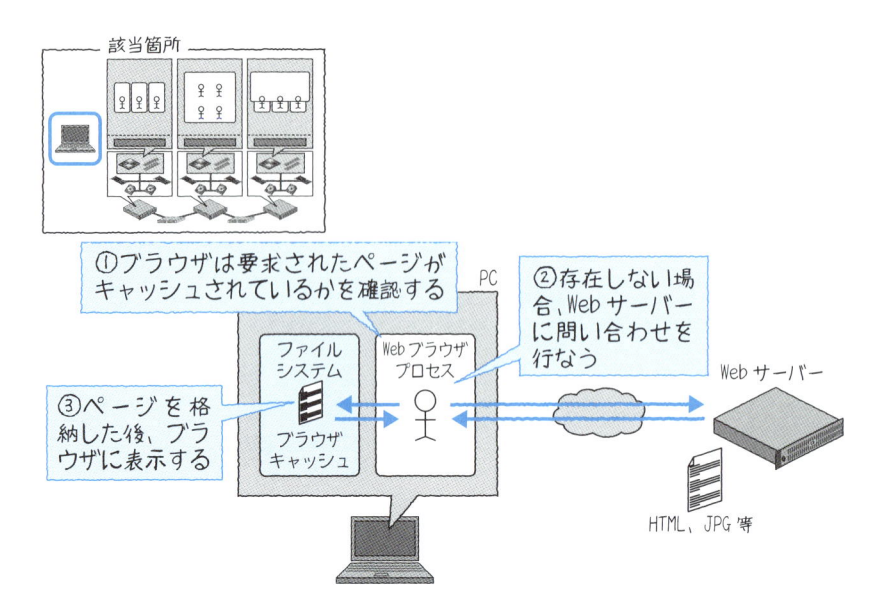

図5.2　ブラウザキャッシュで画面表示を高速化

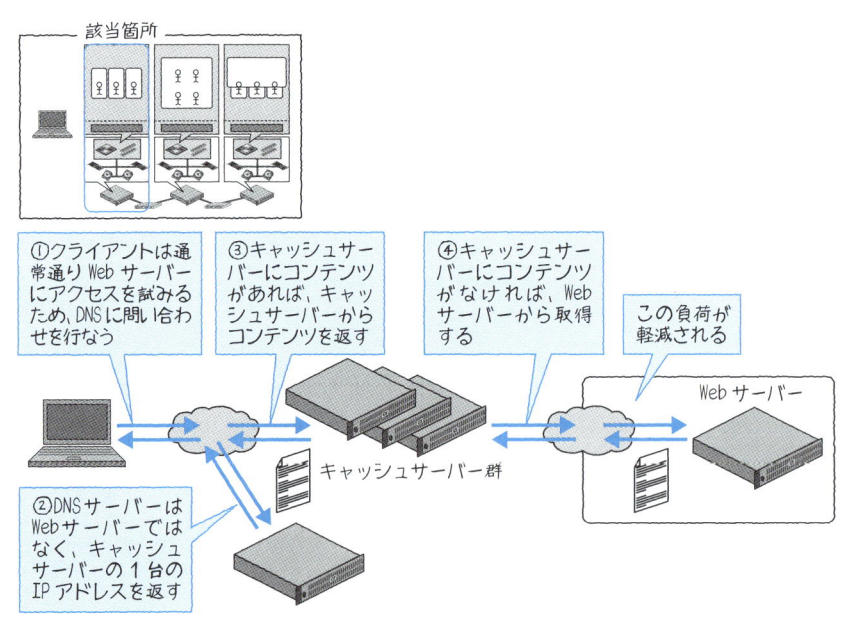

図5.3　Webサーバーとネットワークの出入り口の負荷を軽減

5.1.3 まとめ

最後にキャッシュのメリット／デメリットと注意点を整理します。キャッシュの主なメリットは以下の通りです。

- ・データに高速にアクセスできること
- ・実データに対するアクセス負荷を低減できること

日常生活で何でもかんでもそのへんに置くと片付けが面倒なのと同じように、キャッシュにも向き不向きと注意点があります。キャッシュは高速にアクセスできますが、データを失うリスクがあるため、キャッシュのデータを失ってもよいところで使われることが多いです。

向いているシステム（図5.4）

1. 参照されることが多いデータ

何度も同じデータを参照する場合、キャッシュに配置することで高速にデータにアクセスできます。

2. キャッシュ上のデータが失われても問題ないシステム

たとえば、ストリーミングデータなどは更新が発生しないため、キャッシュに障害が発生しても、元データを再度キャッシュに配置するだけで復旧が済みます。このような読み取り専用のデータに向いています。

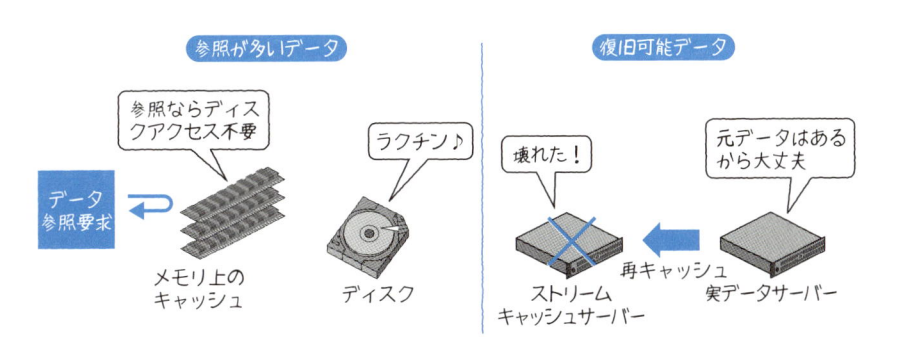

図5.4　キャッシュは読み取りデータに強い

不向きなシステム

1. データの更新が頻繁にあるシステム

データの更新が頻繁にある場合、更新の都度キャッシュしなければならず、直接アクセスするのとあまり変わらなくなってしまうので、キャッシュによる性能は向上しません。また、データの変更が発生した場合、その変更を保持するためにディスクなどの永続記憶装置に書き込む必要があります。Oracle Databaseは、キャッシュのデータを更新するだけでレスポンスを返すため高速ですが、トランザクションをディスクに記録しておくなどの工夫をしています。

また、ストレージのライトキャッシュも二重化し、キャッシュ損失の障害に備えています。

2. 大量データにアクセスするシステム

データへのアクセス時に何百GB以上というような大きなデータを参照する場合、キャッシュのサイズも大きくなりますし、キャッシュに配置するまでの時間もかかります。たとえば分析システムなどの場合は、キャッシュ上にデータを配置することには不向きです。

注意点は以下の通りです。

- データが実データとキャッシュという多重持ちになることから、リソース消費が増える。設計時には、どのデータをキャッシュしておくのが効果的か、という観点で検討を行なう
- システム起動直後などにはキャッシュにデータがないため性能が出ない
- キャッシュ層が増えるため、システムの性能問題やデータの不整合が発生したときの被疑者が増える
- キャッシュ上のデータが失われた際のリカバリ手順を確立できるように設計を行なう
- 更新データ（書き込みデータ）をキャッシュする場合、キャッシュが複数ある場合は、更新された最新データを奪い合わないように考慮する必要がある（ティッシュの例のように）

5.2 ‖ 割り込み

5.2.1 割り込みとは？

　何らかの要因によって、いまやっている仕事を止め、急きょ別の仕事をすることを割り込み[※1]と言います。割り込みと言うと「邪魔をする」というニュアンスが感じられますが、急いでいる仕事から先にやるようにCPUに知らせるための大切な仕組みです。

　具体的には、パソコンでアプリケーションが処理を行なっているときでもキーボードを操作すると文字が入力されますが、これは「割り込み」処理によるものです。もしキーボードから文字入力しても、文字がすぐに画面に表示されなかったらストレスがたまってしまいますよね。実際には入力されるとすぐに反応してくれますが、これは割り込みという仕組みのおかげなのです。

　人間の行動で例えると、PCで書類を作成しているときに同僚から「お客さんから電話ですよ」と言われたら、書類作成は一時中断をし、電話に出てお客さんと会話をしてから、書類作成を再開しますよね（図5.5）。書類を作成しているからと言って、話しかけられたり肩をたたかれたりしても気づかない、などということはほとんどないはずです。

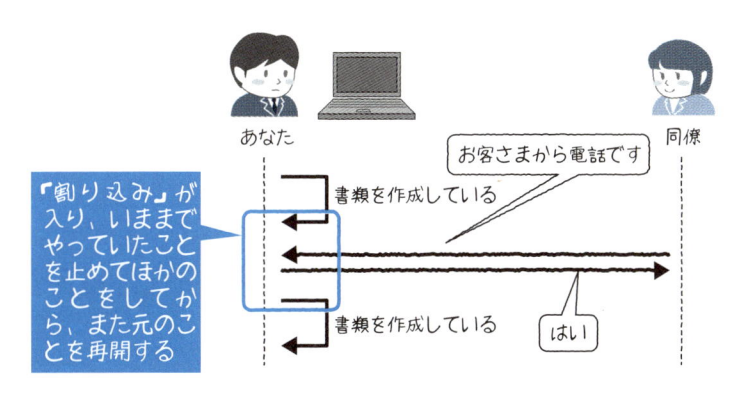

図5.5　仕事中に電話に出るのは「割り込み」

コンピュータの割り込みもこれに近いイメージです。CPUでアプリケーションのプロセスやスレッドを処理中でもキーボードから情報が入力されると割り込みが入り、CPUを短い間横取りして処理を行なった後、また元に戻します。図5.6をご覧ください。

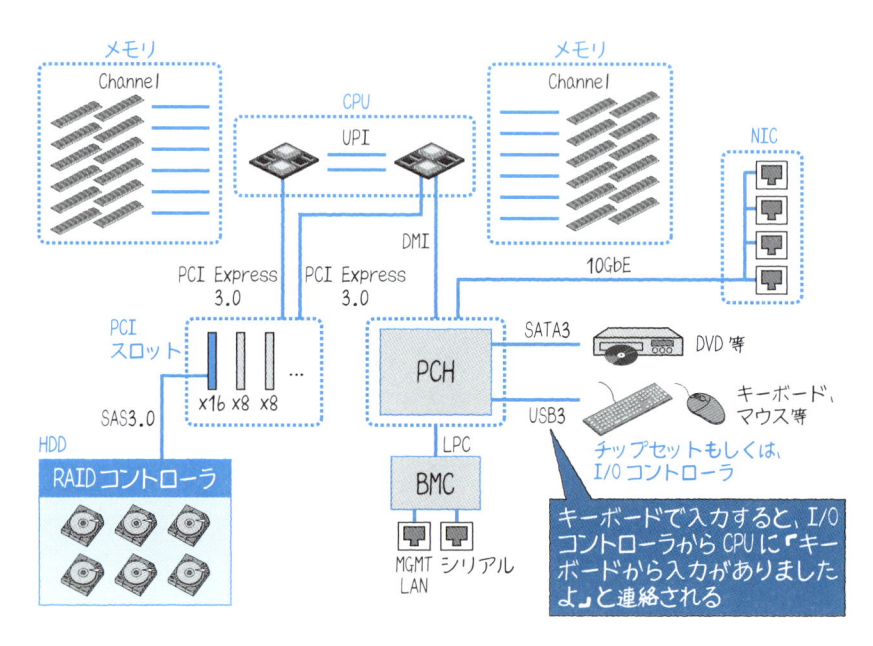

図5.6　キーボードへの入力はI/OコントローラからCPUに連絡される

キーボードで入力すると、I/OコントローラからCPUに通知されてキーボードからの入力を処理します。割り込みにはいろいろな種類があります。たとえば、定期的にしないといけないことを教えてくれるタイマー割り込み、データをメモリにすべて読み込んだことをCPUに知らせる割り込み、現在動作しているプログラムに重大なエラーが発生したときに大急ぎで知らせてプログラムのプロセスを停止する例外処理などがあります。

まとめると、以下のようになります。

- 割り込みは急用ができて、いままでやっていた仕事を止め、その急用を済ませてから元の仕事に戻ること。仕事中に電話がかかってきて、仕事を中断して電話に出て、また元の仕事に戻るイメージ
- 具体的には、キーボードからの入力など何かイベントが起こったときにCPUにそのことを知らせ、そのイベントに対応した処理を済ませてから、いままでやっていた仕事を続けること

5.2.3 どこで使われているか?

図5.7をご覧ください。たとえば、ブラウザからWebサイトにアクセスするとサーバーのNICにEthernetフレームが届きます。Ethernetフレームが届くとNICからCPUに割り込みが入り、CPUを使っていたプロセスの情報がメモリに退避され、一時的にCPUを横取りしてデータを受信します。終わると中断されたプロセスの処理が再開されます。

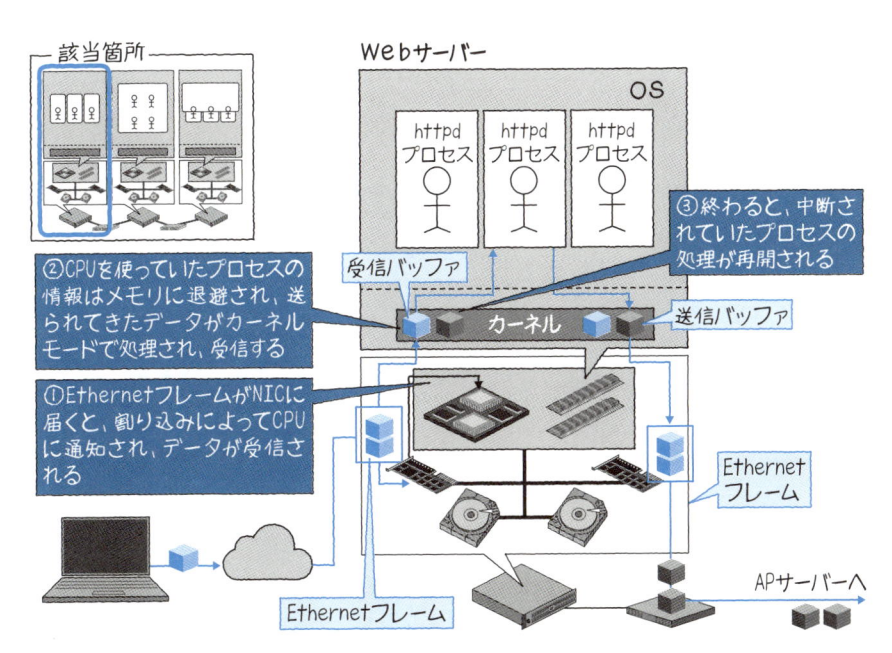

図5.7　ネットワークでデータを受信する際の割り込み

このように入出力装置からCPUに通知する割り込みをハードウェア割り込みと言います。ネットワークについて第6章で説明するため、ここではネットワーク通信でデータが届くと割り込みで処理される、というイメージを持ってください。

　次に、図5.8をご覧ください。プロセスやスレッドが許可されていないメモリ上の位置にアクセスしようとすると、「セグメンテーション違反」と呼ばれる例外が発生してOSによってプロセスが強制終了させられます。これも割り込みの一種で、「例外」や「ソフトウェア割り込み」などと呼ばれます。

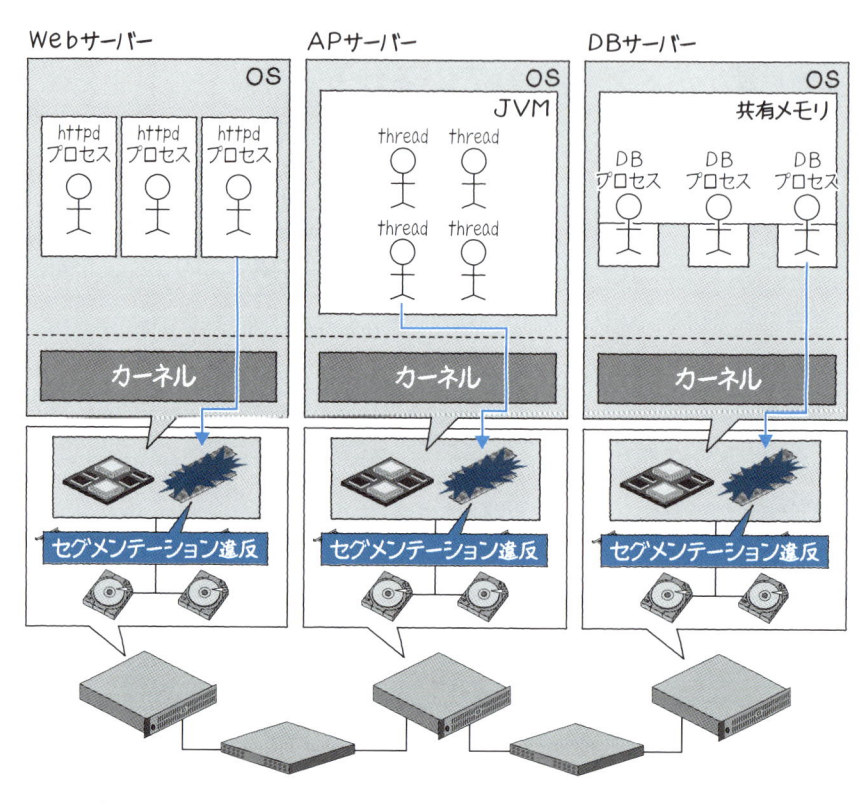

図5.8　セグメンテーション違反例外

5.2.4　まとめ

　割り込みは何かが発生したら連絡する「イベントドリブン」な仕組みです。これに対して、CPUから定期的にポーリング（問い合わせ）を行なって入出力装置の状態を

確認する方法もありますが、ポーリングする間隔が長いと、たとえばディスクへのI/Oが完了したことに気づくのが遅くなります。逆に早くすると頻繁にポーリングを行なうためにCPUを無駄に使ってしまいます。CPUの動作速度に比べると入出力装置の状態更新頻度はあまり高くなく、ポーリングよりも割り込みによる制御のほうが効率が良いため、割り込みが採用されています。

　もう少しマクロな視点で割り込みとポーリングの例を挙げると、電話は割り込み、定期的にメールサーバーに受信にいく電子メールはポーリングです（ちなみに携帯電話のメールは割り込みですね）。次の節を読んでいただければ、これらの違いがわかるでしょう。

5.3 ┃ ポーリング

5.3.1 ポーリングとは？

　ポーリングは、定期的な問い合わせのことを指します。定期的に問い合わせることで、相手がどんな状態なのか、どんな要望を持っているのかを知ります。以前は、ポーリングと言うとデータの転送のための制御を意味しましたが、昨今ではもう少し汎用的に使われています。

　郵便屋さんのポスト巡回の例を挙げてみましょう。手紙を出す人はポストに入れておくだけで、手紙が宛て先に配達されます。郵便屋さんは、ポストの中に手紙があるかないかにかかわらず、時刻表に従って定期的に中身を確認しにいきます。手紙があれば、いったん郵便局に集めて、配達します（図5.9）。この動作はポーリングと同じです。

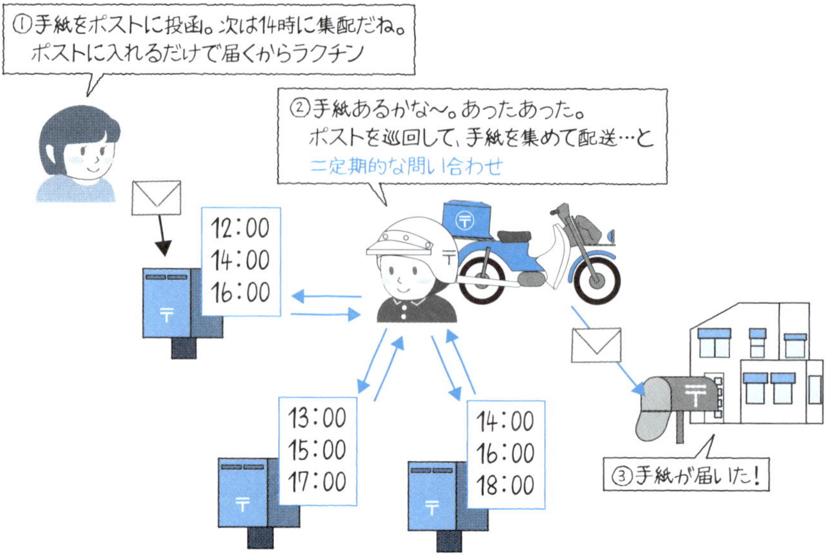

図5.9　郵便屋さんのポストの巡回はポーリング

　ポーリングには、以下のような特徴があります。

・問いかけが一方向
・問いかけは定期的であり、一定間隔に行なわれる

　ポーリングの主なメリットは以下の通りです。

・ループするだけなので、プログラミングが容易
・相手が応答できるか確認に使える
・まとめて一括処理ができる

　ポーリングと対称に位置するのはイベントドリブン、または割り込みです。これは、要求があったときに処理をする仕組みです。それぞれ向き不向き、注意点があるので、システムの特性を踏まえて選択するようにしましょう。

5.3.2 どこで使われているか?

　ポーリングの仕組みはいたってシンプルで、あらゆる処理に実装されています。実装例として、WebLogic Serverと呼ばれるAPサーバーの内部監視について見てみましょう（図5.10）。

　WebLogic Server内の監視はMBeanというJavaオブジェクトにより実装されています。接続プールとは、APサーバーとDBサーバー間のコネクションをあらかじめ張っておき、アプリケーションがコネクションを利用しやすくする仕組みです。あらかじめ張られたコネクションが正常かどうかをWebLogicは定期的に監視しています。

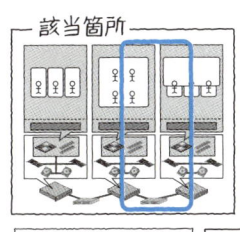

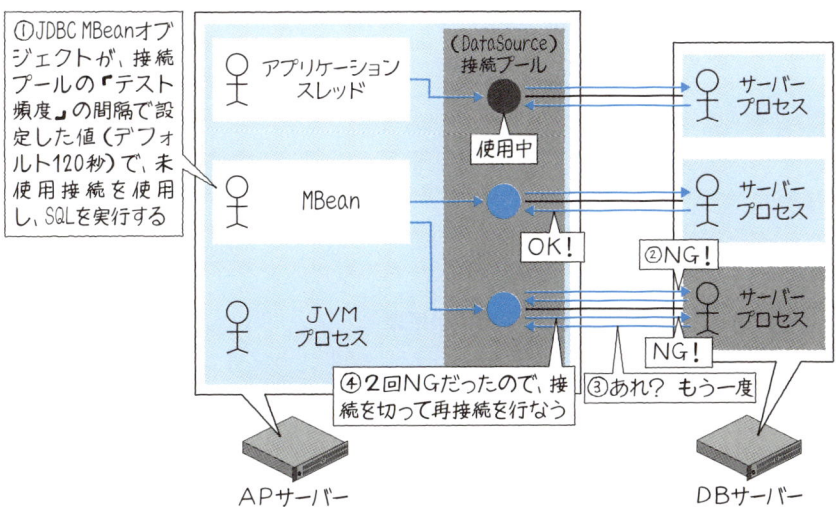

図5.10　接続監視は定期的なポーリングで実装（WebLogic Serverでの例）

もう1つ実装例を見てみましょう。次はNTP（時刻同期）です（図5.11）。時刻同期とは、定期的に実施して自分の時間が正しいかどうかを確認する仕組みです。これも、サーバーに定期的な問い合わせを行なうため、ポーリングの実装の1つと言ます。

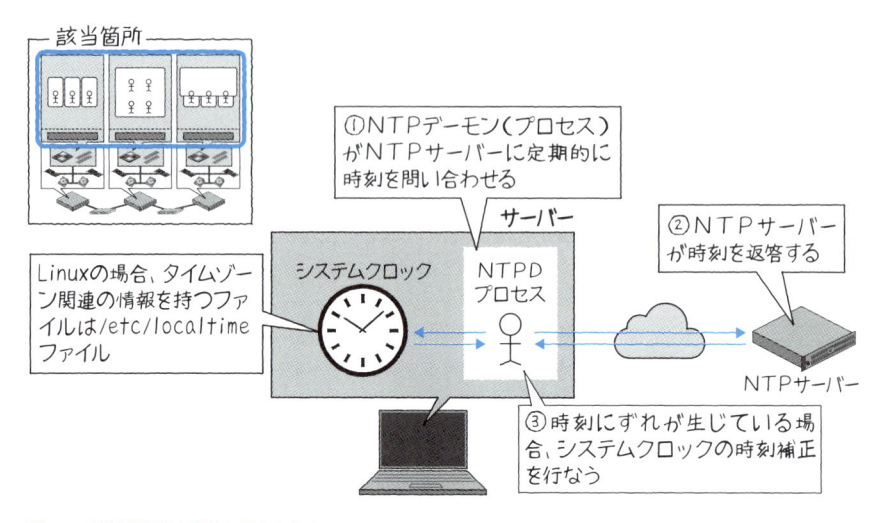

図5.11　時刻確認は定期的に行なわれる

5.3.3　まとめ

最後にポーリングのメリット／デメリットと注意点を整理します。

向いている処理（図5.12）

1.　一定の間隔で処理が実行できればよい処理

たとえば、メールクライアントのメール受信確認は、メールが送信された後、即時に受信できなくてもかまいません。また、メールが来ていなくても、受信確認は動作してもかまいません。このように一連の処理において、前処理と後続処理の間の関連付けが必須でない処理に向いています。

2.　監視

システムコンポーネントがダウンしたり、ハングしたりした場合に、そのコンポーネントは自発的にその状態を伝えることができません。外部から定期的に状態を問い合わせることで、コンポーネントの状態を知ることができます。

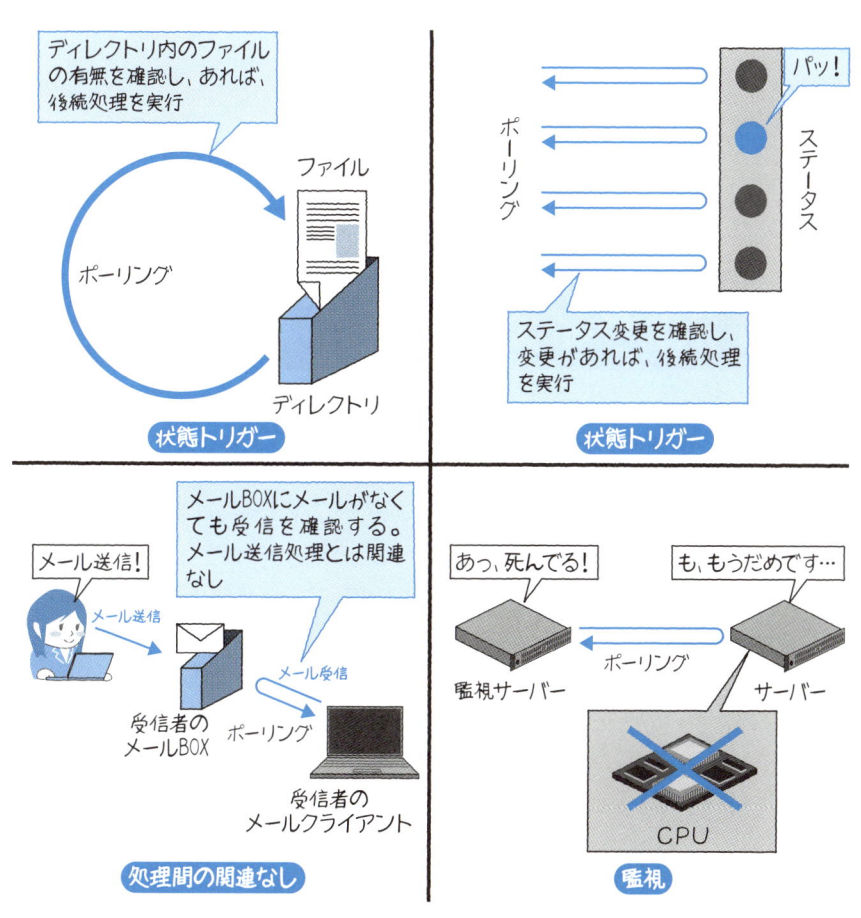

図5.12　ポーリングは一方向に状態を確認

不向きな処理

1. 状態ではなく、入力内容に応じて実行内容を変える処理

　たとえば、キーボードは、キーを押された「状態」によって処理内容が変わるのではなく、入力された内容によって処理が決まるため、ポーリングでの実装は不向きです。この場合、イベントや割り込みを使います。

2. 処理の優先順位付けが必要な処理

　定期的な間隔で処理が実行されるため、処理の優先度を付けることはできません。

また、注意事項は以下の通りです。

・ネットワークを経由したポーリングの場合、処理のタイムラグを減らすためにポーリング間隔を短くしすぎると、トラフィック量が増加するため注意が必要。また、サーバーのリソースの消費も上がる

5.4 I/O サイズ

5.4.1 I/O サイズとは？

I/Oサイズとは、1回のI/Oを行なう際のサイズ、すなわちデータのやり取りを行なう際にどのくらいのサイズで行なうか、というI/Oの大きさのことです。このI/Oサイズは、インフラ設計やパフォーマンスチューニングにおいて重要な考え方です。

物を箱に入れて運ぶときに適切な大きさの箱に入れて運ぶと効率が良いですよね？

箱が小さすぎると、箱詰めに時間がかかり何度も往復しなければならず、速く運ぶことができません。中に入れる物に対して箱が大きすぎても無駄が大きくなり、やはり速く運ぶことができません。運ぶ量に応じて適切なサイズを決めることは、大変重要なポイントになります。

図5.13をご覧ください。引っ越しをするときに、3tトラックなら1回ですべての荷物を運べ、1tトラックでは2回に分けないと運べないとします。1tトラックは約2倍の時間がかかることになります。しかし、トラックの積載量が大きければよいわけでもありません。3tトラックで運べる荷物を10tトラックで運ぶとスペースが無駄になりますし、費用も必要以上にかかってしまいます。このように、物を運ぶときは適したサイズの入れ物に入れると効率的に運ぶことができます。宅配便を送るときに入れるものの大きさに合わせて箱のサイズを選ぶのと同じです。

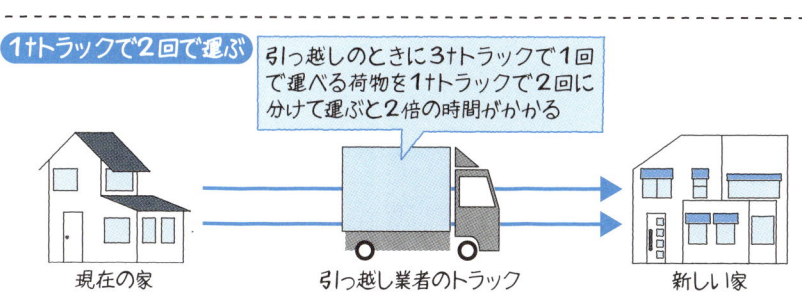

図5.13　引っ越しのときは少ない回数で運んだほうが速い

I/Oサイズの特徴をまとめると、以下のようになります。

・物を運ぶときは箱に入れると管理しやすく効率的
・運ぶ物の量に応じて箱の大きさを選ぶと効率良く運ぶことができる

5.4.2　どこで使われているか?

Oracle Databaseの例

　図5.14をご覧ください。Oracle Databaseがデータファイルを読み書きする物理的な最小単位をデータブロックと言い、そのサイズをブロックサイズと言います。

　仮にブロックサイズが8KBの場合、1byteのデータを読み取るときでも8KBのデータが読まれます。ブロックサイズが32KBの場合、1byteのデータを読み取る場合でも32KBのデータが読み取られます。I/Oを行なうサイズが小さいときはブロックサイズを小さく、I/Oを行なうサイズが大きいときブロックサイズを大きくすると、効率良くI/Oを行なうことができます。両方ある場合は、中間のサイズにするとよいでしょう。

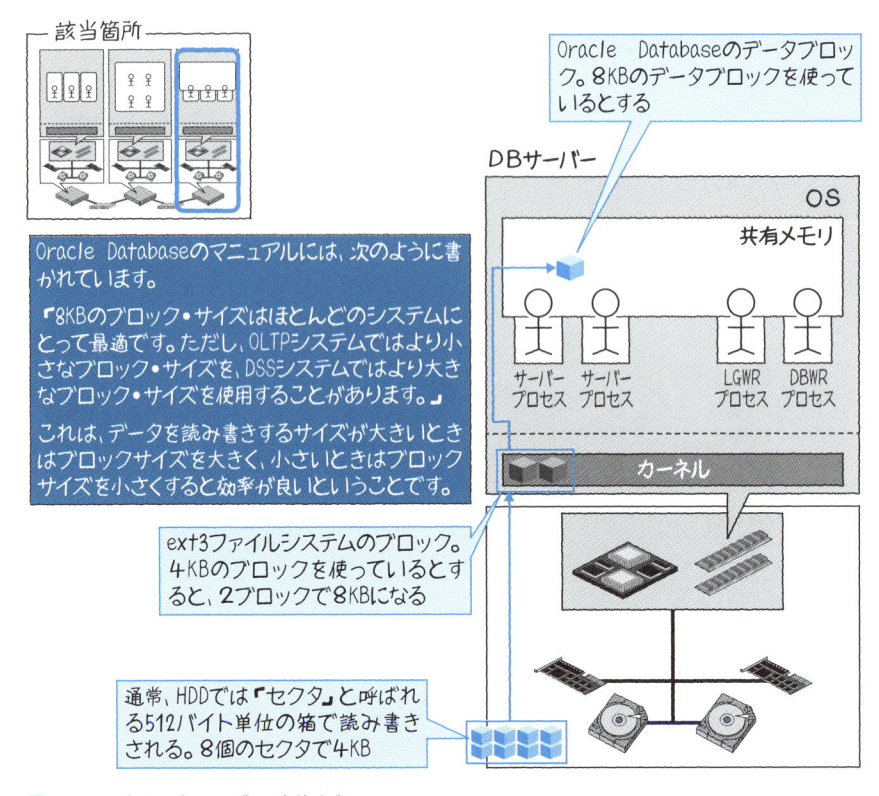

図5.14　Oracle Databaseのブロックサイズ

　Oracle Databaseでは、その下のレイヤーも意識する必要があります。仮にブロックサイズ8KBのデータベースファイルをext3ファイルシステム上に保存しているとします。

　ext3ファイルシステムのブロックサイズが4KBだとすると、OSのレイヤーでは2つのブロックに分割されることになります。さらにディスクはセクタという単位で読み書きされ、一般的にセクタのサイズは512バイトです。セクタのサイズはハードウェアであるディスクの仕様なので変更することはできませんが、ファイルシステムのブロックサイズはファイルシステムを作成する際に設定することができます。データファイルのブロックサイズが8KBの場合、ファイルシステムのブロックサイズも8KBにすると効率が良いと考えられます。

　ここで頭の体操をしてみましょう。Oracle Database 管理者ガイド11g リリース2（11.2）に次のように書かれていますが、なぜでしょうか？

「データベースのブロック・サイズがオペレーティング・システムのブロック・サイズと異なる場合は、データベースのブロック・サイズがオペレーティング・システムのブロック・サイズの倍数であることを確認してください。」

図5.15をご覧ください。仮にファイルシステムのブロックサイズが7KBでOracle Databaseのブロックサイズが8KBだとすると、Oracle Databaseが1ブロック（8KB）を読み込むとディスクからは14KB（7KB×2）が読み込まれ、そのうち6KBは使われません。データベースのブロックサイズをファイルシステムのブロックサイズの倍数にすると、きっちりと使い切ることができます。

逆に、データベースのブロックサイズよりファイルシステムのブロックサイズが大きい場合も同じことが言えます。たとえば、データベースのブロックサイズが4KBでファイルシステムのブロックサイズが8KBの場合、データベースで1ブロックだけ読み出したい場合も8KBのデータを読み出すことになり非効率です。

DBブロックサイズ＝8KB&ファイルシステムブロックサイズ＝4KB

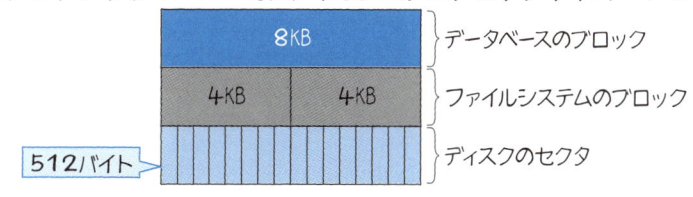

DBブロックサイズ＝8KB&ファイルシステムブロックサイズ＝7KB

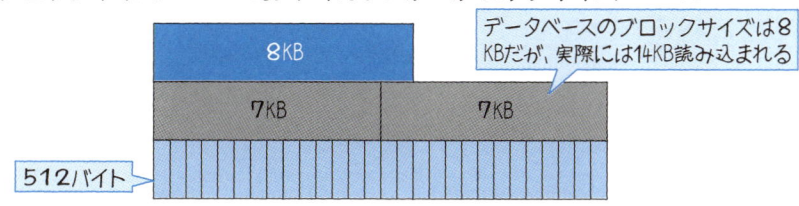

図5.15　データブロックの下のレイヤーを見てみる

ネットワークの例

次にネットワークの例を挙げます。

ブラウザでインターネット上にあるWebサイトを見るとき、パソコンの中のメモリ上のデータはNICを通って外に出て、スイッチやルーターなどを通ってWebサーバーに届くまで、箱に入れられて運ばれるイメージになります。

理解しやすくするため、もっと単純化して説明します。聞きなれない言葉が出てくるかもしれませんが、ここでは「ふ〜ん、そんなもんか」とイメージだけつかんで読み進めてください。

Webブラウザからデータを送信したい場合、WebブラウザはOSのソケットという仕組みを使います。Webブラウザは、OSに依頼してソケットというものを作って通信します。ソケットを作成すると、ソケットバッファという箱が作られます。ソケットバッファには送信バッファと受信バッファがあり、Webブラウザから送信する場合は送信バッファに書き込みます（図5.16）。

書き込むと、たまったデータはOSによってTCPセグメントという箱に分割され、TCPヘッダー、IPヘッダー、Ethernetヘッダーという手紙の宛て先のようなものを付けられて、Ethernetフレームという箱で送信されます（図5.17）。この話は4.6節でも紹介しました。

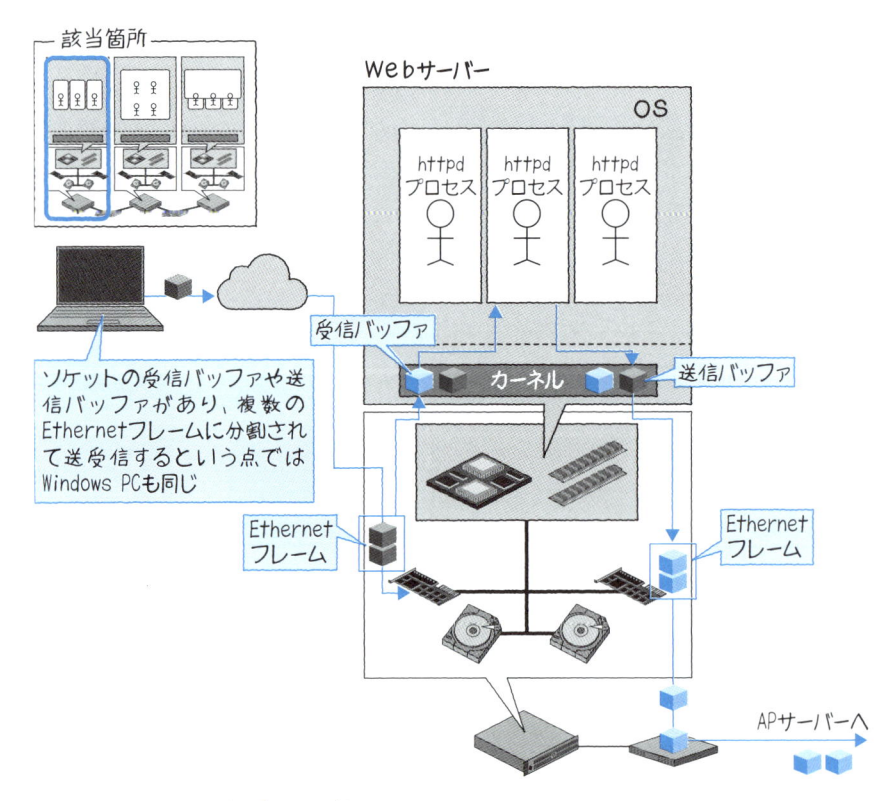

図5.16　ネットワークにおけるデータの分割

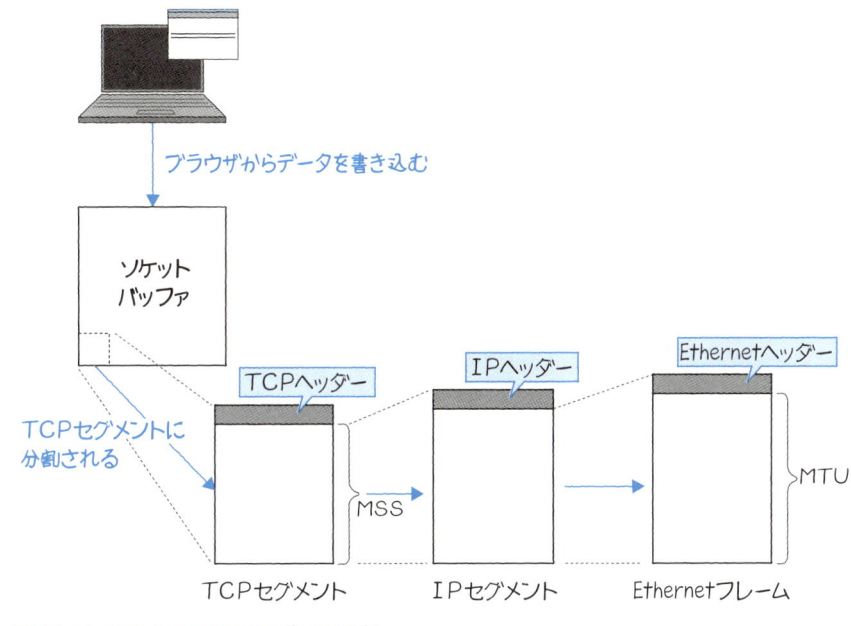

図5.17　ネットワークの各層におけるデータの分割

　送信バッファからTCPセグメントに分割される際はMSS（Maximum Segment Size）を超えないように分割されます。IPパケットの最大サイズをMTU（Maximum Transfer Unit）と呼びます。パソコンでインターネットをするときは意識する必要はありませんが、大量のデータを高速に通信する必要があるITシステムではソケットバッファやMTUのサイズをチューニングすることがあります。

　図5.18をご覧ください。たとえば、入出力の際にMTUサイズが同じであればそのまま送信されますが、途中経路のルーターなどのMTUサイズが小さく設定されているとWebサーバーから送信されたパケットは途中経路でさらに小さく分割され、余計なオーバーヘッドがかかって性能が劣化します。

　また、大量のデータ送信を行なうためにスループットを上げたい場合はソケットバッファのサイズを大きくしたり、MTUサイズを大きくしたりしてチューニングを行なうことがあります。ポイントは、すべての通信経路のパラメータを適切に設定することです。一部だけ設定を変更しても、途中のすべての経路で最適な設定ができていないと効果は出ません。

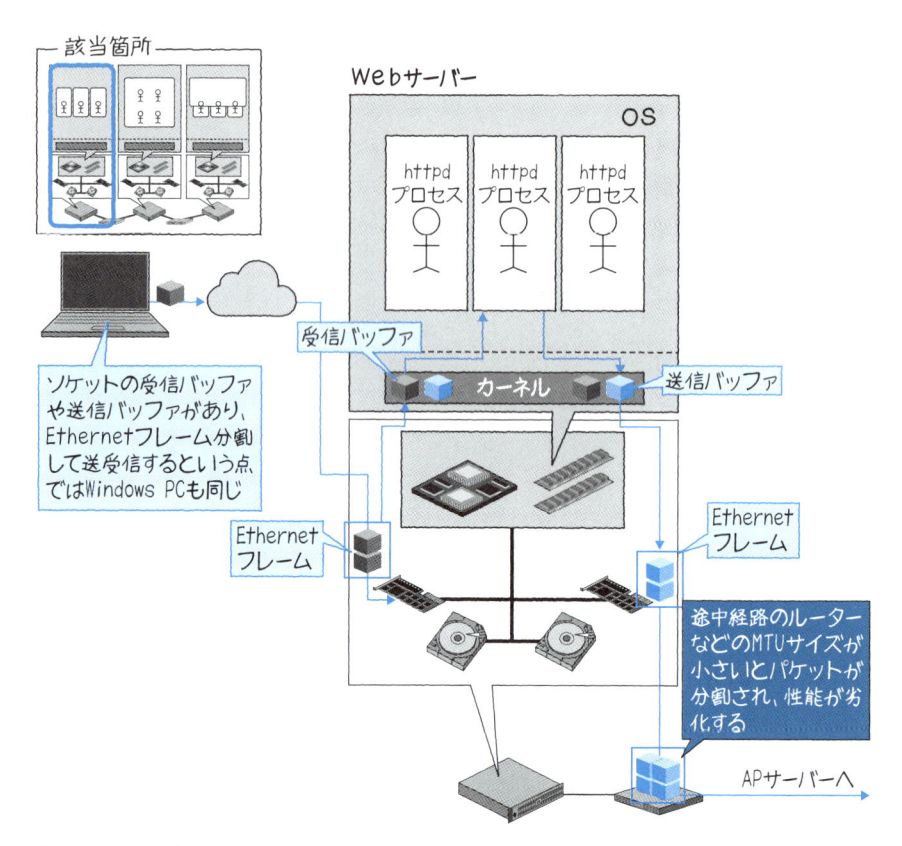

図5.18 MTUサイズ

5.4.3 まとめ

　まとめると、大きい箱は大量のデータを速く運ぶのに適している（スループット重視）、小さい箱は少量のデータを速く運ぶのに適している（レイテンシー重視）と言えます。たとえば、Oracle Databaseで連続した大量のデータを読み込む場合は、「db file scattered read」という1回のI/Oで大量のデータを読み取る方式を使い、最小単位のデータだけ読み取りたい場合は「db file sequential read」という1ブロックのみを読み取る方式を使います。「db file scattered read」はスループット重視、「db file sequential read」はレイテンシー重視と言えるでしょう。

5.5 ジャーナリング

5.5.1 ジャーナリングとは？

　ジャーナルとは、トランザクションや日々更新されるデータの変更履歴を指します。そして、ジャーナルを残すことをジャーナリングと言います。

　もし、財布を落とした場合、あなたはどうしますか？　それまでの自分の行動（1日の間に訪れた場所）を一生懸命思い出しますよね。そのときに、自分の通った道がすべて記録されていれば、間違いなく確認できます（図5.19）。ジャーナリングとはそのように、いつどこで何をしたかを、事細かく残し、システムに障害があった際にどこまで正常終了しているか、どこから再実行すればいいか、わかるようにする機能のことです。

ジャーナル

図5.19　足跡を記録しておくのがジャーナリング

ジャーナルには以下のような特徴があります。

- ・データ自身ではなく、処理（トランザクション）の内容が記録される
- ・データの一貫性や整合性が取れた時点で不要になる
- ・データ復旧時のロールバック／ロールフォワード（後述）に利用される

5.5.2 どこで使われているか?

　以下に、ジャーナリングの実装例を挙げます。データを扱う機能の多くには、ジャーナリングが実装されているか、ほかの何らかのデータ保護の仕組みがあります。

Linuxのext3ファイルシステム

　ext3ファイルシステムはジャーナリング機能を備えており、ファイルI/Oもトランザクションとして考えられます。ただし、DBMS等とは異なり、トランザクション終了時にバッファの情報をディスクに書き出すわけではないので、バッファにある最新データがロストすることがあります。完全ではないですが、できるだけデータを保護しようとするのでベストエフォート目標と言えます。

　デフォルトでは5秒に1回書き出されますが、データ破損が許容できない場合には、この間隔を縮めることを検討します。図5.20の例は、ext3ファイルシステムのジャーナリングの仕組みを示したものです。fsckというコマンドを実行したときに、ジャーナリングによる復旧が行なわれます。

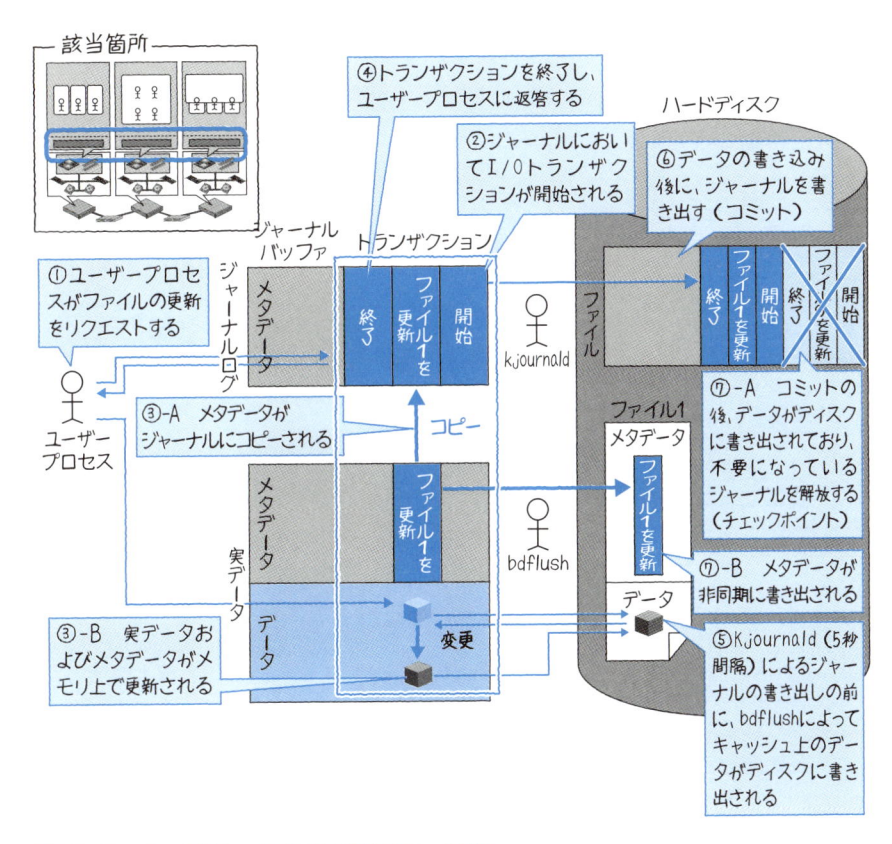

図5.20　Linuxのext3のジャーナリングはベストエフォート目標

Oracle Database

　図5.21に、Oracle Databaseのジャーナルの仕組みを示します。Oracle DatabaseのジャーナルはREDOログと呼ばれます。Oracle以外のデータベースでは、WAL（Write Ahead Log：ログ先行書き込み）と呼ばれたりもします。

　トランザクションの終了時（commit時）にバッファはディスクに書かれますが、書き込み真っ最中のREDOログ（カレントREDOログと言います）が破損した際には、データを最新まで復旧することはできません。このため、Oracle Databaseでは、REDOログを二重化（二重化されたログをメンバと言います）して保護にあたっています。

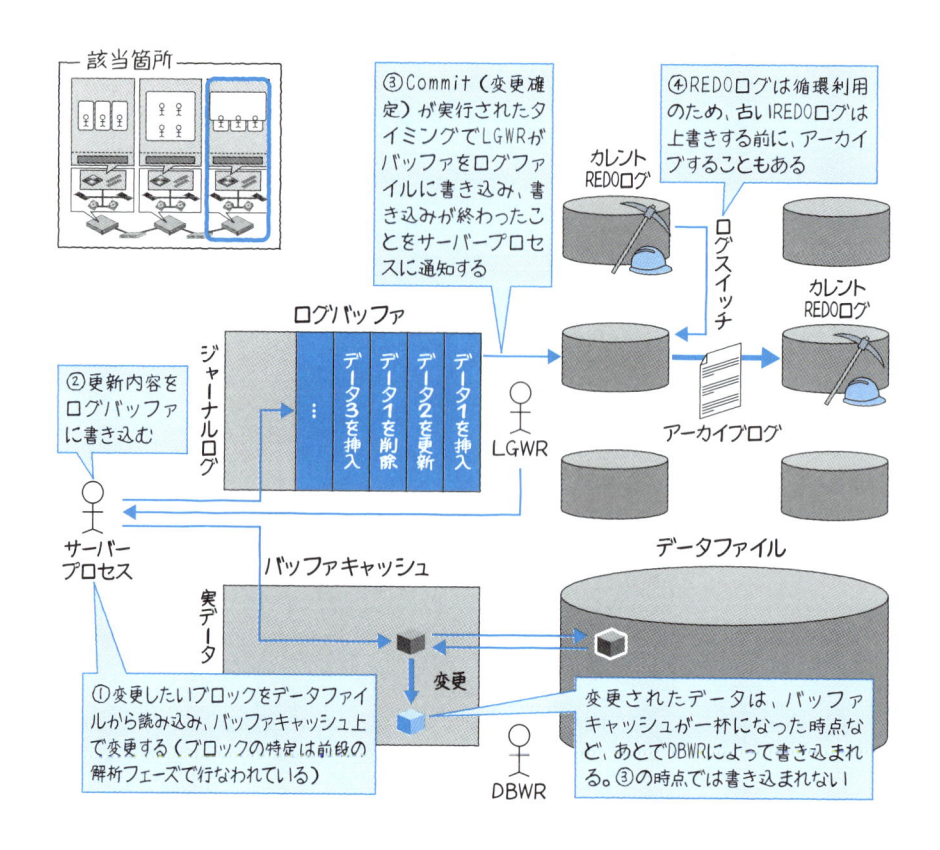

図5.21　Oracle Databaseの書き込み保証はジャーナル（REDOログ）で行なわれる

5.5.3　まとめ

最後にジャーナリングのメリット／デメリットと注意点を整理します。
まず、メリットは以下の通りです。

・システム障害時の復旧が迅速になる
・データレプリケーションよりもシステムリソースを消費せずにデータを保護できる

このように、ジャーナリングはデータの耐障害性を高めるために用いられます。これを踏まえて、ジャーナリングの向き／不向きのシステムは、以下の通りです。

向いているシステム

1. データ更新が発生するシステム

　データ更新を行なうシステムでは、トランザクションの内容を記録しておくことで、データの耐障害性を高められます。

不向きなシステム

1. データの耐障害性よりも、性能を求めるシステム

　ジャーナリングを行なう場合、書き込みのオーバーヘッドが発生します（図5.22）。そのため、性能を重視するシステムの場合、このオーバーヘッドを削減することも検討します。たとえば、キャッシュサーバーなど、実データが別の場所にあるようなサーバーの場合は不向きです。

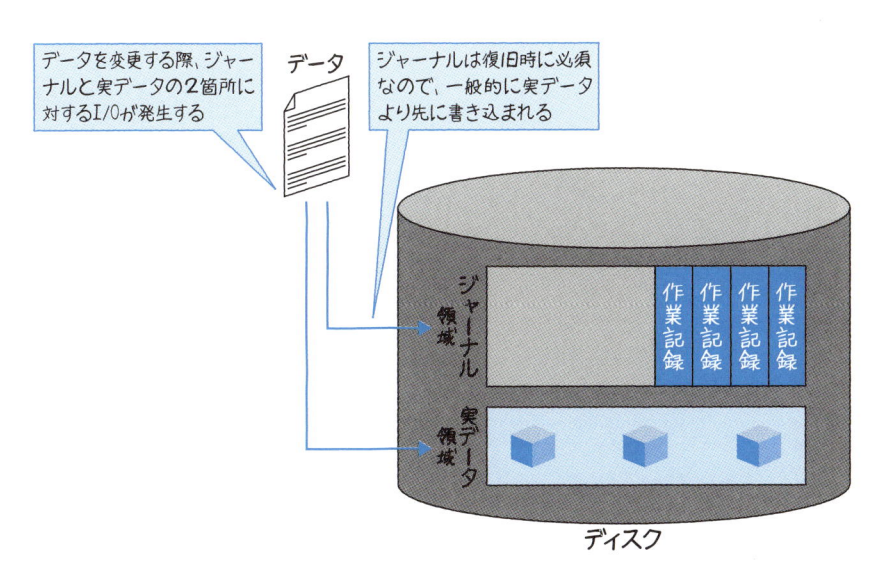

図5.22　データ変更時にはジャーナル領域と実データ領域の2箇所のI/Oが発生する

　では、ジャーナルを使った復旧はどのように行なわれるのでしょうか？　ここで、復旧の仕方を表わすロールバック／ロールフォワードについて説明します。図5.23をご覧ください。

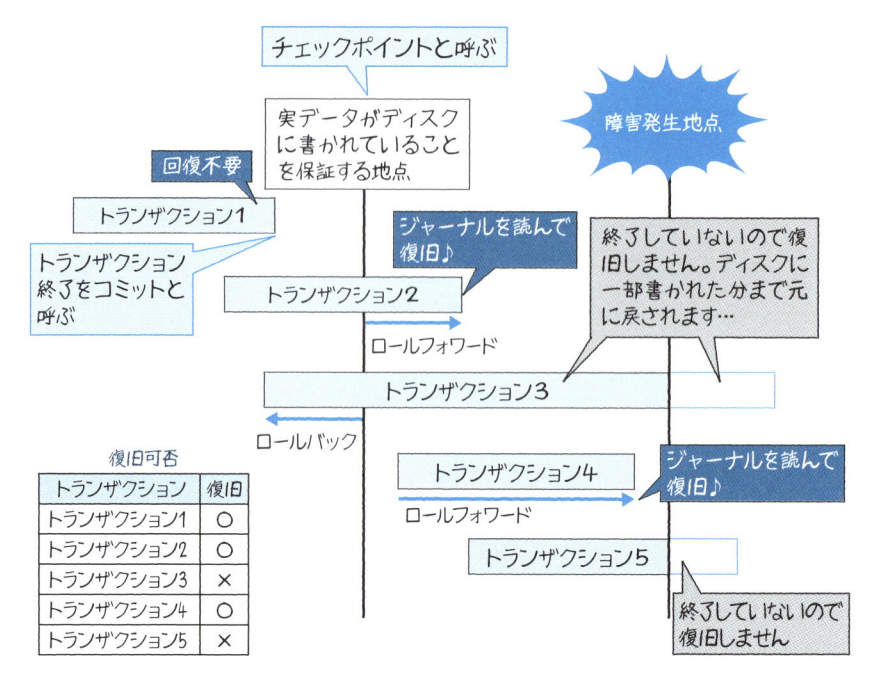

図5.23 ジャーナルを使った回復は2種類ある

　ロールバックとは、ジャーナルを読んで実データの情報を過去に戻すことです。ロールフォワードとは、ジャーナルを読んで実データの情報を先に進めることです。これらの処理はトランザクション単位で考慮／実行されます。

　ジャーナリングの注意事項は以下の通りです。

- ジャーナルデータはメモリ上のバッファにいったん格納される。この情報がディスクに書き出されない場合、障害時にそのデータが失われる。このため、システム要件に応じてバッファのディスク書き出しのタイミングを検討／調整する。しかし、書き出し頻度が高いとオーバーヘッドも高くなるので、トレードオフを検討する
- ジャーナルはトランザクション単位に整合性を保証するため、トランザクションの途中で障害が発生した場合、終了していないトランザクションは破棄され、処理が失われる。1つのトランザクションの単位が大きいとトランザクションの途中で障害が発生する可能性が高くなるため、トランザクションはあまり長くならないように検討する

Column

変化は常に一瞬でやってくる

ファイルシステムで注意が必要なのは、ハードウェア障害時の挙動です。たとえば
ファイルを書き込んでいる途中でサーバーが落ちた場合、そのファイルはどうすべき
でしょうか？ 書き込み途中の内容がそのまま見えてしまうと、ほかのプロセスはそ
れが書き込み途中だったのか、完成されているのかの判断がつかず、不都合が生じる
ことがあります。

これを保証する仕組みとして、主に2つあります。1つはジャーナリングであり、こ
の詳細は本節で説明した通りです。もう1つはシャドウページングという仕組みです。

ジャーナリングは、データそのものと差分情報の2つに分けて書き込むことで、性能
面と障害時挙動の両方を担保するやり方です。

一方、シャドウページングは、ジャーナリングのような差分情報を作成せず、ファ
イル更新はすべて「新規領域」に対して行なわれ、それがすべて完了したタイミング
で、ファイルが参照する先を旧領域から新規領域に一瞬で入れ替える形を取ります（図
5.A）。

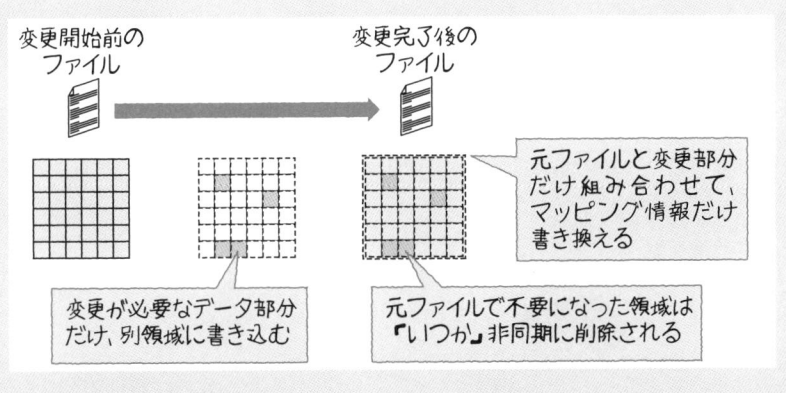

図5.A　シャドウページングの仕組み

このやり方のメリットは、データ変更中に障害があっても、向き先が入れ替わって
いなければ、更新は誰からも見えなくなります。つまり、一瞬で「オール・オア・ナ
ッシング」の変更を実現しています。

これはデータベースの世界で言うと、原子性（Atomicity）を実現していると同義と
なります。

インフラを支える理論の応用

5.6 ‖ レプリケーション

5.6.1 レプリケーションとは？

　レプリケーションは、データベースやストレージなどでよく使われる技術です。IT
システムでは、災害に備えて遠く離れた場所にあるデータセンターに用意した予備の
システムにデータをレプリケーションしたり、大規模Webサービスでは、膨大なユー
ザーからのアクセスに備えて同じデータを複数のサーバーにレプリケーションして負
荷分散を行なったりしています。レプリケーションの目的はさまざまで、仕組みにも
いろいろな方式があります。では、レプリケーションについて見ていきましょう。

　レプリケーションとは、コピーを作ることです。コピーがあると、元がなくなって
しまっても代用することができます（データ保護）。また、コピーを活用することで
負荷を分散することもできます。1部しかない資料を複数人数で読むときは、コピー
を取って、各人の手元に資料を用意したほうが読みやすいですよね（図5.24）。レプ
リケーションされたデータのことを、レプリカと呼びます。

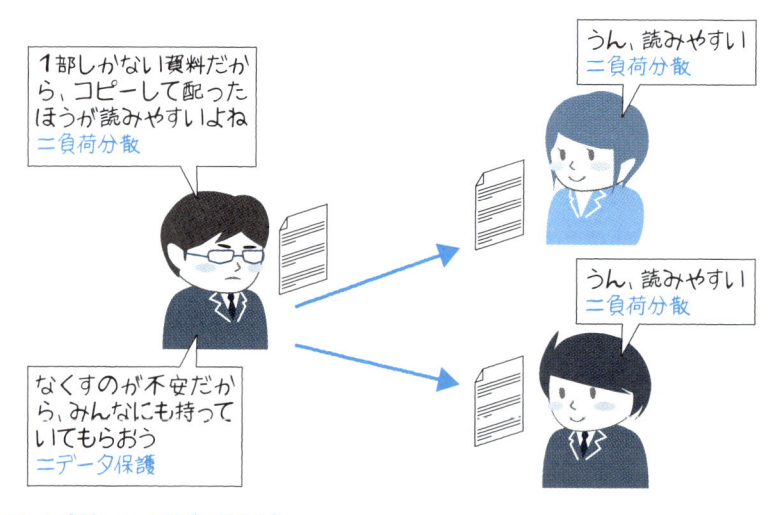

図5.24　レプリケーションはデータのコピー

レプリケーションの主な特徴は、以下の2つです。

・障害時のデータ喪失を予防すること
・複製による負荷分散を行なうこと

この特徴により、以下のメリットが得られます。

・ユーザーがデータにアクセスするときにレプリケーションの存在を意識しない
・レプリカをキャッシュのように使うことができる

5.6.2 どこで使われているか?

では、具体的な実装例の1つとして、ストレージのレプリケーションを挙げます。図5.25をご覧ください。

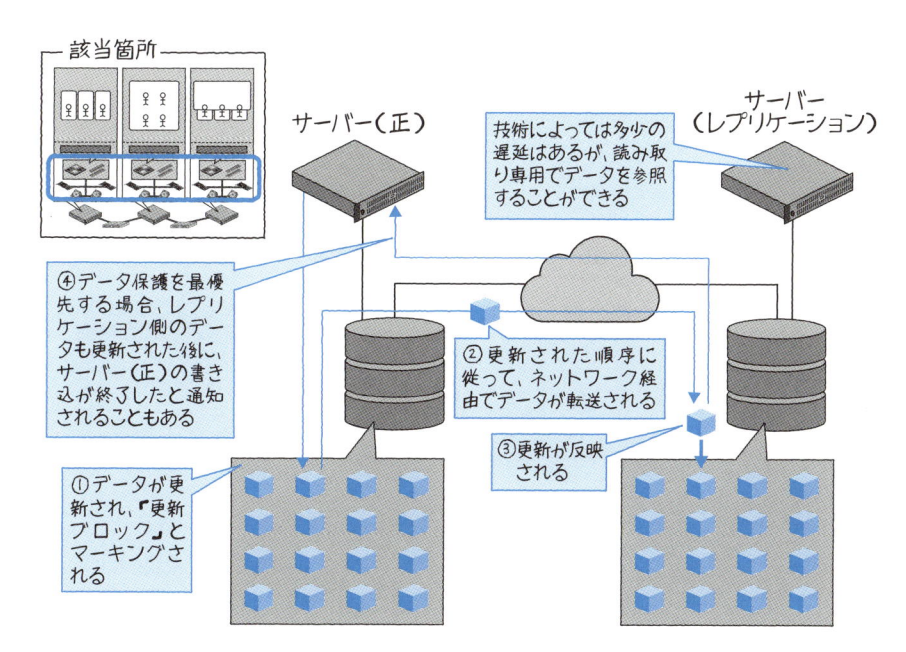

図5.25　データブロックのレプリケーション

ストレージベンダーによって、少しずつ仕組みは異なりますが、基本概念は図5.25
の通りです。ブロック単位で差分データのみをレプリケーション先に反映し、データ
転送量を抑えています。レプリケーション転送量は、実際の更新データ量に比例しま
す。また、データの保護を最優先する場合は、書き込みの際にデータがレプリケーショ
ンされるまで待つモードもあります。第4章の4.2節で説明したように、待つのが同
期、待たないのが非同期です。

　もう少し上位レベルでのレプリケーション例として、MySQLのレプリケーション
を挙げます（図5.26）。

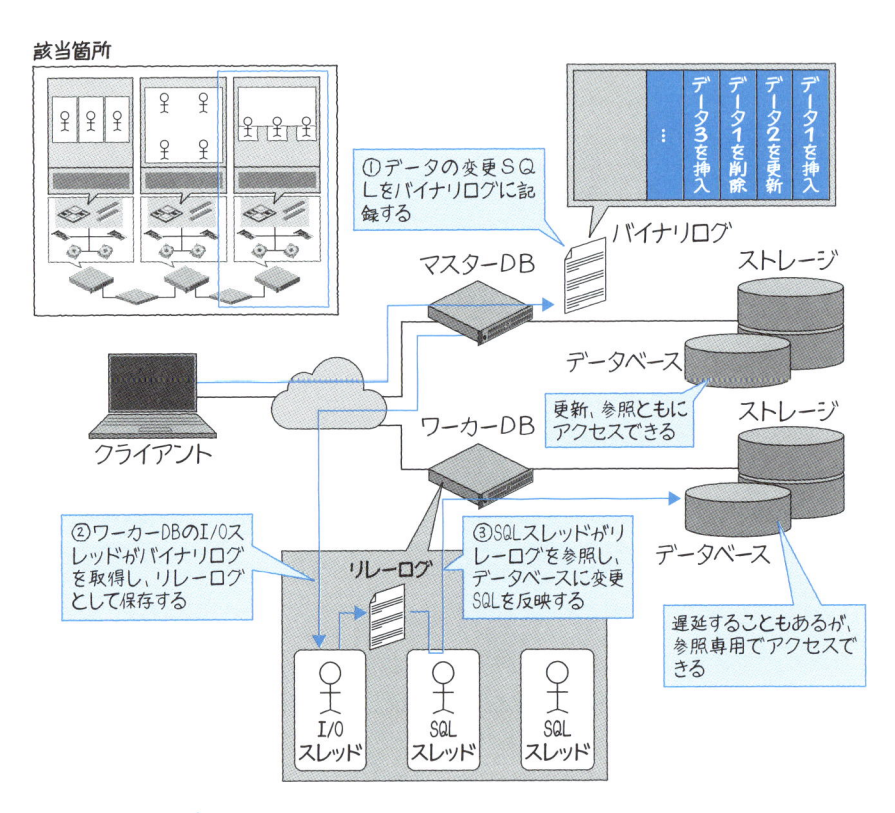

図5.26　MySQLのレプリケーション

　MySQLのレプリケーションは、データの「挿入／更新／削除」などの変更の行為（す
なわちトランザクション）をレプリケーション側に送ります。実データブロックの転
送ではないことで、レプリケーションのデータ転送量を抑えています。レプリケー
ション転送量は、トランザクション数に比例します。

レプリケーションを行なうことで、データの最終的なレプリカが他の場所に生成されるわけですが、このレプリカはキャッシュのような使い方をすることもできます。2箇所に同じデータがあるので、クライアント側は近い場所にあるレプリカを読むことができますし、片方のレプリカを持つサーバーの負荷が高ければ、もう片方の負荷の低いサーバーからレプリカを読み込むということにも使えます。

5.6.3　まとめ

　最後にレプリケーションのメリット／デメリットを踏まえて、向いているシステム／向いていないシステムと注意点を整理します。
　データの喪失予防というメリットだけを見れば、レプリケーションは必ずしておいたほうがよいのでは、という気になりますが、やはり向き不向きや注意点があります。

向いているシステム（図5.27）

1.　データの損失が許されず、障害時復旧が迅速でなければならないシステム

　レプリケーション元に障害があった場合に、すぐにレプリケーション先に切り替えてサービスを継続したい場合に向いています。

2.　データの参照と更新が分けられ、参照が多いシステム

　たとえば、データの更新は1サーバーで、ほかのレプリケーション先サーバーは参照のみ、というシステムの場合、レプリケーション先サーバーを複数立てることで負荷が分散され、スケーラビリティが上がります。

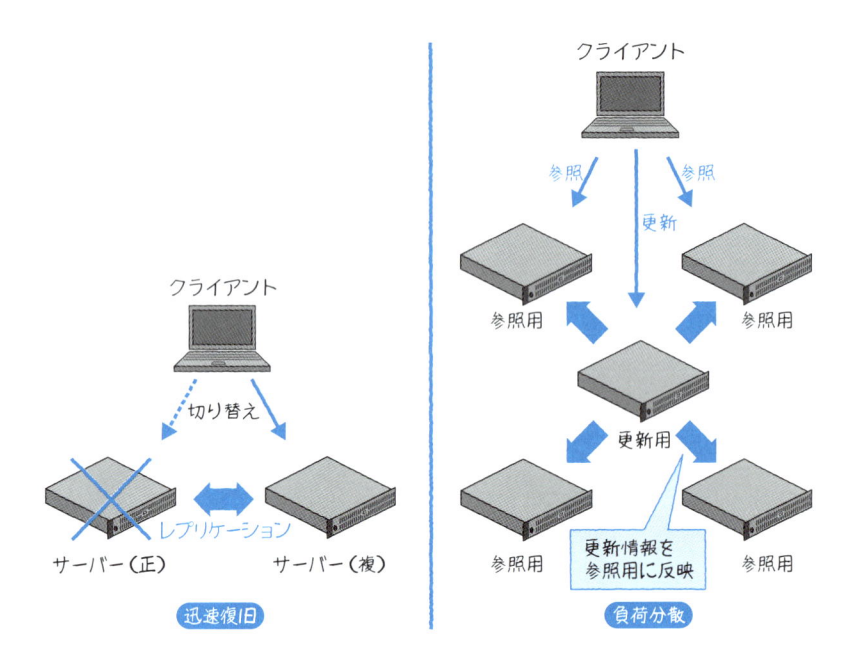

図5.27　レプリケーションをサーバーで実装した場合、このような構成

　もちろん、サーバー間だけでなく、サーバー内部にもレプリケーション技術は多く用いられています。本例は詳細を省略したイメージだと思ってください。

向いていないシステム

1.　データの更新が多いシステム

　データ更新が多いシステムに適用すると、レプリケーション対象のデータが多いため、オーバーヘッドが高くなります。また、更新は1箇所で行なうほうが、データ競合のリスクを減らすことができるため、望ましいです。そのため、更新処理の負荷分散には向いていません。

　また、利用に際しては、注意事項もあります。

・レプリケーション先が多いと、更新の多いシステムと同様に、レプリケーションのオーバーヘッドが高くなる

- レプリケーション元／先のデータを完全に一致させたい場合、レプリケーション先のデータの書き込み完了も保証する必要がある。この場合、システムのレスポンスは悪化する
- システムメンテナンスや障害のケースには、レプリケーション先のことも考慮する必要があるため、設計と運用の難易度が上がる
- レプリケーション元／先のデータの差異が広がった場合、広がったギャップを埋める時間や性能も考慮しておく必要がある

5.7 ｜ マスター／ワーカー

5.7.1 マスター／ワーカーとは？

マスター／ワーカーとは、ある仕事をする際に、命令を出す側（マスター）と、命令に従う側（ワーカー）に分かれる仕組みのことです [※2]。この仕組みでは、1人が管理者となり、そのほかすべてを制御する関係となります。逆に、お互いが管理し合うという意味でピアツーピア（P2P）という関係性もあります。

たとえば一家の家計を管理する上で、誰か1人が管理するのと、家族みんなで管理するのでは、どちらが効率的でしょうか？（図5.28）

このケースでは、管理対象は「お金」であり、これは家族で共有している、単一かつ有限の「リソース」となります。これを複数人で管理しようとした場合、自分がいくら使っているかわかっても、ほかのメンバーがいくら使っているかは把握しようがありません。誰かがギリギリ赤字にならないように管理していても、別の家族がいくら使っているかはわからないため、もしかするとすでに赤字になってしまっているかもしれません。

こういった有限リソースの管理においては、誰か1人が管理するほうが効率的となります。世の中の多くのお父さん方が「お小遣い制」となるのは、効率面からはやむをえないですよね……。

※2　昔はマスター／スレーブと表現されることが多かったのですが、スレーブは奴隷という意味なので、最近ではワーカーのようにほかの用語に置き換えられるようになりました。

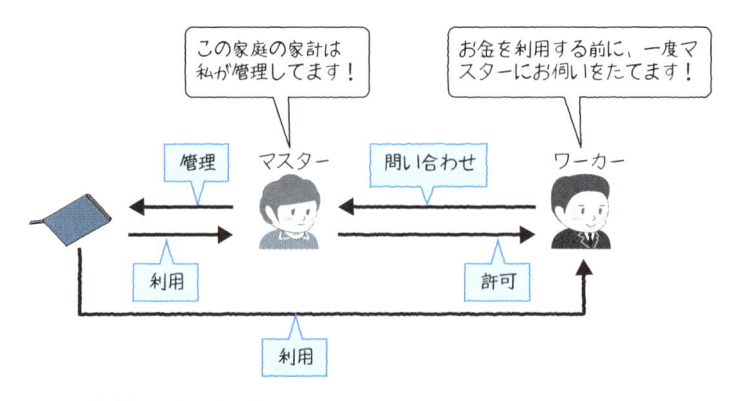

図5.28　家庭内マスター／ワーカー

　同じリソースを複数人で分担して管理する場合、「誰が」「どこまで」監視しているのか、その情報自体を管理する必要があります。その情報は、具体的にどこに配置すべきでしょうか？　管理情報をその都度お互いに通信し合うと、その負荷が高くなり、非効率であると言えます。

　ただし、管理対象となるリソースが共有されていない場合はどうでしょうか？　たとえばお互いが独自の財布を持っていれば、マスターは必須ではなく、ピアツーピアでの管理が効率的です（図5.29）。あるいは、リソースが共有される場合でも、リソースが無限であった場合はどうでしょうか？　現実世界では無限というものはありえないので、ここでは「見る範囲では無限である」と仮定しましょう。その場合、お互いが好き勝手に管理しても問題なく、ピアツーピアでよいでしょう。

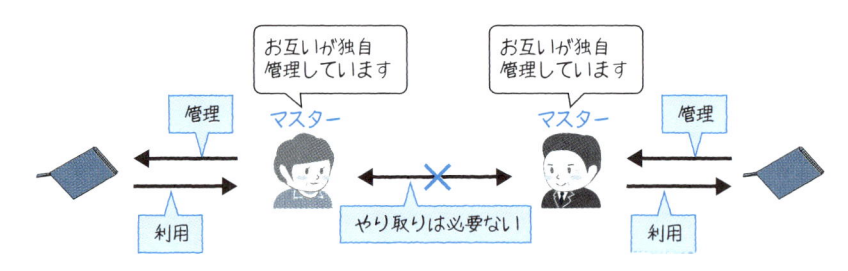

図5.29　家庭内ピアツーピア

マスター／ワーカーの特徴をまとめると、以下のようになります。

- マスター／ワーカーは相互接続における関係性の一種で、1人が管理者になり、そのほかすべてを制御すること
- マスター／ワーカーの逆はピアツーピア

5.7.2　どこで使われているか？

　システムの世界では、前節5.6で紹介した、レプリケーションがよい例です。レプリケーション元がマスターであり、どういった情報を、いつ伝搬するかはマスター側が取り決めし、どこまで送ったかを管理しています。ただしこの仕組みでは、1つのマスターに対して多数のワーカーがいた場合など、マスター側の負荷が上がることが避けられません。

Oracle Real Application Clusters（RAC）

　現実世界では、マスター／ワーカーとピアツーピアのいいとこ取りをするため、組み合わせて利用することもあります。具体的な例として、Oracle Real Application Clusters（RAC）におけるマスター／ワーカーの扱いについて説明します。RACでは、複数の物理サーバーがクラスタ構成でつながっています。特定のサーバーがマスターというわけではなく、すべてが対等な関係にあるため、特定のサーバーが落ちたとしても、データベース全体の可用性には影響しません。

　具体的には図5.30のように、データベース上のデータをすべて1つの物理サーバーが管理するのではなく、リソースごとに管理するマスターが異なります。こうして管理対象を分散することで、単一サーバーの負荷が上がることを防いでいます。もし物理サーバーが落ちた場合、そのサーバーがマスターとして管理していたリソースは、ほかのサーバーにマスターの役割が引き継がれるようになっています。1つの物理サーバーがすべてを管理していた場合、この引き継ぎの時間は大きくなるリスクがありますが、RACでは管理が分担されているため、引き継ぎも最小限で済みます。

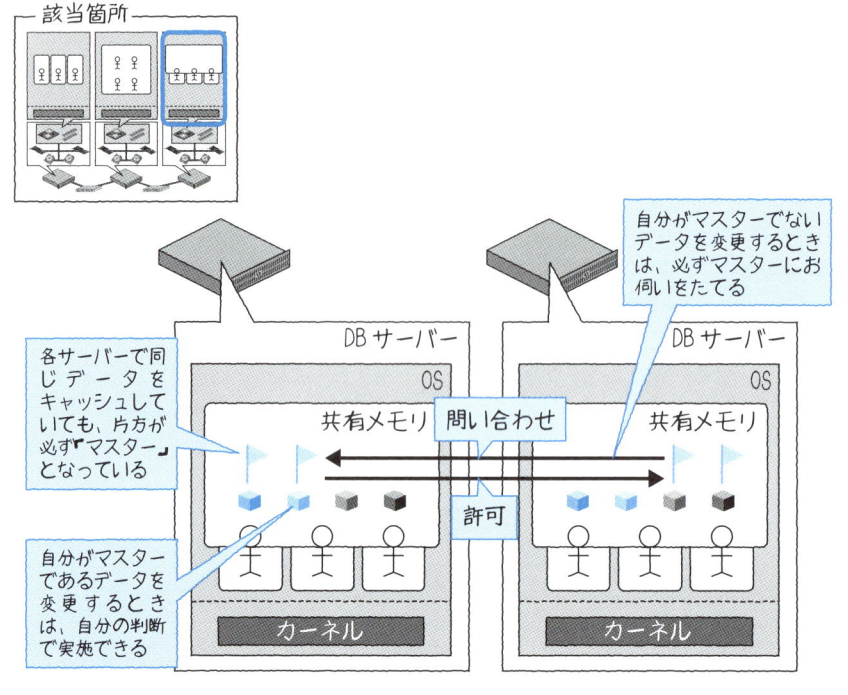

図5.30　RACでのリソース管理

5.7.3　まとめ

最後にマスター／ワーカーのメリット／デメリットを整理します。

メリット

- 管理者が1人であるため、実装が容易
- ワーカー同士が認識合わせをする必要がないため、通信量が減る

デメリット

- マスターがいなくなった場合、管理できなくなる（引き継ぎの仕組みが必要）
- マスターの負荷が上がる

5.8 | 圧縮

5.8.1 | 圧縮とは？

デジタルデータは、「圧縮」を行なうことができます。多くの方は「zipファイル」などでおなじみでしょう。実は圧縮技術は、画像ファイルや、音楽ファイル、さらにはほとんどの通信時など、ありとあらゆるところで使われています。ここでは、なぜデータの圧縮が可能なのか、どのような特徴があるのかを見ていきましょう。

最初にコンピュータの話からいったん離れて、身の回りのもので圧縮を考えてみます。日常生活の中でどのようなものが圧縮できるでしょうか？　たとえばセーターや布団などを押し入れに収納するときに、圧縮をすることも多いですよね。普段使うとき、布団はたくさんの空気を含んでいます。もちろん寝るときはこの空気のおかげでフカフカの布団ですが、いざ収納するとなると空気の部分はかさばる要因、すなわち「無駄」以外の何者でもありません。この無駄を排除することで、布団を圧縮することができます（図5.31）。

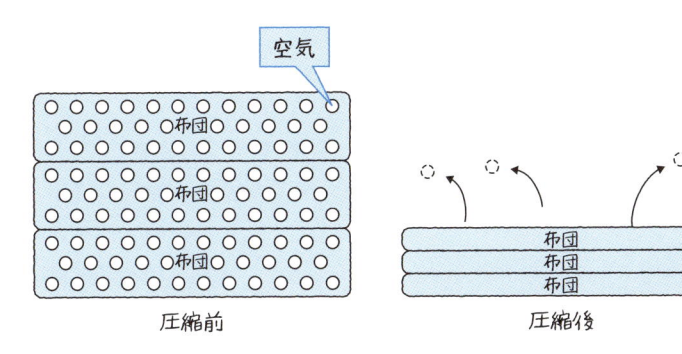

図5.31　布団の圧縮

実は、デジタルデータでも、この無駄を排除することで圧縮を実現しているのです。

さて、デジタルデータにおける「無駄」とは何でしょうか？　デジタルデータでやり取りしているのは「情報」です。つまり、情報の無駄をなくせば、デジタルデータの圧縮ができそうですね。

では無駄な情報ってそもそも何でしょうか？　どんなものを想像しますか？「自分に必要のない情報」だとか「すでに知っている情報」を聞いたとき、無駄な情報だなって思いませんか？

もう少し具体的に考えてみましょう。たとえば言葉——「パーソナルコンピュータ」は「パソコン」になり、「スマートフォン」は「スマホ」になり、どんどん短くなってきています。これも一種の情報の圧縮と言えるでしょう。

以下の文章をご覧ください。Central Processing Unit＝CPUですよ、と初めに断ることで、毎回Central Processing Unitと記載する必要がなくなり、情報を圧縮していますよね。

> Central Processing Unit（以下、CPUと略）はコンピュータの中心的な演算回路である。CPUは通常バスと呼ばれる信号線を介して……。多くのCPUは……。高性能なCPUや、非ノイマン型のCPUや、画像処理向けのCPUは、同時に複数の命令を……。

このように、デジタルデータ圧縮の基本は「重複パターンの認識」とそれの「置き換え」です。おおざっぱな例ですが、図5.32をご覧ください。あるファイルは圧縮前には7つのパターンから構成されていたとします。これを圧縮してみましょう。上記の文章の例と同じように、最初にオリジナルだけ1つずつ残し、あとはそれがどの順番で並ぶかの表を持つだけで、同じデータを表現することができますね。

最終的にデジタルデータはすべて2進数という共通の単位で表現されるため、画像であっても文字列であっても、同様の方法で圧縮することが可能です。

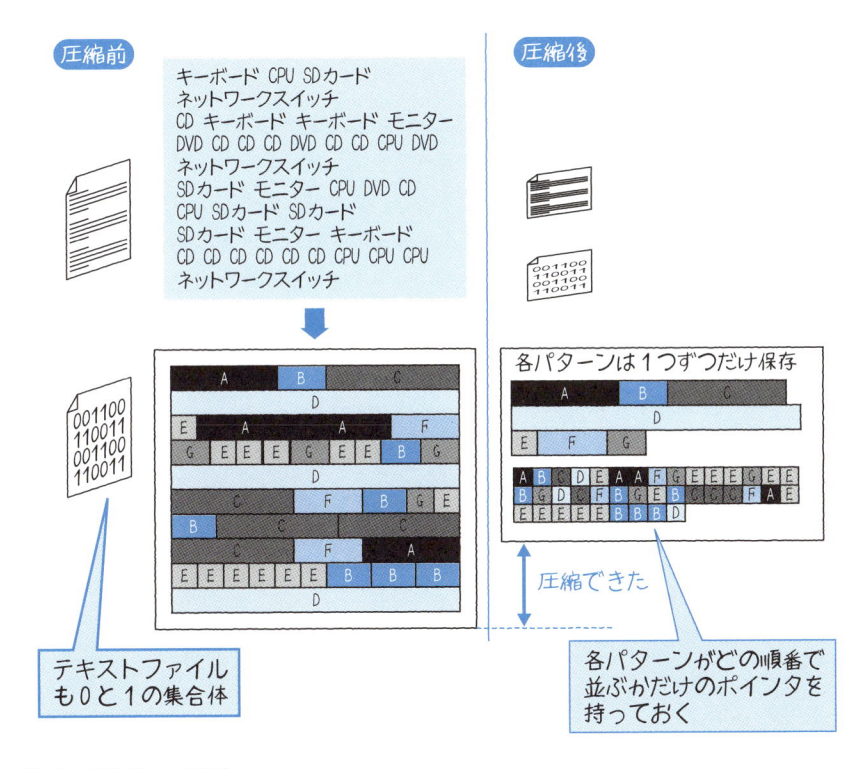

図5.32　重複パターンの排除

　zipファイルに圧縮するときに、ファイルによって、サイズが小さくなったり、ならなかったりして不思議だなと思ったことはありませんか？　これは、同じパターンがどれだけあるのかによって圧縮率が変わるためです。同じパターンが多ければ多いほど、圧縮率は高くできる（ファイルサイズを小さくできる）ということです。JPEGなどの画像ファイルは、すでに圧縮されていて重複パターンがほとんどない状態のファイルなので、圧縮しようにもそれ以上はできないのです。

　圧縮には、少なからず必要な前準備の処理時間が不可欠です。特にzip圧縮のように頻出パターンを優先的に探し出して置き換えていく方式では、一度データ全体を読む必要があり、処理に時間がかかります。

　圧縮を使うメリットはデータサイズを小さくできることであり、デメリットは処理に時間がかかることです。つまり、データサイズと時間のトレードオフになります。そのため、頻繁に更新がかからないデータには効果的です。また、ネットワーク越しのデータ転送などI/O速度が遅い環境では、あらかじめ圧縮して転送することで、トータルでの時間を節約することができます。

可逆圧縮と非可逆圧縮

　圧縮したデータは、実際に使うときには元の状態に戻す必要があります。圧縮した布団が元に戻らずペチャンコのままでは困りますよね？　多くの圧縮技術では、このように元通りの状態に戻す「可逆圧縮」を行ないますが、中にはまったく元の状態には戻せない代わりに、可逆圧縮以上の圧縮率を達成する「非可逆圧縮」という方法もあります。たとえば、画像や音声のデータでは、人間の目では判別できないような細かい部分や、人間の耳には聞き取れないような種類の音の情報など、用途によっては必ずしも必要ではない情報も含まれています。

　携帯電話の音声で考えてみてください。非常に音質がいいけれど相手に声が届くのに10秒かかる携帯電話と、相手が何を言っているか最低限わかる程度の音質だけれどリアルタイムに相手に声が届く携帯電話、どちらが実用的でしょうか？

　可逆圧縮は、「すでに知っている情報」を排除することで圧縮を実現し、非可逆圧縮は「自分に必要のない情報」を排除、すなわち最低限必要な情報だけを残すことによって圧縮を実現します。

　圧縮技術の特徴をまとめると、以下のようになります。

・圧縮の基本は「重複パターンの認識」とそれの「置き換え」
・圧縮のメリットはサイズを小さくできること、デメリットは処理に時間を使うこと
・圧縮したデータを元に戻すことができる可逆圧縮と、画像や音声データなどで使われる人間の認識できないデータを省略する非可逆圧縮がある

5.8.3　どこで使われているか？

　圧縮は本節冒頭でも触れた通り、ありとあらゆるところで使われます。しかし、データ圧縮は、圧縮率を高めれば高めるほど処理に時間がかかるため、使われる場所によって適切な圧縮方法が使われています。

　皆さんがよく見かけるもので、かつイメージしやすいのはzipといったファイル圧縮でしょう。サーバー内のファイルも、必要に応じてzip形式などで圧縮されていることがあります。代表的な例だとJavaのjarやwarファイルは、実はzip形式の圧縮ファイルです。もし手元にjarファイルがあれば、拡張子をzipに変更してみてください、普通のzipファイルとして展開できることがわかります。

たとえばjar[※3]の中身は、Javaのクラスファイルで構成されています（図5.33）。クラスファイルは、そのアプリケーションの起動時にメモリに読み込まれ、クラスインスタンスが生成されます。常時読み書きされるファイルではないため、起動時に圧縮されたクラスファイルを展開処理する時間は微々たるものです。

サーバーからはちょっと離れますが、皆さんが使うMicrosoft WordやMicrosoft PowerPointのファイル——docxやpptxといった形式のファイルは、やはりzipで圧縮されています（jarと同様の手法で展開できます）。

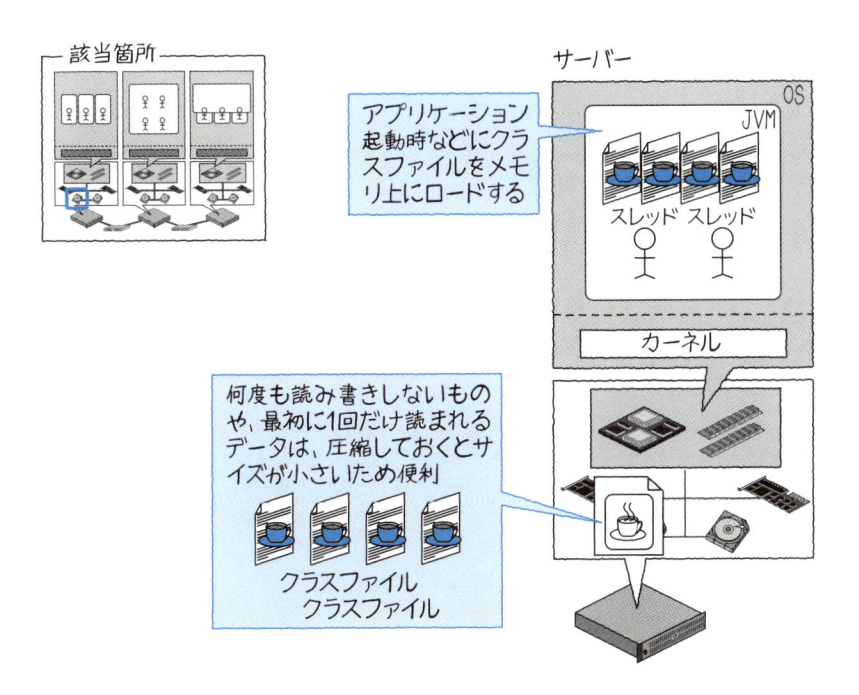

図5.33　jarファイルも圧縮されている

データを最終的に格納するデータベースや、さらにその保存先であるストレージサーバーでも圧縮が使われることがあります。しかし、圧縮に時間がかかり、書き込み速度が落ちてしまうのも困るので、比較的シンプルな圧縮の仕組みを使うことが多いようです。

ストレージ製品などでよく登場する手法として、重複排除（deduplication、デデュプ）と呼ばれるものがあります（図5.34）。これは、書き込まれるデータを一定単位のブロックで扱い、重複しているものを排除する機能です。データを書き込む際にブロックのハッシュ値を計算し、まだ書き込まれていないブロックなら保存し、書き込

※3　圧縮もさることながら1つのファイルにまとめるという意味合いが強いですが……。

まれたことがあるブロックなら保存しません。その結果、同じファイルなら、当然同じブロックで構成されているため、何個保存しようとも実質1個分のディスクスペースしか必要としません。

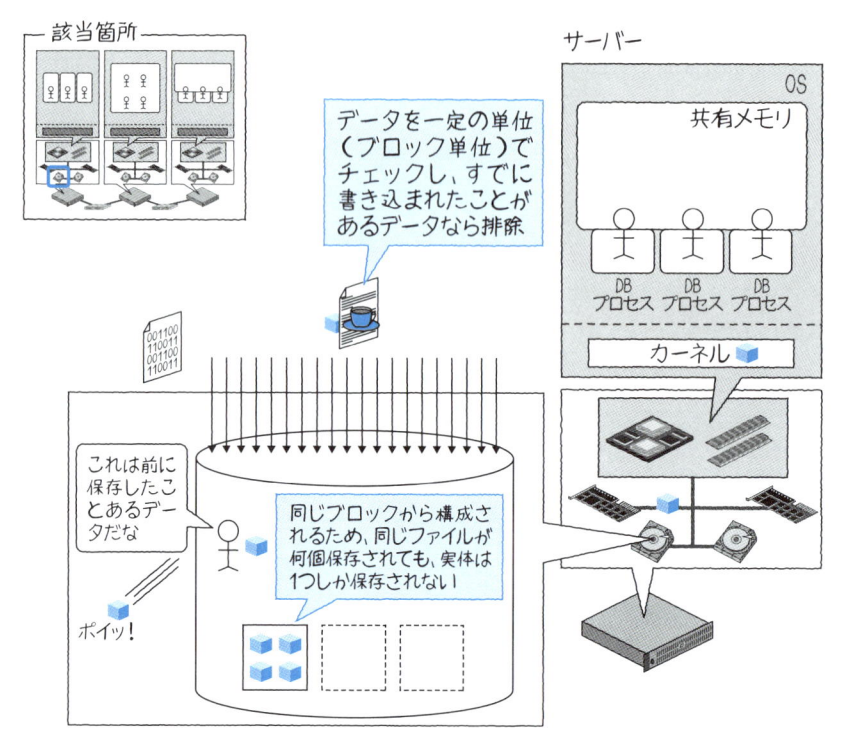

図5.34　ストレージサーバーにおける重複排除

5.8.4　まとめ

　まとめると、圧縮とは、冗長や無駄を省くことで、データのサイズをより小さくする技術を指します。小さくすることでデータのやり取りのオーバーヘッドが小さくなるというメリットがありますが、圧縮／解凍といったオペレーションはリソース負荷の高騰や、処理時間の増加といったデメリットも含んでいます。

5.9 ‖ 誤り検出

5.9.1 誤り検出とは？

コンピュータの世界では、さまざまなところでデータのやり取りが発生します。あなたがインターネットで誰かのブログを読んでいるときも、データのやり取りが発生しています。しかし、コンピュータの世界でも完全なものはありません。時にデータが意図せず壊れることもあるのです。それを防ぐために、誤り（エラー）を検出する仕組みがあります。

伝言ゲームを想像してみてください。ある文章を口頭で離れた人に伝えるゲームですね。この伝言ゲームでは、最初の文章が人から人に伝わる過程で間違って伝わり、最終的には本来とは異なる結果になることが多々あります。図5.35をご覧ください。

図5.35　伝言ゲームでの誤り

4人で文章を伝達していますが、右端の人に伝わるまでに、ずいぶんと文章が変わってしまいましたね。この例で正しく伝わらない原因は、人間の記憶力が完璧ではなかったり、周りに邪魔されてしまったりするからです。

深く見てみよう

　伝言ゲームで文章が正しく伝わらなかったように、これに似たことがコンピュータの世界でも起こり得ます。デジタルデータに間違いが発生する理由には複数ありますが、例として伝言ゲームのようにデータ伝達時に意図せず発生する可能性があるものを2つ紹介します（図5.36）。

1.　通信中のデータ破損

　たとえば多くの通信方式では、電気信号によってデータをやり取りしています。途中経路で落雷の電気的なノイズなどを受け取ることで、データが壊れてしまうことがあります。伝言ゲームの例では、周りがうるさい（ノイズが発生）ためにデータが聞き取れなかったものに相当します。

2.　チップ上のデータ破損

　メモリ上のデータも電気的に保存されています。そのため、通信中のデータ破損のように、電気的な影響で値が変わってしまうことがあります。たとえば、地球上には宇宙から降り注ぐ、目に見えない高エネルギーの粒子（宇宙線など）が飛び交っています。この粒子が運悪くメモリやCPUといったシリコンチップに当たると、電子が発生します。これが回路内に混入すると意図しない電気の流れとなり、データを書き変えてしまうことがあります。

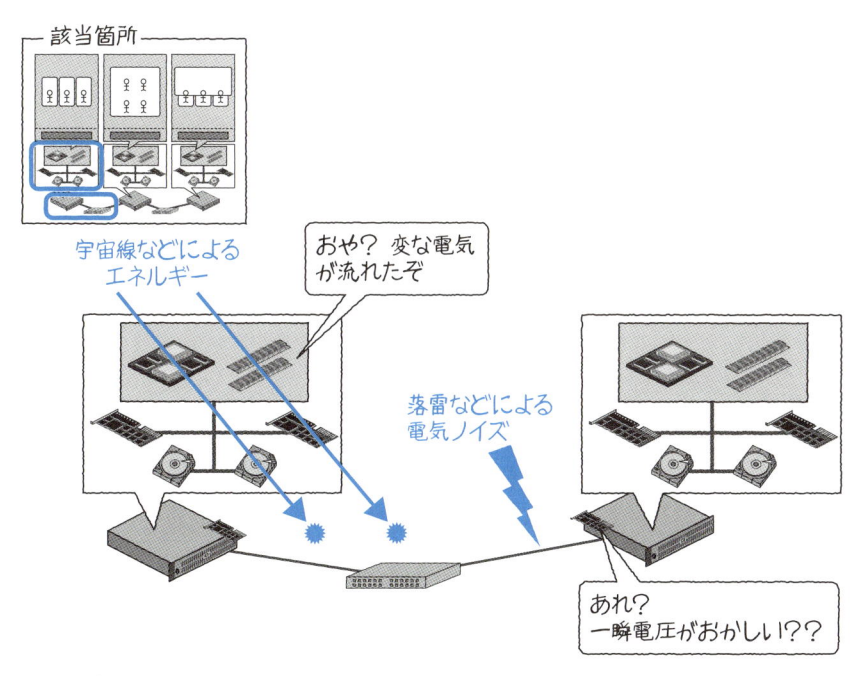

図5.36　デジタルデータは意図せず破損することがある

5.9.3　誤り（エラー）を検出するには？

　こうして発生した意図しない誤りは、どのように検出すればよいでしょうか？　先ほど紹介した伝言ゲームを考えてみましょう。最後に伝言を受け取った人は、受け取った伝言が正しいか、誤りかを判断できるでしょうか？　答え合わせをするまではわかりませんよね。つまり、何かしらの付加情報がない限り、それが間違っているのか正しいのかがわかりません。誤っていることを確かめるには、送ったデータとは別に追加の情報が必要なのです。

誤り（エラー）の検出

　誤りの検出方法にはいくつかの種類がありますが、シンプルな方法としてパリティビットという冗長なビットを付与する、パリティチェック方式があります。bit列に対して、必ず1の数が偶数個または奇数個になるように、1bitだけ追加します。

　図5.37の例では、1が奇数個になるようにしています。こうすることで、パリティビットを設定した単位につき1bitまでならデータが変わってしまっても、1の偶数／

奇数の確認により、それを検出することができます。ただし、同時に2bit誤ってしまうと、偶奇が戻ってしまうので、誤っていることに気がつけません。

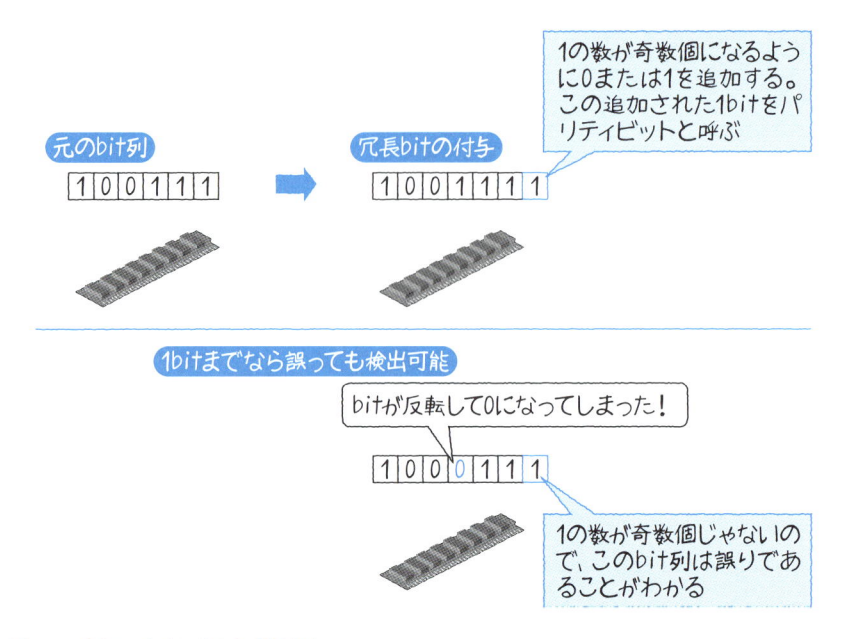

図5.37　パリティビットによる1bit誤り検出

　誤り検出のメリットとしては、その名の通り、誤りに気がつけることです。たとえばお金の計算など、間違ったデータを合っているものとして計算してしまうことのダメージは計りしれません。そのため、誤り検出だけは至るところで使われており、誤りを検出したら、誤っているデータを捨てて、読み込み直したり、処理を再実行したりします。デメリットとしては、冗長なデータを付与する必要があるため、データ量が増えてしまうこと、また誤っているかどうかの確認計算が必要なため、その処理のオーバーヘッドが少なからず出てくることです。ここでは「パリティチェック」という誤り検出の仕組みを紹介しましたが、ほかにも「チェックサム」や「CRC」などさまざまな手法があります。それぞれの詳細な仕組みについては本書の範囲を超えるため、紹介にとどめておきます。

　また、さらに検出だけではなく、壊れたデータをその場で修正することができる「誤り訂正」を行なう仕組みもあります。この仕組みでは、誤り検出よりも、さらに多くの冗長データを付与しておく必要があります。

5.9.4 どこで使われているか？

　CPUやメモリ内部では、誤り検出／訂正機能を持っているものがあります。特にメモリは枚数が多いこともあり、コンピュータの内部においても、比較的エネルギー粒子の影響を受けやすいハードウェアです。

　サーバー用のメモリには、誤り訂正機能の付いた「ECCメモリ」と呼ばれるものがあります（図5.38）。このメモリでは、書き込み時にパリティ計算を行ない、パリティ情報も書き込みを行ないます。そして、読み込むときに再度パリティ計算を行ない、誤りがないかを検査します。もし誤りがあった場合、訂正可能な場合は訂正を、訂正不可能（通常は2bitの誤り[※4]）な場合は、誤り検出として、エラーを返します。

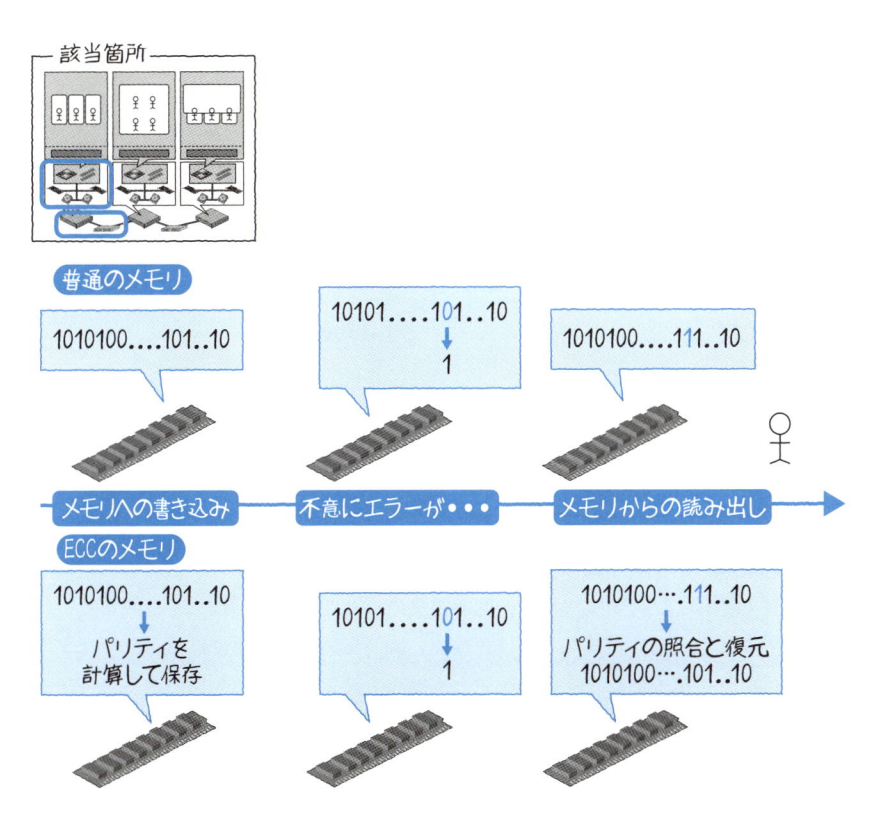

図5.38　ECCメモリの誤り訂正

※4　さらなる信頼性を求められるサーバーでは、2bit誤り訂正が可能なものも存在します。

ネットワーク通信では、プロトコルによっては各層でエラー検出用の仕組みを入れています。たとえば最も多く使われるプロトコルであるTCP/IPおよびEthernetでは、それぞれの層でチェックサムやCRCによる誤り検出の仕組みを導入しています（図5.39）。そのため、受信側では、そのフレームやパケットが誤っていることを検知すると、該当データをドロップします。TCPを使っている場合は、自動的にTCPが欠けたパケットの再送を要求します。

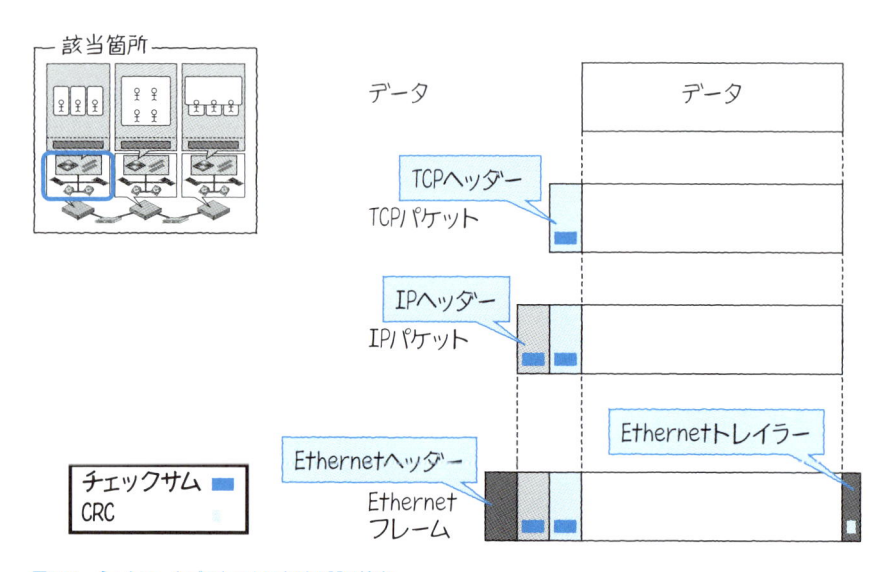

図5.39　ネットワークプロトコルにおける誤り検出

5.9.5　まとめ

　誤り検出とは、データが破損していないかどうかをチェックする手法であり、検出した場合は「破損している」ため、データを再度取得しなおして処理をやり直すといったことが可能になります。またさらに、検出と同時に誤りの訂正や破損したデータの修復まで行なう手法もあります。検出および訂正方法にはほかにもいろいろな種類がありますが、本書ではその詳細には触れません。

　物理的な物と異なり、データが壊れているかどうかは、目で見てわかるものではありません。そのため誤り検出は、データを扱うシステムではさまざまなところで使われています。

第 6 章

システムをつなぐ
ネットワークの仕組み

第3章ではシステム上の「データ」に着目して流れを説明しました。このデータはネットワークを通じてやり取りされますが、実際にどのような仕組みでデータが流れているのか、イメージがわくでしょうか？　本章では、さらに一歩踏み込んで、どのようにデータが運ばれるのかについて、具体的な「ネットワークの仕組み」に焦点を当てて説明します。

6.1 ‖ ネットワーク

異なるマシン同士でデータをやり取りするとき、基本的にはネットワークを通じてデータを送受信する必要がありますよね。システムが1台のマシンだけで完結することはほとんどないので、必ずと言っていいほどネットワークを経由してデータが流れます。このようにネットワークはシステムの中でも重要な要素の1つです。

ここで皆さんに質問です。

> 「あるWebページにブラウザを使ってアクセスしたときの通信の流れを、できるだけ詳しく説明してください」

と言われたら、どこまで詳しく仕組みをイメージできますか？

ネットワークを使ってデータをやり取りできる、ということはわかっていても、実際のネットワークの仕組みを具体的にイメージすることは難しいのではないでしょうか？

なぜイメージできないのでしょう。大きな理由の1つに、そもそも現在のネットワーク自体、仕組みを知らなくても使えるように作られているということが挙げられます。ブラウザにURLを入力するとWebページが見られるように、通信したい相手のアドレスさえ指定すれば、簡単に通信できる、これが現在のネットワークです。でも簡単だからこそ、外から見るとブラックボックス的な部分が多く、いざネットワークで問題が発生すると、インフラエンジニアとしては困ってしまいます。

ネットワーク上でやり取りする仕組みは、非常にたくさんあります。しかし、インターネットの通信の仕組みをはじめ、本書で紹介している3階層型システムなどを構成する場合には、ほとんどの場合TCP/IPと呼ばれる仕組みが使われています。このTCP/IPはさまざまな通信環境において、データをうまくやり取りしてくれる優れた仕組みです。そしてOS（主にカーネル）が、このTCP/IPを使って簡単に通信できる仕組みを提供しています。

さて、ネットワークについて事細かに解説していきたいところですが、残念ながら本章だけでネットワークのすべてを語るには紙幅が足りません。そのため本章では、

最初にネットワークを学ぶ上で基本となる階層構造やプロトコルについて説明し、その後、OSが内部で処理している部分を中心に、TCPやIP、Ethernetといった主要な技術を説明します。それ以上の説明は、ほかのネットワーク専門書に任せたいと思います。

6.2 階層構造

コンピュータの世界では多くの箇所で、階層構造（階層モデル）の考え方を採用しています。階層構造と聞いてどのようなものを想像しますか？　マンションやピラミッドのような構造物を想像したでしょうか？　階層構造とその役割について見ていきましょう。

6.2.1 会社で例える階層構造

階層モデルの例として、図6.1のように会社の例を考えてみましょう。ほとんどの会社は仕事内容によって部署が分かれています。そのため、営業部は営業に専念できますし、人事部は人材採用のことなどに専念できます。

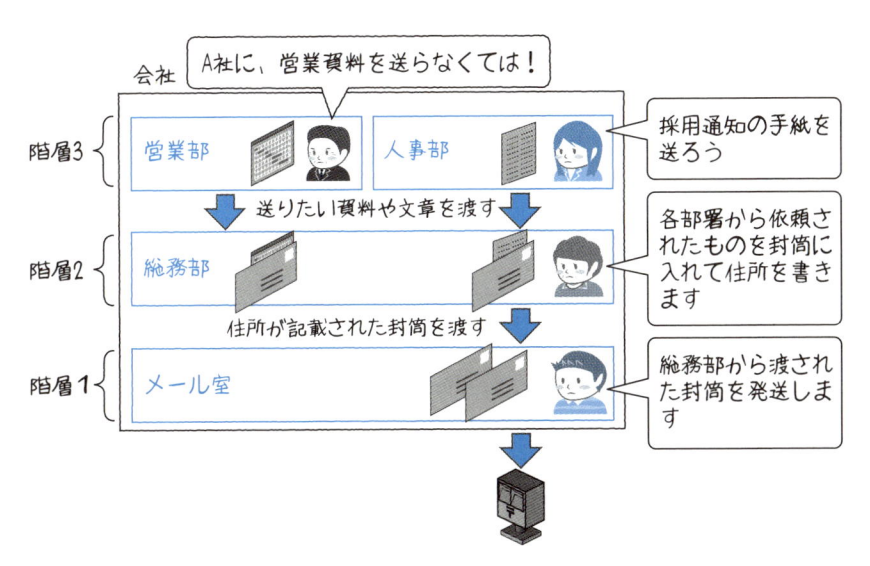

図6.1　会社の部署で考える階層構造

たとえば、社外に資料や手紙を送るときはどのような流れになるでしょうか？　図6.1は、ある会社での一例です。各部署は送りたいものを総務部に渡し、総務部は梱包などを行なってメール室（送付担当）に発送を依頼します。メール室は、ポストに投函あるいは郵便局へ行くなどして発送が完了します。

6.2.2　階層構造は役割分担

階層構造には、データや機能呼出しの流れに沿って、役割に応じた階層に分けている、という特徴があります。役割が分かれているため、各層は自分が担当する仕事だけに責任を持ち、ほかの仕事は別の層に任せることができます。互いにつながっている層同士は、やり取りの仕方、すなわちインターフェースだけを決めておきます。

図6.2をご覧ください。ここでは3つの階層に分けています。機能Cは自分の仕事が終わったら、その結果を機能Bに渡していますね。各層は互いにどんな仕事をやってくれるか（機能を持っているか）は知っていますが、具体的にどのように処理しているかまでは知りません。隠蔽化されているのです。

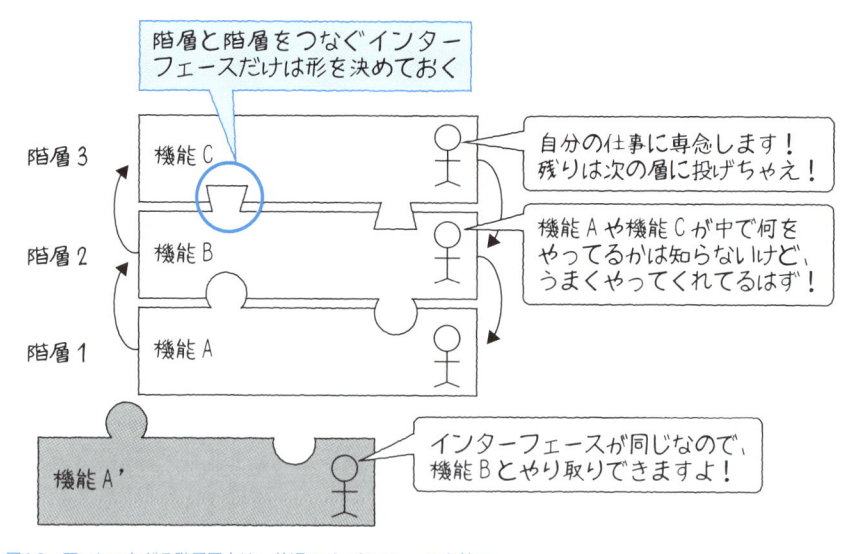

図6.2　互いにつながる階層同士は、共通のインターフェースを持つ

また、階層構造に分けることで、階層同士が互いに影響しないように、独立させることができます。互いに中身を隠蔽化しているため、インターフェースさえ変えなけ

れば、各階層の中で行なうやり方を勝手に変えてしまっても問題ありません。図6.2の機能A'のように、新たな機能のものと交換することも簡単になります。

　一方、デメリットとしては、作業効率を犠牲にすることがあります。コンピュータにおける作業効率とは、すなわち性能ですね。1つの仕事を1人でする場合と、2人交代でする場合を考えてみてください。交代する場合にはこれまでの内容の引き継ぎなど、いわゆるオーバーヘッドがかかってしまいます。

6.2.3　階層モデルの代表例——OSI 7 階層モデル

　コンピュータにおいて階層構造を語る上で避けて通れないのが、OSI参照モデルです（図6.3）。「OSI 7階層モデル」などと呼ばれることもあります。これは、昔OSI（Open Systems Interconnection）と呼ばれる通信規格を作る際に考案された、OSIの通信機能を7つの階層に分ける考え方です。OSIそのものは、いまではもう使われなくなってしまいましたが、この階層構造の考え方はさまざまな分野において共通の考え方として参照できる「参照モデル」として残っています。また、参照モデルとなったことで、エンジニア同士で通用する一種の共通言語としての役割も持っています。

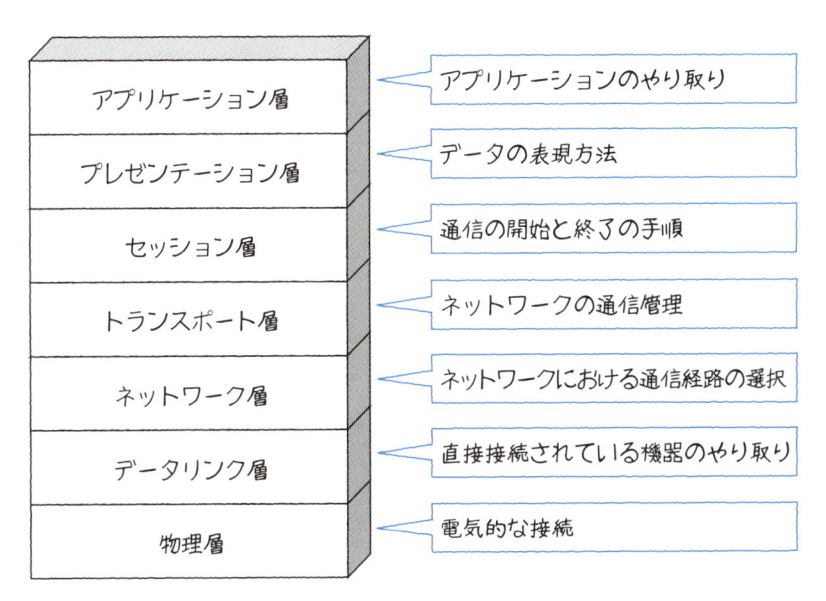

図6.3　階層構造の参考例「OSI参照モデル」

6.2.4 　階層構造はネットワークだけではない

　そもそも本書で取り上げている3階層型のシステムも階層構造ですよね。大規模な
システムになればなるほど、役割ごとに階層に分けなくては全体の見通しが悪くなり、
開発が非常に困難となります。

　そして、そのシステムを構成するサーバー1つをとってみても、内部はやはり階層
構造になっています。アプリケーションやOS、そしてハードウェアの組み合わせも、
階層構造と見なすことができます。図6.4は、一般的なサーバーアプリケーションに
おけるサーバー全体の階層構造です。このような構造になっているため、「OSは
Linuxを使おう！」「ハードウェアはどのメーカーのものを選ぼうか」など、用途に応
じて部分ごとに選択できます。図6.4の中では1つの箱で表わしているアプリケーショ
ンやカーネルなども、実際にはさらに細かく階層に分かれていたりします。なお、こ
こで言う階層は、レイヤー（Layer）と呼ばれることもあります。

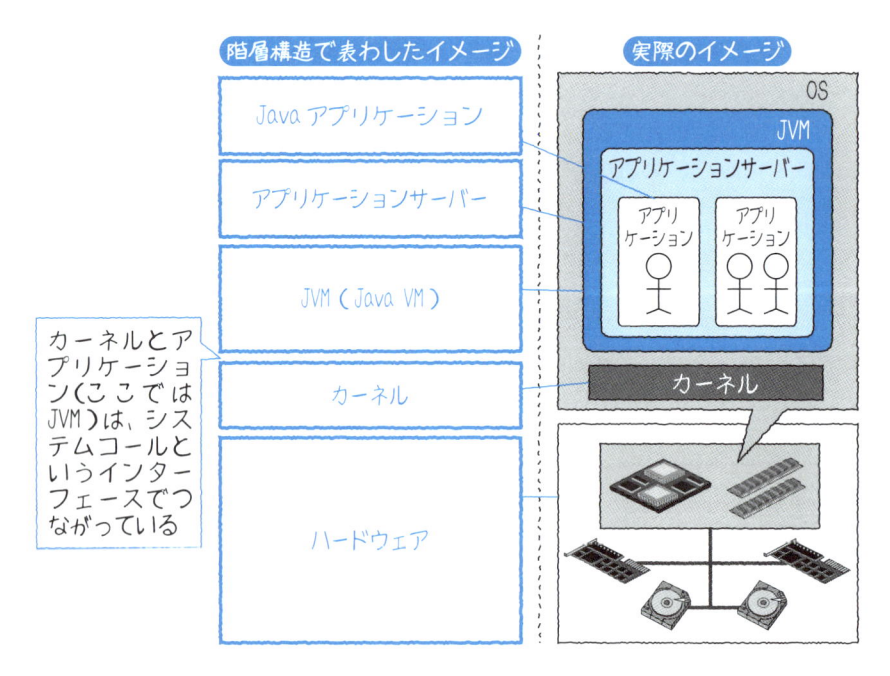

図6.4　システムの階層構造

6.3 ┃ プロトコル

ネットワークを語る上で、もう1つ欠かせないのがプロトコルです。プロトコル（Protocol）という英単語は、あらかじめ取り決められた手順のことを意味します。コンピュータ用語としては、特に「通信プロトコル」として登場することが多く、コンピュータ同士がやり取りをする際の手順を定めたものを指します。

6.3.1　人間同士の意思疎通もプロトコル

通信プロトコルはどんなものでしょうか？　まずは身近な例として、人間同士の会話に置き換えて考えてみましょう。たとえば、英語や日本語といった言語も、人間同士が通信するためのプロトコルと考えることができます。

図6.5をご覧ください。人間も、会話する人同士の言語（プロトコル）が一致していないと、意思の疎通ができません。生まれ育った国が違う2人は話す言語が違うため、お互い何かしら共通の言語を扱えないと、意思の疎通ができませんよね。

互いの言葉（プロトコル）が一致している場合

駅に行くには、この大通りをまっすぐ・・・

駅までの行き方を教えていただけませんか？

互いの言葉（プロトコル）が一致しない場合

????

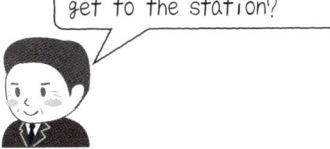

Could you tell me how to get to the station?

図6.5　人間が話す言語もプロトコル

また、通信にどんな媒体を使うかという部分もプロトコルと考えることができます。会話では声（音声）を使うことが多いと思いますが、これは音声という通信プロトコルの上に、日本語という通信プロトコルを乗せているわけです。

意味を伝える部分である言語のプロトコルが一致していたとしても、それを運ぶプロトコルが異なれば、通信をすることができません。図6.6は、音声ではなく、「文字」や「手旗信号」を使って会話している様子です。伝えている内容はともに日本語です。文字で挨拶した人は通じたようですが、手旗信号で挨拶した人は、相手が手旗信号を知らないため、通じなかったようです。

図6.6　通信媒体のプロトコルが異なると通信はできない

6.3.2　コンピュータにはプロトコルが必要不可欠

コンピュータには、ありとあらゆる箇所でプロトコルが必要です。離れた場所にある2つの機器は、あらかじめ手順を決めておかなければ何のやり取りもできません。ネットワークとプロトコルは切っても切れない関係です。

コンピュータの通信プロトコルも、先ほどの例で挙げた人間の会話のように、通信する媒体と、その上を流れる意味の部分に分けて考えることができます。図6.7をご覧ください。たとえばブラウザでWebページを見るとき、HTTPと呼ばれるプロトコルを使い、サーバーにWebページの情報をくれと伝えます。また、その通信は、電

気信号や電波によって運ばれます。つまり、前節の階層構造とともに考えると、プロトコルとは、同じ階層同士の約束事なのですね。

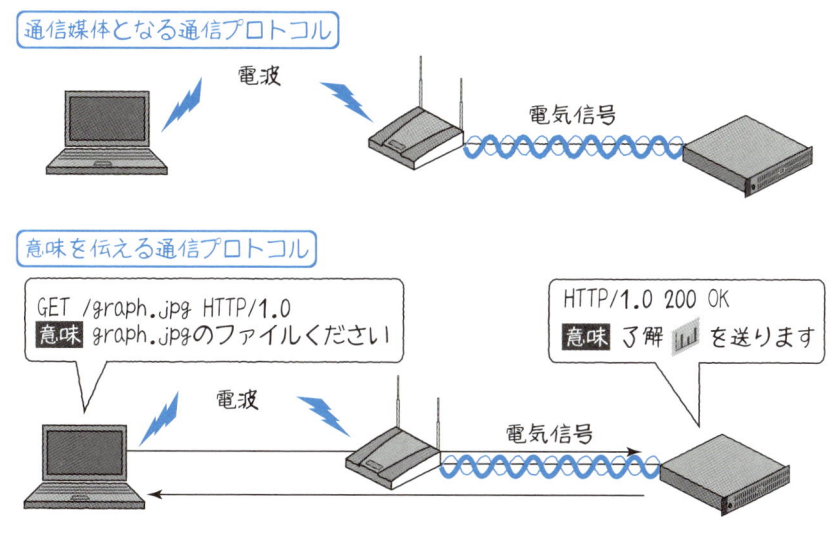

図6.7　通信プロトコルにおける、媒体とその上の意味

　コンピュータも生まれたメーカー（人で言うところの国ですよね）が違えば、お互いが話す言語を合わせなければやり取りすることができません。異なるメーカーで作られたコンピュータが互いに通信するために、プロトコルを合わせないといけないわけです。そのため、ネットワーク業界では、共通のプロトコルを策定するためにIEEEやIETFといった標準化団体が存在します。

Column

標準化団体のお話

プロトコルは勝手に作ったところで、皆がそのプロトコルに対応したものを作ってくれなければ意味がありません。もちろん力のある企業ならば、独自プロトコル（独自規格）を作って普及させることもできるでしょう。しかし、それで成功すればいいですが、失敗したら大きな損失を被ってしまいます。そうならないためにも、みんなで話し合って標準化を行なったプロトコルを作ったほうがよい場合があります。ネットワーク関連の標準化団体としては、IEEEやIETFといった団体が有名です。

IEEEは電気電子技術の学会ですが、電気通信を使ったプロトコルの標準化活動も行なっています。IEEEの名を冠するプロトコルとしてよく見るものは、無線LANのプロトコルでしょう。

「IEEE802.11a/b/g/n/ac対応！」のように、IEEE802.11で始まる文字が書かれた無線LANルーターを見たことはありませんか？　これはIEEEで標準化された規格の1つです。

IETFは、インターネットで使われるさまざまな技術の標準化を行なう団体です。こちらはかなりオープンな団体で、さまざまなベンダーや大学関係者はもちろん、通信の専門家たちが参加しており、彼らが議論をしながら標準規格を策定しています。

IETFで策定されたものは、RFCという名の文章で出されます。これはRequest for Comment（コメント募集）の略であり、ここからもインターネット技術のオープンさがうかがえますね。たとえばInternet Protocolの基本的な部分は、RFC 791で定められています。4月1日になるとジョークRFCといって、本当に使うわけではなくネタでしかないRFCを出してしまうぐらいオープンです。

中には標準化されたとしても、ほかの規格が普及してしまい、使われなくなってしまうこともあります。代表的な例が6.2.3項で紹介したOSIでしょう。OSIは、ISOおよびITU-Tと呼ばれる団体によって標準化を進められていました。しかしその間に、TCP/IPが広く普及し「事実上の標準」となってしまいました。ほかの例としてはEthernetがあります。EthernetについてはIEEEによってIEEE 802.3標準というものが作られていますが、実際にいま使われているEthernetはEthernet IIと呼ばれ、IEEE 802.3とは若干異なります。Ethernet IIは、この仕様を作った3社であるDEC、Intel、XEROXの頭文字を取って、DIX仕様とも呼ばれます。

6.3.3 プロトコルはサーバーの内部にも

　プロトコルというとTCP/IPプロトコルのようなものを思い浮かべる方も多いと思いますが、どんな機器であっても、コンピュータ機器同士が通信をするときにはプロトコルが必要です。

　たとえばマウスをPCにつなぐときのUSB。これだってUSBのプロトコルが存在します。ほかには、サーバーに欠かせないストレージ。ストレージからデータを取り出すときにもプロトコルが決まっていて、代表的なものとしてSCSIプロトコルがあります。実際にはストレージ用のデバイスドライバーがSCSIなどのプロトコルを使い、データのやり取りを行なっています。さらには、CPUの中にだってプロトコルが存在しています。近頃はマルチコアのCPUが当たり前になってきましたが、そのコア同士が通信するためにもプロトコルがあります。

6.4 TCP/IPによる今日のネットワーク

　さて、ここまででネットワークの基本的な考え方を説明してきました。OSI 7階層モデルと呼ばれる考え方があること、ネットワークではプロトコルは欠かせない要素であり、無数のプロトコルがあること。しかしながら、インターネットをはじめとして、今日のネットワークを支えるのは、TCPやIPおよびその周辺の主要なプロトコルです。これらプロトコル群をまとめてTCP/IPプロトコルスイートと呼びます。ちなみに「プロトコルスイート」とは「プロトコル一式」といった意味です。ネットワークインフラを理解するためには、まずこのTCP/IPプロトコルスイートの理解は避けて通れません。

6.4.1 インターネットの発展と TCP/IP プロトコルスイート

　TCP/IPのコンセプトを理解するためには、その背景にあるインターネットの発展について知っていたほうがよいでしょう。

　インターネットの大本は、1969年にアメリカ国防省の研究における実験から始まりました。このとき構築された実験ネットワークはARPANET（アーパネット）と呼ばれます。大学などの研究機関同士が、この実験ネットワークで接続されました。まだ数十kbps程度の通信速度で、TCPやIPといったプロトコルが誕生する前の話です。

ARPANETは徐々に接続拠点を増やし、どんどん大きくなっていきました。

1980年代までには、ARPANETのほかにもネットワークが運用され、これらが相互に接続されるようになりました。この頃になると、ネットワークベンダーの機器ごとにたくさんのネットワークプロトコルが乱立し、相互接続性の問題などから、国際規格としてのプロトコルを作ろうという動きが出てきました。これが1982年に策定が始まったOSIと呼ばれるプロトコル群です。しかしこの頃すでに、1970年代に考案されていたTCPやIPプロトコルが広まりつつあり、またOSI自身も複雑な仕様のため相互接続性に問題がありました。国際規格として国などはOSIの使用を推してきましたが、結局OSIが広く使われることはありませんでした。最終的にはTCP/IPプロトコルスイートによるネットワークが大多数を占め、TCP/IPはインターネットにおける事実上の標準（デファクトスタンダード）となったのです。

日本では、1984年にJUNETと呼ばれるネットワークが作られました。最初は慶応義塾大学、東京工業大学、東京大学の3つの大学を互いに接続するだけでしたが、JUNETにほかの大学や研究機関が接続し、さらにJUNETがアメリカのCSNETと接続されました。そしてJUNETを立ち上げた研究者らを中心として研究プロジェクトが発足され、日本のインターネットが発達していったのです。

このように、さまざまなネットワークが互いに協力し合いながらインターネットが発展し、その中でTCP/IPは改良されてきました。

6.4.2 TCP/IP の階層構造

そろそろTCP/IPの話に戻りましょう。TCP/IPプロトコルスイートはその名の通り、TCPとIPの2つのプロトコルを主軸としたプロトコル群です。主軸というだけなので、TCPとIPという2つのプロトコルだけではなく、ほかにもさまざまなプロトコルが登場します。

先ほどは階層構造の紹介とともに、OSI参照モデルを紹介しました。ネットワークの役割分担を階層化したモデルでしたね。しかし今日のネットワークは、OSIではなくTCP/IPが広く使われています。OSI参照モデルでは7階層に分割していますが、TCP/IPではTCPの層、IPの層、そしてその上下の4階層に分けて考えています。呼び方が厳密に定まっているわけではありませんが、これをTCP/IPの4階層モデル[※1]などと呼ぶこともあります。

実際には、この4階層がOSIの7階層に厳密に対応しているわけではありませんが、OSI 7階層でいうところの1〜2層をまとめてリンク層、5〜7層をまとめてアプリケーション層として対応させて取り扱うことが多いです。

※1　リンク層を2つに分け、5階層で考えることもあります。実際にはこの4階層（ないし5階層）がOSIの7階層に厳密に対応しているわけではないので、大まかに4つぐらいに分かれているんだなと思っておいてください。4階層の考え方はRFC1122で言及されています。

TCP/IP 4階層モデルとシステムの対応関係

　TCP/IPが持つ階層構造は実際のサーバー上でどのように分かれているかを見てみましょう。図6.8は、Webサーバー上でHTTPと呼ばれるプロトコルを使う際の階層構造を、システム上の実際の担当箇所と対比させた図です。

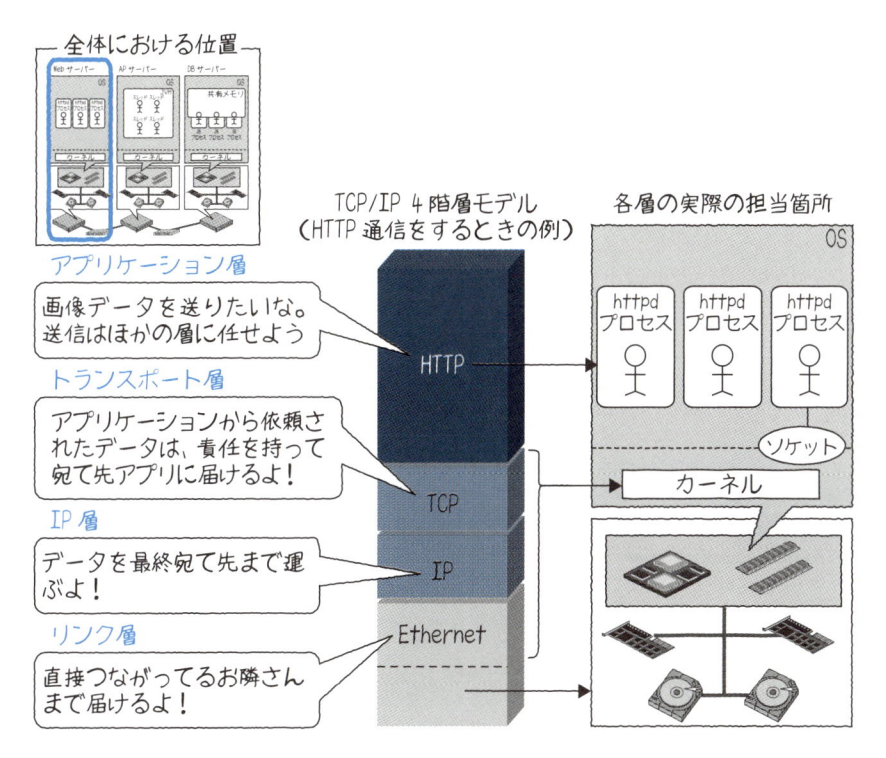

図6.8　TCP/IP 4階層モデルと、システム上の担当箇所

　HTTPはアプリケーションプロトコルなので、図6.8のhttpdプロセスが使います。HTTPの通信データを相手に送るために、TCPにデータを渡しますが、ここからEthernet層まではOSのカーネルが担当しています。カーネルの中で、TCP、IP、Ethernetを担当する機能が、必要な情報をデータに付与し、最終的にEthernetフレームが作られます。これがNICに渡され、Ethernetケーブルなどを通じて、隣接ノードを経由し、最終宛て先まで運ばれていきます。ネットワークに接続されたコンピュータなどは「ホスト」と呼ばれることがあります [※2]。

　階層構造に分かれていることによって、通信したいアプリケーションは独自に通信

※2　メインフレームのことをホストと呼んだりしますが、ここで登場するホストとはネットワーク用語であり別になります。

の仕組みを作る必要はなく、TCP/IPに任せることができます。また、各層を担当するものも取り換えることが容易です。たとえば、TCPの代わりに、信頼性は低いけどシンプルにデータ送受信ができるUDPを使ったり、有線ではなく無線で通信したり、用途に応じて変更ができるのも階層構造のメリットです。

TCP/IPの各階層の呼び方

TCP/IPは4階層と言いましたが、実際に現場で階層を数字で呼ぶときには、OSI参照モデルの7階層の分け方で呼ぶことが多いです。

リンク層、すなわちEthernetの層をレイヤー2やL2[※3]、IP層をレイヤー3やL3、トランスポート層（TCPの層）をレイヤー4やL4と呼びます。それぞれの処理を行なうネットワークスイッチがレイヤー2スイッチ（L2スイッチ）やレイヤー3スイッチ（L3スイッチ）と呼ばれていることからもわかりますね。

アプリケーション層は、そのままアプリケーションレイヤーと呼ぶか、あるいはレイヤー7やL7と呼ぶこともあります。「L5とL6はどこへ行った？」と思われるかもしれませんが、L5、L6、L7をまとめてアプリケーション層として扱うため、TCP/IPの話をするときはほとんど登場しません。

6.5 | レイヤー7 アプリケーション層のプロトコル HTTP

ここからは、TCP/IP 4階層モデルの代表的なプロトコルであるTCP、IP、Ethernetを組み合わせた通信について掘り下げて解説していきます。なお、ここではアプリケーションプロトコルとしてHTTPを取り上げます。

6.5.1 HTTP における処理の流れ

通信をするには、アプリケーションがないと始まりません。アプリケーションが使うプロトコルを総称してアプリケーション層プロトコルと呼びます。アプリケーション層プロトコルは、自身が通信を処理するわけではなく、通信自体はすべてOS、すなわちTCP/IPに任せてしまいます。

まずは、Webシステムにとって最も重要なアプリケーション層のプロトコルであるHTTPについて見てみましょう。HTTPの仕様はRFC2616で定義されています。HTTPにおける処理の流れは、図6.9の通りです。

※3　L2と略して呼ばれることが多いですが、この「L2」の読み方は「エルに」「エルツー」「レイヤーツー」とさまざまです。もちろんOSI 7階層モデルの呼び方である「データリンク層」とも言いますし、単に「リンク層」と言うこともあります。

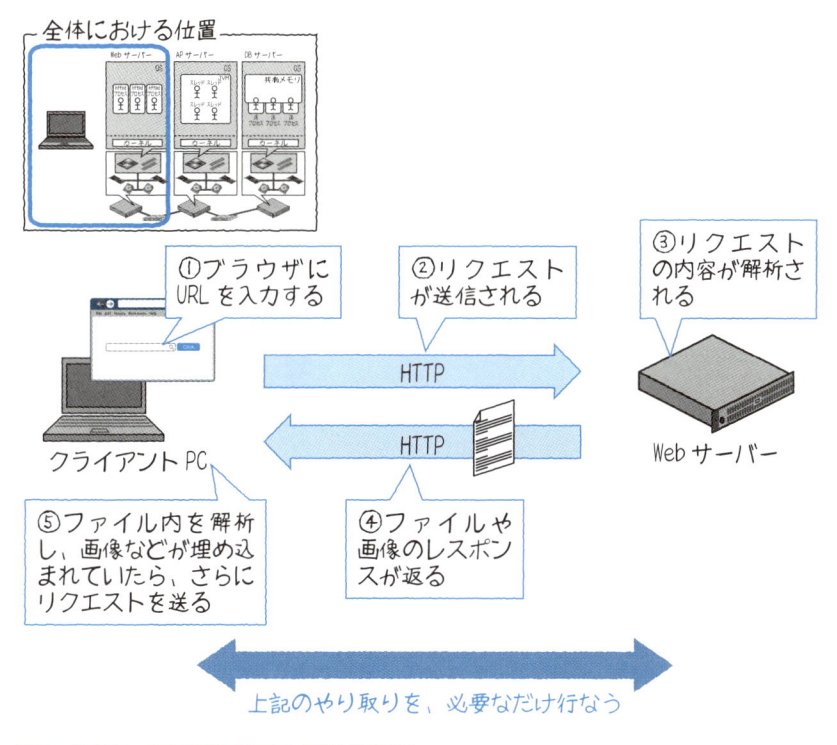

図6.9　HTTPは、1画面を表示するのに何度も往復する

　ブラウザにURLを入力し、リクエストがWebサーバーに届き、レスポンスとして
HTMLファイルが届きます。ブラウザはそのファイルを解析して、ファイル内に追加
の画像やスクリプト等が埋め込まれていれば、さらにWebサーバーにこれらのリク
エストを行ないます。このように、クライアントとWebサーバーは、HTTPを通して、
何度も往復します。

6.5.2　リクエストとレスポンスの具体的な中身

　HTTPのリクエストとレスポンスには、どのような内容が含まれているのでしょう
か？　図6.10はリクエストの内容です。

　リクエスト時に大事なのは、サーバーに対して投げるコマンドです。たとえば、
GETはファイルの要求で、POSTはデータを送信するという意味です。

　ヘッダー部分は、さまざまな付加情報が入り、細かな制御をするために使用します。
たとえば、User-Agentは、ブラウザの識別情報（バージョンやIEなどのブラウザ名）

が入りますし、Cookieは、セッションの識別子として使われます。

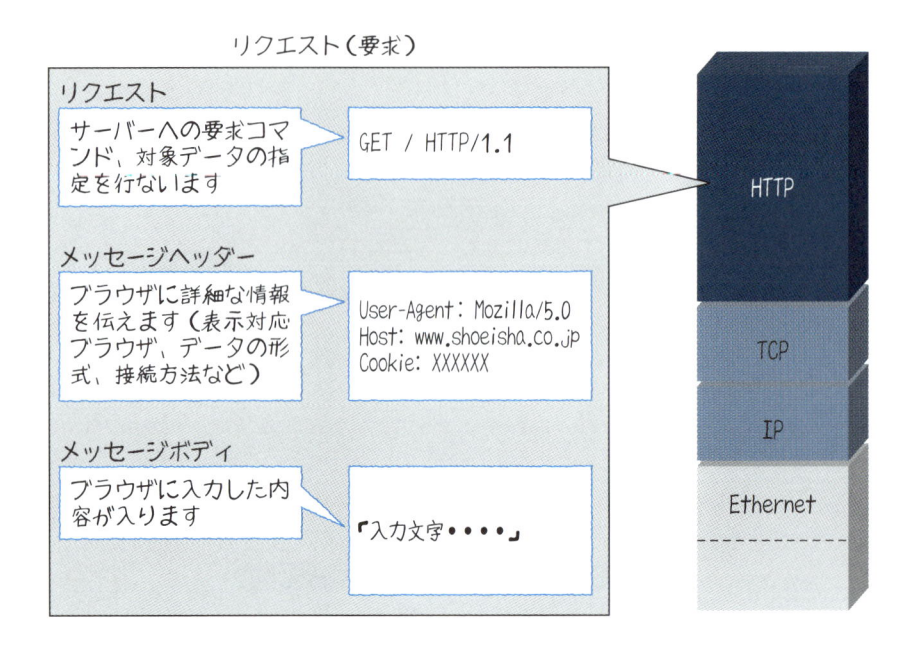

リクエスト（要求）

リクエスト
サーバーへの要求コマンド、対象データの指定を行ないます
GET / HTTP/1.1

メッセージヘッダー
ブラウザに詳細な情報を伝えます（表示対応ブラウザ、データの形式、接続方法など）
User-Agent: Mozilla/5.0
Host: www.shoeisha.co.jp
Cookie: XXXXXX

メッセージボディ
ブラウザに入力した内容が入ります
「入力文字••••」

HTTP

TCP

IP

Ethernet

図6.10　リクエストはコマンドで行なわれる

　一方、レスポンス（図6.11）は、リクエストに対する結果のステータスなどが入ります。また、メッセージボディに実データが格納されます。

　HTTPが、その下位レイヤーであるIPや有線にコマンドを送ったり、通信を制御したりするような作業は行ないません。そのため、HTTPのリクエストは、数種類のコマンドだけとなり、とてもシンプルであることがわかります。

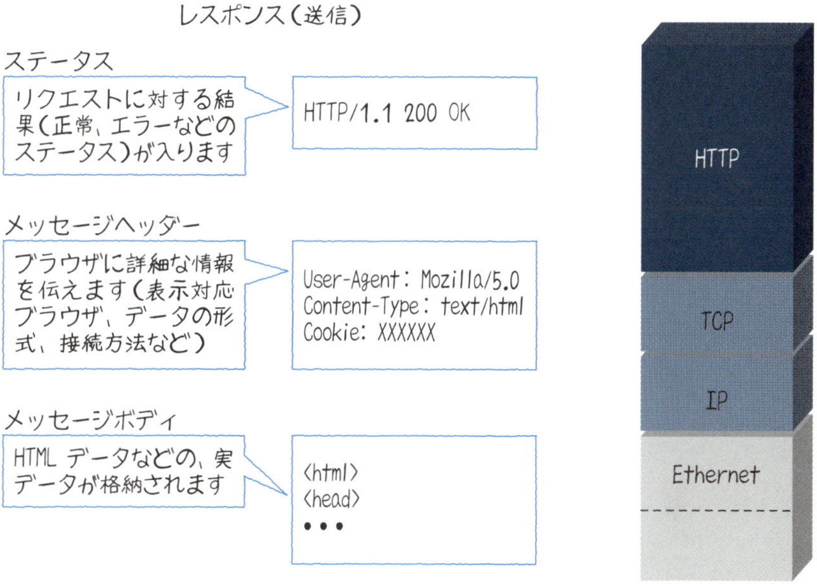

レスポンス（送信）

ステータス

> リクエストに対する結果（正常、エラーなどのステータス）が入ります

`HTTP/1.1 200 OK`

メッセージヘッダー

> ブラウザに詳細な情報を伝えます（表示対応ブラウザ、データの形式、接続方法など）

```
User-Agent: Mozilla/5.0
Content-Type: text/html
Cookie: XXXXXX
```

メッセージボディ

> HTML データなどの、実データが格納されます

```
<html>
<head>
・・・
```

HTTP

TCP

IP

Ethernet

図6.11　レスポンスはステータスとともに送られる

6.5.3　アプリケーションプロトコルはユーザー空間での処理

　図6.12をご覧ください。クライアントプロセスとhttpdプロセスによって、アプリケーション層プロトコルとしてHTTPのリクエスト（データ）が通信されている様子を表わしています。この図では、通信元のアプリケーションが、穴にデータを放り込んでいますね。この穴を「ソケット（socket）」と呼びます。ソケットに書き込まれたデータは、もう一方のソケットから飛び出すようにできています。

　このようにアプリケーションは自身が通信の仕組みを持つことなく、遠方にあるサーバーのアプリケーションと通信をすることができるのです。アプリケーションプロトコルは、基本的にアプリケーションのプロセス内部ですべて実装されています。

システムをつなぐネットワークの仕組み

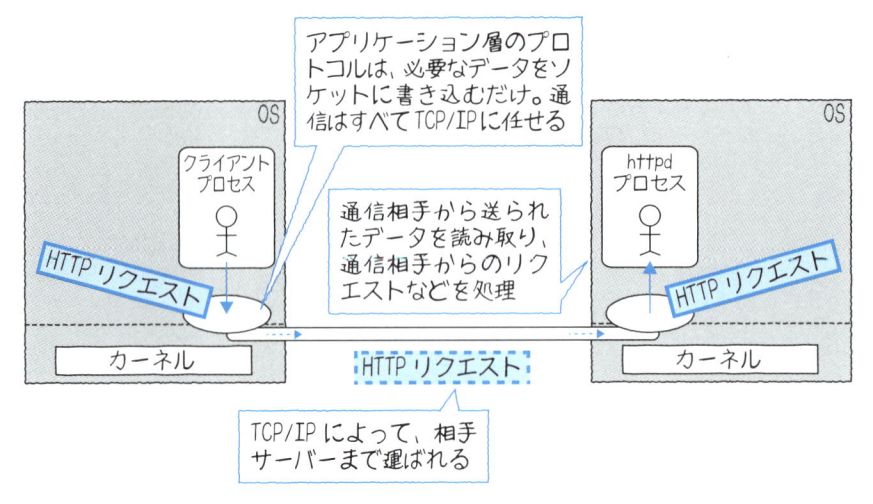

図6.12 アプリケーションはソケットを使って通信をする

6.5.4 ソケット以下はカーネル空間での処理

　ところで、この便利なソケットは、そもそもどのように作っているのでしょうか？アプリケーションのプロセスがネットワーク通信をする場合、カーネルに「TCP/IPで通信したいから、この宛て先のこのアプリと通信ができる回線を開いてくれ」と依頼します。もちろん依頼方法は、第3章で紹介したシステムコールです。依頼をするには、接続先サーバーの「IPアドレス」と「TCPポート」の2つの情報を渡す必要があります。この2つはそれぞれ、IPにおける宛て先とTCPにおける宛て先です。それぞれの節で詳しく説明します。

　依頼されたカーネルは、ソケットを作ってくれます（図6.13①）。ソケットを作っただけでは、ただデータを放り込む穴が開いただけです。今回はTCPを使うため、TCPを使うことと、IPアドレスやポート番号の情報をシステムコール経由でカーネルに伝えることで、接続先サーバーとの間にコネクションを張ります。このとき通信相手にもソケットが作られ、通信相手との間に仮想経路（バーチャルサーキット）が生成されます。

　実際のデータは、物理的な通信ケーブルなどを通り、長い旅をしてようやく相手に届いています。しかし、プロセスから見ると、ソケットという穴に放り込んだ（書き込んだ）データが仮想経路を通って、通信先のソケットの穴から飛び出してくるのです（図6.13②）。すごく簡単そうに見えますが、カーネルは頑張っていろんなことをやっ

てくれています。

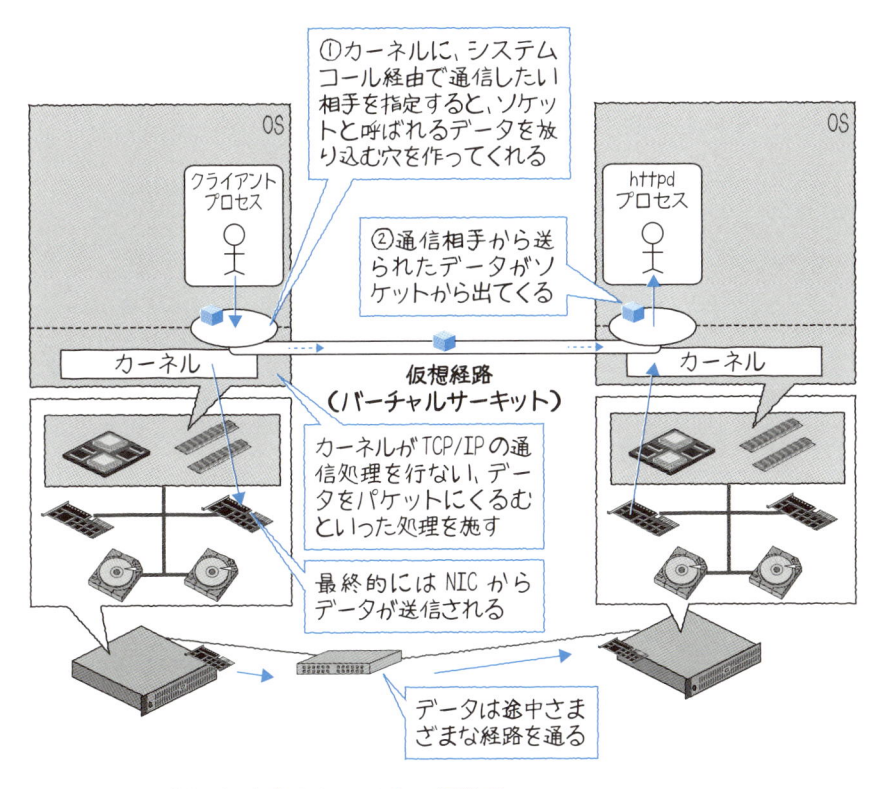

①カーネルに、システムコール経由で通信したい相手を指定すると、ソケットと呼ばれるデータを放り込む穴を作ってくれる

②通信相手から送られたデータがソケットから出てくる

カーネルがTCP/IPの通信処理を行ない、データをパケットにくるむといった処理を施す

最終的にはNICからデータが送信される

データは途中さまざまな経路を通る

図6.13　ソケットに書き込まれたデータはTCP/IPによって運ばれる

　仮想経路が生成され、ソケットが開かれました。あとはどんどんデータを書き込むだけですね。次に、ソケットに書き込まれたデータが、実際にどのように処理され、TCP/IPによって運ばれていくのかを見ていきましょう。

一度捕まえたらなかなか離さないわよ

女性って怖いですよねえ（注：本コラムの筆者は女性です）。HTTPは、一度リクエスト／レスポンスの関係が終わると、セッションは終了します。このため、1画面にたくさんの画像が埋め込まれていると、何度もセッションを張り、クローズすることになります。すると、下位レイヤーであるTCPの3ウェイハンドシェイク（6.6.4項で解説）等のオーバーヘッドがかかってしまい、1画面全体のレスポンスに影響が出ます。

このため、1画面を表示するぐらい、セッションを残しておけると、そのオーバーヘッドが軽減されます。この「少しの時間だけセッションを残しておく機能」を、Keep-Aliveと呼びます（図6.A）。Webサーバー側にセッションの残存時間等の設定を行ないます。プロトコルヘッダーのConnectionに、keep-aliveとあれば、この機能が有効であり、closeと書いてあれば、無効です。

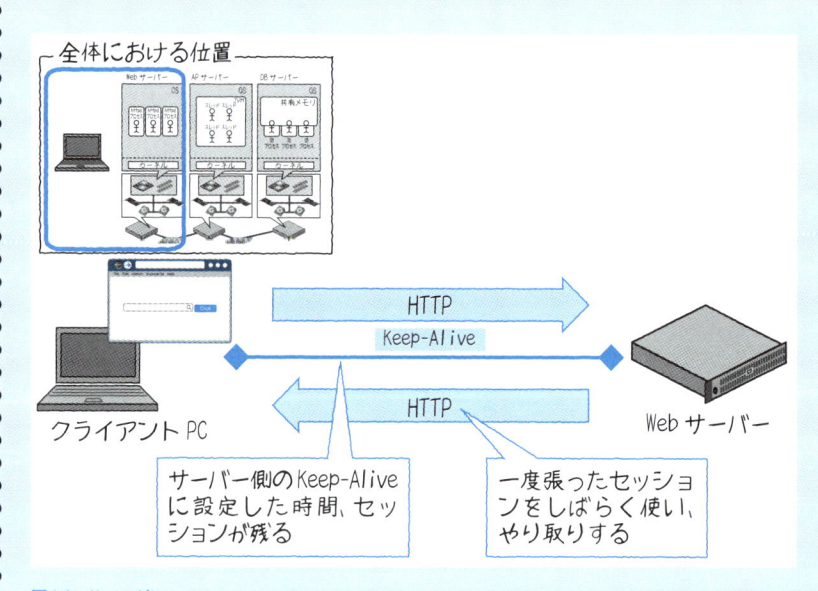

図6.A　Keep-Alive

どれだけセッションを残すかは、1画面の平均レスポンス＋αで算出します。また、むやみにセッションを長く残してしまうと、HTTPプロセス／スレッドがセッションを解放できず、新たなリクエストを受け付けることができないので注意が必要です。ドライすぎず、しつこすぎず、「適度」がいいですね。

6.6 レイヤー4 トランスポート層のプロトコル TCP

ソケットに書き込まれたアプリケーションのデータは、カーネル内で通信先に届ける準備が始まります。最初に役割を担うのがトランスポート層のプロトコルであるTCPです。TCP（Transmission Control Protocol）は、その名の通り転送を制御するプロトコルで、高信頼のデータ転送を実現します。

6.6.1 TCP の役割

TCPの役割を簡単に言うと、「アプリケーションから渡されたデータを、渡された形のまま、確実に相手アプリケーションに届ける。ただしできるだけ周りに迷惑をかけない」です。もともと**信頼性が高くないインターネット**で使うように作られてきたこともあり、上記のような役割が生まれたとも言えるでしょう。

TCPが面倒を見るのは、あくまでサーバーから送信するときと、サーバーが受信した後のアプリケーションに渡すときであって、相手のサーバーまで送り届ける部分は下の層であるIPにすべて任せています。もちろんTCPに頼らずIPだけでも通信できますが、IPにはデータが相手に確実に届いたかを確認する機能や、届いた順番を確かめる機能などがありません。

現実世界のものに例えてみましょう。たとえばあなたが郵便で100枚の資料を相手に送ることを想像してみてください。残念ながら全部を1つの封筒に入れることはできなかったので、10枚ずつ10通の封筒に分けて送ることになりました。はたして相手にはどのように届くでしょう？

仮に相手に10通のうち9通の封筒しか届いていない場合でも、相手は全部届いているのか、届いていないものがあるのか、それだけでは確認できません。また、封筒が届いた順番もバラバラのため、資料の元の順番もわからなくなってしまいました。このように、「送信したデータをそのままの形で伝える」ためには、IPの機能だけだと難しいのです。

TCPはこれらをすべて自動的にやってくれるので、通信プログラムを作るときに、プログラマが頑張って確認の仕組みを作る必要がありません。先の郵便の例ならば、100枚の資料をそのまま渡すだけで、勝手に封筒に分けて入れてくれるし、相手に全部の封筒が届いたことを確認して教えてくれるし、資料の順番も渡した通りの順番を守って相手に届けてくれます。便利ですね！

システムをつなぐネットワークの仕組み

このようにTCPが担う機能はたくさんありますが、その中でも重要な機能（サービス）を列挙すると、以下の通りです。

- ポート番号によるデータ転送
- コネクションの生成
- データの保証と再送制御
- フロー制御と輻輳制御[※4]

||| Column

インターネットは誰のもの？

本項で「信頼性が高くないインターネット」と表現しましたが、なぜでしょうか？

6.4.1項でも触れたように、さまざまな機関が管理するネットワークが互いにつながり、今日の大規模なインターネットを構成しています。自分の管理しているネットワーク内だけでデータをやり取りするなら、その通信品質はある程度把握できます。しかし自分が管理していないネットワークを使わせてもらって相手と通信する以上そうもいきません。事実、送ったはずのパケットがインターネット上の途中経路で行方不明になることはよくある話です。設定の不備、機器の故障、混雑によるパケットの破棄など原因はさまざまですが、このような理由から、インターネットでは、TCPのように通信を行なう2者間（end-to-end）で信頼性を担保する仕組みが必要になるのです。

また、インターネットは皆で共用しているため、その「公平性」も非常に重要な考え方です。通信は速いにこしたことはありませんが、すべての通信が自分のことだけ考えて全速力で通信したら、途中のネットワークでは通信が混雑してしまい、まともな通信ができなくなってしまうかもしれません。そのため、TCPの輻輳制御機能では、ほかの通信にできる限り迷惑をかけないような仕組みが取り入れられています。たとえば、通信が混み合ってきたら通信速度を下げるといったことを、TCPは自動的に行なっています。

インターネットは自分だけが使っているわけではありません。それゆえに、インターネット自身に信頼性を求めることは困難ですし、公平性を欠いた通信は望ましくありません。筆者が大学院でネットワーク関連の研究を行なっていた際、研究発表では「その研究はfairness（公平性）を考えているのか？」という質問をよく聞きました。どんなに高性能な新しい通信の仕組みを考えたとしても、周りの通信に迷惑をかけるようなやり方では、歓迎されることはありません。

このようなインターネットの考え方は、RFCの中にも登場します。例を挙げると、RFC3271に、「The Internet is for Everyone」というタイトルのRFCがあります。この

※4　ネットワーク上でアクセスの輻輳（1か所に集中すること）を防ぐこと。

RFCでは、インターネットは誰のものなのか、インターネットは皆のものなのだからどう考えていくべきなのかについて書かれています。ほかにも、RFC1958「Architectural Principles of the Internet」の中でも、"Be strict when sending and tolerant when receiving.（送信時は厳密に、受信時は寛容に。）"と触れられており、ここでもその公共性や公平性ゆえの精神が現われていますね。

6.6.2 カーネル空間での TCP の処理イメージ

前節でアプリケーションによって書き込まれたデータがどうなったのか、見てみましょう。

図6.14に、カーネル内で行なわれるTCPの処理を示します。ソケットに書き込まれたアプリケーションのデータは、ソケットのキュー（第4章4.3節を参照）を経由し、ソケットバッファと呼ばれるメモリ領域で処理をされます。ソケットバッファとは、ソケットごとに用意された専用のメモリ領域で、送信用バッファと受信用バッファのそれぞれが存在します。TCPだけではなく、この後に続くIPやEthernetまでの一連の処理までこのソケットバッファ内で処理されます[※5]。

TCPはセグメントと呼ばれる単位[※6] で、データの管理を行ないます。そのため、アプリケーションデータにTCPヘッダーを付けて、TCPセグメントを作成します。ヘッダーには宛て先ポート番号をはじめとして、TCPの機能を実現するための非常にたくさんの情報が記録されています。

1つのTCPセグメントで送信できる最大データサイズをMSS（Maximum Segment Size）と呼びます。最終的にリンク層を使ってデータが送信されるため、MSSはリンク層で送信できる最大サイズに依存しており、環境や設定によって変わります。6.8節で改めて紹介しますが、リンク層で送信できる最大データサイズのことをMTU（Maximum Transfer Unit）と呼びます。

※5　どの層でも、データには基本的にヘッダーを追加します。そのため、同じメモリ空間内で処理をすれば、データのコピーをしなくて済むので、より速く処理をすることができます。
※6　TCPパケットと呼ばれたりもしていますが、定義上は正しくありません。

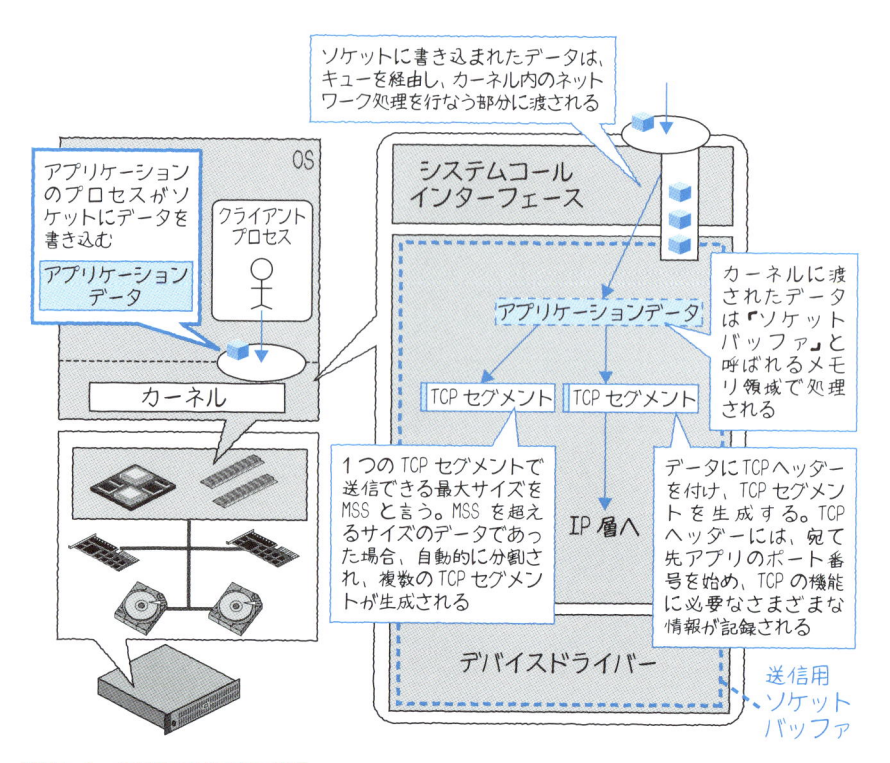

図6.14　カーネル内におけるTCPの処理

　このセグメント分割についてもう少し見ていきましょう。図6.15は、アプリケーションデータが、複数のTCPセグメントに分割される様子を表わしています。

　たとえば2,000 byteのデータがアプリケーションによってソケットに書き込まれたとします。理由は後述しますが、多くの環境ではMSSは1,460 byteであることが多いので、この例でもMSSを1,460 byteとしています。すると当然2,000 byteのデータは入らないので、1,460 byteと540 byteのデータに分割されます。そして、それぞれにTCPヘッダーが取り付けられ、2つのTCPセグメントが完成します。

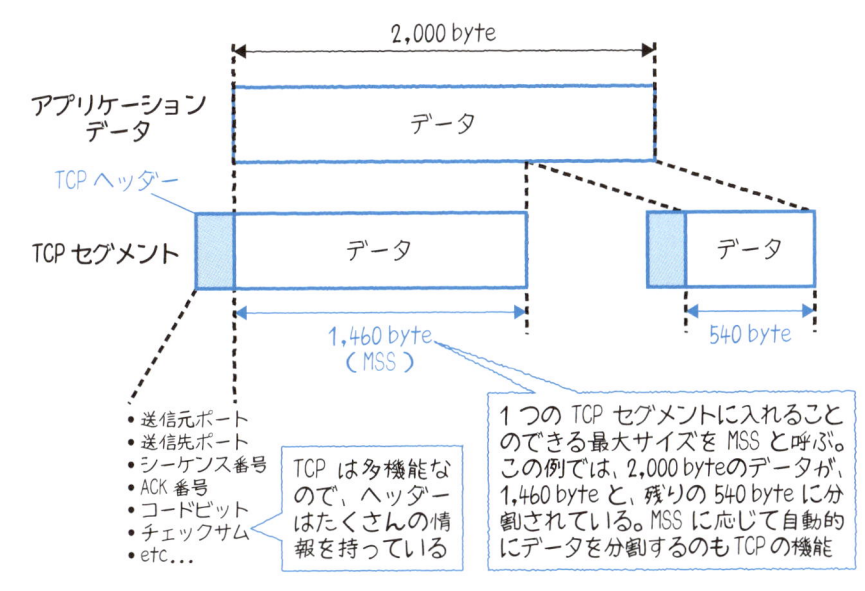

図6.15　アプリケーションデータがTCPセグメントに格納される様子

6.6.3 ポート番号によるデータ転送

　相手サーバーにデータが届いただけでは、どのアプリケーション用のデータなのか
わかりません。TCPでは、ポート番号を使うことによって、さらにどのアプリケーショ
ンにデータを渡すか判断します。TCPのポート番号は0〜65535までの数字が使われ
ます。

　図6.16のように、ポート番号によって同じサーバーに届いたたくさんのデータを正
しいアプリケーションに渡しています。

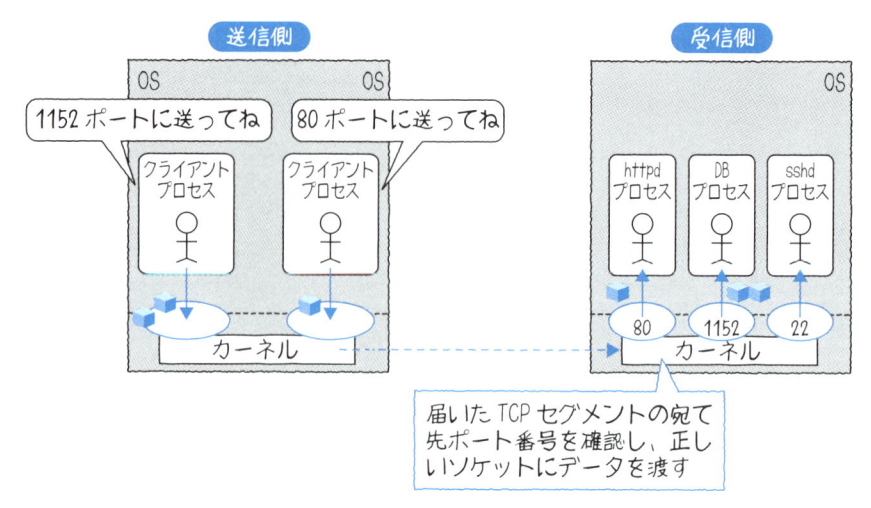

図6.16 ポート番号によってどのアプリにデータを渡すか区別できる

6.6.4 コネクションの生成

前項では、すでにソケットが生成された後の話をしましたが、TCPはソケットを生成するときにも重要な仕事を行ないます。少しさかのぼって、コネクション生成時の話をしましょう。

TCPはコネクション型のプロトコルであり、コネクションと呼ばれる仮想経路（バーチャルサーキット）を生成します。これは、TCPの通信を開始するときに、通信相手に「これから通信します」と連絡し、「OK」をもらって初めて生成できます。もちろん通信を受けるからには、通信を受けるアプリケーション側（サーバー）で、あらかじめ通信を受ける準備をする必要があります。サーバーのプロセスは、OSに「ポート番号○○に通信依頼が来たら自分のところにつないでね」というお願いをするのです。こうして、サーバー側のソケットは、自分が指定したポート番号宛てに通信が来ないか来ないかと待ち受けています。この状態を「ポートをLISTEN」していると言います。

さて、いよいよ通信の開始です。どうやら相手プロセスはソケットのLISTENを行なっているようなので、そこに通信の開始をするように声をかけてみましょう。図6.17をご覧ください。

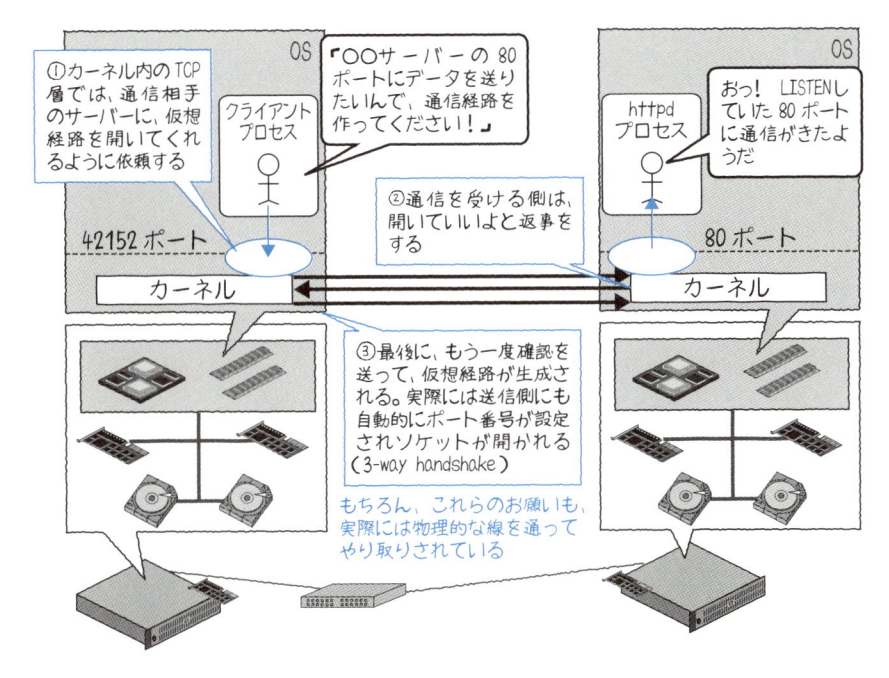

図6.17 TCPコネクションの生成

　通信を始めたいプロセス（クライアント）に通信の開始を依頼されたカーネルは、仮想経路生成をするために相手とのやり取りを始めます。まず、通信相手であるサーバー側OSに仮想経路を開くように依頼します（図6.17①）。サーバー側ではどうやらLISTENしているポート番号に通信要求が来たようです。サーバー側は、問題がなければその旨を返します（図6.17②）。クライアント側も確認を送り、ここで初めて通信用の仮想経路が開かれます（図6.17③）。この3回のやり取りをTCP/IPの3ウェイハンドシェイク（3-way handshake）と呼びます。

　このコネクションでは、アプリケーションとアプリケーション、つまり2つのソケット間に、あたかも専用の回線があるかのごとく通信しているだけです。具体的に何をしているかというと、TCPの通信を始める際の最初に、相手のサーバーにポート番号○○を知らせて「コネクションを張ります」とお願いしているだけです（ほかには何もしていません）。データを送ること自体もIPに任せてしまっているため、実際の物理的な途中経路がふさがってしまったり、通信先サーバーが突然の障害で電源が落ちてしまったりしても、仮想的な経路であるTCPのコネクションが切れてしまうことはありません。そのような状態だと確かにデータは届きませんが、TCPコネクションは基本的に、アプリケーションがOSに切断のお願いをするか、通信先からエラーが返っ

てこない限りは、切れることがないため注意が必要です[※7]。

　ちなみに、通信を受けるサーバー側は、あらかじめ指定したポート番号（図6.17の80ポート）をLISTENしましたが、通信を開始するクライアント側では通常、自分が送信に使うためのポート番号（図6.17の例では42152ポート）を指定することはありません。そのときにクライアント側で使用されていないポート番号が自動的にOSによって割り当てられます。

6.6.5　データの保証と再送制御

　コネクションが生成され、ようやくデータの送受信が始まりました。ところで、TCPはデータが確実に届くように保証する機能がありますが、どのように実現しているのでしょうか？

データを喪失しない仕組み

　この仕組みは、確認応答と再送によって実現しています。受信側にTCPセグメントが到着すると、受信側は送信側に届いたことを伝えるための返事を返します。この返事はACKと呼ばれ、TCPヘッダーにACKに関する情報が入ったTCPセグメントを返します[※8]。送信側はACKが返ってくることで、送信したセグメントが無事到着したと判断できます。ACKが返ってこない場合、送信したTCPセグメントが何らかの理由でなくなってしまった可能性があります。そのため、いつでも再送ができるように、送信済みのTCPセグメントであっても、ACKが返ってくるまでは送信用ソケットバッファの中に残す必要があります。

データの順番を保証する仕組み

　この仕組みは、各TCPセグメントに、シーケンス番号と呼ばれる数字を付けることで実現しています。

　シーケンス番号もTCPヘッダーに書かれており、このTCPセグメントが持っているデータが、送信データ全体のうち何byte目から始まる部分なのかを表わしています。たとえば3,000 byteのデータを送るとき、1,460 byte、1,460 byte、80 byteの3つのTCPセグメントに分割したとします。1セグメント目のシーケンス番号は1。2セグメント目のシーケンス番号は1461。3セグメント目のシーケンス番号は2921といった具合です。

　受信側はこのシーケンス番号を使い、元の順番通りにデータを組み立てます。

※7　TCPにはKeep Aliveタイマーという設定ができ、このタイマーを設定すると、タイマーで設定された時間（多くの環境では3600秒）通信がないと、通信相手が存在しているかチェックするデータを複数回送信します。応答があればコネクションを維持しますが、すべて応答がなければ、通信相手はもう存在しないと判断してコネクションを閉じてしまいます。

TCPの再送制御

これらの仕組みを組み合わせ、受信側はACKを返すとき、次に欲しいTCPセグメントのシーケンス番号をACK番号として伝えます。たとえば先ほどの3,000 byteの例を使うと、2セグメント目まで受信完了している場合、次に欲しいのは3セグメント目なので、

> 「次はシーケンス番号2921から送ってください（**訳** 2,920 byteまでのデータは全部届いたよ！）」

という内容で返事をします。

ACKが来ない場合は再送を行なうと書きましたが、どのタイミングで再送をするのでしょうか？　1つはタイムアウトです。一定時間内にACKが返ってこなければ再送を行ないます。このほかにもあるでしょうか？　図6.18をご覧ください。

図6.18の例では、シーケンス番号2921のTCPセグメントが、途中経路でなくなってしまったようです。受信側にはその次のTCPセグメントが届いているようですが、あくまで、欠落なく届いているTCPセグメントの次を要求するため、ACKではシーケンス番号2921を送ってくれと返し続けます。そして、送信側には同じACKが返り続けますが、一度受け取ったACK番号と同じものがさらに3回重複して届いた場合、その番号にあたるTCPセグメントが届いていないと見なし、再送を行ないます。これを重複ACK（Duplicate ACK）と呼びます。

1回の重複ACKですぐに再送せず3回まで待つのは、たまたまそのセグメントだけ、途中経路で遅延して到着順序が入れ替わってしまったかもしれないからです。

また、TCPにはSACK（Selective ACK）と呼ばれるオプションもあり、このオプションが有効になっている場合、より詳細なACKを返すことができます。図6.18の例ではシーケンス番号2921の後の3つのセグメントはすでに届いていますが、SACKオプションでは、これらはすでに届いていることを情報として伝えることができます。これにより送信側は、届いていないTCPセグメントだけを選択して再送することが可能になります。

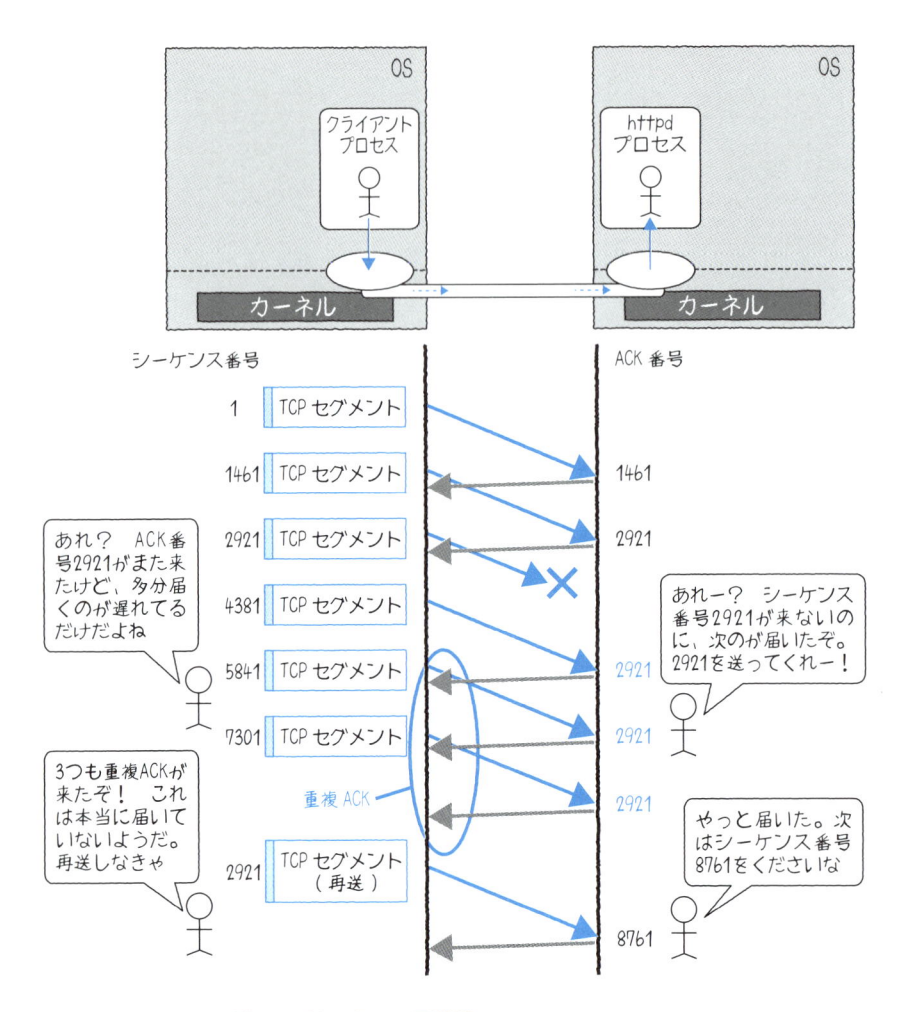

図6.18　シーケンス番号と重複ACKを利用したTCPの再送制御

6.6.6　フロー制御と輻輳制御

さて、データを保証するのに便利なシーケンス番号とACKですが、データを送って
ACKを待って、データを送ってACKを待って……と繰り返していてはとっても時間が
かかってしまいますよね。このようなやり取りは、第4章で紹介した同期処理になり
ます。

フロー制御

　同期で通信していると効率が悪いので、ACKを待たずに送ることができれば効率が良いですよね。先ほどの図6.18を見て気がついた方もいるかもしれませんが、よく見るとACK番号1461が返ってくる前に、すでにシーケンス番号1461を送信しています。

　TCPは、ある程度のセグメント数であればACKを待たずに送信を行なう、ウィンドウという概念を持っており、ACKを待たずに送信可能なデータサイズをウィンドウサイズと呼びます。

　図6.19をご覧ください。ウィンドウには、受信側の受信ウィンドウと送信側の輻輳（送信）ウィンドウの2つがあります。基本的には受信側が、自分が一度に受け取れるデータサイズを受信ウィンドウサイズとして送信側に伝えます。別途、送信側は輻輳ウィンドウサイズを調整し、輻輳ウィンドウと受信ウィンドウのうち小さいほうを送信ウィンドウとして採用し、その範囲内ではACKを待たずに送信します。ACKが返って来ると、該当TCPセグメントは再送の必要がなくなるため、そのセグメントを送信用ソケットバッファから削除し、送信ウィンドウを次に進めます。このようにウィンドウを進めていく方式を、スライディングウィンドウと呼びます。

　受信側は受信用ソケットバッファがあふれそうになるなど受け取りが追いつかなくなると、受信ウィンドウを小さくしてそのことを送信側に伝えます。送信側は受信ウィンドウサイズ以上のデータはACKなしに送らなくなります。このようにしてTCPフロー制御（流量制御）を行なっています。

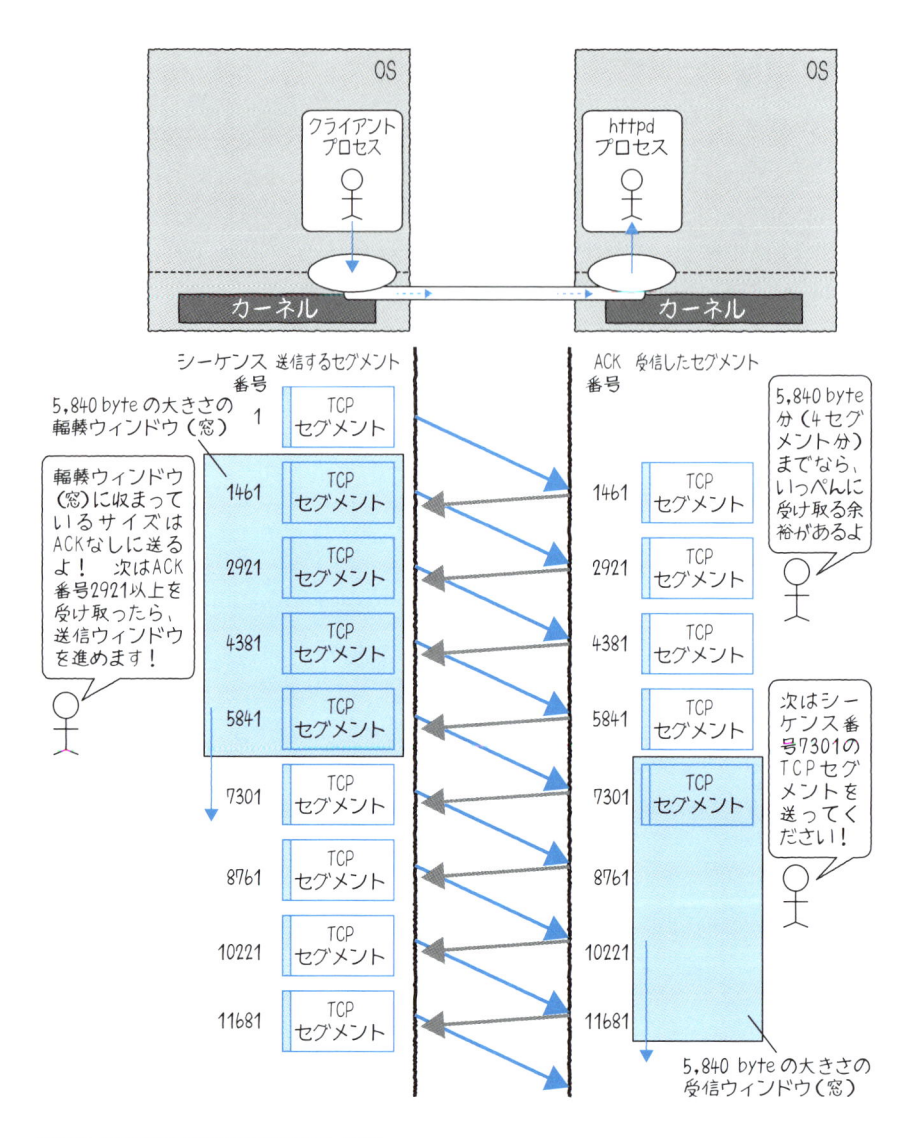

図6.19　ウィンドウを利用したTCPのフロー制御

輻輳制御

　ところで送信側のウィンドウをなぜ輻輳ウィンドウと呼ぶのか、疑問に思いません
でしたか？　この送信側のウィンドウサイズは、ネットワークの輻輳状況（混雑状況）
に合わせて変化させるからです。ネットワークが混んでくると輻輳ウィンドウサイズ

を小さくして、送信するデータ量を減らします。これが輻輳制御です。TCPは周りに迷惑がかからないように自重をするプロトコルなのです。

　輻輳ウィンドウサイズは、通信開始時に1セグメントに設定されます。通信が始まり問題なく受信側に届いているようであれば、ACKを受け取るごとに輻輳ウィンドウサイズを2セグメント、4セグメント……と指数関数的に増やしていきます。この方式をスロースタート[※9]と呼びます。

　ある程度のサイズまで増加すると、それ以降は1セグメントずつ緩やかにサイズを増やしていきます。送信中にセグメントの消失すなわち輻輳を検知すると、輻輳ウィンドウサイズを小さくして送信量を減らします。そしてまた輻輳ウィンドウサイズを大きくしていきます。ウィンドウサイズの大きさは、そのまま通信のスループット（いわゆる通信速度）の大きさになります。

　この変化を繰り返すことで、周りに迷惑をかけず、なおかつ自分の送信速度が最大になるよう調整します。ちなみに、このように最初は通信速度が遅く、だんだん速くなっていくといった速度変化の様子は、あなたがブラウザで大きなファイルをダウンロードする際に、転送速度の変化を見てみるとよくわかります。

　送信側は、受け取った受信ウィンドウサイズと、輻輳ウィンドウサイズの小さいほうに合わせて送信量を制御します。このようにしてフロー制御と輻輳制御が行なわれています。

6.7 ┃┃ レイヤー3 ネットワーク層のプロトコル IP

　TCPセグメントが作られると、次にIPの処理が始まります。

　IPとはInternet Protocolの略で、その名の通り、今日のインターネットで使われている最も重要なプロトコルです。IPにはプロトコルの種類によってバージョンがあり、現在広く使われているIPはIPv4と呼ばれるものです。近頃では新しいバージョンであるIPv6も使われるようになってきましたが、エンタープライズ向けのシステムなどではほとんどの場合IPv4が使われます。

　IPv4とIPv6は名前こそ似ていますが、基本的に互換性はなく、まったく別のプロトコルと思ってください。今後はIPv6も重要になってきますが、本書で紹介するIPは特に断りがなければIPv4について説明します。

※9　「スロースタート」とは言うものの、指数関数的にウィンドウサイズを増やしていくため、あっという間に大きくなり、転送速度が上がります。

6.7.1　IP の役割

IPの役割を簡単に言うと、「指定された宛て先ホストまで、渡されたデータを届ける」です。シンプルですが、TCP/IPの中で最も重要な機能だと言えるでしょう。ただし、IPでは必ず届くことを保証していません。IPが担う機能は重要ですが、種類としてはそう多くありません。重要な機能を列挙すると以下の通りです。

- ・IPアドレスによる最終宛て先へのデータ転送
- ・ルーティング

6.7.2　カーネル空間での IP の処理イメージ

先ほど、IP層に渡されたTCPセグメントがどうなったか見てみましょう。

図6.20に、カーネル内で行なわれるIPの処理を示します。生成されたTCPセグメントは、そのままIPの処理に入ります。IP層では、TCPセグメントに、最終宛て先が書かれたIPヘッダーを取り付け、IPパケット[※10] を生成します。

ヘッダーには宛て先のIPアドレスのほかに、格納しているデータの長さ、格納しているデータのプロトコルの種類（TCPなど）、ヘッダーのチェックサムなどが記録されます。

※10　IPの仕様が定められているRFC791では、IPパケットではなく、IPデータグラムという名前で定義されています。一般的にIPパケットと呼ばれることが多いので、本書でもIPパケットと表記します。

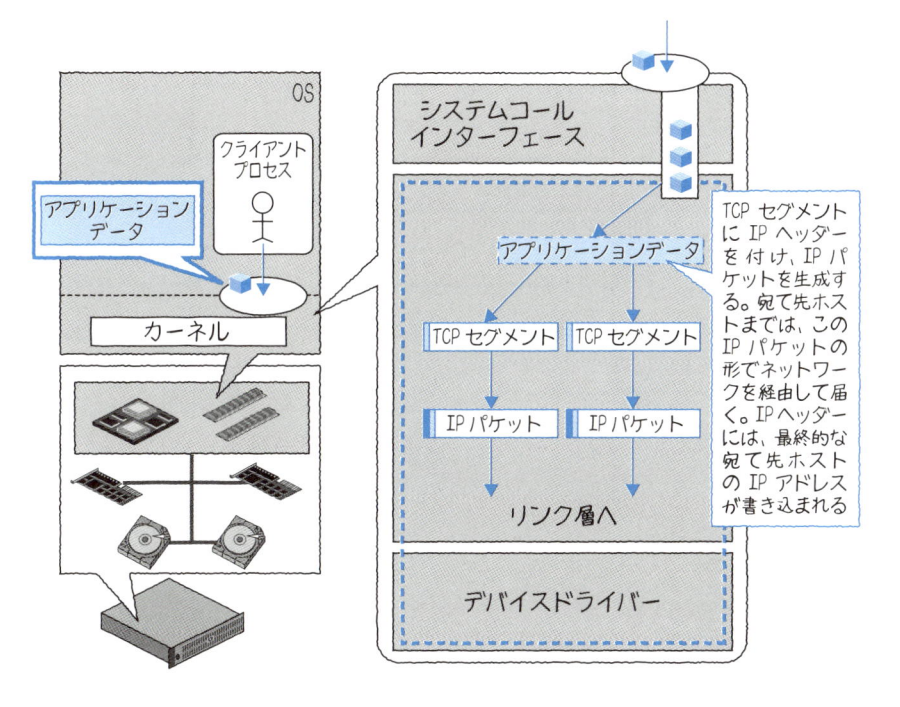

図6.20　カーネル内におけるIPの処理

　図6.21では、TCPセグメントがIPパケットになる様子を描いています。IPパケットには、TCPによってすでにリンク層で送信できる最大サイズに分割されているため、基本的にIPヘッダーを取り付けるだけです [※11]。

　なお、TCPヘッダーは20 byte、IPヘッダー（IPv4ヘッダー）も基本的に20 byteであるため、この時点で1つ目のIPパケットは、実際には1,460+20+20で1,500 byteの大きさになります。同様に2つ目のIPパケットは、540+20+20で580 byteの大きさになります。

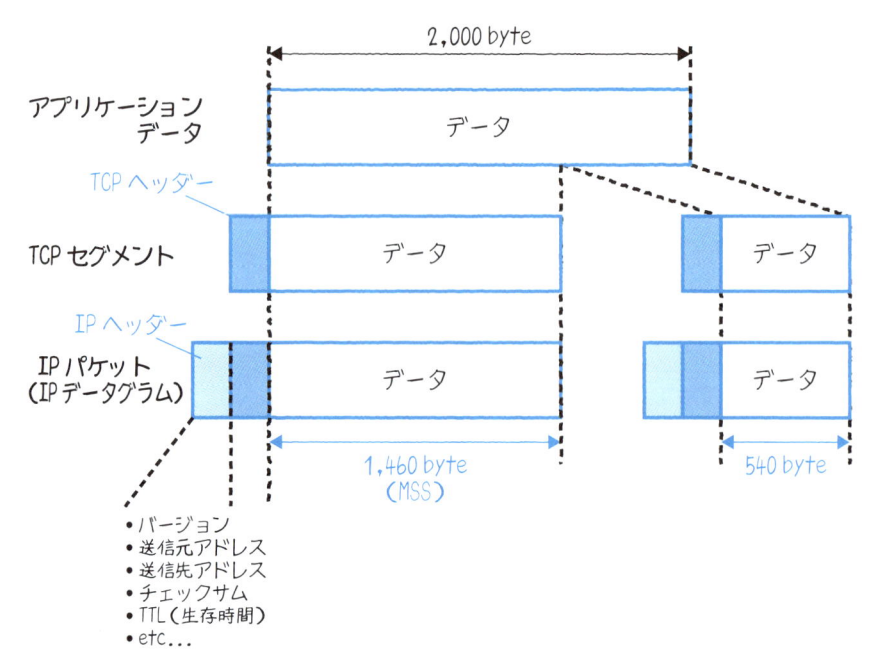

図6.21　TCPセグメントがIPパケットに格納される様子

6.7.3　IPアドレスによる最終宛て先へのデータ転送

IPでは、最終宛て先ホストまで複数のネットワークを経由しながらデータ転送を行ないます。このとき用いられるのが、宛て先ホストを表わすIPアドレスです。

IPアドレスは、32bitで表現される数字の列です。コンピュータで扱われる数字なので本来は2進数で扱いますが、人間が読みやすいよう192.168.0.1のように、8bitごとにドットで区切られた形式でよく見かけます。

IPアドレスは、ネットワーク部とホスト部に分かれます。ネットワーク部はどのネットワークかを特定し、ホスト部はそのネットワーク内におけるコンピュータ（誰か）を特定するものです。つまりIPアドレスで「どこの」「誰か」が特定できるのです。

IPアドレスのどこまでがネットワーク部なのかを示すために、/24といったCIDR（サイダー）表記と呼ばれる形式や、255.255.255.0といったサブネットマスクと呼ばれる形式で表現されます[※12]。

同じネットワーク内のコンピュータのIPアドレスは、ネットワーク部を同じ値に設定しなければなりません。実際に見てみましょう。図6.22をご覧ください。

※12　/24はサブネットマスクと同じに考えるなら、左から24個の1が続き、あとは0という意味です。/24と同じ意味の255.255.255.0を2進数にしてみると、11111111.11111111.11111111.00000000となり、確かに左から24個の1が続いていますね。

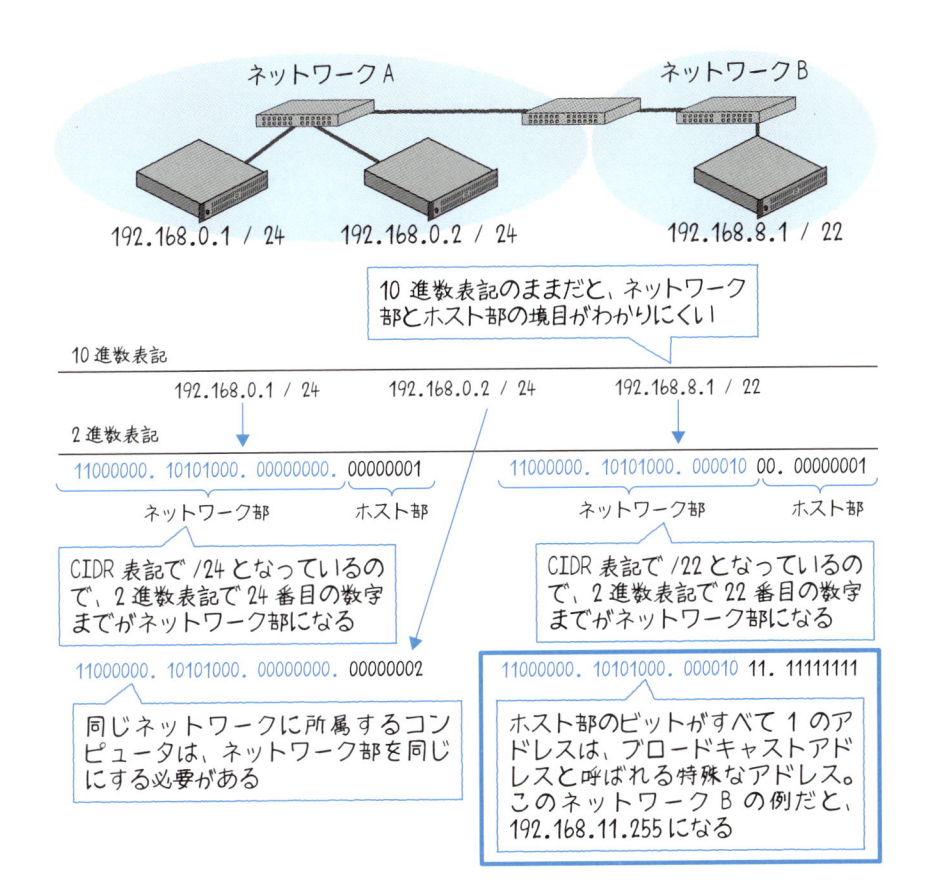

図6.22　IPアドレスの範囲とCIDR

　10進数表記のままだと少しわかりにくいですが、2進数にすると意味がわかるでしょう。図6.22では、同じネットワークに所属する2つのホストがあります。2つのホストのIPアドレスを見ると、ネットワーク部が同じになっていますね。

　IPアドレスを身の回りで例えるならば、電話番号がよいでしょう。たとえば同じ東京内の電話番号なら03-xxxx-xxxxのように同じ市外局番が使われます。ネットワークも同様で、同じネットワーク内ならば、同じネットワークアドレスが使われます。サブネットマスクは、何桁目までがネットワークアドレス（市外局番）なのか区別するための印なのです。

　IPアドレスのうち、ホスト部のビットがすべて0のものをネットワークアドレス、すべて1のものをブロードキャストアドレスと呼び、ホストに割り当ててはいけない特別なIPアドレスになります。図6.22にあるネットワークBの例だと、192.168.8.0は

ネットワークアドレス、192.168.11.255はブロードキャストアドレスを意味する、特別なアドレスになります。

　なお、ブロードキャストアドレス宛てに送ったパケットは、同じネットワークのすべてのホストに届きます。ブロードキャストに対して、1つの宛て先に送ることをユニキャストと呼びます。

6.7.4 プライベートネットワークと IP アドレス

先ほど登場した192.168.0.1といったIPアドレスですが、なぜこの192.168で始まるアドレスをよく使うのか疑問に思いませんか？

IPアドレスとは、宛て先を一意に特定するものです。もし異なる場所にある2つのコンピュータが、まったく同じIPアドレスを使ってしまったら、パケットをどちらに届ければいいかわからなくなってしまいますよね？　本来はすべてのコンピュータに一意のIPアドレスを与えたいところですが、IPアドレスは無限ではありません。また、インターネットで使われるIPは、「この範囲のIPアドレスは○○の組織が使う」というように管理割り当てがされており、「IPアドレス1.2.3.4を使いたいから設定しよう」などと好き勝手にはできません。

家庭内のネットワークや会社内のネットワーク、いわゆるプライベートなネットワークだったら、外の世界と関係ないから好き勝手にIPを設定してもいいはず、と思いますよね。このようなプライベートネットワークで自由に使ってよいアドレスは、RFC 1918で定められています。それが以下の3種類の範囲です。

- 10.0.0.0/8（10.0.0.0〜10.255.255.255の範囲）
- 172.16.0.0/12（172.16.0.0〜172.31.255.255の範囲）
- 192.168.0.0/16（192.168.0.0〜192.168.255.255の範囲）

これらは、プライベートアドレスとも呼ばれています。特に192.168で始まるものは、家庭内のネットワークなどでよく見かけますね。実際にはもっとネットワークの範囲を小さく区切り、192.168.0.0/24で使うことなどが多いでしょう。また、プライベートアドレスに対して、インターネット上で通信可能なIPアドレスのことを、パブリックアドレスと呼びます。

プライベートアドレスは自由に使ってよいため便利な反面、そのままではインターネット上のホストなどとは通信できません。つまり、あなたのパソコンがプライベートアドレスしか割り当てられていなかったら、ブラウザでWebサイトを見にいくこともできないということです。それでは困るので、パブリックアドレスとプライベートアドレスの両方が割り当てられたホストを用意し、プライベートアドレスしか持たないホストはそこを経由することで、インターネットの世界と通信できるようにしています[※13]。

※13　その際にはNATやHTTPプロキシといった仕組みが使われますが、本書ではその詳細は割愛します。

6.7.5 ルーティング

送信時および受信時のホスト内でしか処理されないTCPとは異なり、IPは途中経路でもさまざまな処理が行なわれます。ルーティングもその1つです。

IPアドレスによって宛て先のホストを指定することができます。しかし、宛て先ホストが同じネットワーク内にいるとは限りません。異なるネットワークにいる場合はどうなるのでしょうか？　その場合、最終宛て先に届くまで、宛て先を知っていそうなルーターに転送をお願いするのです。

IPパケットを受け取ったルーターは、そのIPパケットのヘッダーから宛て先を確認し、どこに送るべきかをチェックします。これには、ルーティングテーブル（経路表）と呼ばれるものを使います。ホストやルーターは、自分が宛て先を知っている情報を、ルーティングテーブルとして一覧化しています。ルーティングテーブルは、人が手で入力した経路情報や、自分のホストに設定されたIPアドレスで判断できる情報、ルーティングプロトコルと呼ばれるものを使ってやり取りされた情報など、複数の情報から構成されます。

外部と接続されているネットワークには通常、デフォルトゲートウェイと呼ばれるルーターが設置されています。

図6.23をご覧ください。ここでは、ネットワークAとネットワークBの2つのネットワークに所属しているホストが、IPパケットを送ろうとしています。IPアドレスから判断すると、宛て先はネットワークEですが、自分のルーティングテーブルには、宛て先が載っていないため、そのことがわかりません。この場合、デフォルトゲートウェイと呼ばれる宛て先にパケットを送ります。デフォルトゲートウェイは外のネットワークに接続されており、外の世界にパケットを転送してくれます。ちなみに、外の世界につながっていないルーターをデフォルトゲートウェイに指定しても、当然パケットを転送することはできないので意味がありません。どうやらデフォルトゲートウェイのルーターは、うまく目的地のネットワークEに、パケットを転送してくれたみたいです。

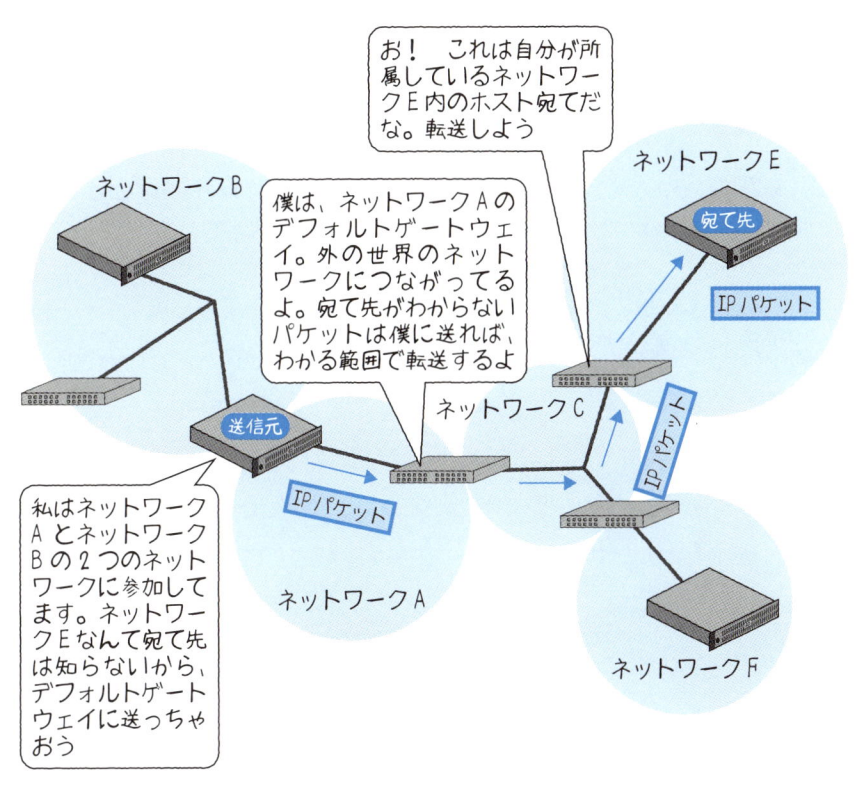

図6.23　IPパケットのルーティング

　IPによる転送は、周りを信頼しているからこそ成り立ちます。特にインターネットでの通信では、自分が管理していないネットワークをいくつも経由して、パケットが通信相手のホストに届きます。各ルーターはルーティングテーブルを基にパケットを転送するので、もし途中のルーターのルーティングテーブルに誤りがあると間違った宛て先に投げてしまうことがあります。

　たとえば、ネットワークCとFの境界にあるルーターのルーティングテーブルに誤りがあり、ネットワークEへはネットワークA経由で行けると記述されていたらどうなるでしょうか？　すると、当然このルーターは、ネットワークAとCの境界ルーターにパケットを投げ返します。投げ返されたパケットを受け取ったルーターは、それをまた投げ返し……と、この2つのルーターの間でパケットが何往復もしてしまいます。

　こうなってしまうと、ネットワーク上を延々パケットが巡り続けることになり、困ったことになります。そういったことを防ぐために、IPヘッダーにTTL（Time to Live）という生存時間情報を持っています。

たとえばTTL=64からスタートすると、ルーターを1つ経由するたびに、ルーターはIPヘッダーTTLを1減らして転送します。ずっと転送され続けていると、64、63、62、……2、1、0というようにTTLが減っていき、いつかは0になります。この時点でこのパケットの生存時間は終わったことになり、ルーターはパケットを破棄します。正しく転送されている場合、このように64個ものルーターを経由することはまずないので、正常な通信のパケットが破棄されることはありません。TTLによって、パケットがゾンビとなってネットワーク上をうろつき続けることを防いでいるのです。ちなみに、TTLはいくつからスタートしなければならないという決まりはなく、デフォルト値はOSによって異なっています。

Column

IPヘッダーからチェックサムが消えた日

IPv4とIPv6の最も大きな違いは、アドレス空間が異なることですが、ほかにもいくつかの違いがあります。その1つがチェックサム（第5章5.9.3項）の有無です。

IPv4のヘッダーには、ヘッダーチェックサムを格納する場所があります。これにより、ヘッダーの情報が壊れていないかを確認できますが、ヘッダーの情報に変更があった場合、チェックサムを再計算しなければなりませんよね。ヘッダーの中で変更が入りうる部分はあるでしょうか？　そう、TTLです。TTLはルーターを経由するたびに1ずつ減っていきます。ということは、ルーターを経由するごとに、チェックサムの再計算が必要なのです！

そもそもTCPヘッダーにもチェックサムはありますし、このチェックサム計算で、IPアドレス部分も含めた整合性をチェックしています。そういうわけで、IPv6からはチェックサムがすっきりなくなりました。ほかにも、可変長が許されていたIPv4ヘッダーに対し、IPv6ヘッダーは40 byteの固定長になるなど、ルーターが処理しなければならない計算処理を減らしています。

6.8 レイヤー2 データリンク層のプロトコル Ethernet

IPパケットが作られると、続いてリンク層の処理が始まります。リンク層で用いられる代表的なプロトコルは、Ethernetです。あえて"代表的な"と書いたのは、Ethernet以外にも異なるプロトコルがいくつか使われることもあるからです。たとえば無線LANのプロトコルは、Ethernetではありません。今回は有線のLANで使われるリンク層プロトコルであるEthernetについて説明しますが、ほかのリンク層プロトコルにも共通する話だけを取り扱います。

6.8.1 Ethernet の役割

Ethernetをはじめとしたリンク層のプロトコルの役割を簡単に言うと、「同一ネットワーク内のネットワーク機器まで、渡されたデータを届ける」です。TCP/IP 4階層モデルでは物理層と合わせて1つの階層にされているように、Ethernetといったリンク層のプロトコルは、いわゆるOSI 7階層モデルの物理層と密接に関わっています。

Ethernetはケーブル上の通信で使われるため、Ethernetフレームは電気信号で転送されていきます。そのため、Ethernetのプロトコルには、電気信号の特性に関連した制御機能など、さまざまな機能が含まれています。これらの仕組みの中には難しいものも含まれていますが、重要なものは少ないため、解説はほかの専門書に譲ります。

残る重要なものはやはり転送機能であり、以下となります。

・同一ネットワーク内（リンク内）データ転送

IPはIPアドレスを使い複数のネットワークを超えてデータ転送できましたが、Ethernetは同一ネットワーク内、すなわち自分のいるリンク内でのみデータ転送が可能です。このとき使われるアドレスは、MACアドレスになります。

6.8.2 カーネル空間での Ethernet の処理イメージ

では、EthernetにおいてIPパケットがどのように処理されたのか、見てみましょう。

図6.24に、カーネル内で行なわれるEthernetの処理を示します。IP層でルーティングテーブルを確認することにより、どのリンク（NIC）からパケットを送るかが決まっています。最終的な通信相手が同一ネットワーク内にいるのならばそのサーバーに直

システムをつなぐネットワークの仕組み

接送り、異なるネットワークにいるのならばデフォルトゲートウェイにパケットを送りたいはずです。ここではMACアドレスと呼ばれるリンク層のアドレスを使って、最初の宛て先に送ります。

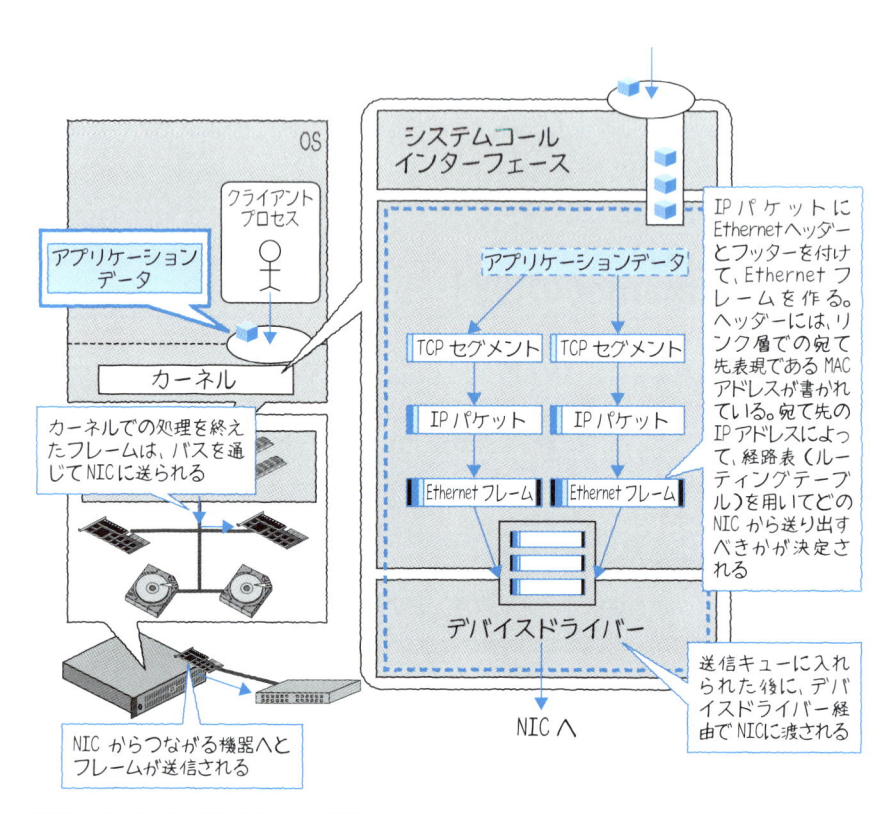

図6.24　カーネル内におけるEthernetの処理

　Ethernetヘッダーには、このMACアドレスを宛て先として記入します。ただしここに書かれるのは、同一リンク内の宛て先となる機器のMACアドレスです。IPアドレスにルーティングテーブルがあったように、MACアドレスには、ARPテーブル（MACテーブル）と呼ばれる表があります。同一リンク内のノードに関して、IPアドレスAに対応するのはMACアドレスBです、というように、IPアドレスとMACアドレスの対応が書かれています。

　こうして、隣接している機器のMACアドレスをヘッダーに書き、最終的にOSからバスを通じてNICへ渡され、NICからネットワークへと送信するのです。

IPパケットがEthernetフレームに格納される様子

図6.25では、アプリケーションのデータが最終的にEthernetフレームに格納されている様子を表わしています。Ethernetなど、そのリンク層において、1つのフレームで送信できる最大サイズをMTU（Maximum Transfer Unit）と呼びます。これはリンクの種類や設定によっても変わりますが、一般的なEthernetでは1,500 byteです。TCPのMSSを思い出してください。「MSSはリンク層のサイズによって変動します」と書きましたが、MTUサイズによって変動するのです。MTUからIPおよびTCPのヘッダーサイズを差し引いたものが、TCPのMSSになります。

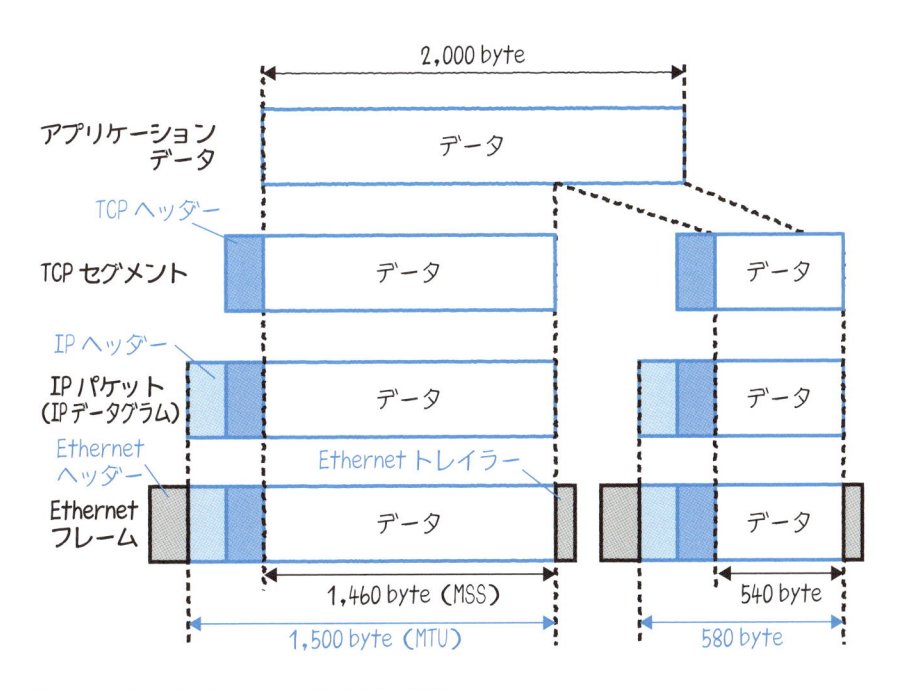

図6.25　IPパケットがEthernetフレームに格納される様子

IPパケットの最大サイズは「IPヘッダー＋TCPヘッダー＋MSS」ですが、なぜIPパケットの最大サイズがMTUの大きさに合うようにMSSを調整するのでしょうか？

まずIPパケットの最大サイズがMTUより小さい場合を考えましょう。この場合、1つのパケットで運べるデータサイズが小さいため、大きなデータを運ぶ際の通信回数が多くなってしまいます。第5章のI/Oサイズで紹介した通り、やり取りをする回数が増えると、通信が遅くなってしまいますね。

次にIPパケットの最大サイズがMTUより大きい場合を考えましょう。つまり、MTUに収まらないIPパケットを送信しようとした場合です。6.7.2項で少し触れましたが、IPにも分割機能があり、MTUに収まらないパケットはIP層でパケット分割が行なわれます。つまり、TCP層で複数のセグメントに分かれた後、さらにIP層でも分割が行なわれてしまいます。これは二度手間で、余計に処理時間がかかってしまいます。

　また、MTUはネットワーク上のすべての経路で同じではありません。途中経路のMTUが小さいために1パケットがMTUに収まらなかった場合、必要に応じて途中経路にあるネットワーク機器でパケットの分割が行なわれます。途中経路でのパケット分割は、設定や環境によっては行なってくれない場合もあり、その場合残念ながらパケットは破棄されてしまうでしょう。このようなことを防ぐため、送信側が「Path MTU Discovery」という方法を使い、送信前に途中経路での最小MTUを調べ、初めから無駄のないセグメントサイズに調整します。なお、途中経路でパケット分割を行なうのはIPv4の機能であり、IPv6では途中経路でのパケット分割機能は廃止されています。

6.8.3　同一リンク内のデータ転送

　MACアドレスは、IPアドレスとどのような違いがあるのでしょうか？　MACアドレスとは、ネットワーク通信を行なうハードウェアに割り振られたアドレスであり、原則として世界中でその機器を一意に特定できる[※14] 物理アドレスとされています。IPv4のアドレスは32bitで表現されていましたが、MACアドレスは48bitで表現されています。通常は16進数で02:46:8A:CE:00:FFや02-46-8A-CE-00-FFのように表記されます。

　サーバーなどから送信されたEthernetフレームがL2スイッチに到着すると、フレームを受け取ったL2スイッチは、MACアドレスを見ながら適切なポートからフレームを送り出します。しかし、ネットワーク（L3スイッチやルーター）を超えてMACアドレスを使った通信を行なうことはできません。

　また、IPによるブロードキャストアドレス宛ての通信は、Ethernet上でのブロードキャスト通信として転送されます。MACアドレスFF-FF-FF-FF-FF-FFがEthernetのブロードキャストアドレスに相当します。もちろんブロードキャストによる通信もネットワークを超えて転送することはできないため、1つのネットワークはブロードキャストドメインとも呼ばれます。

※14　実際には重複したMACアドレスは存在しますし、MACアドレスを変更可能なネットワーク機器も存在します。しかし、MACアドレスを使って通信を行なう同一リンク内だけで考えれば、故意に設定変更しなければMACアドレスが衝突することはまずないでしょう。

図6.26は、送信元1がブロードキャストで、送信元2がユニキャストで通信をしようとしている様子です。どのような流れになっているか見てみてください。

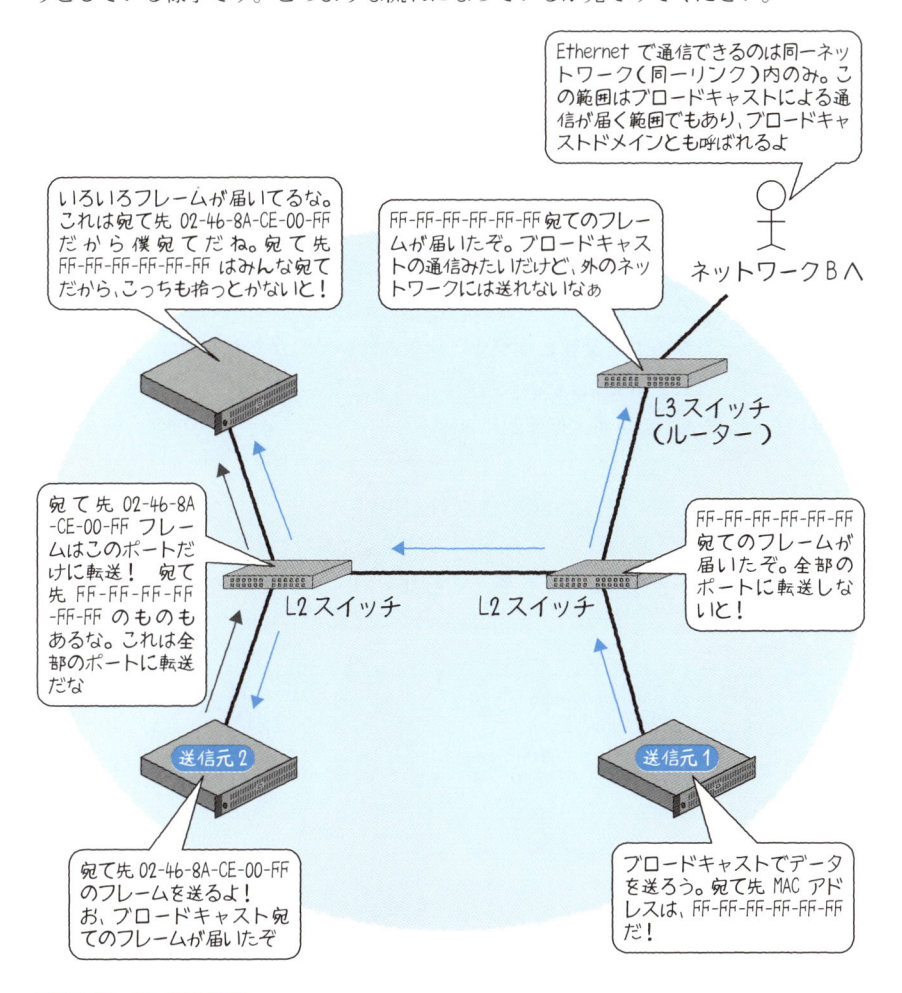

図6.26　同一リンク内の通信

6.8.4 VLAN

　ネットワークを構築する際には、通信が届く範囲を考えなくてはいけません。特にブロードキャスト通信など全体にデータが流れるようなものは、気軽に使いすぎると無駄なトラフィックを増やしてしまいます。つまり、ブロードキャストドメインを考えながら、ネットワークを適切に分割することが求められます。

　しかし、6.8.3項からわかるように、ネットワークの範囲はネットワークスイッチの物理構成に大きく左右されてしまうので、柔軟に構成することが大変です。物理構成に左右されず、設定だけでネットワークを分けることができる仕組みが欲しくなりますよね。ネットワークを柔軟に構築する仕組みはいくつかありますが、ここでは、実際に使われるVLAN（Virtual LAN）を説明します。

　VLANは物理構成によらず、仮想的にネットワークを分ける仕組みです。仮想的に分けたネットワークはVLAN IDと呼ばれる数字で管理をします。VLANにはいくつか種類がありますが、よく使われるのはタグVLANです。

　図6.27をご覧ください。タグVLANは、IEEE802.1Qで定義された仕様です。Ethernetフレームにそのフレームが所属するVLAN IDの「タグ」を付けて、1つの物理リンクの中で複数ネットワークのEthernetフレームを扱う仕組みです。

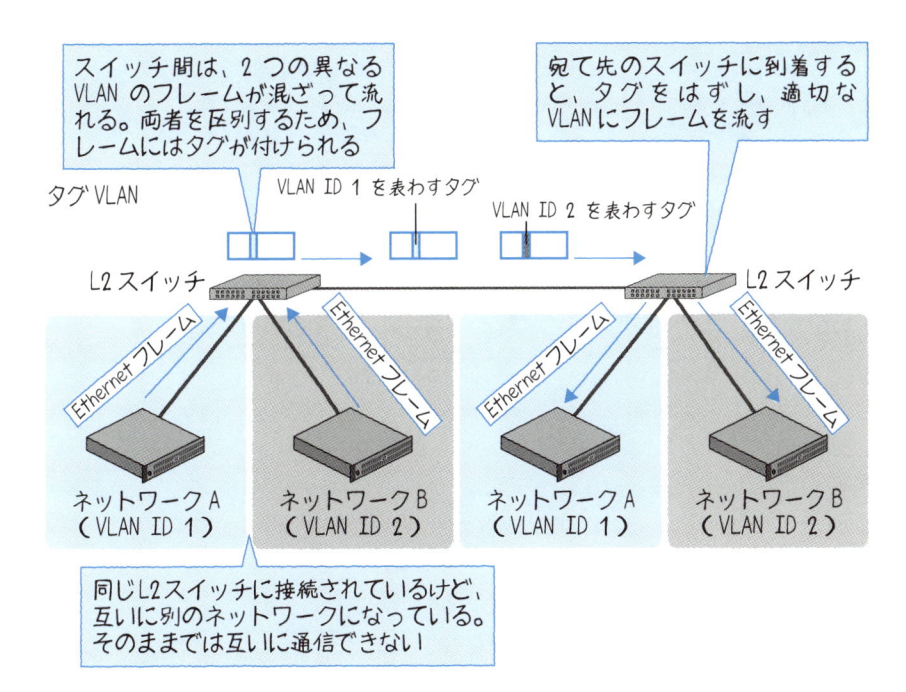

図6.27 タグVLANによる通信

　こうすることで、1本のEthernetケーブル内に、異なるVLANに所属するフレームを流すことができ、物理的に離れたネットワークスイッチ同士を同じネットワークに参加させることも容易になります。ネットワークスイッチのポートごとに、どのVLAN IDとひも付けるかを設定することで、1つのL2スイッチであっても複数のネットワークを扱えます。

　タグVLANが設定されたスイッチは、ほかのスイッチにフレームを転送する際、そのフレームの所属VLANを示すタグを付けて(tag)から転送します。目的のネットワークスイッチに到着すると、タグを取りはずして（untag）から宛て先のコンピュータに送ります。

　なお、たとえ同じL2スイッチに接続されたコンピュータ同士であっても、それぞれ異なるVLAN IDに設定されたポートを使っている場合、別途L3スイッチやルーターを用意しないと互いに通信ができません。同じL2スイッチに接続されているのに通信できないなんて一見不思議ですが、IPとEthernetの仕組みを考えると当然ですよね。

6.9 ‖ TCP/IP による通信のその後

前節までで、レイヤーごとの送信処理について説明しました。Ethernetフレームとして NIC から送信されたフレームは、その後どのように処理されていくのでしょうか？　本節では、その後の中継処理と受信処理を見ていきます。

6.9.1　ネットワークスイッチの中継処理

まずは、ネットワークスイッチの様子を見てみましょう。

図6.28をご覧ください。この例では、間にL2スイッチが1つだけ挟まれています。送信されたEthernetフレームは、最初にサーバーと隣接しているL2スイッチに到着します。L2スイッチは、その名の通りレイヤー2での処理を行なうスイッチです。レイヤー2はEthernetのレイヤーなので、Ethernetヘッダーを見た上で、宛て先MACアドレスを確認し、その後適切なポートからフレームを送信します。

OSではカーネル内でフレームの処理をしていましたが、L2スイッチではどのようにしているのでしょうか？　L2スイッチもコンピュータなので、中ではスイッチ用のOSが動いています。では、このOSでフレームを処理するのでしょうか？　実は少し違います。このようなネットワークスイッチでは、通常のサーバーと異なり、フレームやパケット処理に特化したASIC（エーシック）と呼ばれる回路を持っており、ハードウェアだけの処理で高速にフレームやパケットの転送を行なうことができます。

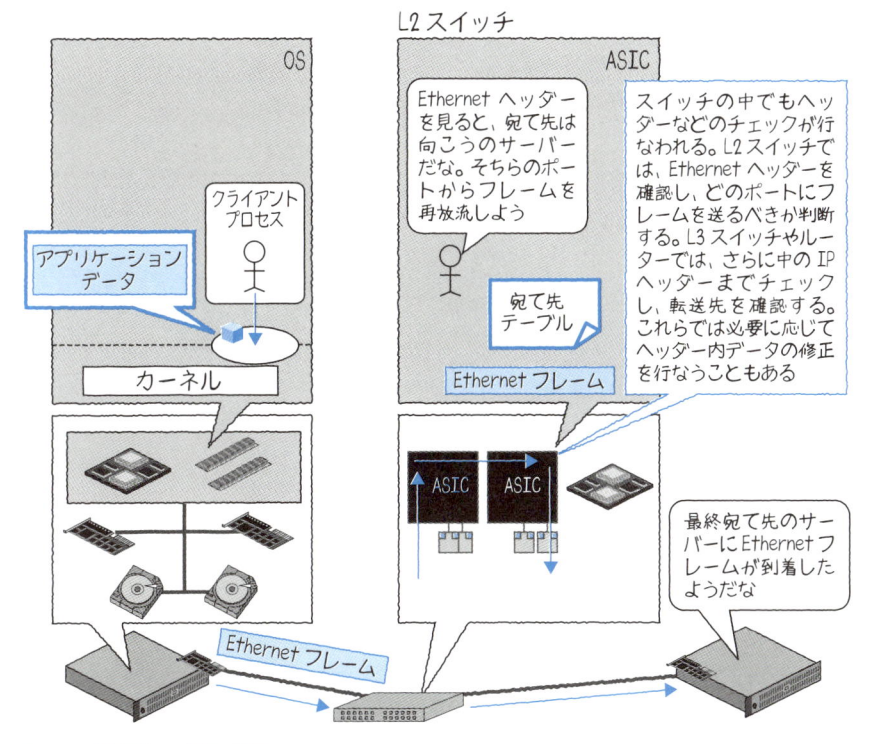

図6.28　途中経路での処理の様子

　ここでは最終的な宛て先が同一ネットワークのサーバーなので、間にL2スイッチが1つだけの構成ですが、異なるネットワークへ転送する場合はここにさらにL3スイッチやルーターが挟まります。

　L2スイッチではEthernetヘッダーまでを見て宛て先を決めていましたが、L3スイッチやルーターではIPヘッダーまで見て宛て先を決めます。その様子を図6.29に示します。

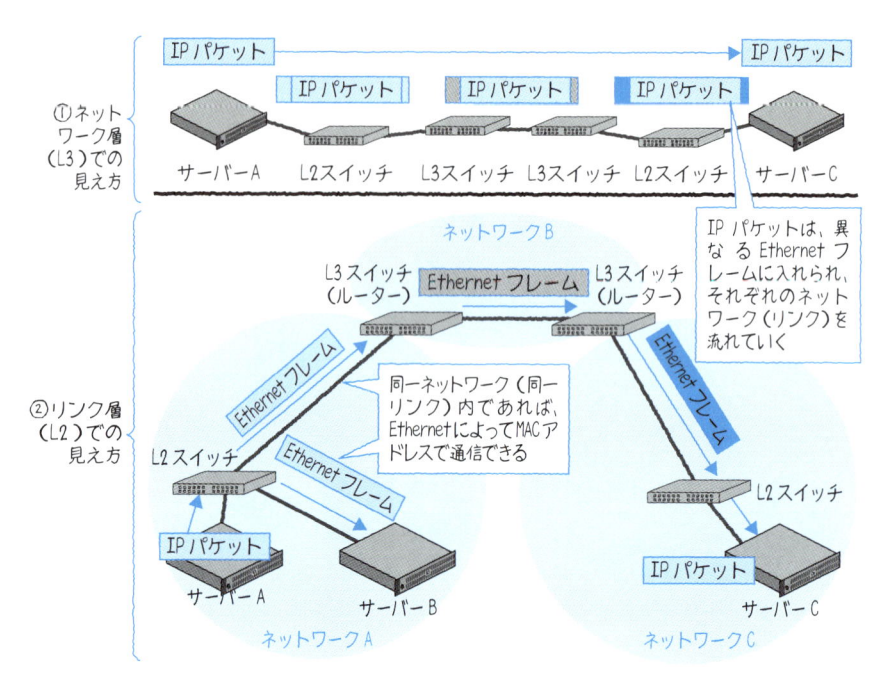

図6.29 パケット転送におけるネットワーク層（L3）とリンク層（L2）の見え方の違い

　サーバーAがIPパケットを送ろうとしているようです（図6.29①）。サーバーAとサーバーBは、同一リンク内にいます。そのため、サーバーAからサーバーBへの通信は、IPパケットをサーバーB宛てのEthernetフレームに格納し運ばれます。

　次に、サーバーAがサーバーCにIPパケットを送る様子を見てみましょう（図6.29②）。サーバーCは異なるネットワークのサーバーなので、まずデフォルトゲートウェイに送り、IPのルーティングによってパケットを運んでいかなければなりません。この際に3つのネットワーク（リンク）を経由しますが、IPパケットは、それぞれの異なるEthernetフレームに格納されて運ばれていきます。

6.9.2 最終宛て先での受信処理

　L2スイッチやL3スイッチを経由し、最終的な宛て先であるサーバーにEthernetフレームが到着しました。図6.30に到着した後の受信処理を示します。送信処理は1つ1つ個別の図で見てきましたが、今回は1枚の図にまとめました。

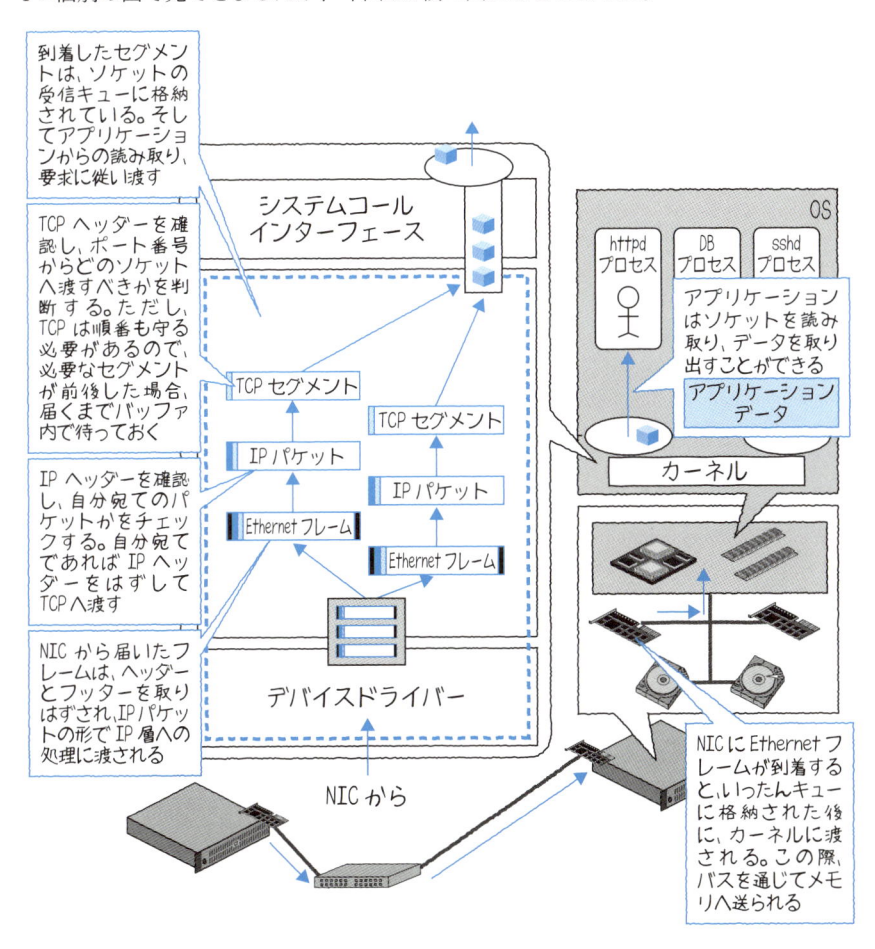

到着したセグメントは、ソケットの受信キューに格納されている。そしてアプリケーションからの読み取り、要求に従い渡す

TCPヘッダーを確認し、ポート番号からどのソケットへ渡すべきかを判断する。ただし、TCPは順番も守る必要があるので、必要なセグメントが前後した場合、届くまでバッファ内で待っておく

IPヘッダーを確認し、自分宛てのパケットかをチェックする。自分宛てであればIPヘッダーをはずしてTCPへ渡す

NICから届いたフレームは、ヘッダーとフッターを取りはずされ、IPパケットの形でIP層への処理に渡される

システムコールインターフェース

OS

httpd プロセス　DB プロセス　sshd プロセス

アプリケーションはソケットを読み取り、データを取り出すことができる

アプリケーションデータ

カーネル

TCP セグメント

IP パケット

Ethernet フレーム

デバイスドライバー

NIC から

NICにEthernetフレームが到着すると、いったんキューに格納された後に、カーネルに渡される。この際、パスを通じてメモリへ送られる

図6.30　最終宛て先のサーバーに到着した後の処理の様子

　NICでフレームが到着すると、いったんNICの受信キュー（第4章4.3節）に格納され、OSへの割り込みやOSからのポーリング（第5章5.3節）で、カーネル内にフレームがコピーされ処理が移ります。

Ethernetヘッダーとフッターを取りはずし、IPパケットを取り出します。ここでIPアドレスをチェックし、自分宛てのパケットなのか確認します。自分宛てのパケットであれば、IPヘッダーを取りはずし、TCPセグメントを取り出します。

TCPポート番号を確認し、ポート番号に対応したソケットにデータを渡します。TCPはデータの保証をするため、なくしてしまったセグメントがあってもだめだし、順番が間違っていてもだめです。そのため、データ再構成するために必要セグメントがすべて到着するまで、バッファ内で待つことがあります。

最終的TCPヘッダーを取りはずし、中に入っているアプリケーションデータを再構成し、ソケットからアプリケーションにデータを渡します。

このようにTCP/IPによって、ソケットに書き込んだデータが、そのままの形で相手先のソケットから出てくるのです。

▌▌▌ Column

Ethernet速度の向上とジャンボフレーム

第6章の6.8.2項で、一般的なEthernetのMTU、すなわち1フレームで運べる最大サイズは1,500 byteと紹介しました。家庭や職場でインターネット経由の通信をする場合、やり取りする1つ1つのデータサイズは比較的小さく、1,500 byteで問題になることはありません。

しかし本書で扱っているようなインフラシステムではどうでしょうか？

システムで使われるネットワークの帯域はどんどん大きくなり、Ethernetでの接続は今や10Gbpsは普通に使われるようになり、スイッチ間接続では40Gbpsや100Gbpsで接続することも増えてきました。つまり、転送するデータ量がそれだけ膨大になってきているということですが、そうなると「フレームサイズが本当に1,500byte でいいのか？」という疑問がわきます。このMTUの話は第5章の5.4節でも紹介していますが、MTUを変えずに転送するデータサイズだけが大きくなっていくと、転送回数が増えてしまい非効率になっていくはずです。

10Gbpsなど大きな帯域を持ったネットワークで、効率的にデータ転送できるようにMTUを1,500 byteより大きなサイズにしたEthernetフレームのことを、「ジャンボフレーム（Jumbo Frame）」と呼びます。執筆時点では 9,000 byte程度のフレームサイズが使われることが多いです。

第 7 章

止めないためのインフラの
仕組み

商用システムを障害から守るために、欠かすことのできない仕組みがあります。それは耐障害性と冗長化です。これらには、いままで説明してきた基本的な理論が数多く用いられています。

7.1 ┃ 耐障害性と冗長化

7.1.1 耐障害性とは？

　これまでの章で、Webシステムインフラのデータの流れや、使われているアルゴリズムや技術について説明してきました。ここからは、もう少し具体的に実際のシステムの話をしていきます。商用システムでは、システムインフラが「業務機能を載せる土台」であるがゆえに、求められる機能がいくつかあります。そのうちの1つが耐障害性です。高可用性とも呼びます。

　耐障害性、高可用性とは、システムサービスができるだけ止まらないようにすることです。耐障害性、高可用性は、図7.1の左側に上げた目標に対し、右側の手段で実現します。

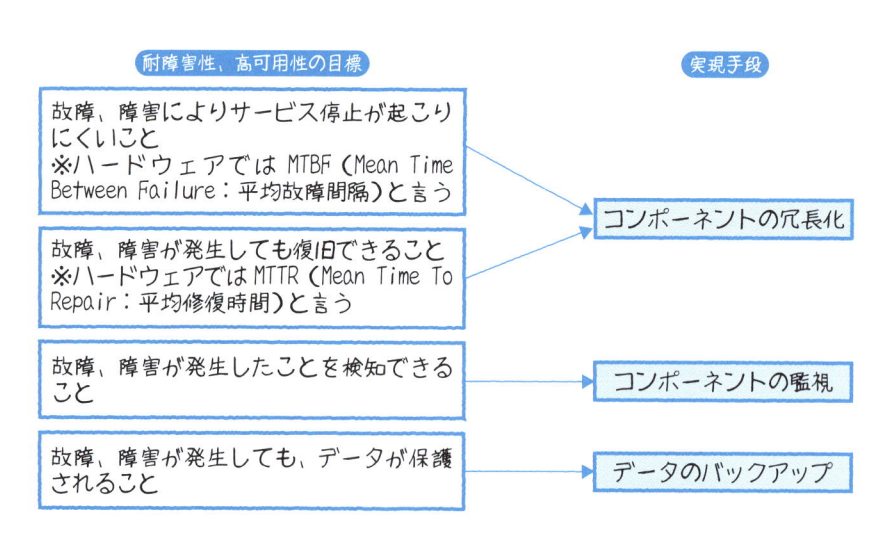

図7.1　耐障害性および高可用性の目標と実現手段

商用Webシステムでは、何らかのミドルウェアの機能や仕組みで、これら冗長化、監視、バックアップの3つの手段を実装し、目標を実現しています。また、冗長化には、耐障害性の確保以外にも用途がありますので、後述します。この具体的な実装は、第4章、第5章で説明した基礎的な技術の組み合わせで成り立っています。以降、それぞれについて見ていきましょう。

冗長化とは？

まず、冗長化とは何でしょうか？　簡単に言うと、1つの機能を並列に複数並べることによって、どこか1つに障害が発生しても、ほかでサービスを継続できるようにすることを指します。1つの機能が並列に稼働するので、このような高可用性の意味のほかに、拡張性や負荷分散といった性能に対する意味もあります。

図7.2にイメージを示します。

図7.2　1人倒れても余裕があるのが冗長化

冗長化されていない場合、下の人間が支えるのに苦しそうですね。1人が倒れたら、上に乗っているお相撲さんは落ちてしまうでしょう。逆に、冗長化されている場合、1人くらい倒れても大丈夫です。また、冗長化では補欠要員を用意しておくこともあります。

システムでは、お相撲さんはシステムサービスに相当します。システムサービスを提供し続けられるように、機能の冗長化が行なわれるのです。商用システムでは、大抵、すべてのコンポーネントに対して冗長化が行なわれます。

　冗長化を行なう場合、具体的にどんな仕組みが必要になるでしょうか？　図7.2の例で考えると、以下のようになります。（）内は冗長化の仕組み（機能）です。

- 皆が均等に担ぎ棒を担ぐことができる仕組み（負荷分散）
- 倒れた人がいないかどうか、定期的に確認する仕組み（内部的な死活監視）
- 補欠がいる場合、お相撲さんを運ぶ人は誰なのかを判断する仕組み（稼働担当の決定）
- 補欠がいる場合、安全に要員交代ができる仕組み（フェイルオーバー）

　冗長化機能には、必ずこのような仕組みが備わっています。では、このような仕組みが、どのように実現されているのか、また、第4章、第5章で説明した理論がどのように使われているのか、コンポーネントごとに詳しく見てみましょう。この後、説明の絵（図）では、濃い四角の吹き出し に理論の名前を入れているので、参考にしてください。

Column

▋ パパは冗長化に悩む

「パパー！ このシステムはサイトの冗長化をすべきなの？」——こんな問いかけに困ったお父さんはいませんか？ 冗長化による耐障害性は、さまざまなレイヤーで図ることができます。

1. H/Wコンポーネントレベル

電源やネットワーク、ハードディスクに対する冗長化です。信頼性が比較的低い箇所と、データの保護を目的としています。一般的に用いられるサーバーでは、CPU、メモリは複数載っていますが、実は処理能力の向上が図られているだけで、「同じ処理を並行で実行する」「データの複製を持つ」ことは行なわれていません。つまり、特定のCPUが実行していた処理は、そのCPUが壊れた場合にほかのCPUが引き継ぐことができません。

少ないながら対応可能なサーバーも存在しますが、サーバーの価格が上昇するため、あまり需要がないのかもしれません。なぜ需要がないのでしょうか？（この囲みの最後にその答えが）。

2. システムレベル

複数サーバーで同一処理を実行する、サーバーに対する冗長化です。単体サーバーが停止した場合にも、処理が継続でき、ユーザーに影響を与えないことを目的としています。これは非常に多くの実績があります。

3. サイトレベル

システム一式を別のサイト（データセンターやクラウド）に保有する冗長化です。データセンターの停電や大規模災害が発生した場合にも、システムを継続することを目的としています。コストがかかりますが、重要なシステムでは多くの企業がこれを実装しています。

インフラにおいて重要なのは、利用ユーザーに影響を与えないことです。サイトレベルで完全に保護されていて、障害時に瞬時に切り替わることができれば、極端な話、H/Wコンポーネントレベルもシステムレベルも耐障害性を備える必要はありません。しかしそのような例が少ないのは、サイトレベルで瞬時に切り替える仕組みを整えるために多くの手間とコストがかかるためです。

「あれ？ もしかしてコストと信頼性はトレードオフ？」と気づかれた方！ 鋭いですね。CPUの冗長化が流行らない理由はここにあります。CPUにお金をかけるより、システム冗長化のほうが、安く、効果も大きいのです。つまり、監視において重要なのは、単体ホストの障害検知よりも、システムサービスの障害検知なのです。

いかにコストを抑えながら、システムの信頼性を上げるか。これを追求するのがインフラエンジニアの真理とも言えるかもしれません。

さて、少しはお父さんのお役に立てたでしょうか？

7.2 サーバー内冗長化

7.2.1 電源、デバイスなどの冗長化

　一般的なサーバー内部のコンポーネントは、第2章で説明したように、電源、ファンなどが冗長化されています。これらは、たとえ1つが壊れてもサーバーが正常稼働するように設計されています。

　ラックの裏側の両端には、電源タップが付いています。両端にあるのは冗長化のためです。図7.3のようにそれぞれの電源タップに接続します。サーバー設置時にこのように設置しておくことで、その効果が発揮されます。

　また、大規模なデータセンターなどでは、それぞれの電源タップは別々の分電盤やUPS（停電時に利用する大きな蓄電池）に接続されており、電源障害に耐えられる構成になっています。

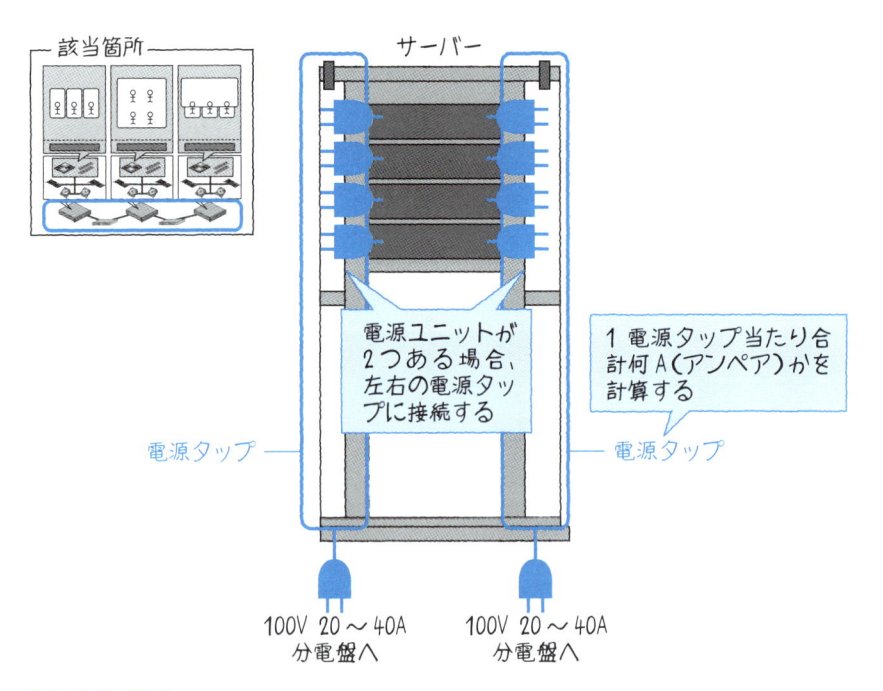

図7.3　電源の冗長化

この耐障害性を考慮する上で重要なのは、双方の電源タップの電力合計値を限界とするのではなく、片側の電源タップの電力だけでサーバーが稼働できるように消費電力の合計を抑えることです。片側の電源がすべて供給されなくなっても、もう片方の電源だけで、システムを稼働できるようにするためです。なお、サーバーの消費電力は、サーバーの諸元表に載っているのでそれを見ればわかります。

7.2.2 ネットワークインターフェースの冗長化

PCIスロットに挿すカードについても、冗長化を考慮できます。ネットワークインターフェースやファイバーチャネル（FC）ポート（ケーブルの差し込み口）には、冗長化機能や冗長化を実現するソフトウェアがあります。それらの機能の利用を前提として、図7.4のようにカードの冗長化およびポートの冗長化を行ないます。複数枚のカードに、複数のポートが載っていますね。このような構成により、カード障害、ポート障害に対応することができるようになります。

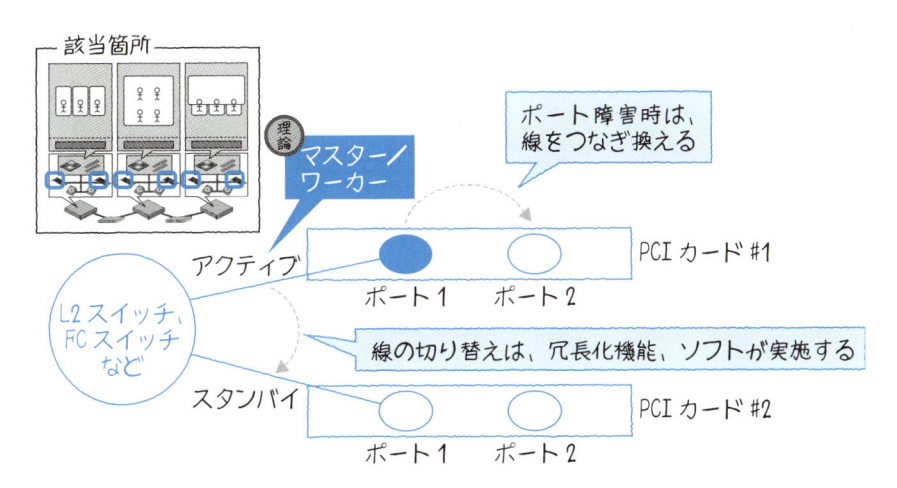

図7.4　カードおよびポートの冗長化

ネットワークインターフェースが複数ある場合、冗長化ソフトウェアや機能を用いることで、可用性と性能を向上することができます。図7.5は、第2章で紹介したサーバーの例です。ネットワークインターフェースがオンボードに存在し、ネットワークコントローラとバスが2つあることがわかりますね。

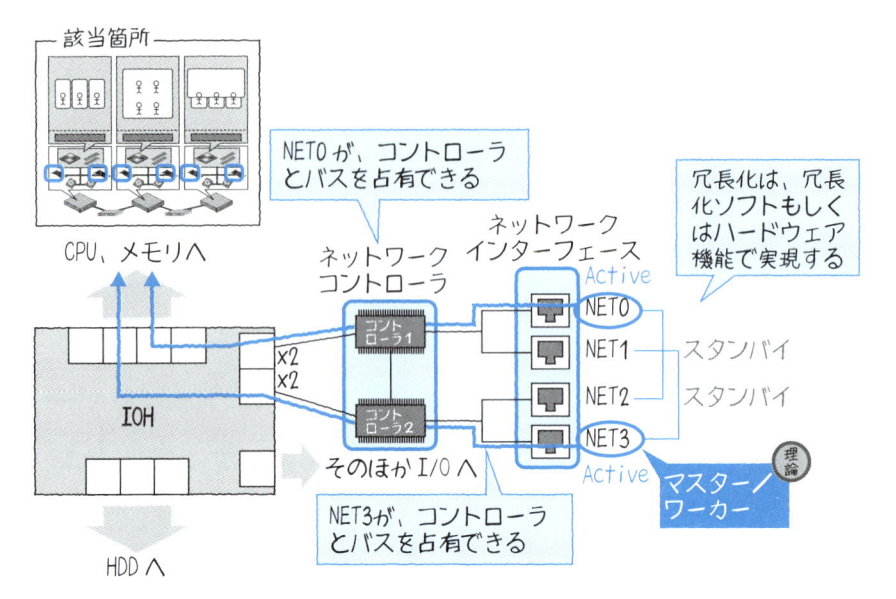

図7.5　コントローラの冗長化によるメリット

　たとえばNET0と2、NET1と3でアクティブ–スタンバイ構成とします。そして、NET0とNET3を通常アクティブなインターフェースにすれば、コントローラとバスを各インターフェースが専有できるようになり、ハードウェアリソースを効率良く使うことができます。

　この考え方は、PCIスロットに挿したインターフェースでも同じです。使うサーバーのコントローラやバスがどのような配置になっているかを把握して、効率良く使えるように配置しましょう。

障害が発生したらどうなるの？

　ネットワークインターフェースの冗長化はハードウェア、もしくはOSで実現します。一般的には、アクティブ–スタンバイ構成です。アクティブ–スタンバイ構成は、第5章で紹介したマスター／ワーカーの概念に基づき、スタンバイ側は、通常サービスを提供しません。アクティブ側に何か問題があった場合に切り替わり、スタンバイはアクティブになります。この切り替わりのことを「フェイルオーバー」と呼びます。この後も何度も出てくるので、ぜひ覚えてください。

　ここでは一例として、ネットワークインターフェースの冗長化の代表的な実装の1つ、Linux OSのBondingという仕組みを見てみます。Bondingにはいくつかのモードがありますが、そのうちの1つ、アクティブ–スタンバイ構成は「アクティブ–バッ

クアップ」と呼びます。どちらのインターフェースがマスターになるかは、設定で決めることができます。

　Bondingの冗長化されたインターフェースに対する監視方式は、2つあります。「MII監視」と「ARP監視」です。MII監視は、MII（Media Independent Interface）規格に準拠したインターフェースのリンク監視であり、代表的な内部監視です。MII監視では、リンクアップ（インターフェースが通電しているなど物理レベルで通信可能なこと）していれば正常と判断されます。一方、ARP監視とは、ARPリクエストを指定したIPアドレスに対して投げ、応答を受けられるかどうかで、自身が正常かどうかを確認する監視です。

　MII監視が好まれる（主流となっている）主な理由は、以下の通りです。

・余計なポーリングパケットが送信されない。
・ポーリング先に指定したIPアドレスの機器に対するメンテナンス、障害を意識しなくてよい。

　しかし、ARP監視でないと気づくことができない障害ケースもあります。まずはARP監視の仕組みを表わした図7.6をご覧ください。

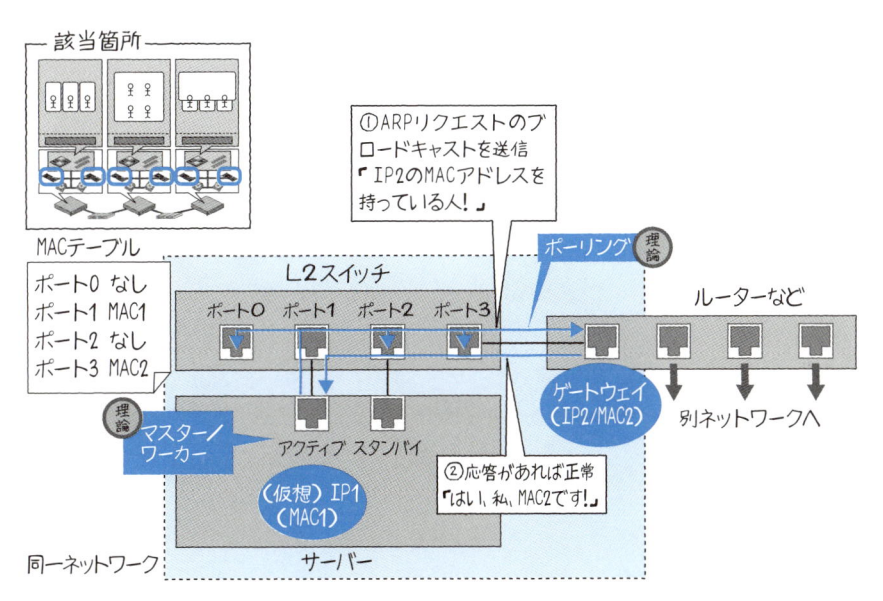

図7.6　ARP監視はレイヤー2階層で行なわれる

ARP監視では、ARPリクエストを定期的に実行し、応答があれば正常です。ARPリクエストは、MACアドレスの確認のブロードキャストです。レイヤー2（以降、L2）で行なわれます。ここでは、ゲートウェイであるIP2のMACアドレスを探していますね。ちなみに、ブロードキャストとは、同一ネットワーク内の全アドレスにパケットを送信することです。

ARP監視のデメリットは、ポーリングとなるARPリクエストが同一ネットワーク内におけるブロードキャストであるため、不要なトラフィックが増えることです。したがって、この不要なトラフィックを考慮し、監視頻度を高く設定しすぎないようにすることが重要です。ARP監視は、一般的に1〜2秒間隔程度に設定します（ちなみにMII監視は、一般に0.1〜0.5秒程度の間隔で設定します）。

フェイルオーバーの仕組みは、監視の違いにかかわらず同じです。図7.7をご覧ください。

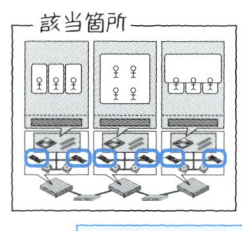

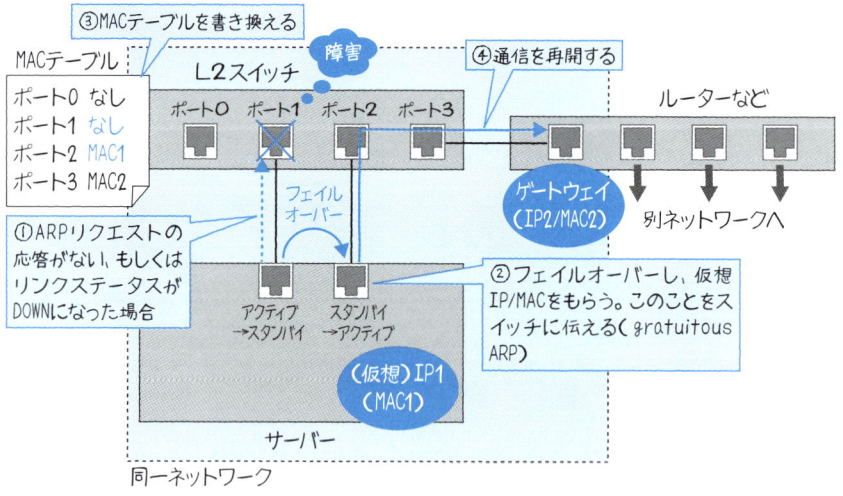

図7.7　フェイルオーバーの仕組み

インターフェースがフェイルオーバーすると、スイッチのMACアドレステーブルが書き換わり、通信は継続します。

　このように、ネットワークインターフェース冗長化であるBondingの実装は、レイヤー3（L3）のネットワークレイヤーより低いレイヤーで実装されています。デバイスというレイヤー0の冗長化なので、低いレイヤーで実装するほうが確実なため、デバイスの冗長化の機能が「レイヤー7（L7）のアプリケーションレイヤーで実装されていたら変だ！」という、レイヤーの感覚をぜひ持ってください。

　さて、MII監視が主流だと説明しましたが、ARP監視でないと気づくことができない障害ケースもあります。たとえば図7.8のケースです。

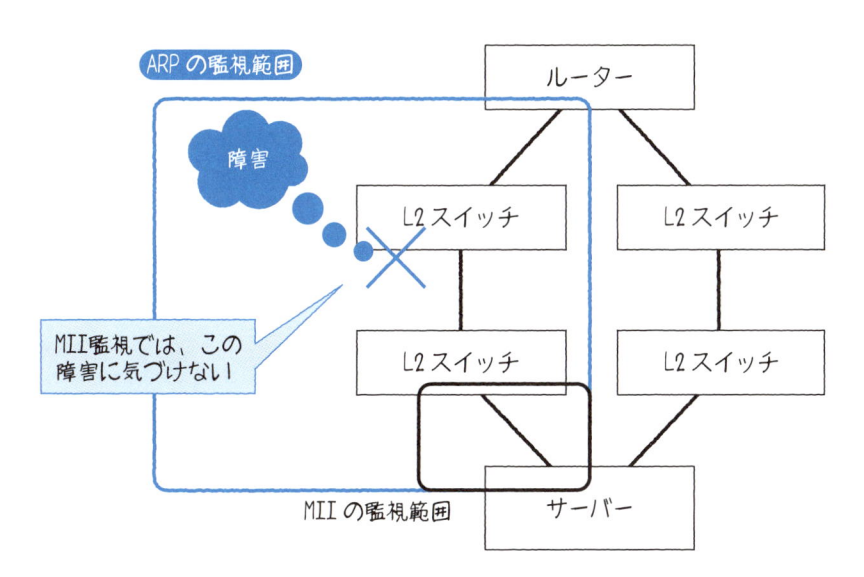

図7.8　監視できる範囲が違う

　ARP監視では、任意のIPアドレスに対してARPリクエストを行なうことができます。一般に、ネットワークゲートウェイに対してリクエストを行ないます。このため、結果として、図7.8の範囲のネットワーク正常確認ができます。一方、MII監視の場合、インターフェースのリンク状態の確認なので、接続されているL2スイッチの監視までしかできません。

　ARP監視のほうが、広範囲の監視が可能ということがわかります。このように、機能の得意／不得意、特性を考慮しながらシステムの実装を考えてみてください。

止めないためのインフラの仕組み

7.3 ┃ ストレージ冗長化

7.3.1 HDDの冗長化

　ストレージ冗長化の主な対象は、HDD（ハードディスク）です。HDDは、駆動箇所が多く、壊れやすいためです。

　近年では少なくなってきましたが、以前主流だったのは、最も高速で堅牢性の高い構成であった、サーバー–ストレージ間をファイバーチャネル（FC）で接続し、SAN（Storage AreaNetwork）というネットワークを構築する方法でした。これが最近あまり見られない理由としては、高額であること、変更（増設等）に時間がかかることなどが挙げられます。

　最近は、TCP/IPプロトコル上にストレージネットワークを構築する構成が増えています。しかし、TCP/IPプロトコルの上にSCSIプロトコルを利用するなど、複数の技術の組み合わせとなるため、利用は容易なものの、仕組みは複雑です。そこで、SANのほうが理解は容易であること、SANを前提として最近の技術が開発されていることなどから、本書ではSANを用いてHDDの冗長化を説明します。

ストレージの内部構造とRAID

　SANではIPアドレスの代わりに、WWN（World Wide Name）というアドレスを持ち、データの転送が行なわれます。LANとは異なるネットワークトポロジーです。また、HDD間をつなぐ内部バスにはさまざまな規格がありますが、SAS（Serial Attached SCSI）が有名です。

　まずは、商用で使われるストレージの内部構造とその冗長化を見てみましょう。図7.9をご覧ください。

　コントローラには、CPUやキャッシュがあり、HDDへのI/O制御を行なっています。HDDは、専用のボックス（エンクロージャやシェルフと言います）に格納され、増設がしやすいように作られています。図7.9では、各機器にINとOUTのポートが備えられ、ずっとたどっていくと、HDDまで一連の数珠つなぎになっているのがわかります。ストレージは、この数珠つなぎを複数用意し、HDDアクセスの冗長化を図っています。

　なお、サーバーからストレージへのアクセスは、一般的にはアクティブ–スタンバイ、アクティブ–アクティブの双方があります。このアクセス方式については後述します。

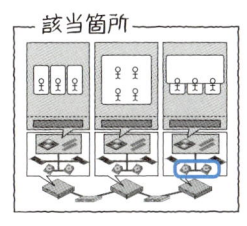
該当箇所

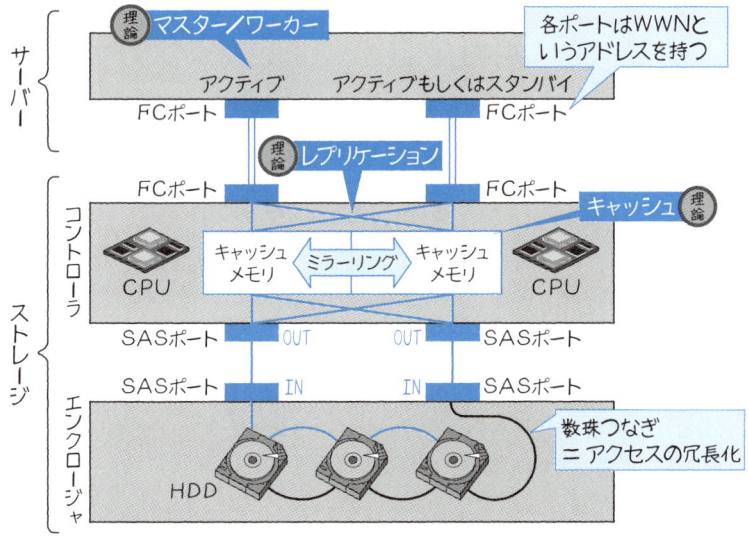

図7.9　ストレージの内部構造

　では、HDD自身の冗長化は何によって行なわれるのでしょう？　その答えはRAID
です（図7.10）。

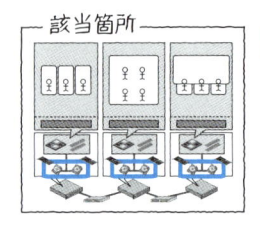
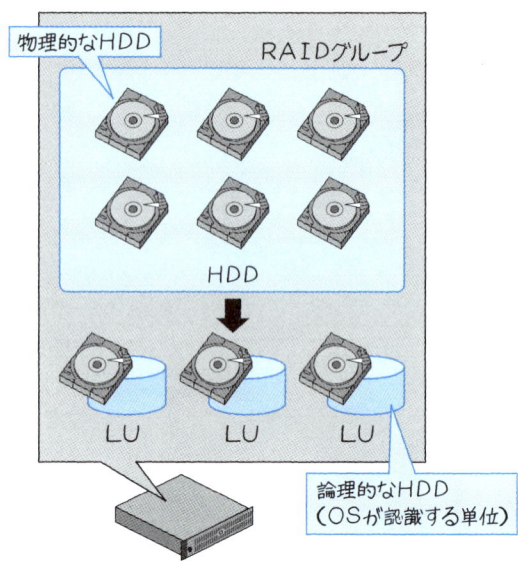

図7.10　HDDのRAID構成

　RAIDとは、複数のHDDを束ねてグルーピングし、そこから論理的なHDDを切り出す技術です。論理的なHDDをLU（Local Unit）と呼びます。サーバーが認識するHDDは、このLUなのです。

　RAIDによるメリットは以下の通りです。

1. 耐障害性の確保

　RAIDでは、HDDに障害が発生してもデータが失われないようにデータ書き込みの冗長化が行なわれます。HDDは駆動部分が多く、故障しやすいので、書き込みの冗長化はとても重要な意味を持ちます。

2. 性能向上

　RAID（ここではハードウェアRAIDを前提にしています）では、RAIDコントローラがI/Oをあらかじめ決めた固定長サイズ（8KB、16KB、32KB等）に分割して、複数のHDDに対して並列にI/Oを行ないます。この固定長を、RAIDのストライプサイズと呼びます[※1]。

　複数のHDDを並列で同時に動かせるので、1つのHDDを駆動させるよりもI/O処理性能が上がります。この特性を活かす場合は、1RAIDグループのHDD数を増やします。代わりに、1つのHDDの故障が与える影響範囲も大きくなるので、この関係はトレー

※1　物理的なレイヤーでは固定長が使われているということを第4章で説明しましたが、ここにも表われていますね。

ドオフです。最近はI/O性能重視の傾向があり、1RAIDグループサイズは大きくなってきていて、8本〜15本程度は1グループとして扱っています[※2]。

3. 容量の拡張

1つのHDDの容量は、技術の進歩によってどんどん大きくなってきていますが、それでも物理的に、600GB、1TBなどと決まっています。しかし、論理HDDは、その物理的な限界を超えて自由に容量を決定することができます。たとえば、10TBを1つのHDDとして扱うということもできるのです。

RAIDの構成パターン

RAIDには、いくつか構成パターンが存在します。RAID1、RAID5、RAID10[※3]という構成パターンが主流です。それぞれの特徴を説明していきます。

図7.11にRAID5の場合のI/O例を示します。RAID5は、冗長性の確保のため、パリティという誤り訂正符号を書き込みます。パリティを1つのHDDに集中せず、分散するのが特徴です。

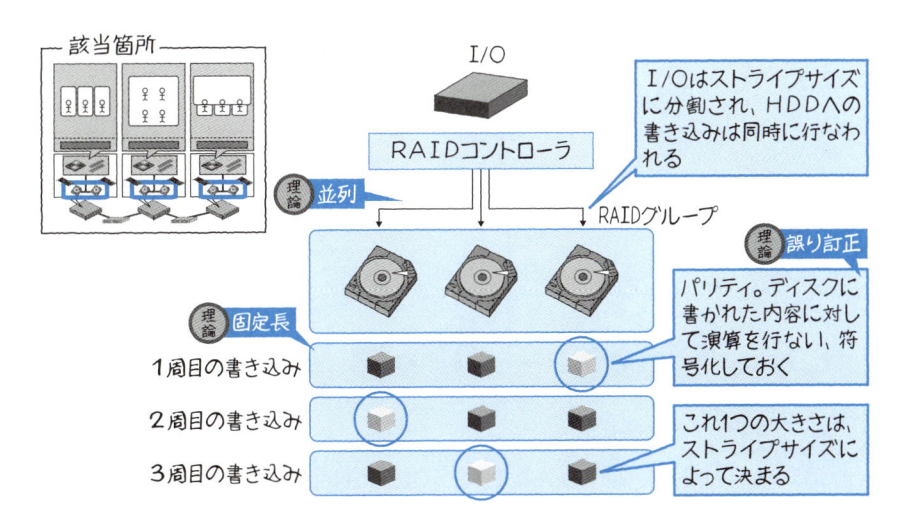

図7.11　RAID5

※2　RAIDのストライプサイズの最適値は、そのシステムのI/O特性、ストレージ機種によって異なります。ストレージのベンダーに問い合わせてみてください。
※3　RAID10とは、RAID1とRAID0を組み合わせたRAID1＋0から来ていて、数字の10ではありません。

図7.12に、RAID1とRAID10の図を示します。RAID1は、一般的にOSディスクの冗長化に使われます。RAID10は、RAID0とRAID1を組み合わせた構成です。

RAID0は、冗長性なくHDDに書き込みを行なう方式です。

RAID10は、複数HDDに並列に冗長書き込みを行なう方式です。これは、耐障害性、性能の観点でバランスの取れた構成です。

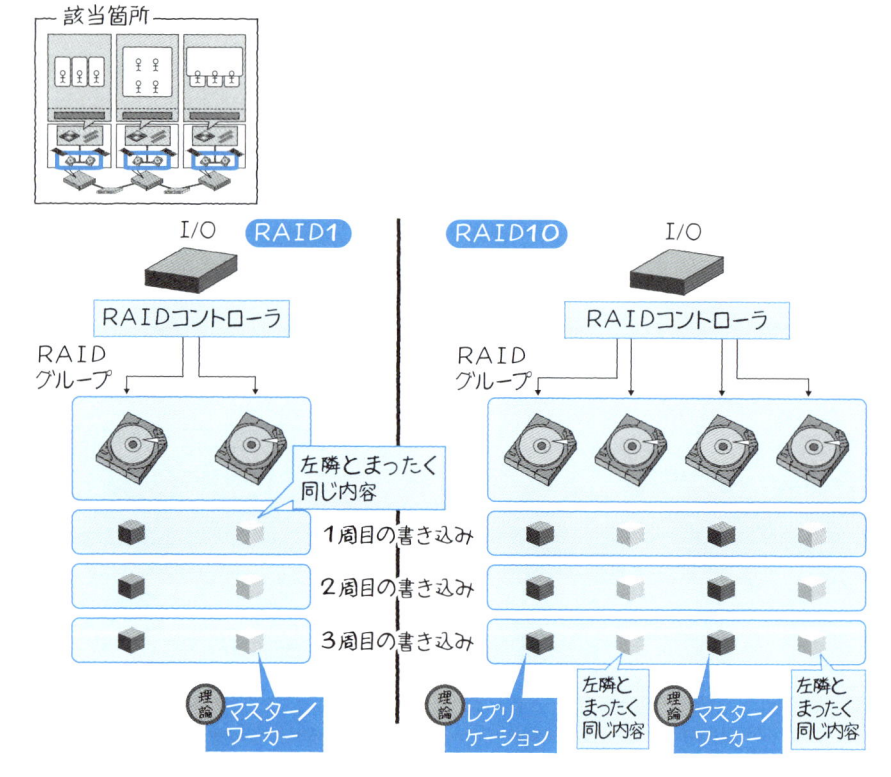

図7.12　RAID1、RAID10

RAID5の場合、パリティ演算が入るため、I/O性能がRAID10に比べて遅くなります。容量観点では、RAID10では、ミラーリングを行なうため実データ容量はHDD全体の1/2しか利用できない一方で、RAID5では、冗長部分は少なく「(HDD数−1)÷HDD数」の容量を使用可能です。性能、可用性重視の場合はRAID10、容量重視の場合はRAID5を使うとよいでしょう。

障害が発生したらどうなるの？

次に、RAID構成時の障害復旧のイメージとして、RAID10時の復旧を図7.13に示します。

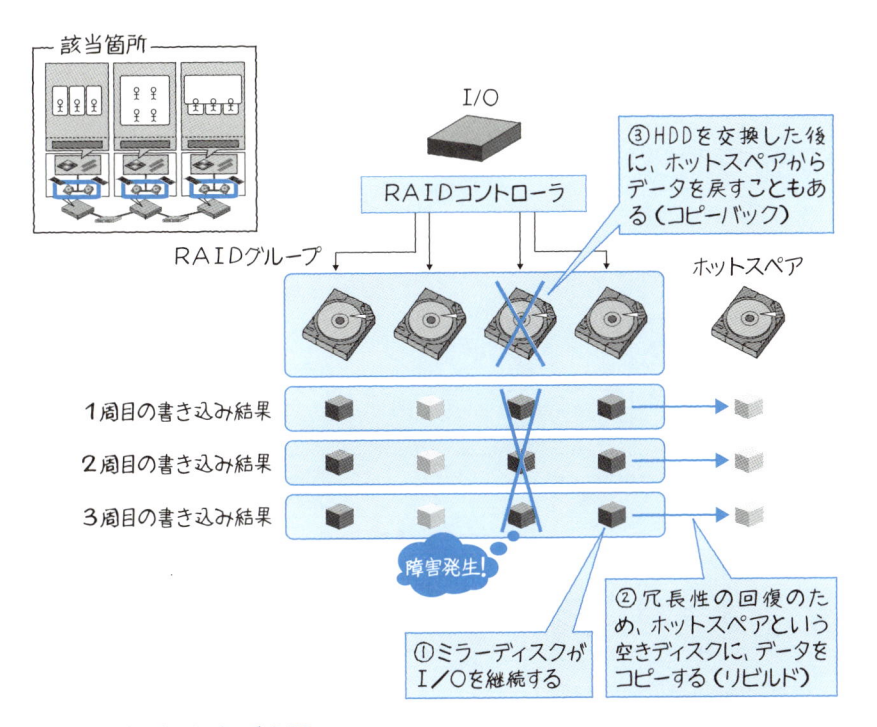

図7.13　ホットスペアはスタンバイHDD

HDDが故障しても、RAID構成が組まれているとデータの消失は発生しませんが、冗長性は失われます。この冗長性の回復を目的として、ホットスペアというディスクがあります。1本のHDDが故障すると、自動的にホットスペアがRAIDに組み込まれ、冗長性が回復します。しかし、ホットスペアが枯渇し、さらにHDDが破損したときにRAID上のデータは消失しますので注意してください（図7.13の場合は全データ消失）。

このように、RAIDによる冗長化を行なっても、多重障害の場合は復旧できないことがあります。そのため、RAIDだけに頼るのではなく、データのバックアップも必ず取得しておきましょう（バックアップについては本章の最後で触れます）。

ストレージ冗長化の対象には、もう1つ、サーバー–ストレージ間のパスがあります。たとえば、Red Hat Enterprise Linuxには、DM-Multipath機能というパス冗長化機能があります。ここでは、この機能を例に説明しましょう。

図7.14にDM-Multipath機能を使った場合のI/Oの流れを示します。カーネルの機能と一体化しているので少し難しい絵ですが、第1〜4章を読まれている皆さんならご理解いただけるでしょう。

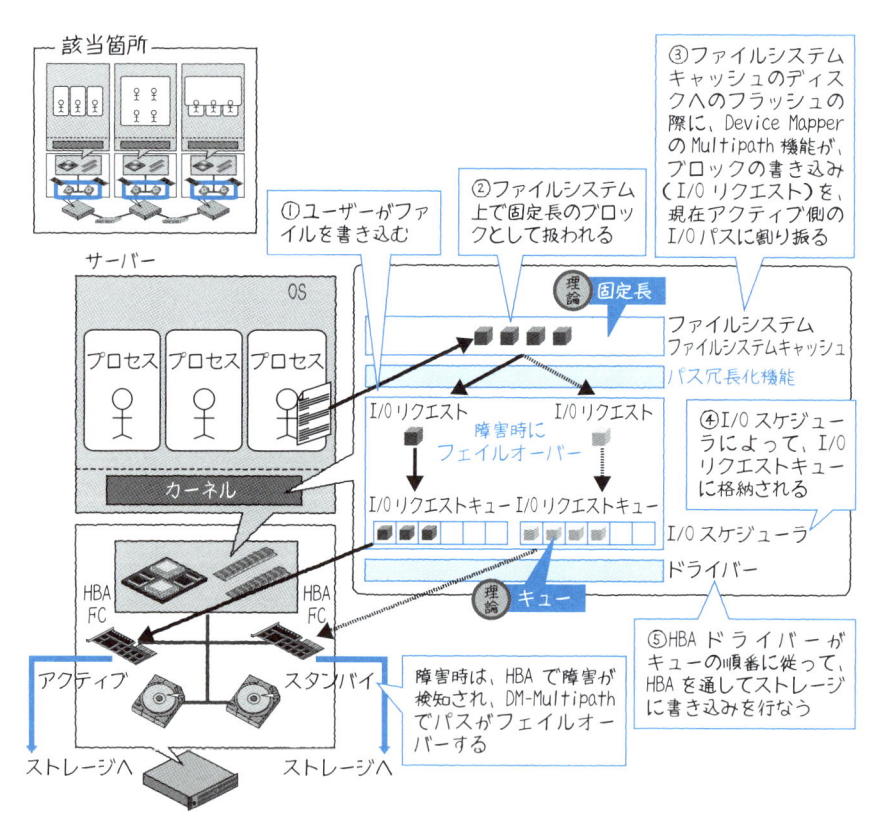

図7.14　パス冗長化機能がI/Oリクエストを割り振る

I/Oは、I/Oスケジューラやドライバーといったカーネルの中を通りますが、DM-Multipathは、I/Oリクエスト（固定長ブロックの集まり）をHBAに割り振ることで、

フェイルオーバーを実現します。DM-Multipathは、ストレージが対応している場合、アクティブ-アクティブでも使用可能です。

　パスの冗長化で考慮すべき点は、障害時のパスの切り替え時間です。一般に、障害と判断されるまでのHBAタイムアウト値は30秒程度に設定されています。これは、不要なパスのフェイルオーバーを発生させないことを目的としていますが、実際の障害発生時にはフェイルオーバーのタイムアウトまでストレージへのI/Oが停止するので、許容できない場合は値を短縮することを検討します。これは、HBAドライバーのパラメータで設定変更が可能です。

Column

障害百物語 その1 「もう時間切れ！？」

　だいぶ前の筆者の体験ですが、あるストレージは、一度コンセントを差して起動した後に、停止し、コンセントを外して、しばらく置いておくと起動しませんでした。不揮発性キャッシュ内にストレージの設定情報があり、このキャッシュの情報が失われると起動できないわけです。このキャッシュは電源停止時には電池によって守られていますが、電池の蓄電時間が72時間程度であり、それまでにコンセントを再び差さなければ二度と起動しないという、まるで映画のようなタイムリミットがあったわけです。

　データセンターに設置し、サービスを稼働させるだけであればあまり問題になりませんが、もし移設したりする場合は、タイムリミットに間に合わないと大変なことになります。誰かが「やっちまったー！」となるわけです（まあ、筆者はやりました……）。

　電池は、このようにさまざまな場所に使われています。実は、パソコンや、サーバーにもあるのです。パソコンの場合、電池の寿命は3年から5年ほどであり、電池が空になると起動時に必要なBIOSという情報が消えてしまい、パソコンが起動しなくなります。このため、定期的に交換が必要です。久々にサーバーを再起動したときに、起動しなくなる原因の1つに挙げられます。

　また、UPS（無停電電源装置）という、万が一停電が起きたときに備える蓄電池もあります。UPSは、停電があっても、サーバーを一定時間稼働させることができ、その時間以内に停電の復旧の見込みがなければ、サーバーを正常に停止させることを目的としています。これもやはり寿命があり、バッテリーは数年で交換が必要です。

　ハードウェアには電池があるということを覚えておきましょう。特に、電池の交換は、数年単位なので忘れがちです。運用スケジュールに組み込み、定期的に交換するようにしましょう。

止めないためのインフラの仕組み

7.4 ‖ Web サーバーの冗長化

7.4.1 Web サーバーにおけるサーバー内冗長化

7.2節では、ハードウェアとしてのサーバー冗長化について説明しました。本節からはソフトウェアとしてのWebサーバーの冗長化を見ていきます。

クライアントからのhttpプロトコルのリクエストを受け付けるのは、Webサーバー上で稼働するWebサーバープログラムです。ここでは、オープンソースの代表的なWebサーバープログラムであるApache HTTP Server（以降、Apache）を例に説明します。最近のWebサーバーは、スレッドが主流ですが、Apacheはリクエストの受け付けにプロセス、もしくはスレッドを選択できます。違いを見ておきましょう（図7.15）。

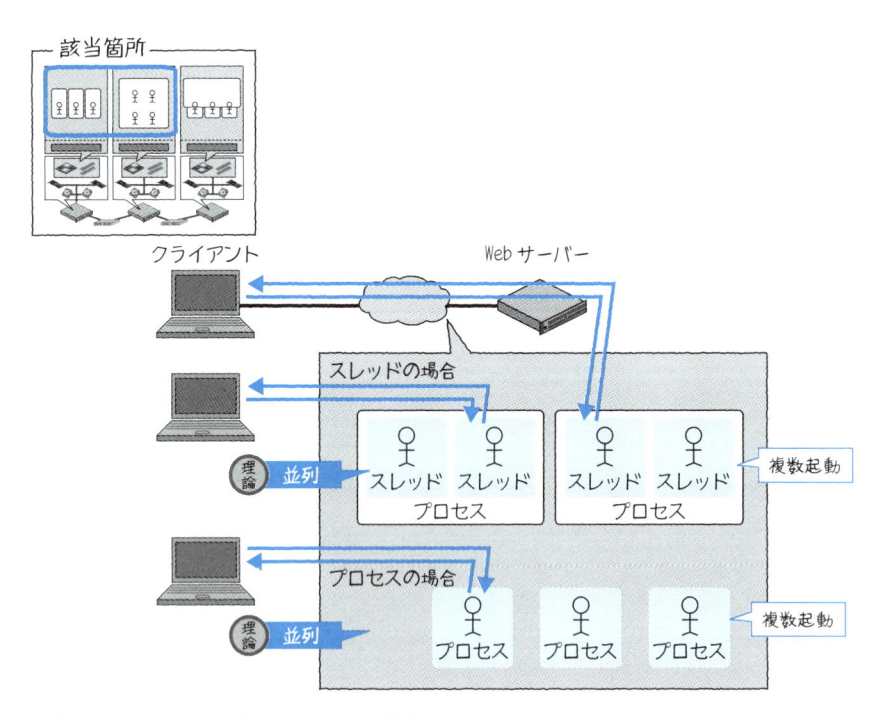

図7.15　プロセス／スレッドを複数起動して並列に処理をする

クライアントは、サーバー側がプロセスで稼働しているか、スレッドで稼働しているかを意識する必要はありません（プロセスとスレッドの違いの詳細は第3章を参照）。

Apacheにおいては、どちらの場合でも、あらかじめ複数起動しておき、多くのクライアントからの要求に迅速に応えるように構成することができます。複数起動しておけば、プロセス／スレッドの1つに障害が発生しても、ほかのプロセス／スレッドが起動しているので、Webサーバーのサービス全体が停止することはありません。

第4章でもApacheのプロセス／スレッドの並列について少し触れましたが、ここでは具体的な例として、Linux環境でどのようにApacheのプロセス／スレッドが起動しているかを見てみましょう。図7.16をご覧ください。

1プロセス上で起動している
スレッドの数を表わしている

スレッドの場合

```
UID       PID    PPID    LWP     C   NLWP   STIME   TTY    TIME      CMD
apache    4893   4891    4893    0   27     22:22   ?      00:00:00  /usr/sbin/httpd.worker
apache    4893   4891    4896    0   27     22:22   ?      00:00:00  /usr/sbin/httpd.worker
apache    4893   4891    4897    0   27     22:22   ?      00:00:00  /usr/sbin/httpd.worker
apache    4893   4891    4898    0   27     22:22   ?      00:00:00  /usr/sbin/httpd.worker
apache    4893   4891    4899    0   27     22:22   ?      00:00:00  /usr/sbin/httpd.worker
apache    4893   4891    4900    0   27     22:22   ?      00:00:00  /usr/sbin/httpd.worker
apache    4893   4891    4901    0   27     22:22   ?      00:00:00  /usr/sbin/httpd.worker
apache    4893   4891    4902    0   27     22:22   ?      00:00:00  /usr/sbin/httpd.worker
```

PIDがすべて同じ

プロセスの場合

```
UID       PID    PPID    LWP     C   NLWP   STIME   TTY    TIME      CMD
apache    5023   5021    5023    0   1      22:26   ?      00:00:00  /usr/sbin/httpd
apache    5024   5021    5024    0   1      22:26   ?      00:00:00  /usr/sbin/httpd
apache    5025   5021    5025    0   1      22:26   ?      00:00:00  /usr/sbin/httpd
apache    5026   5021    5026    0   1      22:26   ?      00:00:00  /usr/sbin/httpd
apache    5027   5021    5027    0   1      22:26   ?      00:00:00  /usr/sbin/httpd
apache    5028   5021    5028    0   1      22:26   ?      00:00:00  /usr/sbin/httpd
apache    5029   5021    5029    0   1      22:26   ?      00:00:00  /usr/sbin/httpd
apache    5030   5021    5030    0   1      22:26   ?      00:00:00  /usr/sbin/httpd
```

PIDがすべて違う

図7.16　httpdプロセス／スレッドが冗長化されている状態

Apacheのプロセス／スレッドは、httpdです。これは、ps -efLコマンドの結果です。プロセスの場合とスレッドの場合の、状態の違いがわかりますね。設定の詳細には触れませんが、起動する数の最大値、最小値などは細かく設定することができます。

一般に、商用システムの場合、システムリソースに余裕があれば、起動するプロセス／デーモンの数の最小値、最大値は同じ値にします。同一の値にすることで、プロセスやスレッドの起動／停止のオーバーヘッドを削減できます。

障害が発生したらどうなるの？

　では、httpdプロセス／スレッドがリクエストを受けられない状態になると、どうなるのでしょうか？　第6章で、HTTPリクエスト／レスポンスについて触れましたが、その際にステータスコードがあったことを思い出してください。ステータスコードには、図7.17のような分類があります。

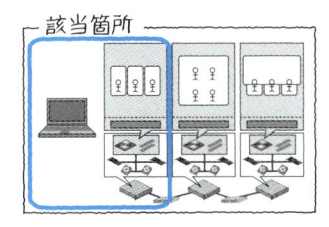 

ステータスコード	意味
100番台	追加情報関連
200番台	正常に処理が終了したことを表わす
300番台	リダイレクト関連のエラーを表わす
400番台	クライアント側のエラー。リクエストに問題があり、正常にレスポンスが返せなかったことを表わす
500番台	サーバー側のエラー。サーバー側に問題があり、正常にレスポンスが返せなかったことを表わす

図7.17　HTTPプロトコルのステータスコード一覧

　400番台、500番台が一般的なエラーに当たります。httpdプロセス／スレッドがリクエストを受け付けられない場合、サーバー側の問題のため、500番台のエラーがクライアントに返ります。たとえば、リクエストが多すぎて、サーバー側の処理が間に合わない場合は「503 Service Unavailable」というエラーが返ります。Webサーバーへのリクエストは、キューにたまらず、即時にエラーが返るという特徴があることがわかりますね。

プロセス／スレッドの冗長化について説明しましたが、Webサーバー自身の冗長化はどのように行なわれるのでしょうか？　Webサーバーへのアクセスを思い出してみてください。クライアントはURLを入力します。URL内にはホスト名が含まれ、DNSにより名前解決され、実際のWebサーバーのIPアドレスを特定します。

Webサーバーの冗長化の1つに、DNSによって1つのホスト名に対し、複数のIPアドレスを返す手法があります（図7.18）。

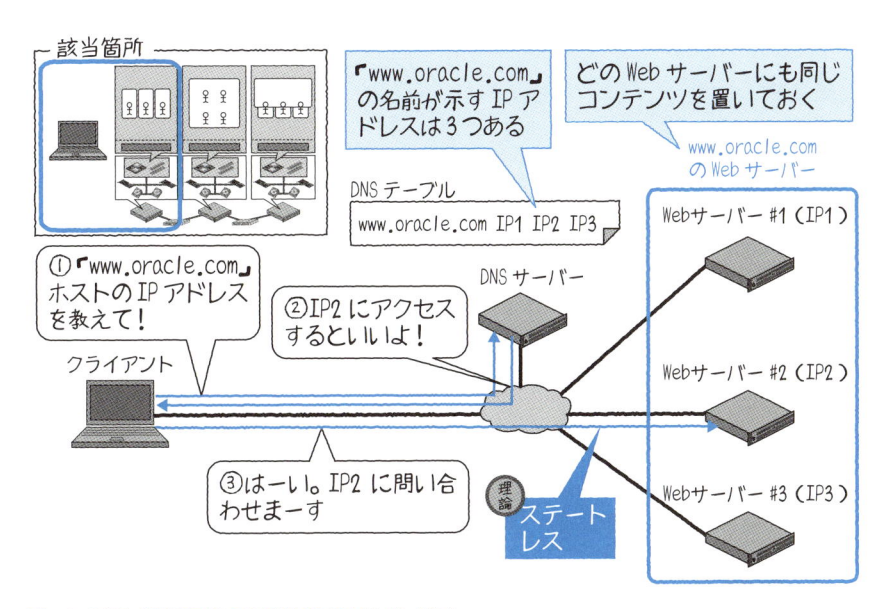

図7.18　DNSに複数IPアドレスを登録（DNSラウンドロビン）

この図7.18に示した手法をDNSラウンドロビンと呼びます。ホスト名に対して、複数のIPアドレスを登録しておくことで、サーバーの冗長化を行なうことができます。DNSは、問い合わせに対し、順次このIPアドレスを返していきます。この方法ではとても簡単にサーバーを冗長化できるメリットがありますが、2つの注意事項があります。

1つは、DNSはサーバーの状態を、監視し把握しているわけではないので、サーバーが停止していても、そのアドレスをクライアントに返します。そのため、可用性を重視する場合には不向きです。

もう1つは、DNSはセッションの状態を把握しないため、次にアクセスする際に同じサーバーにアクセスしなければならない場合も不向きです。たとえば、Webサーバーに動的コンテンツであり、セッションステートフルなコンテンツが格納されている場合、DNSラウンドロビンは不向きです。

ロードバランサーによるWebサーバーの冗長化

前述のような課題を受け、もう少し高度な冗長化を行なう場合は、ロードバランサー（負荷分散装置）という装置を使います。

図7.19をご覧ください。これはロードバランサーを用いたロードバランシングの仕組みの例です。

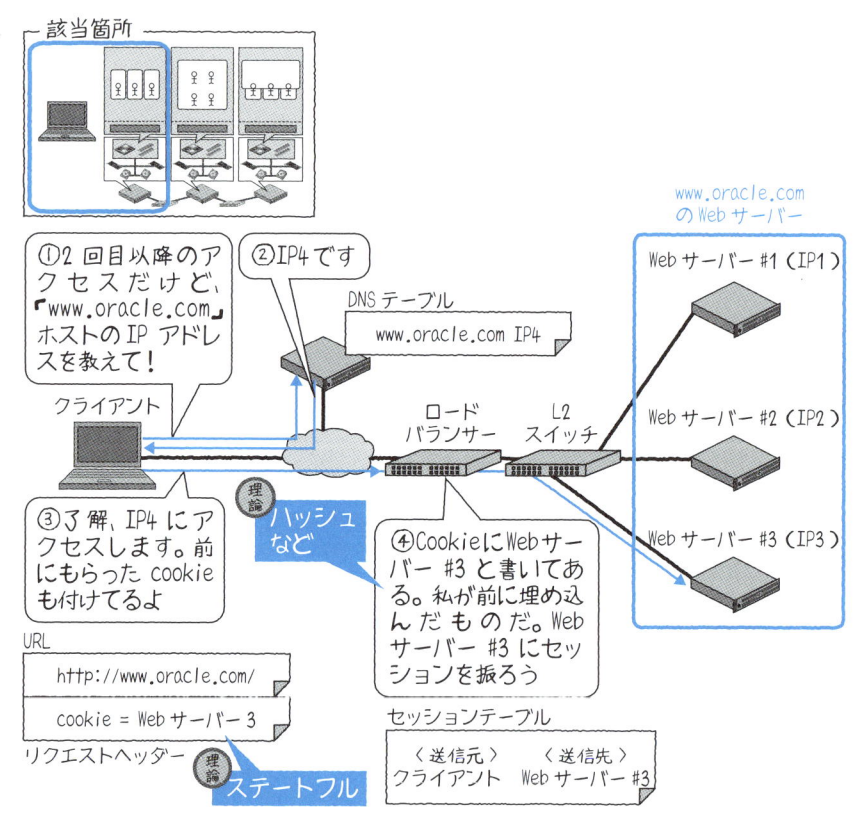

図7.19　ロードバランサーは過去のアクセスを覚えている

セッションの保持にはいろいろな方法がありますが、図7.19ではロードバランサー

が前回にどのWebサーバーに割り振ったかを、Cookieなどに埋め込んでいます。

Cookieは、第6章で説明したHTTPプロトコルのメッセージヘッダーに含まれる要素です。クライアント側でCookieの利用が有効であれば、2回目以降のアクセス時にそのCookieをHTTPリクエストのプロトコルヘッダーに格納してアクセスを行ないます。

ロードバランサーはそのCookieを読み取り、同じサーバーにリクエストを割り振るのです。セッションステートフルが実現できていますね。ロードバランサーは一時的に、その対応管理表として、セッションテーブルというテーブルを持ちます。クライアントにリクエストを返す際に、そのテーブルを参照します。

セッションステートフルを実現する機能を、ロードバランサーでは「パーシステンス機能」と呼びます。表7.1にパーシステンスの例をいくつか挙げます。

表7.1　主なパーシステンス

パーシステンスの種類	内容
ソースIPアドレス	クライアントIPアドレスをもとにリクエストを割り振るWebサーバーを決定する（クライアントIP末尾が奇数ならWebサーバー1とする、など）
Cookie	HTTPヘッダー内に、どのWebサーバーにアクセスしたかという情報を保持する（図7.19の方式：リダイレクション）
URL	URLコンテキスト内にどのWebサーバーにアクセスしたか、情報を保持する（例：http://<サーバー名>&sessid=webserver1のようにURLに情報を埋め込む）

これらを利用するには、それぞれ選択時に注意／考慮すべき点があります。

ソースIPアドレスによるパーシステンスの場合、プロキシを経由するとプロキシサーバーのIPアドレスがクライアントIPアドレスになり、リクエストがかたよってしまうことを考慮しなければなりません。

Cookieを使う場合は、ほかのAPサーバーなどがCookieを使用する場合に、ロードバランサーが付与したCookieを上書きしないかどうかなどの確認が必要です。

URLへの情報埋め込みの場合、URLはユーザーが直接編集可能な情報のため、不正アクセスに対する対策を検討する必要があります。一般には、ハッシュ関数により変換された値を組み込むようにします。

もし、パーシステンスを実装する際には、これらのことを考慮しましょう。

また、ロードバランサーの初回アクセス時のサーバーへの割り振りアルゴリズムに

は、いくつかの方式があります（表7.2）。

表7.2　ロードバランサーの割り振りアルゴリズム

アルゴリズム	内容	複雑度
ラウンドロビン	サーバーのIPアドレスに順番にリクエストを割り振る	単純
リーストコネクション	現在アクティブなセッションの数より、最もセッション数の少ないサーバーのIPアドレスにリクエストを割り振る	
レスポンスタイム	サーバーのCPU使用率やレスポンスタイム等を考慮し、最も負荷の低いサーバーのIPアドレスにリクエストを割り振る	複雑

障害が発生したらどうなるの？

　ロードバランサーは、配下のWebサーバーの稼働状態を監視できます。障害を検知した場合、クライアントのリクエストをほかのサーバーへ動的に振り向ける（フェイルオーバー）ことができます。よさそうな機能ですが、ちょっと待ってください。このときに、クライアント側の操作には影響は何もないのでしょうか？　図7.20をご覧ください。

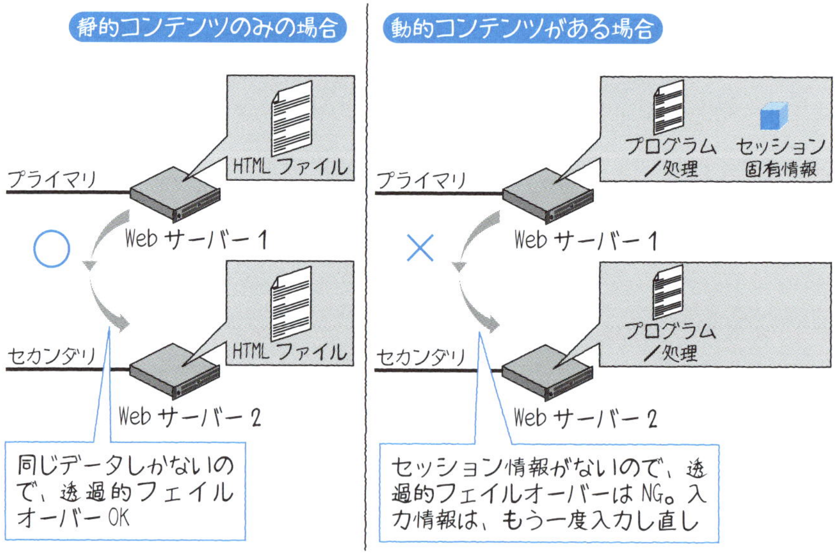

図7.20　リクエストのフェイルオーバーだけでは失われる情報がある

図7.20の通り、静的コンテンツ（単純なHTMLファイルなど）であれば、クライアントは何も意識をする必要はありません。しかし、動的コンテンツの場合、フェイルオーバーするとセッションの情報が失われるため、そのときのセッション状態は初期化されてしまいます。たとえば、オンラインショッピング時に障害があった場合、入力内容がすべて消えてしまうのです。決済ボタンを押す直前だったりすると、ちょっとショックですね……。

障害時にセッション情報が失われないようにするためには、フェイルオーバー以外の、何らかの仕組みが必要になります。なお、Javaには、このセッション情報の保護の仕組みがありますので、後述します。

割り振りアルゴリズムの選択時の考慮ポイントは、「複雑なアルゴリズムを選ばないこと」です。複雑であるほど、そのアルゴリズムを通過するときの負荷が高くなります。

静的コンテンツが格納されるWebサーバーの場合、一般にWebサーバーでの処理は軽く、セッション数とCPUなどのリソース消費は比例することから、単純なアルゴリズムであるラウンドロビンや、リーストコネクションなどを使用することが多いです。

ロードバランサーは高価な装置ですが、本章で紹介した機能以外にも、IPアドレスだけではなく、「IP:ポート」（L4）でどのサーバーにリダイレクションするか、「IP:ポート/URLコンテキスト」（L7）でどのサーバーにリダイレクションするかなど、きめ細かく設定する機能などがあります。

7.5 || AP サーバーの冗長化

7.5.1 サーバー冗長化

　Webサーバーに続き、APサーバーの冗長化も考えてみましょう。APサーバーの冗長化は、2つの機能で行なわれます。

　1つ目は、前節のWebサーバーと同じくロードバランサーによる冗長化や、APサーバーが持つWebサーバーからのリクエストの冗長化機能であり、APサーバーへのリクエストの分散が行なわれます。リクエストの分散、セッション情報の実装はWebサーバーと同じなので、紙幅の都合上、ここでは省略します。

　2つ目は、セッション情報の冗長化です。アプリケーションを実行するAPサーバーでは、セッション情報の冗長化機能が備えられています。セッション情報とは、Webサーバーでも少し触れましたが、アプリケーションの状態のことを指します。たとえば、アカウント作成のときに、名前、住所などを入力して提出すると、「この内容でよいですか?」などの確認画面が出るでしょう。これがセッション情報です。アプリケーション状態の一時的な記憶と思えばよいでしょう。

　リクエストの分散、セッション情報の冗長化の2つの機能により、APサーバーは冗長化されます。本章では、Javaを例に解説します。商用のAPサーバーは多くの種類がありますが、ここではOracle WebLogic Server（以降、WebLogic）を用いて説明します。図7.21をご覧ください。

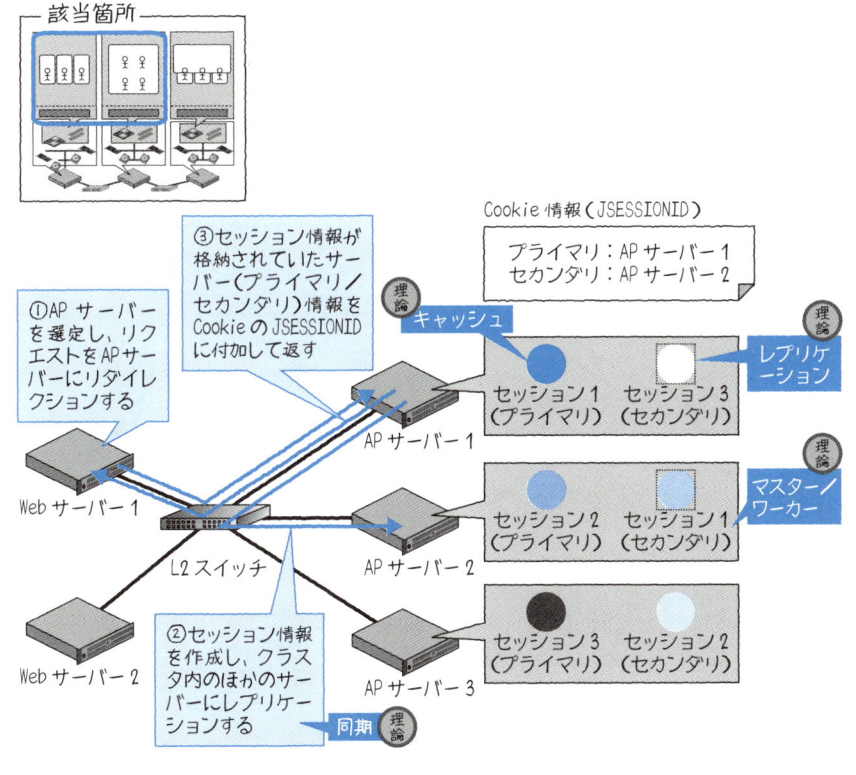

図7.21　WebLogicのセッションレプリケーション

　図7.21は、WebLogicにおけるセッションレプリケーションの構成例です。WebLogicにはリダイレクション用のPlug-inがあり、Webサーバーに実装されます。セッション情報は、アクセスされたAPサーバーをプライマリとし、セカンダリにコピーを持ちます（レプリケーション）。このサーバー情報はCookieに格納され、クライアントに返ります。

　クライアントが再アクセスする際は、Webサーバーに実装されたリダイレクション用Plug-inがプライマリサーバーを判別し、該当するAPサーバーにリクエストをリダイレクションします。

障害が発生したらどうなるの？

　WebLogicを例に、APサーバー障害時のフェイルオーバーの仕組みを図7.22に示します。

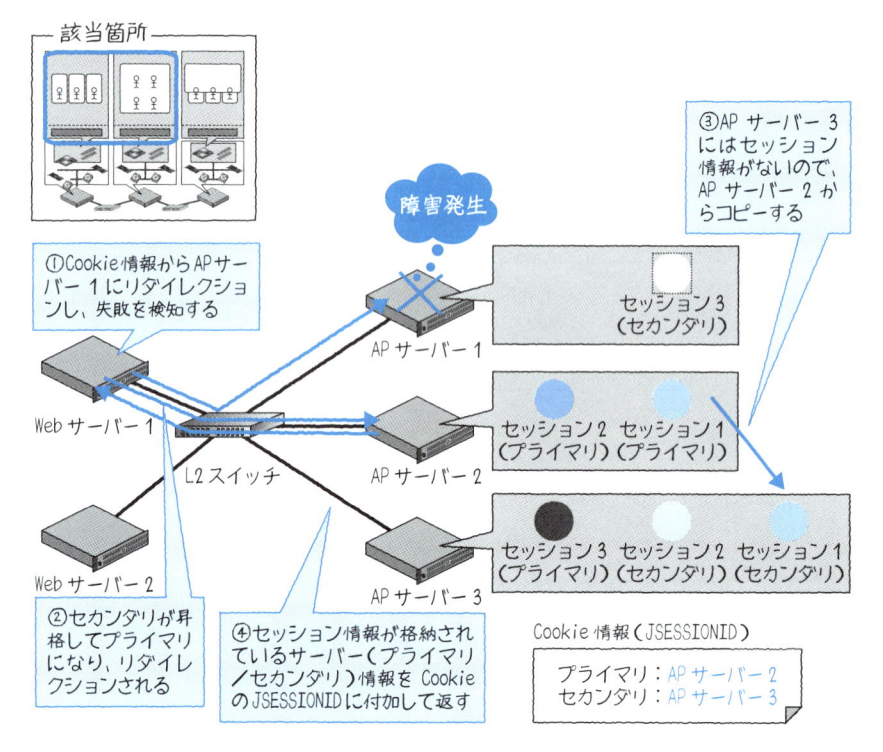

図7.22　障害時に引き継がれるセッション

　Cookie情報をもとに、セカンダリ側のセッション情報にアクセスし、セッションが継続できていることがわかりますね。これで、先ほど例に挙げたオンラインショッピング時のカート情報などは無事保護されます。

　なお、セッション情報のレプリケーションを行なうと、そのためのメモリやネットワークリソースの消費量が増えるので、サイジングに注意するようにしましょう。

7.5.2　DBへのコネクションの冗長化

　APサーバーは、3階層型システムの中間に位置します。次に、APサーバーからDBサーバーに接続する部分の冗長化を見てみましょう。

　APサーバーには、DBサーバーへアクセスする際に利用するコネクションを、あらかじめ複数張っておく機能があります。これをコネクションプーリングと呼び、WebLogicの場合、データソースの設定で行ないます。概要は第5章のポーリングの説明（5.3.2項）で接続監視の例として触れたので、ここでは具体的なコネクションプー

リングの利用方法を示します（図7.23）。

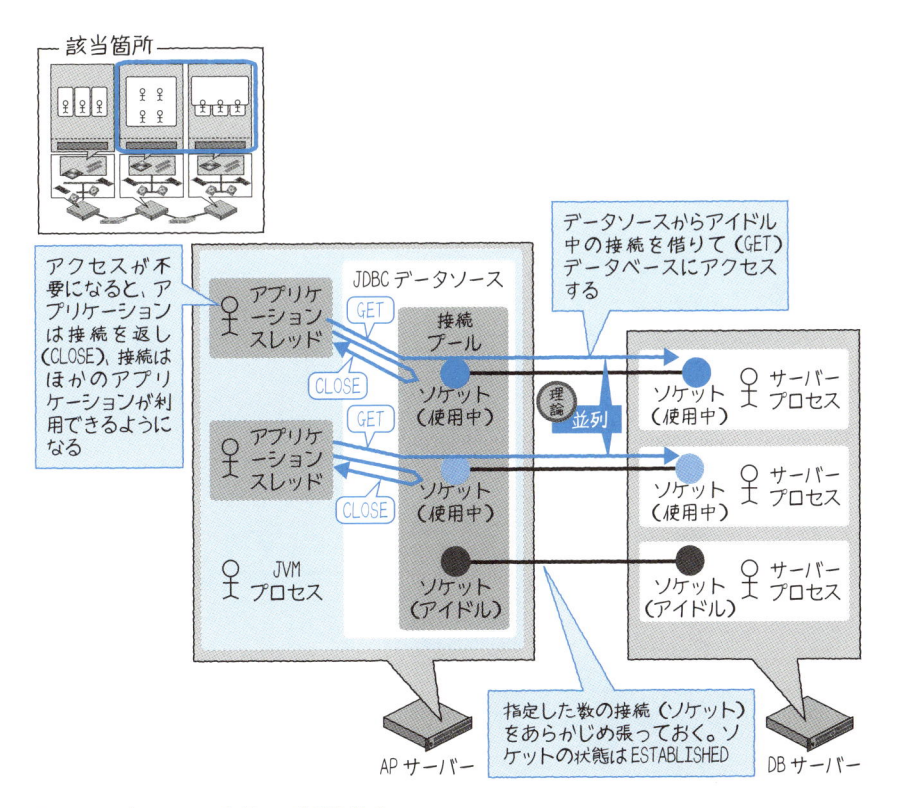

図7.23　GETとCLOSEでコネクションをリサイクル

　そもそもデータソースは複数の接続を張ることができ、それによりデータベースの処理を並列に行なうことができます。データソースを用いるメリットは、アプリケーションがDBサーバーのIPやポート等を知る必要がないという点です。アプリケーションは、データソース名だけ知っていればよいのです。図中のGetとCloseは、Javaの Connectionオブジェクトのget Connection( )およびClose( )メソッドです。アプリケーションはコネクションの解放は行ないません。したがって、コネクションを張ったり切ったりする時間や、そのためのリソースが不要なため、高速に処理ができます。

　コネクションプーリングは、技術的な進歩が目覚ましく、WebLogicにも、Oracle Databaseにもさまざまな機能が登場してきています。機能の詳細は製品により異なるため、本書では割愛します。もっと知りたい方は、「マルチデータソース」「Active GridLink」「Fast Connection Failover（FCF）」「Runtime Connection Load Balancing

（RCLB）」などのキーワードでWeb検索してみてください[※4]。

障害が発生したらどうなるの？

第5章のポーリングの説明（5.3.2項）で、WebLogicでは監視に2回失敗したコネクションはいったん切断された後、再接続される、と言いました。では、コネクションがすべて使用中になった場合は、どうなるのでしょう？　図7.24をご覧ください。

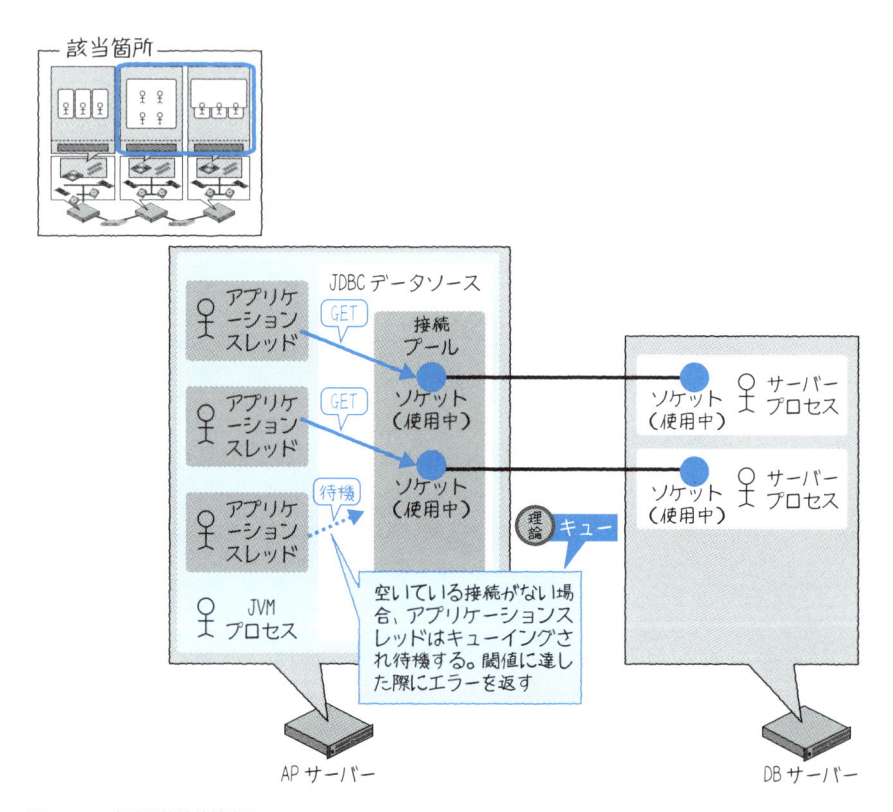

図7.24　一定時間接続待機する

※4　Oracleコンサルタント執筆の姉妹図書『新・門外不出のOracle現場ワザ』（翔泳社、ISBN：978-4-7981-2816-0）にも詳しく載っています。ご興味のある方はぜひどうぞ！

答えは、「設定最大値まで接続数が増え、それ以上の接続要求が来た場合には、一定時間待機する」です。パラメータは、「接続予約のタイムアウト」です。この閾値まで待機し、その後エラーを返します。Apache（p.256の図7.15）とは違い、いったん要求がキューイングされていることがわかりますね。

　このような特徴から、コネクションプーリングの一般的な設計指針は以下のようになります。コネクションやセッションに対する設計の一般的な考え方とも言えるので、参考にしてください。

・最小値と最大値は同じにしておく

　これは、Webサーバーのhttpdプロセス／スレッドにおける理由と同じです。コネクションを張ったり、切断したりするオーバーヘッドをなるべく軽減するためです。このようにすると、接続のオーバーヘッドを、初回起動時のみに集中させることができます。

・ファイアウォールの有無を確認しておく

　間にファイアウォールがある場合、長い間使用されていないセッションを自動的に切ることがあるため、ファイアウォールの有無を確認しておきましょう。接続されている間、ソケットはEstablish状態ですが、実際のデータのやり取りがない場合、間のネットワーク機器は、その接続をアイドルと見なします。特に、ファイアウォールではセキュリティの目的から、長時間アイドルの接続を強制的に切断する機能があります。そのため、意図しない切断が発生することがあるので、定期的にポーリングするなど、あらかじめ対策をしておく必要があります。こんなところでもポーリングは使われるのですね。

7.6 ‖ DBサーバーの冗長化

7.6.1　サーバー冗長化（アクティブ – スタンバイ）

　いよいよ、DBサーバーの冗長化です。DBサーバーの冗長化の方法は、数年前まで主流だったのがアクティブ–スタンバイ型のクラスタ構成です。クラスタ構成は、ハードウェアでも実現されますが、一般にクラスタソフトウェアによって実現されます。

　クラスタ構成は、オープンシステムにおいて欠かせない重要な存在です。第1章で、

インフラアーキテクチャの1つとしてスタンバイ型アーキテクチャを紹介しましたが、ここではもう一歩踏み込んだ、具体的な実装について見ていきます。

図7.25は、一般的なクラスタソフトウェアの構成要素です。クラスタ構成は、第1章でも触れた通り、HA（High Availability：高可用性）構成とも呼びます。クラスタウェアのノードやサービスの関係は、マスター／ワーカーの概念に基づいています。サーバーが正常に動いているかを確認するための「ハートビート」や「投票デバイス」という仕組みが存在するのが特徴です。この例では、2台のサーバーで1つの役割を担っています。

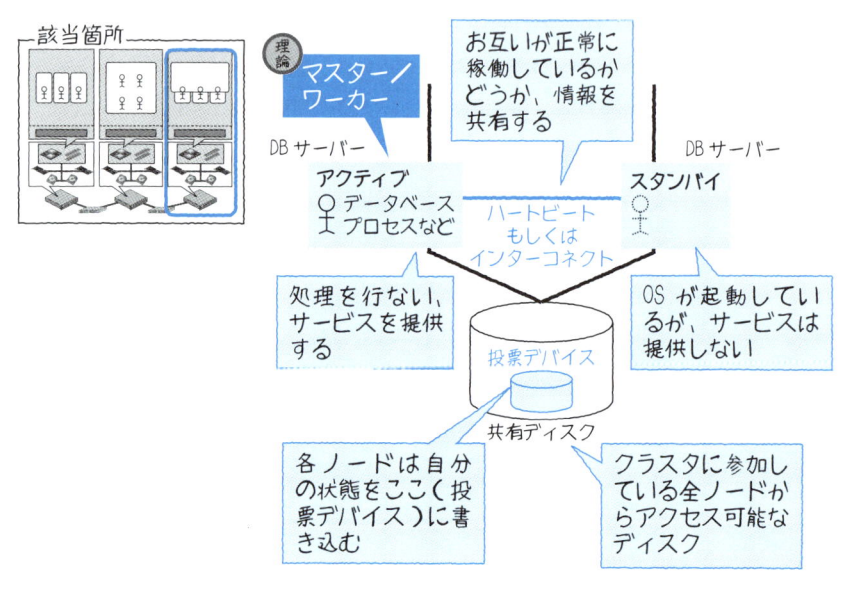

図7.25　クラスタの構成要素

障害が発生したらどうなるの？

クラスタにおけるフェイルオーバーの仕組みは、図7.26の通りです。

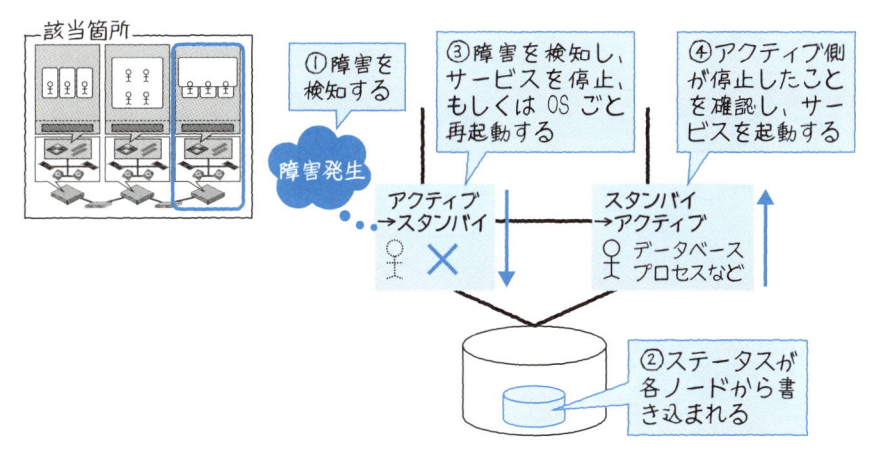

図7.26　クラスタソフトウェアのフェイルオーバー

　クラスタソフトウェアは、登録されたサービスが正常に動作しているかどうかを定期的に確認しています。異常が発生した際には、サービスの停止を行ない、待機していたスタンバイ側でサービスを起動し、サービスの継続を行ないます[※5]。一般に、十数分のダウンタイムでサービスを再開することができます。

　さて、クラスタソフトウェアの特徴である、ハートビートと投票デバイスは、どのようなときに使われるのでしょうか？　クラスタソフトウェアは、ハートビートを用いて、互いの状態を確認しています。そのため、ハートビートから状態を認識できなくなってしまうと、クラスタソフトウェアはフェイルオーバーすべきなのかどうかが判断できなくなります。

　このような状態を「スプリットブレイン」と言います。図7.27にスプリットブレインと対策を示します。

※5　余談ですが、フェイルオーバーすることを「ギッコンバッタン」と言う人がいますが、温かい目で見てあげてください（筆者も言います）。

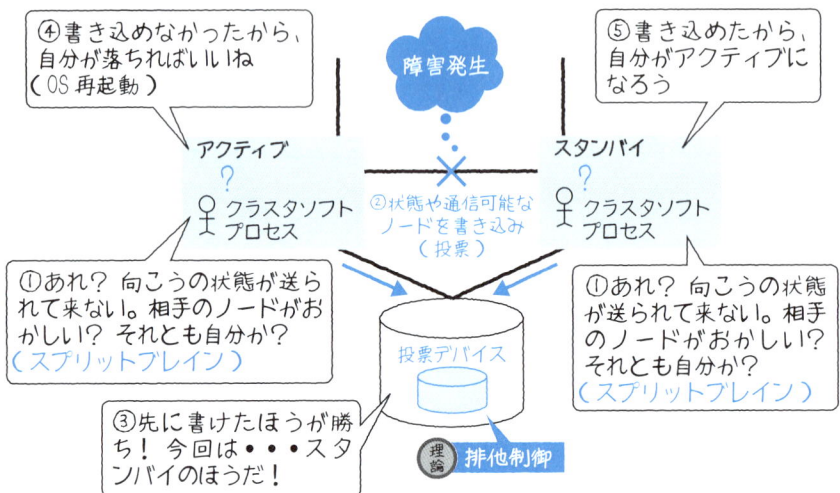

図7.27　困ったとき（スプリットブレイン時）は早いもの勝ち

　図7.27のように、投票デバイスに対する投票結果をもとに、クラスタソフトウェアが生き残るノードを決定します。生き残るノード以外のノードがデータにアクセスできないように、排他制御を行ない、データの二重書き込みなどの破損を防ぐようにします。

　では、図7.27は2ノードクラスタにおける例なので早いもの勝ちでしたが、3ノード以上のクラスタの場合はどうなると思いますか？

　答えは「多数決」です。認識し合ったノード数が多いノードが勝ち残り、少数派が落ちることになります。

　このように、投票デバイスは、ハートビートの機能を補完しているのです。

クラスタ構成向きなサービスとは？

クラスタソフトウェアによるアクティブスタンバイ構成は、サービスを並列に起動できず、データの一貫性が重要なサービス／システムに向いています。たとえば、データベース、ファイルサーバー、ジョブ管理システムなどが挙げられます。よって、データ更新があまり発生しない、サービス稼働中にサーバー間のデータ一貫性確保が不要、サービスの並列起動が可能、といった特徴を持つWebサーバーやAPサーバーではクラスタソフトウェアは用いません。

クラスタソフトウェアを用いる際の注意事項は、クラスタソフトウェアもOSの上で稼働するソフトウェアであるため、誤動作する可能性があることです。

スプリットブレイン対策のように、クラスタソフトウェアは自身の障害に対して対策を施していますが100％大丈夫とは言えません。そのため、必ず、重要なデータはバックアップを取得しておき、さらなる可用性を求める場合は、後述する遠隔レプリケーションなどの機能を用いましょう。

7.6.2 サーバー冗長化（アクティブ – アクティブ）

ここで、「データの一貫性の保証が重要なサービスやシステムは、スケーラビリティがないなぁ」と思われた方はいませんか？　DBサーバーでのデータの参照、更新はシステムにおけるボトルネックになりやすく、スケーラビリティに対するニーズは常に高いです。そのため、スケーラブルになるよう、さまざまな技術が生まれています。

ここでDBサーバーのスケーラブルな冗長化について、代表的な2つのアーキテクチャを紹介します。図7.28をご覧ください。さて、どちらの構成のほうがデータベースアクセスが来たときの処理が速いでしょうか？

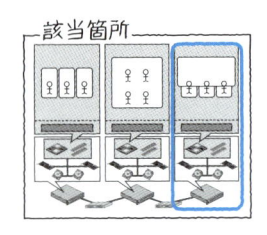

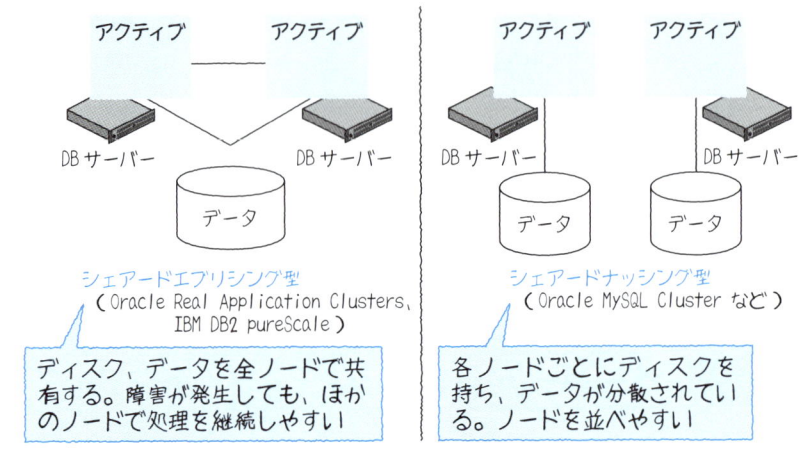

アクティブ　　　アクティブ　　　　　　　アクティブ　　　アクティブ

DB サーバー　　　　　DB サーバー　　　　　DB サーバー　　　　　DB サーバー

データ　　　　　　　　　　　データ　　　　データ

シェアードエブリシング型　　　　　　　シェアードナッシング型
（Oracle Real Application Clusters、　　　（Oracle MySQL Cluster など）
　　IBM DB2 pureScale）

ディスク、データを全ノードで共有する。障害が発生しても、ほかのノードで処理を継続しやすい

各ノードごとにディスクを持ち、データが分散されている。ノードを並べやすい

図7.28　DBサーバー冗長化の代表的な2つのアーキテクチャ

　答えは……どちらでもありません——って、怒らないでください。きちんと理由を説明しますから。

　大量なデータの検索の場合、データが分散していることから、シェアードナッシング型のほうが有利です。小さなトランザクションが大量に発生する場合も、ノード追加により並列にスケールしやすいことから、シェアードナッシング型のほうが有利です。しかし、拡張時にはデータの再配置を設計、検討する必要があるので、拡張は容易ではありません。

　また、更新時にデータの分散先を検討するため、全般的に更新処理が遅い傾向があります。

　シェアードエブリシング型では、お互いのノード上にあるメモリデータの整合性を確認する必要があるため、ノード数を増やしてもスケールしにくいです。また、すべてのノードから同じデータにアクセスできるからといって、全ノードから同じデータにアクセスした場合、互いの排他制御やデータの奪い合いによって、処理速度は低下します。

　可用性面では、シェアードエブリシング型のほうがどのノードからも同じデータに

アクセスできるため有利ですが、シェアードナッシング型でも、データのレプリケーション機能を持ち、耐障害性を考慮しているデータベースもあります。

このように、「答えるのが難しい」ということがわかったでしょうか？　システム特性を考慮し、そのシステムのボトルネックや障害時影響を想像することが大事だと言えます。

また、思想としては上記の通りですが、各製品はそのアーキテクチャのデメリットを克服すべく、さまざまな工夫をしています（そこが「製品」のウリというものです）。想像する際にはこれらの、アーキテクチャ上の弱点に対する工夫も確認してみてください。

なお、クラウド上の実装では、圧倒的にシェアードナッシング型です。シェアードエブリシング型では、共有ディスクが必須となり、地理がブラックボックス化されているクラウドでは構成が難しいためです。もしクラウド上で実装するのであれば、完全に物理サーバーを専有するサービス（ベアメタル）を用いる必要があります。最近のクラスタソフトは、クラウドへの対応として、シェアードナッシングへのシフトを進めています。

キャッシュの転送

さて、2つのアーキテクチャを挙げましたが、ここでシェアードエブリシング型の重要な仕組みである、キャッシュの転送について説明します。

図7.29は、Oracle Real Application Clusters（RAC）によるキャッシュの転送例です。このようにRACは、キャッシュ上のデータをネットワーク経由でもらうことでディスクアクセスを減らし、データの取得を高速化しています。これをRACでは、キャッシュフュージョンと呼んでいます。

キャッシュフュージョンの注意点は、ディスクアクセスより高速だとしても、同じブロックが何度もサーバー間を行き来した場合は、レスポンスは向上しないということです。これをブロック競合と言います。システムリソースに余裕があるのにレスポンスが悪い場合は、このブロック競合も疑ってみてください。この現象は、同一ブロックの更新が複数のサーバーで行なわれるときに発生します。

また、キャッシュフュージョンの動作を保証するために、最新ブロックはどのノードにあるのかなどの状態を管理する仕組みがあります。排他制御はそれによって行なわれています。

シェアードエブリシング型のデータベースでは、アプリケーションが適切に設計されていても、キャッシュフュージョンに使用されるインターコネクトはボトルネックになりやすい箇所です。この課題に対する対策として、インターコネクトにイーサ

ネットではなく、Infinibandと呼ばれる帯域の大きい転送ネットワークを利用する
ケースなどがあります。

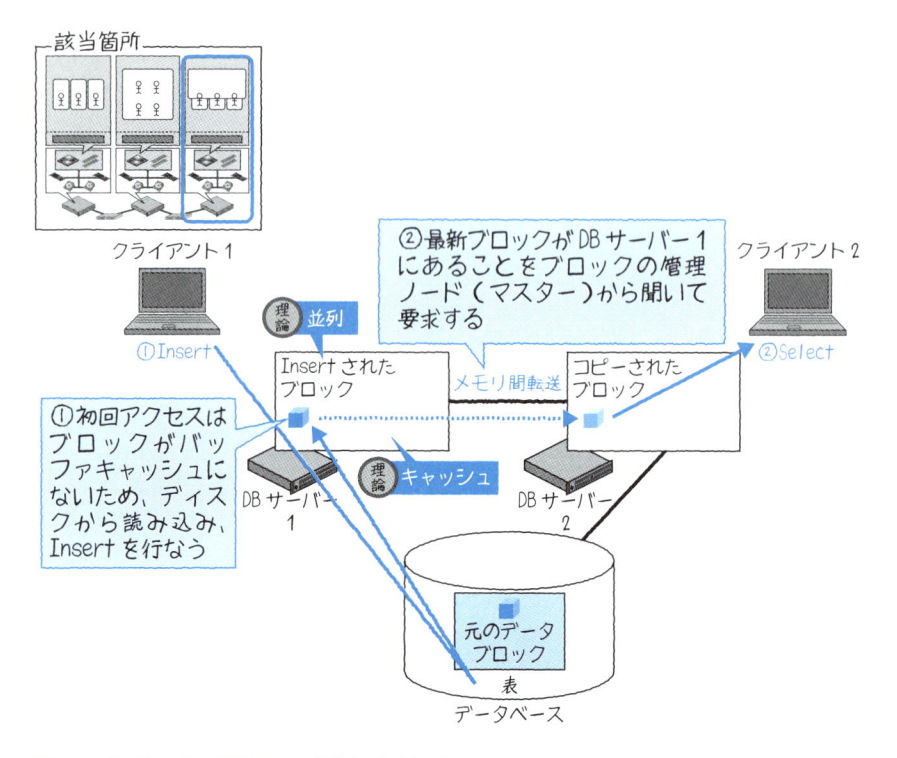

図7.29　メモリ上のデータをネットワーク経由でもらうこと

　次に、シェアードナッシング型におけるデータ保護の機能をご紹介します。シェアードナッシング型はすでに触れた通り、データが分散配置されるため、障害発生時にはデータがなくなる可能性があります。これを保護する機能をOracle MySQL Clusterを例に説明します。

　図7.30をご覧ください。SQLノードは、APサーバーからSQL文を受け付けるサーバーです。データノードは、実際のデータが格納されるサーバーです。シェアードナッシングのメリットの通り、個々に拡張できることがわかるでしょう。

　データの保護は、データノード間のレプリケーション機能で実装されます。データノードのデータが正/副と、データノード間でレプリケーションされていますね。Oracle MySQL Clusterでは、このようにシェアードナッシングであるものの、障害時のデータ保護が可能になっています。

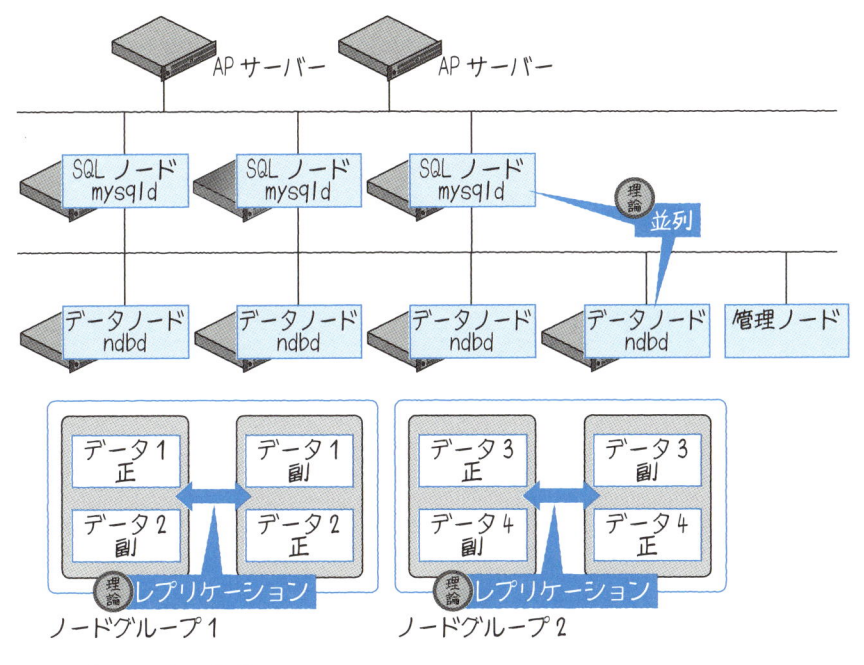

図7.30　データのレプリカが可能

　さて、このような仕組み、どこかで見たような気がしませんか？　APサーバーの
セッション情報の冗長化が、この仕組みにそっくりですね。では、この仕組みのとき
のデメリットは何でしょうか？　それは、セッション情報の冗長化と同じく、データ
のレプリケーションのやり取りのためのネットワークリソースの消費とディスク容量
の枯渇です（セッション情報の場合は、メモリ上のデータのやり取りなのでメモリ容
量でしたね）。

　このように、仕組みがそっくりだとメリットもデメリットも似ているのだ、と頭に
入れておいてください。

障害百物語 その2 「診断で死んだ（ん）」

オヤジギャグですみません（笑）。さて、皆さん、診断コマンドはどんなときに実行するでしょうか？　システムの状態を確認して定期的に分析するとき、もしくはシステムに不具合が発生したときですね。

筆者の経験を話します。サーバーのメモリが時々ビット誤りを起こすようになったときのことです。そのまま放っておいても、ECCメモリなどが誤り訂正をしてくれるので、サービスは正常に稼働しますが、「そろそろ交換だな」と思い、確認作業に行きました。

実行したのは、メモリの使用量を確認するOSコマンドの「vmstat」です。システムの状態確認時の初歩的なコマンドと言えます。このコマンドを実行した瞬間、なんとサーバーが突然リブートしたのです。サーバーはクラスタソフトウェアにより、あっという間にフェイルオーバーしてしまいました。コマンドを実行した瞬間にメモリが完全に破損し、サーバーはそのメモリを切り離したわけですね。まあ……事故です（泣）。

一般的に診断コマンドは、デバッグのように普段は出力しない情報を出力するので、システムの負荷を上げる可能性があります。たとえば、コマンドオプションによっては、Linuxにおけるstraceやtcpdump、Oracle Databaseにおけるv$lockなどの実行／参照は、システムの負荷を微量ながらも上げます。このように、システムの高負荷時の分析／診断は、とても難しいのです。

笑い話ですが、定期的にシステム統計を収集し、キャパシティプランニングを行なうような場合に、あまり多くの情報を取りすぎると、情報の定期収集が最も負荷の高い処理になってしまうこともあります。

どのようなコマンドが実行時にシステムに対して負荷をかけるかを意識し、コマンドに対する感覚を養うべきだと、筆者は思います。

7.7 ║ ネットワーク機器の冗長化

7.7.1 L2 スイッチの冗長化

さて、ここまででは各サーバーについて見てきました。これで終わりでしょうか？ いいえ、もう1つ重要なものがあります。サーバー間をつなぐための要となる装置——そう、スイッチです。

まず、L2スイッチの冗長化はどのように行なわれているのでしょうか？ サーバーとL2スイッチ間の実際の結線は、一般的には図7.31のようになります。

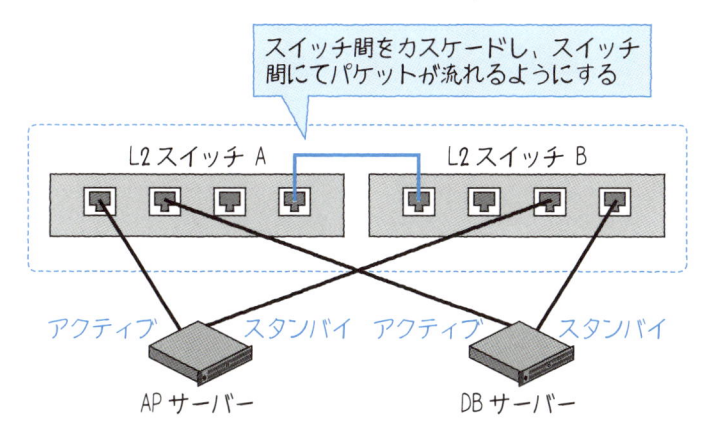

図7.31　スイッチ2つを一度に利用

図7.31の構成では、サーバー側のネットワークインターフェースがBondingなどの技術で冗長化されています。この2つのポートを別々のスイッチに挿し、スイッチの障害に備えています。スイッチは、2台をつなぎ、スイッチ間でパケットが流れるようになっています。さて、これは、どのように実現しているのでしょうか？

スイッチ間をクロスケーブルなど[※6]でつなげばスイッチをまたいで通信を行なうことができます。これをカスケードと呼びます。

しかし、最近は1つのスイッチを1つのネットワークで利用するのではなく、複数のネットワークに接続することがあります。このような場合は、スイッチには複数のVLAN を設定することになります。この場合、どのような結線になるのでしょうか？ 図7.32をご覧ください。

※6　MDI-Xが実装されていれば、ストレートケーブルでも大丈夫です。

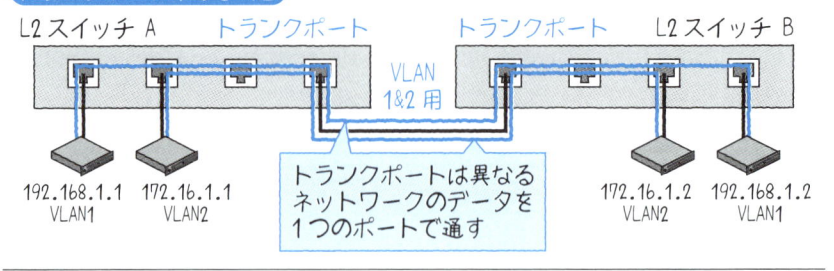

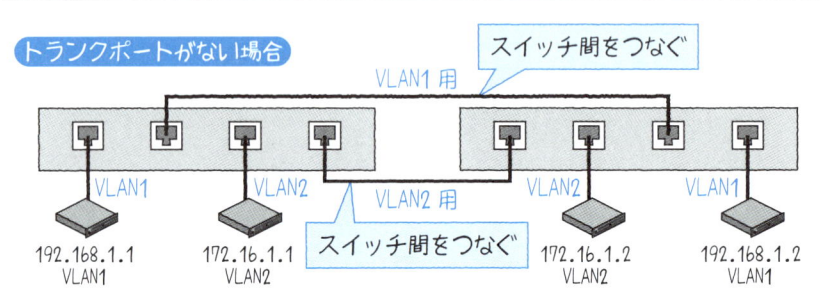

図7.32　トランクポートはスイッチ間の通信を集約する

　図7.32下段のように、スイッチ間でVLANの通信をやり取りする場合、それぞれの
VLAN同士をつなぐ必要があります。しかし、図7.32上段のように、トランクポート
というポートを利用した場合、このポートは、ポートを複数のVLAN に所属させるこ
とができます。このようなトランクポートを利用するケースが主流になっています。

　トランクポートを使う場合、どのVLANのデータかを識別できるようにしなければ
なりません。近年では、IEEE802.1Qで標準化されたVLANタグの技術を用いるのが主
流です。VLANの詳細は第6章で説明した通りです。

トランクポート利用の際に必要な対策

　「トランクポートに障害が発生した場合、スイッチ全体の障害と見なされない？」「ト
ランクポートの通信がボトルネックにならないの？」といった疑問を持った方はいま
せんか？

　はい、おっしゃる通り。ここには対策をする必要があります。

　ネットワークの冗長化の方式の1つとして、「リンクアグリゲーション」という方
式があります。図7.33をご覧ください。

　サーバーやNASなどでは、複数のポートを束ねて1つのイーサネットポートとして
利用することができます。LinuxのBonding機能でも可能です。これを「リンクアグ

リゲーション」と呼びます（毛利元就の3本の矢……と聞いてイメージが湧いたあなた、筆者と同じ感性です）。リンクアグリゲーションでは、通常は双方のポートを使用しますが、ポートの障害時には縮退し、処理を継続することが可能です。また、双方のポートを使用することで帯域が倍に増えるため、ボトルネックの解消としても利用可能です。一般に、最大4本程度まで束ねることができます。

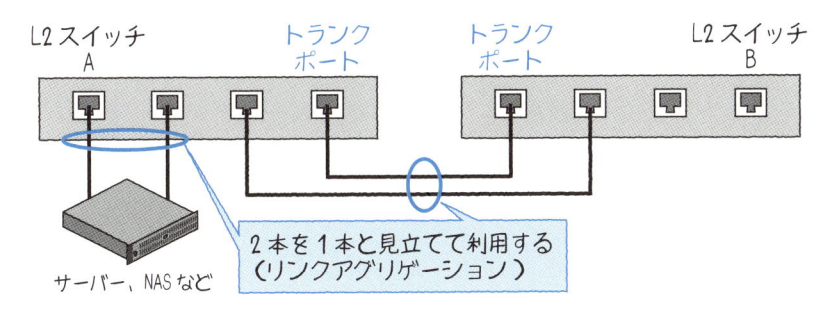

図7.33　2本を1本に束ねて利用

　なお、注意点として、サーバー側ポートを束ねた場合は、挿しているスイッチ側のポートも、必ず同じように束ねておく必要があります。Cisco社のスイッチでは、この機能を、「EtherChannel」と呼びます。EtherChannelでは、トランクポートも複数束ねることが可能です。トランクポートは、この機能を使用し、複数のポートを束ねて使用することでトランクポートの通信がボトルネックになることを抑止し、耐障害性を高めることができるというわけです。

　複数束ねたネットワークのポートをどのように使うか、その負荷分散方式にはさまざまな方式があります。たとえば、Bondingにはラウンドロビン方式があります。

　EtherChannelでは、送信元や宛て先のMACアドレスに従って、どのポートを使うかを決定する方式があります。たとえば、宛て先MACアドレスに従い負荷分散をする場合、宛て先のサーバーが1台の場合は1つのポートに通信がかたよることになるため、設定するときには考慮が必要です。

　では、このリンクアグリゲーションをシステムのどこに適用するのでしょうか？これについては注意が必要です。たとえばクライアントにおけるWebページの表示が重い問題が発生し、ネットワークが問題だと特定できたケースを想像してみましょう。このときに、帯域拡張を目的として、Webサーバーのインターフェースをリンクアグリゲーションしても、もしインターネットの出入り口の回線がWebサーバーのインターフェースの回線よりも狭かった場合は、ネットワークボトルネック解消に対する効果はありません。

一般に、リンクアグリゲーションは、トランクポート、NASの接続インターフェースなどに用います。リンクアグリゲーションの利用検討がよい例になりますが、ネットワークの帯域幅を検討する際には、通信元と宛て先間のすべての帯域の考慮から、ボトルネックを特定し、拡張を行なうことが重要です。第2章で説明したサーバー内のバスに対する考え方と同じですね。

7.7.2 L3 スイッチの冗長化

L3スイッチの冗長化は、基本的にアクティブ–スタンバイです。近年Cisco社などでアクティブ–アクティブに使用可能なVirtual Switching System（VSS）などの機能も出てきていますが、ここでは従来型のアクティブ–スタンバイの冗長化について説明します。

さて、L3スイッチが冗長化されると、具体的に何がうれしいのでしょうか？　L3スイッチは、スイッチの機能と簡易的なルーターの機能を併せ持った機器です。

図7.34をご覧ください。L3スイッチが、L2スイッチとしてもルーターとしても使うことができることがわかるでしょう。一番悩むのが、L2/L3スイッチとL3スイッチを結線するときです。図7.34のように、目的に合わせて扱いを選びましょう。

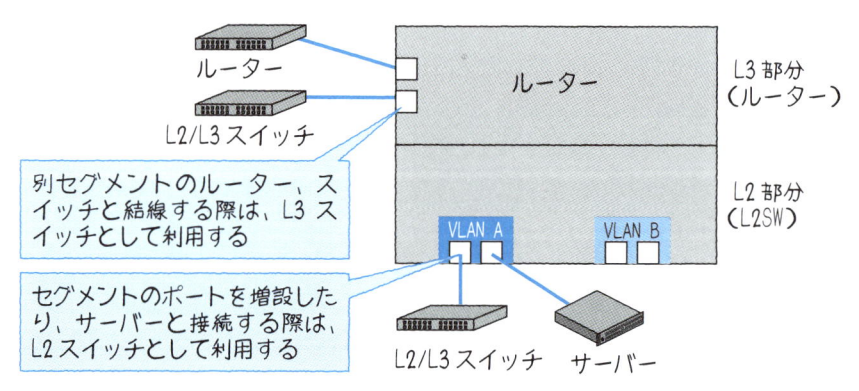

図7.34　L3スイッチの概念

このため、サーバーのデフォルトゲートウェイや、そのほかネットワークのゲートウェイになります。

Webシステムでは、ゲートウェイがダウンすると、システムサービスはほぼ全停止と言っても過言ではありません。だから、L3スイッチの冗長化は重要なのです。

具体的な実装として、L3スイッチのアクティブスタンバイを実現するVirtual Router Redundancy Protocol（以降、VRRP）というプロトコルがあります。

図7.35をご覧ください。少し難しい絵ですが、吹き出しの「仮想ルーターアドレス／仮想ルーターMACアドレス」の位置と、サーバーから伸びている青い線で示されるネットワーク経路に注目してください。

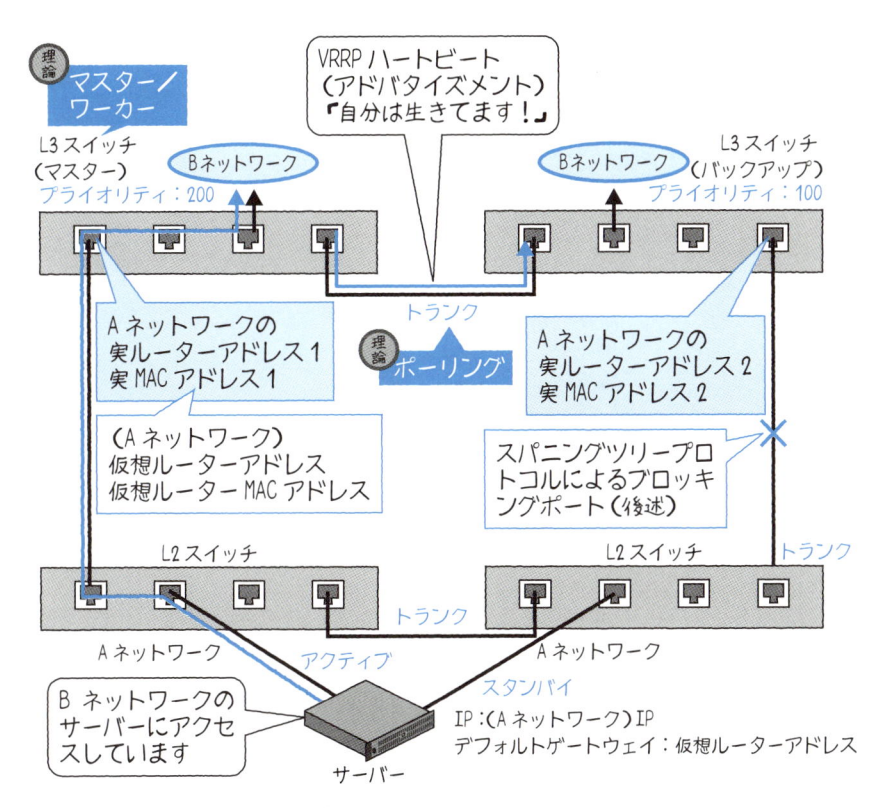

図7.35　現在のデフォルトゲートウェイは左側のL3スイッチ

一見、複雑なように見えますが、以下のようなことが行なわれています。

①機器のどちらがプライマリ（マスタールーターと言う）かを決定する
②定期的なハートビート（アドバタイズメントと言う）を行ない、死活検知を行なう（自分が生きていることの証明）
③セカンダリ（バックアップルーターと言う）がアドバタイズメントを特定の時間受信できなくなると、マスタールーターの役割を引き継ぐ

VRRPでは、①の機器のマスタールーターの決定に、プライオリティ値を使用しています。大きいほうがマスターです。②の定期的なアドバタイズメントは、マスタールーターからバックアップルーター側に向かって数秒単位で行なわれます。VRRPは専用リンクを必要としません。VRRPを使用しているVLANが所属したすべてのポートが死活監視の対象となります。一般的には切れないことを前提とした、スイッチ間のトランクポートを利用した設計を行ないます。

障害が発生したらどうなるの？

③のフェイルオーバーですが、アドバタイズメントが失われた後、一般に10秒程度で切り替わります。図7.36は、マスタールーターに障害が発生した際の切り替わりを示しています。図7.35と比べて「仮想ルーターアドレス／仮想ルーターMACアドレス」の位置と、サーバーから伸びている青い線で示されるネットワーク経路が変わっているのがわかりますね。

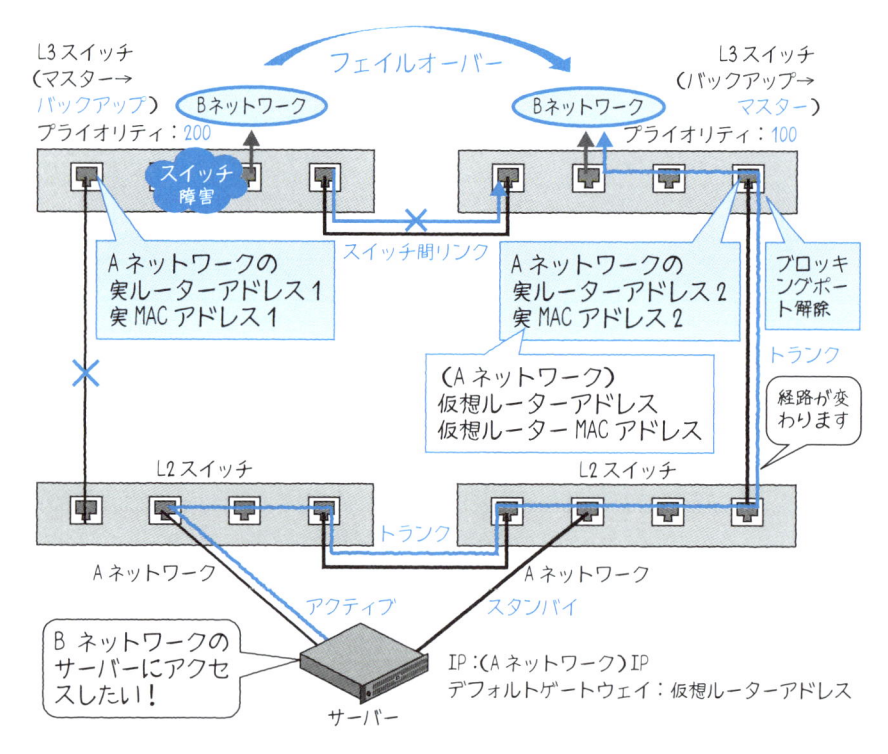

図7.36　デフォルトゲートウェイは、右側のスイッチに変更

バックアップルーターがマスタールーターに昇格し、仮想ルーターアドレスが移動しました。そのため、サーバーからBネットワークへの経路が変わったことがわかるでしょう。

　このようにして、L3スイッチは冗長化されます。また、VRRPプロトコルは、L3スイッチだけでなく、ロードバランサーや、ファイアウォールなどの冗長化にも幅広く利用されているので、ぜひ理解しておきましょう。

7.7.3 ネットワークトポロジー

　L2スイッチ、L3スイッチの冗長化について説明してきましたが、組み合わせると実際にはどのような構成になるのでしょうか？　設計せずに機器を組み合わせると、ネットワーク全体が不通になるような重大な障害が発生してしまうこともあります。

　では、ネットワークにおいて一番重要なことは何でしょうか？　それは、ある一時点では、送信元から宛て先までの経路が1本であることです。しかし、経路が1本であることと、障害に備えて冗長化を行なっておきたいことは相反します。実際のネットワークでは、どのようにこの相反する要件に対応しているのでしょうか？

　図7.37をご覧ください。L2スイッチとL3スイッチを組み合わせていますが、左の図は経路が1本、右の図は経路が2本になっています。

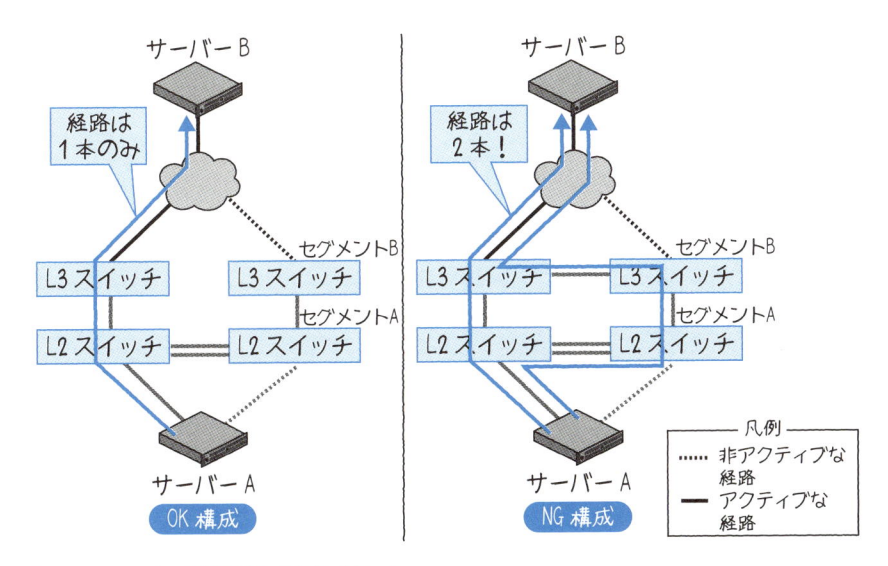

図7.37　L2/L3スイッチを組み合わせたネットワーク

人間は、その日の気分によって電車を使うか、バスを使うかを決めることができます が、ネットワークには「気分」はありません。そのため、何らかのルートが定められ ていないと目的地まで情報を送り届けることができません。

　このように、複数の経路が取れるようなネットワーク構成を「ループ」と呼びます。

　しかし、反面、経路が複数あるのは、耐障害性の面ではよいことです。この矛盾を 解決するための手段として、スパニングツリープロトコル（以降、STP）の利用が挙 げられます。図7.38をご覧ください。

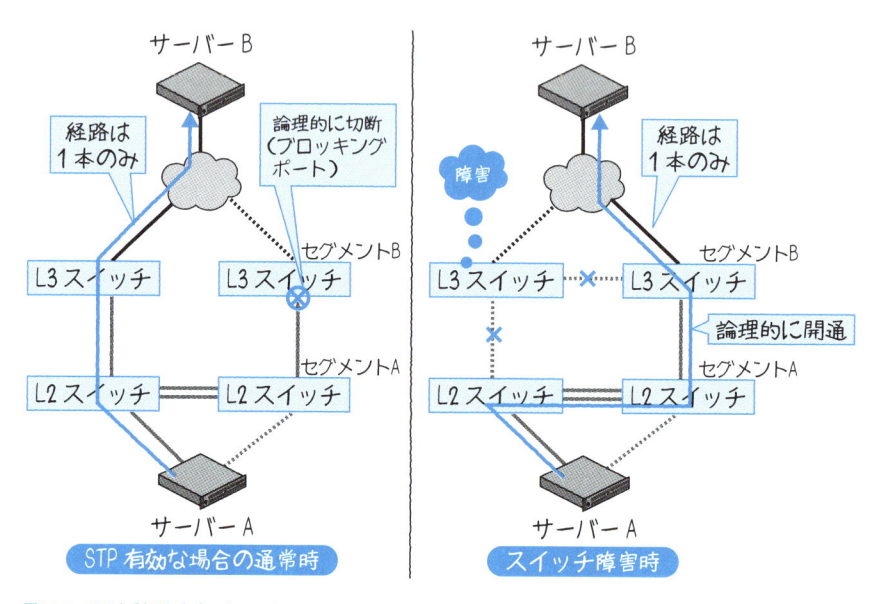

図7.38　STPを利用したネットワーク

　STPを利用すると、論理的にポートを切断しておくことができます（ブロッキング ポートと呼びます）。切断するポートは、STPの計算アルゴリズムにより算出されま すが、スイッチの設定により、切断対象をコントロールすることができます。

　障害時には、STPによる再計算が行なわれ、論理的に切断されていたポートは開通 し、通信が可能になります。なお、少し専門的になりすぎるため、本書ではゲートウェ イの先のルーティング経路の冗長化については触れません。

STPのデメリットは、計算に最大50秒かかり、障害発生時のダウンタイムが長いことです。しかし、安心してください。現在は、RSTP（Rapid-STP）というSTPの改良版が主流であり、フェイルオーバー時間はほぼゼロとなりました。

また、昨今はL2ファブリックや、ネットワークオーバーレイなど新しいトポロジー、概念も出てきています。興味のある方は調べてみてください。

ネットワーク構成の代表的なパターン

ネットワーク構成には、いくつかのパターンがあります。

まず図7.39をご覧ください。このネットワーク構成を「はしご型」と呼びます。物理結線が容易なのがメリットで、拡張時の構成は右側です。

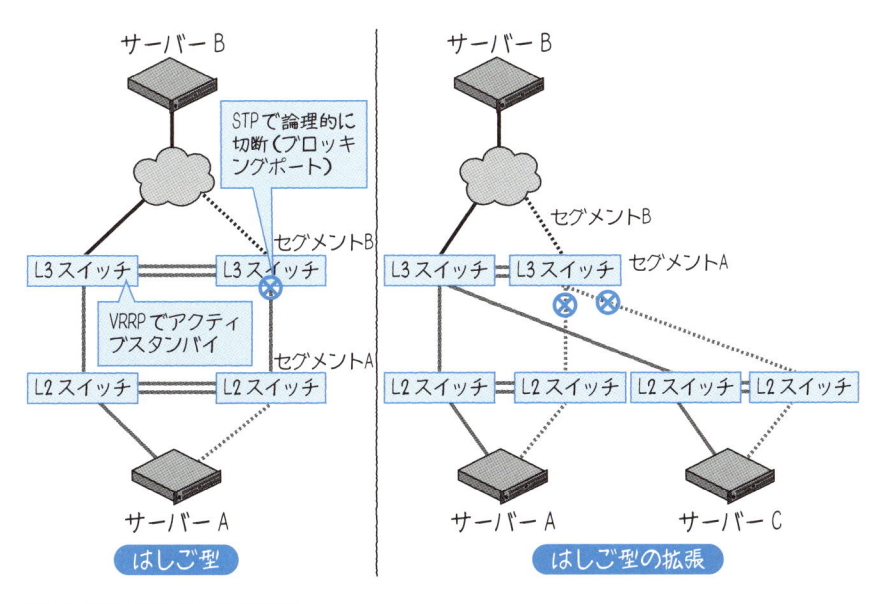

図7.39　はしご型のネットワーク構成

続いて、図7.40をご覧ください。このネットワーク構成を「たすき型」と呼びます。拡張時の構成は右側です。

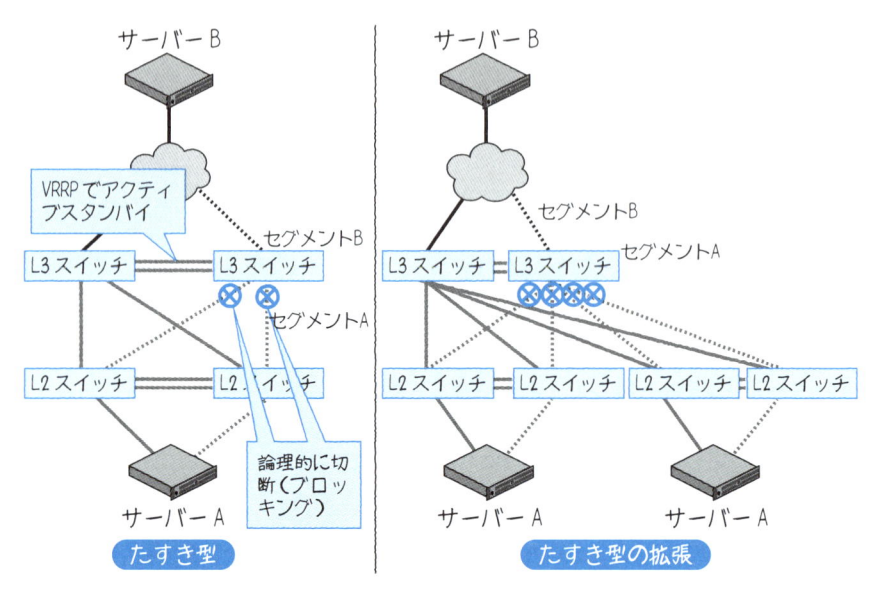

図7.40　たすき型のネットワーク構成

　はしご型、たすき型のどちらも、STPによるブロックを行なっていますね。たすき型のほうは1ループに関わるスイッチ数が3つであることもあり（はしご型は4つ）、STPの計算アルゴリズムの調整が容易であることがメリットです。最近の主流は、たすき型です。

　こうやって順を追って見てみると、意外とネットワークは難しくないねと、興味を持っていただけたらうれしいです。

障害百物語 その3 「ブロードキャストストーム」

ブロードキャストストームという恐怖の現象があります。ネットワーク構成を誤り、同一セグメント内でパケットが1経路ではなく、複数の経路で送ることができるような、ループしたネットワーク構成にしたときに発生する現象です。図7.Aをご覧ください。

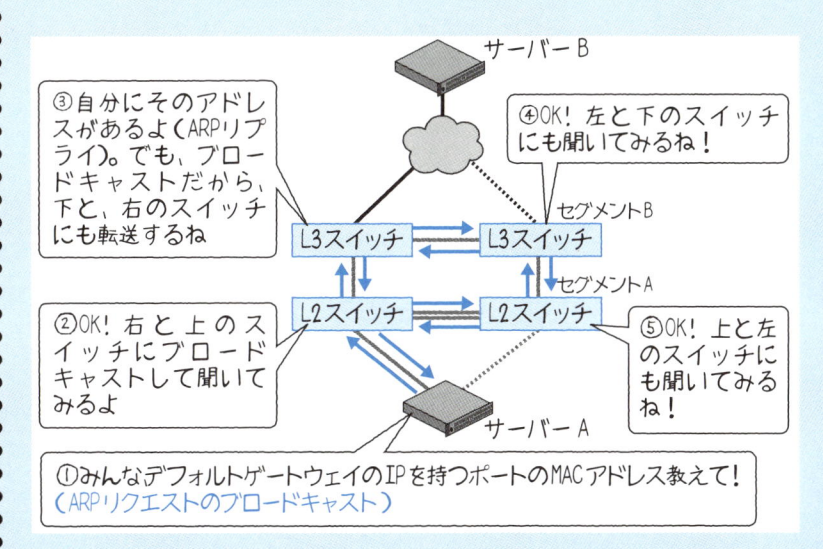

図7.A　ブロードキャストストーム

前に説明したセグメント内のネットワーク通信を覚えていますか？　パケットを送信するには、相手のMACアドレスが必要です。このMACアドレスを知るために、送信元サーバーは、ARPリクエストを実行します。このリクエストはブロードキャストです。ブロードキャストはあらゆる方向に送られ、受け取ったスイッチは、さらにほかのスイッチに対してブロードキャストを送り、通信量は膨大にふくれあがってしまいます。

結果としてネットワーク機器のCPU使用率が高騰し、そのほかのネットワーク処理を受け付けることができなくなり、広範囲のシステム障害を起こします。ネットワークの全体図がない場合、経路がどのようにつながっているかを見通すことができず、誤ってループした結線を行なってしまうことがまれにあります。ネットワーク障害は、サーバー障害よりも、もっと広範囲に影響を及ぼします。

皆さんの会社には、ネットワークの全体図はあるでしょうか？

7.8 サイトの冗長化

7.8.1 サイト内の冗長化全体図

ここまでで冗長化技術の説明が一通り終わりました。さて、すべての技術を組み込み、構成すると図7.41のようなサイトになります。

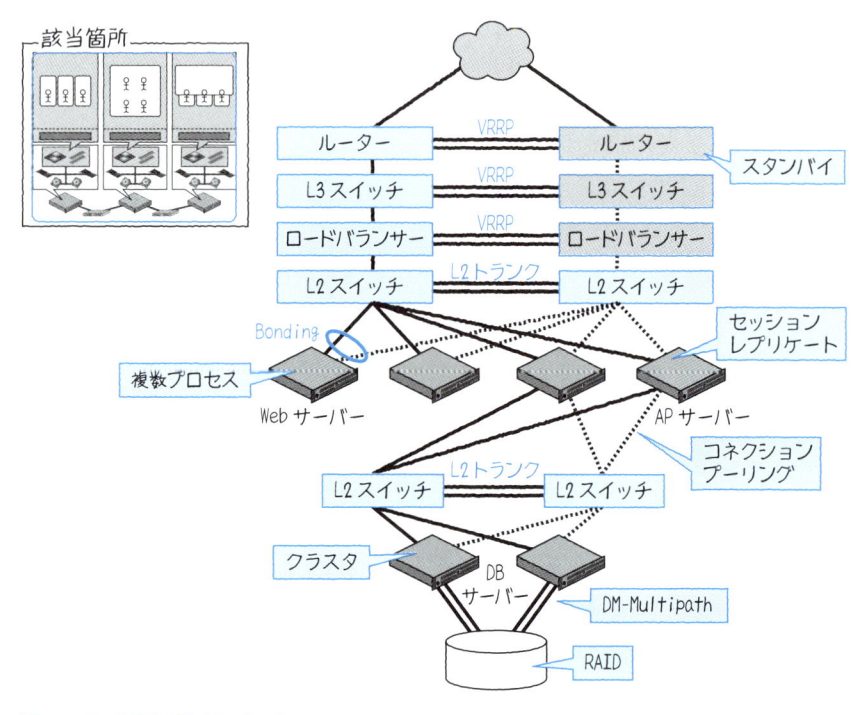

図7.41 とても障害に強くなったWebシステム

たくさんの技術の組み合わせによって、Webシステムは、障害に耐えられるように作られていることがわかりますね。これでもうサイトがダウンするなんてありえない！……と断言できればいいのですが、まあそうはいかないのがシステムというものです。それぞれのシステムコンポーネントに、障害に耐える仕組みがある、ということを覚えておいてください。

また補足ですが、今回はセキュリティに関する内容は触れていないため、ファイア

ウォールなどの機器は組み込んでいませんが、実際にはL3スイッチの下位に実装されます。

7.8.2 サイト間の冗長化

　大規模な災害が発生した場合、データセンター全体が機能しなくなることがあります。このような災害への対策として、遠隔地のデータセンターと連携する技術があります。

　図7.42に例を挙げます。グローバルサーバーロードバランシング（GSLB）という実装です。F5社や、A10 Networks社などに製品があります。

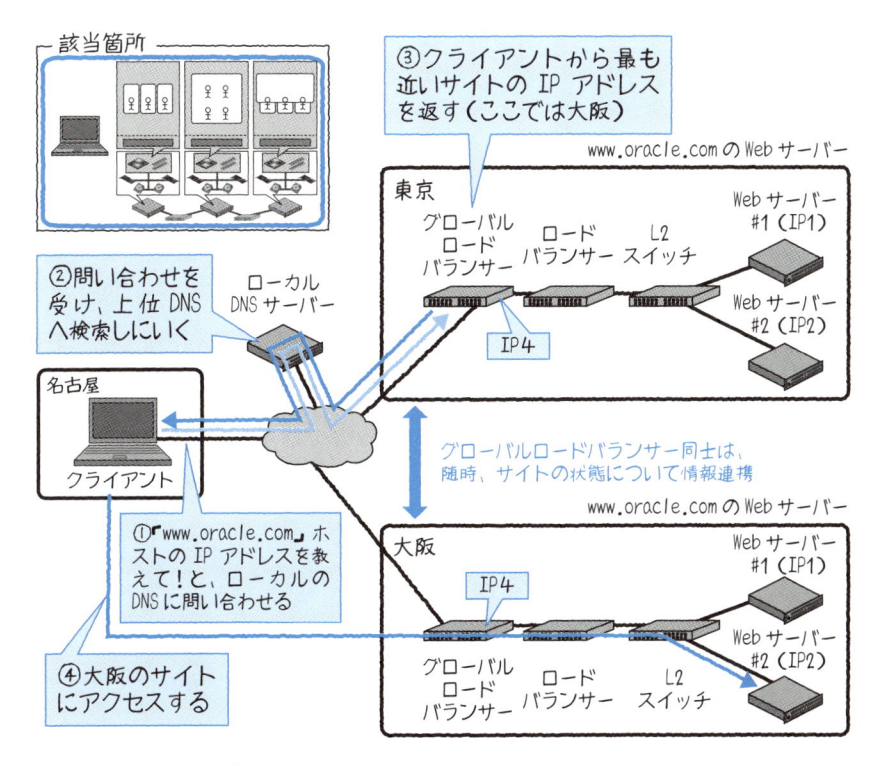

図7.42　DNSがサイトを飛び越える

　DNSが返すIPアドレスを、動的に変更することで実装しているのがわかったでしょうか？　このような機能を用いて、サイト障害に耐えることができます。

　なお、データに関するサイト間の冗長化は、第5章のレプリケーションの例（5.6.2

項）で挙げたような、MySQLのレプリケーションや、ストレージ間レプリケーションで行なわれます。レプリケーション技術は、サイト間のデータの送受信には欠かせない要素技術です。

このような災害対策を目的とした遠隔地へのデータの転送技術を総称し、ディザスタリカバリと呼ぶこともあります。金融系の基幹システムなどミッションクリティカルなシステムでは、このような仕組みが導入されています。

遠隔地にデータを送信する際に重要なのは、同期か非同期かということです。完全にデータを守りたい場合は、データは遠隔地にも書き込まれる必要があるので同期させます。しかしこの場合、あまりに遠隔地すぎると、データを遠隔地に同期するオーバーヘッドがかかりすぎるため、レスポンスは悪くなります。非同期であればレスポンスは良いものの、データは完全に保証されません。このトレードオフを押さえておきましょう。

現在の一般的な構成では、サイトが離れた場合は非同期にし、ある程度のデータ消失を許容しています。

7.9 監視

7.9.1 監視とは？

ここからは、システムコンポーネントが正常に稼働しているかどうかを確認する「監視」について見ていきます。システムサービスを安全に継続するためには監視は欠かせません。

代表的な監視として、以下の3種類があります。

・死活監視
・ログ（エラー）監視
・性能監視

このほかにも、ハードウェア自身によるハードウェアの故障の監視、クラスタソフトウェアが実施する各コンポーネントの監視など、さまざまな監視があります。

監視において重要なのは、なぜその監視が必要なのか、特定のコンポーネントに対し、監視は重複しすぎていないかを考え、意識することです。監視対象については、

極端な話をすれば、全プロセスを監視し、ログが1つでも出力されればそれを検知するように設定することも不可能ではありません。しかし、実際にアラートが上がった場合、どのように対処してよいか、その後のアクションに結びつかない場合は、その監視は意味がありません。また、監視対象の数が多いと、やがて監視アラートが飛んできても無視するようになります。これでは監視が意味のないものになってしまいます。

　監視対象を絞り込むのは勇気のいることです。初めはある程度多くの項目を検知するようにし、不要なアラートをフィルタリングし、項目を減らしていくのがよいでしょう。

7.9.2　死活監視

　死活監視は主要な監視で、サーバーの監視とプロセスの監視の2つがあります。図7.43をご覧ください。

　この例は、pingコマンドを定期的に実行し、サーバーのインターフェースに対する疎通を確認しており、一般的にサーバーの死活監視と言われます。また、pingを用いることから、ping監視とも呼ばれます。

　ping監視は、実装がとてもシンプルであるため、どのようなシステムでも実装することができます。そのため、ping監視は一通りの機器に設定することをお勧めします。

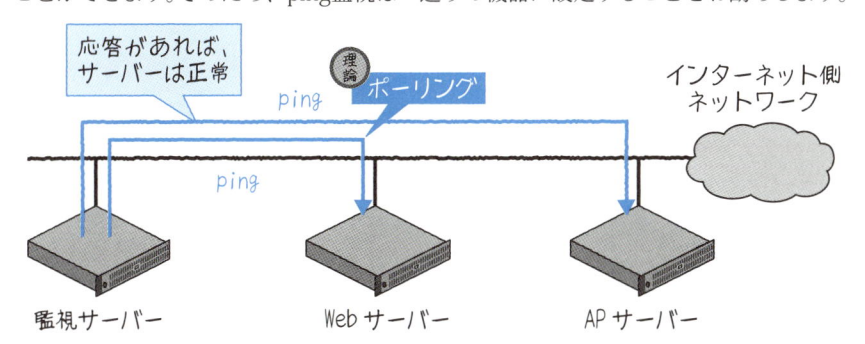

図7.43　pingによる死活監視（ping監視）

　図7.44は、プロセスの死活監視の仕組みです。大抵の監視ツールでは、プロセスが正常に起動しているかどうかの確認に、OSのpsコマンドを用いています。

　プロセス監視は、起動しているプロセスすべてを監視するのではなく、重要なものに絞り込むようにしましょう。そのプロセスに障害が発生した際に、どのような影響があり、「どのような対処が必要か？」という観点が大事です。たとえば、Linux環境

においてデフォルトで起動してくるcupsd（印刷サーバー）プロセスが落ちた！と言っても、印刷サーバーを構成していなければ落ちても問題ないですよね。

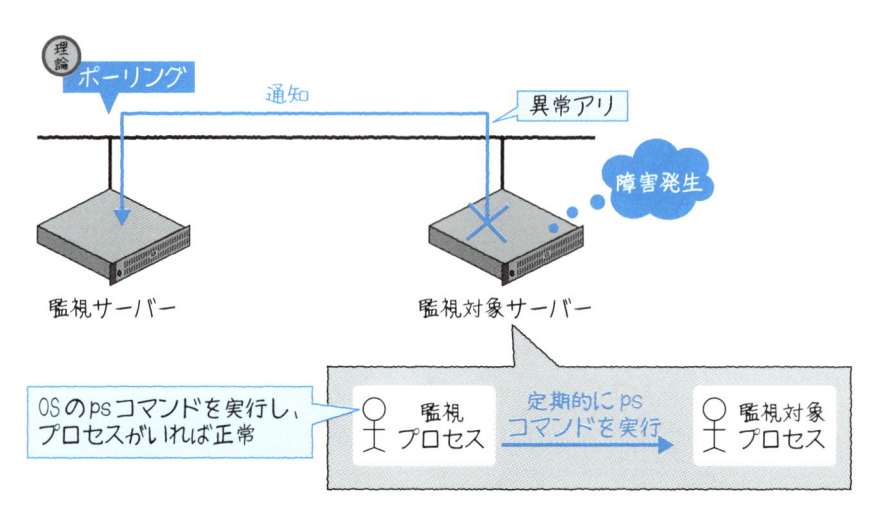

図7.44　プロセスの死活監視

7.9.3 ログ監視

OSやミドルウェアが出力するログファイルには、システム継続に重要な情報が含まれています。ミドルウェアの不具合や、領域枯渇など、死活監視では得られない情報がログファイルに出力されます。また、障害の原因追及にも役立ちます。ログファイル監視の仕組みは図7.45をご覧ください。

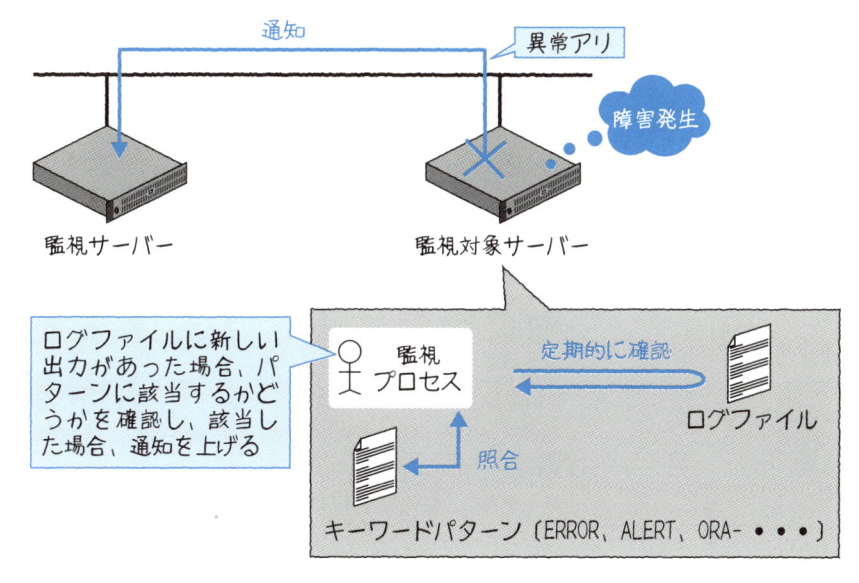

図7.45　ログファイルとキーワードのパターンマッチング

　ログ監視プロセスは、あらかじめ重要とわかっているログ出力文をキーワードとして保持しておき、実際のログファイルに出力された内容と照合を行ないます。照合に合致した場合、問題の重要度に合わせて、監視サーバーに報告を行ないます。通知方法は、syslogd、SNMP、メールなどいくつかの方法があります。

　大抵のOS、ミドルウェア、アプリケーションのログは、[alert]や[error]、[notice]などの文字列が付加されて出力されます。キーワードパターンには、エラーを1つ1つ全文登録することは不可能なため、この[alert]、[error] といったキーワードを登録しておきます。

　Oracle Databaseの場合、アラートログと呼ばれるログファイルに、「ORA-」などのキーワードを付けてログを出力します。よって、照会パターンにはこの「ORA-」というキーワードを登録しておきます。

7.9.4　性能監視

　性能監視は、前述の2つの監視と比較して監視内容が複雑です。性能監視とは、ディスクの使用率やメモリ使用状況、ディスクの枯渇等のリソース状態の把握と、ネットワークアクセスレイテンシーやディスクアクセスタイムなどのレスポンス状況の把握が挙げられます。dfコマンドなどのOSコマンドを定期的に実行したり、vmstatコマ

ンドやsarコマンドなどの統計情報を取得し、状況を統計的に判断したり、実装もさまざまです。

たとえば、表7.3のような項目を監視します。

表7.3　監視項目

監視対象	監視内容
CPU	CPU使用率、CPU待ち行列
メモリ	空きメモリ量
Disk	空き容量、ディスクアクセスタイム
ネットワーク	I/F（インターフェース）のインバウンド／アウトバウンドの帯域使用率、パケットドロップ
HTTP（Webサーバー固有）	HTTPリクエストのレスポンスタイム、秒間のHTTPリクエスト処理数、秒間のHTTPセッション数
Java（APサーバー固有）	メモリヒープサイズ、ガベージコレクション回数
Database（DBサーバー固有）	領域の空き容量、キャッシュ使用量、SQLレスポンス

ここでは上記監視項目の詳細については触れませんが、性能監視における監視項目の洗い出しや閾値設定、異常値に対する分析には、それぞれのミドルウェア、システムのアーキテクチャを理解した上で行なう必要があります。

7.9.5　SNMP

これまで監視の概要について説明してきました。では、実際のシステムにおける実装や通知手段にはどのようなものがあるのでしょうか？　総合監視ツールとして、商用製品は多く存在しており、日立製作所のJP1、IBMのTivoliなどがあります。また、最近はOSSのZabbixやNagiosといったツールで、商用環境を監視するケースも増えてきました。機能もさまざまですが、ベースとして使用している監視専用のプロトコルがあるので紹介しましょう。その名は、SNMPです。

SNMPを利用して実現できる主要な監視内容は、次の通りです。また、拡張もでき、このほかにもさまざまな監視が可能です。

- ネットワーク機器やサーバーの稼働状況
- サービスの稼働状況
- システムリソース（システムパフォーマンス）
- ネットワークトラフィック

　SNMPは、ネットワーク機器もサーバーも一元的に監視し、管理できるのが大きな特徴です。図7.46に概要を示します。

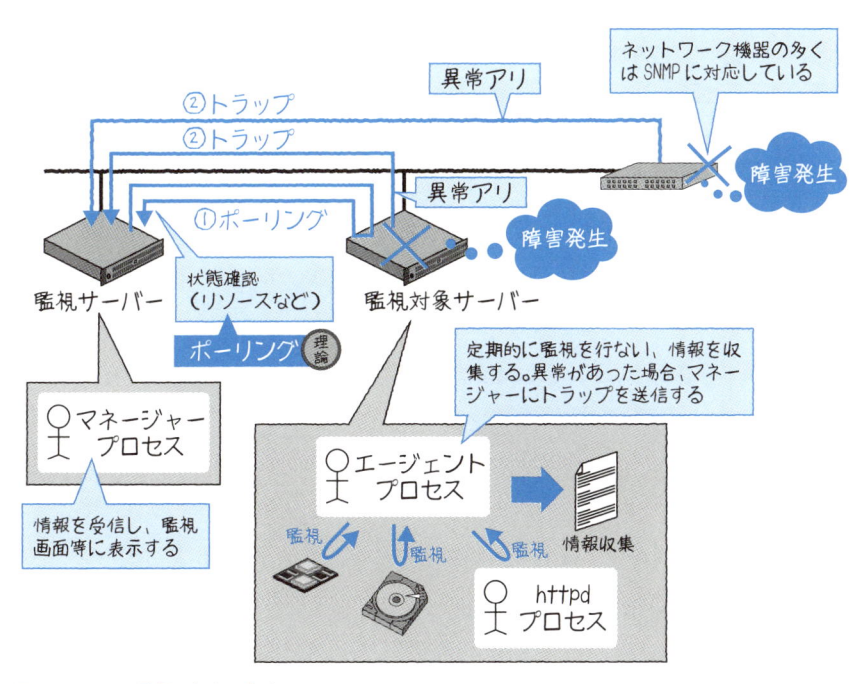

図7.46　SNMPは監視のためのプロトコル

　SNMPの構成では、監視サーバーにマネージャーがあり、監視対象サーバー、ネットワーク機器にエージェントがあります。

　監視ルートには、マネージャーが定期的に問い合わせる「ポーリング」と、異常発生時にエージェントから通知を行なう「トラップ」の2つがあります。「ポーリング」は、主に、リソース状況の監視に用います。通信はUDPプロトコルで、161、162番ポートをデフォルトでは利用します。

　SNMPの大きな特徴として、MIB（管理情報ベース）というものがあります。MIBは監視の定義体です。エージェントは、MIBに規定されている情報を収集し、マネー

ジャーに通知します。マネージャーとエージェントは、お互い会話をするために同じMIBを所有します。図7.47をご覧ください。

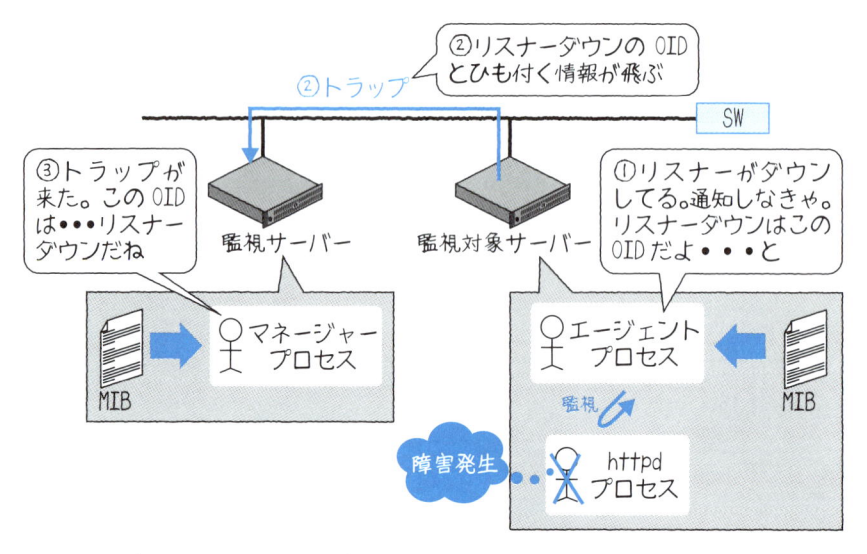

図7.47　マネージャーとエージェントはOIDで会話する

　図7.47は、リスナーがダウンした例です。マネージャーとエージェントがMIBをもとに情報を収集し、OIDでやり取りをしています。OIDとは、MIBに定義されている一意の識別子です。

　では、MIBはどのような構造をしているのでしょうか？　MIBは、網状のデータベースの形をしています。

　図7.48をご覧ください。MIBは、このようなツリーの連なりでできています。左の色枠部分がネットワーク機器関連の統計情報群です。

　また、MIBは拡張することができます。Privateより下の部分（図7.48の右側色枠部分）は拡張が可能で、各ベンダーは、この配下に独自の監視項目を定義します。ここでは一例として、Oracle Enterprise ManagerのDatabaseとリスナーのMIBを挙げています。

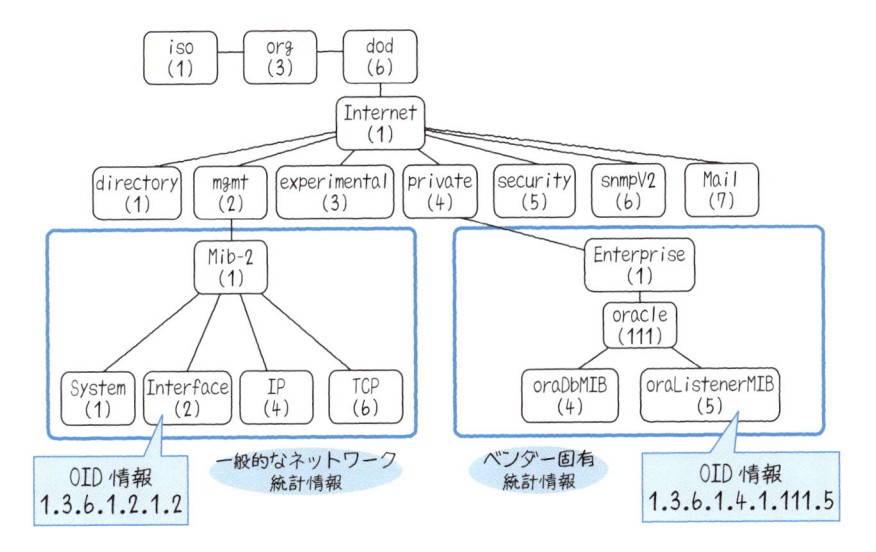

図7.48　MIB情報

　この網状の定義体は、上から順に読んでいきます。たとえば、インターフェースに関するOID情報は、「1.3.6.1.2.1.2」となります。この下に、さらに定義が細かく分かれています。Oracleリスナー関連のOIDの場合、「1.3.6.1.4.1.111.5」となります。ちなみに、リスナーがダウンした場合のOIDは「1.3.6.1.4.1.111.5.1.1.1.11」です。

　このように、SNMPは監視に特化したプロトコルなのです。SNMP監視の注意点としては、SNMPトラップは原則再送せず、SNMPマネージャーが何らかの障害でトラップを受信できなかった場合には、そのトラップが失われるということです。すべての通知を必ず受信したい場合などには、メール通知があります[※7]。メールの場合、蓄積、保存が容易ですが、MIBのような汎用的な定義がないことや、メールBOXに入るのみで、統合監視コンソールに表示できないことなどが挙げられ、実装と運用に工夫が必要です。

7.9.6　コンテンツ監視

　コンテンツ監視とは、Web画面が正常に応答するかを確認する、Webシステム特有の監視です。クライアントに正常にレスポンスが返れば、Webシステムは正常に稼働していると考えられるため、コンテンツの監視はエンドツーエンドの重要な監視です。一般的には、コンテンツの監視はロードバランサーの役目です。

　図7.49をご覧ください。

※7　以前はsyslogという手段がありましたが、最近はあまり用いられていません。

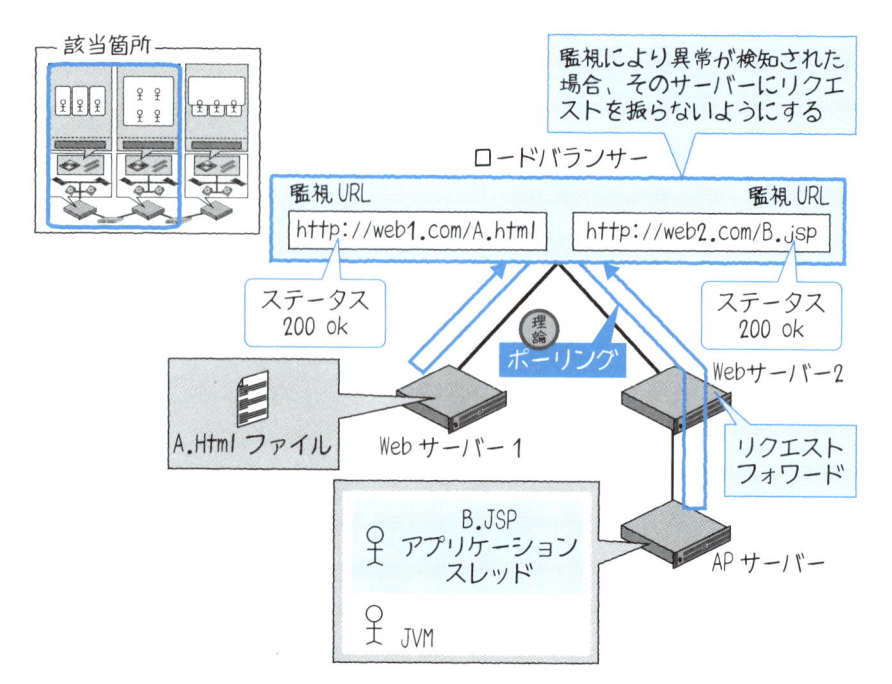

図7.49　ロードバランサーがコンテンツをGETし続ける

　ロードバランサーに、監視対象のURLを登録しておきます。HTTPのGETリクエストを要求し、正常にレスポンスがあれば、そのWebサーバーもしくは、Webサーバー＋APサーバーが正常に稼働していることがわかります。もしリクエストが返ってこなかったら、ロードバランサーは、何らかの障害があると判断し、そのWebサーバーにはリクエストを振らないようにします。

　以上、Webシステム監視の考え方を一通り説明しました。

　いかがでしたか？　監視の仕組みには、ポーリングの理論が多用されていましたね。いかにポーリングの概念が重要であるかをわかっていただけたと思います。今回、細かい定義には触れていませんが、まずは考え方を理解してください。

7.10 || バックアップ

7.10.1 バックアップとは？

　障害対策を考えたとき、冗長化などの取り組みによってサービスを継続することも重要ですが、万が一に備えてバックアップを取ることも非常に重要です。

　冗長化と大きく異なるポイントは、データが複製され、別の場所に保管されているということです。そのため、バックアップを利用するときには、「リストア」や「リカバリ」といった、元々あった場所にデータを戻す作業手順や、作業時間が必要になるのが特徴です。したがって、バックアップは、データが複製されていれば問題ない、というものではありません。バックアップの取得頻度やタイミングは、リストアするときをイメージして計画する必要があります。具体的には以下のリカバリ指標を定め、バックアップを設計します。

1. RTO（Recovery Time Objective）：リカバリ目標時間

リカバリにどれぐらい時間がかかるか？

2. RPO（Recovery Point Objective）：リカバリ復旧時点

どの時点にリカバリするか？

　1. については、システムによって、数時間で戻さなければ業務やビジネスに多大な影響を与えてしまうようなものや、数日は業務の代替が可能で、ゆっくりリストアすればよいものなど、さまざまなシステム要件があります。当然、RTOが短ければ短いほど、設計難易度は高く、またバックアップシステムも高額になります。

　2. については、データは最新まで戻せないと困ると思うかもしれませんが、バッチジョブが更新の主流であるシステムの場合、バッチジョブ実行直後まで戻すことができれば業務として問題ない場合もあります。また、関連システム全体の整合性が取れる時間をあらかじめ設定しておき、その時間をRPOとすれば、システム間のデータ整合性確認時間が減るという考え方もあります。

　図7.50に、RTOとRPOの関係を図示します。

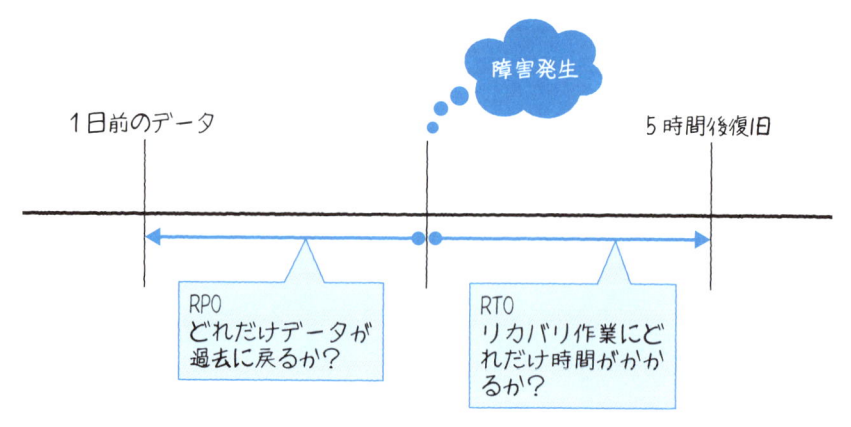

図7.50　RTOとRPO

システムで取得するバックアップの対象は、主に以下の2つです。

・システムバックアップ（OSやミドルウェアなどのバックアップ）
・データバックアップ（データベースやユーザーファイル）

それぞれについて見ていきましょう。

7.10.2　システムバックアップ

　システムバックアップは、OSやミドルウェアなど、一般的にサーバーのローカルディスクに相当する領域のバックアップを指します。

　OSやミドルウェアは、一度インストールし、セットアップが終了すると、それほど頻繁な更新は発生しません。そのため、バックアップ頻度はデータに比べて少なくなります。たとえばパソコンのバックアップをイメージしてみてください。作成したドキュメントや写真などは頻繁にバックアップを取りたくなりますが、OSのバックアップはあまり行ないませんよね？　壊れた場合、再インストールするので不要と思っている方もいるかもしれません。

　システムバックアップは、以下のタイミングで取得を検討します。

・初期構築後
・パッチ適用時
・大規模な構成変更時

取得の手法は以下の通りです。

・OSコマンド（tar、dumpなど）
・バックアップソフト

　また、取得先の媒体には、テープ、最近ではDVD、仮想環境ではファイルなどがあります。図7.51をご覧ください。

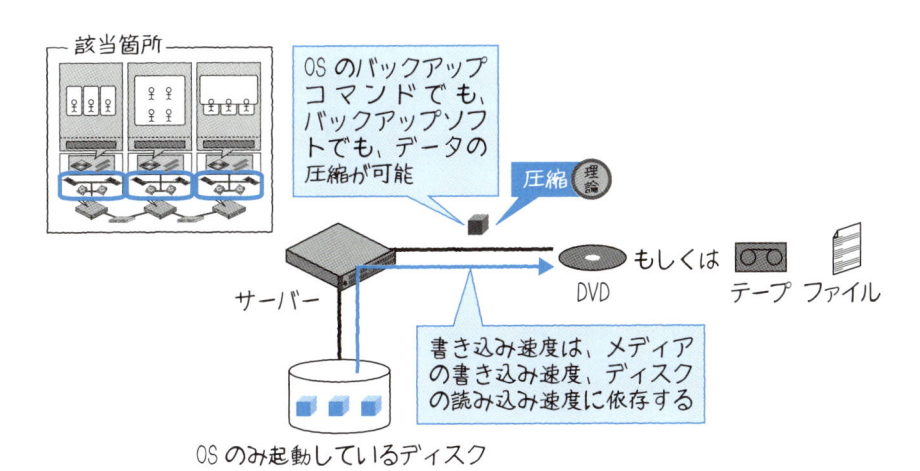

図7.51　システムバックアップの流れ

　バックアップは、圧縮機能を用いるのに適した処理です。なぜなら、バックアップデータはデータの更新が発生せず、また、通常はアクセスする必要がないデータだからです。圧縮は、第5章で紹介しましたが、データが小さくなるメリットがあるものの、デメリットとして、圧縮時および解凍時にCPUの使用率が増え、また書き込みも読み込みも遅くなることがあります。RTO時間内に収まる場合は、ぜひ利用しましょう。
　システムバックアップ取得時の留意点は、サーバーのサービスを停止する必要があるということです。オンライン中には取得できません。ミドルウェアが稼働中の状態でバックアップを取得すると、一時ファイルやプロセスの稼働状態も取得することになり、リストア時に正常に起動できないことがあるからです。システムバックアップは、安全を考慮し、計画停止時などに取得を検討します。

　データバックアップは、システムバックアップと異なる点として、日々更新されるデータを対象とするため、取得頻度が高くなります。バックアップのために頻繁に停止できるシステムであればよいですが、停止しにくいシステムの場合、サービスがオンラインのままバックアップの取得を求められることがあります。また、そういったシステムであればあるほど、データの整合性を確実に保証する必要があり、データベースにおいてはこの機能が必須です。

　このような事情から、データベースのバックアップは、データ自身と、データに対する変更が記述されているジャーナルの、双方を取得することで成り立っています（図7.52）。

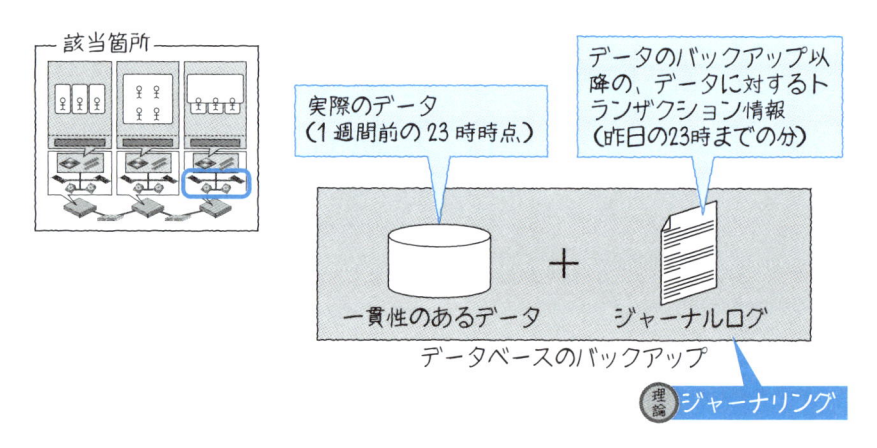

図7.52　データバックアップはジャーナルログによって補完される

　データ部分は、サービスを停止し、変更の発生しない状態で取得します。Oracle Databaseなど、一部のデータベースでは、サービスのオンライン稼働中にもデータ部分のバックアップの取得が可能ですが、本書では詳細を割愛します。ジャーナルログは、トランザクション情報が追記式で書かれており、更新が発生しないため、任意のタイミングで、サービスを停止せずにバックアップの取得が可能です。

　データベースが壊れた場合は、一貫性のあるデータ部分と、ジャーナルログ部分の双方をリストアし、一貫性のあるデータに対して、ジャーナルログをもとに再度トランザクションを実行することでリカバリを行ないます。ジャーナルログが障害発生直前まで存在した場合、最新までデータを復旧することができます。

データは一般的にサイズが大きいため、バックアップの取得にはさまざまな手法があります。たとえば、データベース専用のコマンドのほか、OSのコピーコマンドもありますし、第5章のレプリケーションで紹介したような、ストレージの差分データブロックのコピー機能などで行なうこともできます。差分データブロックのコピーの場合、高速にデータのコピーを行なうことが可能なため、サービス停止時間も短くなります。

データのバックアップデータも、システムバックアップデータと同様に圧縮するのに向いており、商用バックアップ製品には大抵備わっています。

7.11 まとめ

いかがでしたか？　Webインフラにおける冗長化、監視、バックアップの仕組みについて一通り説明しました。いかにたくさんの基礎技術の積み上げによってシステムが作られているかがわかったと思います。開発者、システム設計者、運用者は、第4章、第5章で取り上げた基礎技術を無意識に用いて、いかに安定したシステムを開発するか、組み合わせるか、継続するかを考えています。システムは、基礎技術を用いた皆さんの「発想」なのです。

Column

障害百物語 その4 「RAIDで吹き飛ぶDB」

筆者は、100台以上の物理マシンでデータベース（DB）を構成する、比較的大規模なシステムに携わることが多いのですが、そのときのDBのディスクとRAIDにまつわる恐怖体験です。

RAID5で吹き飛ぶDB

RAID5は構成するディスクのうち、1本が壊れても動き続けられる仕組みです。ただし2本目のディスクが壊れるとデータを失ってしまいます。1本壊れた時点で、壊れたディスクをすみやかに新しいディスクに交換すればいいので、同じサーバーの中で2本も同時にディスクが壊れるなんて、普通ないよって思いませんか？　これが不思議とあるんです。

同時に購入したディスクは、同じメーカーの同じ生産ロットのディスクが届くことも少なくありません。すると、たまたま故障率が高いロットのディスクが納品され

ると、同時期に一気に故障してしまうことが実際に起こり得るのです。また、ディスクが故障するかどうかは確率的な話なので、同時に扱う台数が増えれば増えるほど、故障するディスクの本数は増えていきます。

昔、筆者が関わっていた、とあるシステムでは、複数の物理マシンで合計1000本のHDDが同時に使われていましたが、1〜2か月に1本以上ディスクが故障し、そのたびに交換していました。そして一度、同一サーバーのディスクが同時に2本壊れたことがありました。

RAID10でも吹き飛ぶDB

RAID5は、同時に2本ディスクが故障するとダメでした。高い可用性を求めるシステムでは、RAID10を使って複数のディスク障害に備えることがよくあります。

RAID10は、RAID1で作ったペアを束ねて使うため、同一ペアが同時に故障しなければ、2本以上のディスクが壊れても問題なく動き続けられます。同一ペアのディスクが同時に故障するなんて……。残念ながら筆者はこれを経験してしまい、あまりの不運に涙したのを覚えています。

なお余談ですが、RAID5よりRAID10が選ばれるのは、可用性の観点だけではありません。RAID5はパリティにより冗長性と可用性を担保しているため、特にディスクが1本壊れてパリティからデータを復元しないといけない際に、I/O性能が大きく低下します。

RAID10はベースがRAID1なので、ディスクが1本壊れてもパリティ演算なしに読み書きができるため、I/O性能の低下がありません。つまり、障害発生時に性能劣化を起こさないために、RAID10は選ばれるのです。

RAIDコントローラと一緒に吹き飛ぶDB

RAIDを実現するには、RAIDコントローラというハードウェアの装置が使われていますが、実はこれが壊れることもあります。RAIDコントローラが壊れると管理部分が壊れるので、どのRAIDで組んでいようがそのディスクは全滅です。壊れにくそうに見えるRAIDコントローラですが、HDDほどではないにしろ、故障したという話をしばしば聞きます。

たった一箇所が障害（故障）になると全体が障害になる部分のことを、SPOF（Single Point of Failure）と言い、日本語で「単一障害点」とも呼ばれます。SPOFを作らないために、本章ではさまざまな箇所の冗長化について紹介してきました。

しかしp.241のColumn「パパは冗長化に悩む」でCPUが冗長化されない例を紹介したように、冗長化が困難、コストが見合わないなどの理由で、一般的にあまり冗長構成にしない部分もいくつかあります。たとえばマザーボード自体もそうですね。たとえ壊れにくい部品だとしても、物理的なハードウェアは壊れることがあるのです。

第 8 章

性能を引き出すための
インフラの仕組み

インフラアーキテクチャを図にすることで、ボトルネックが生じやすい場所を把握し、改善を検討することができるようになります。本章では、ボトルネックの考え方と、さまざまなボトルネック事例を紹介しますので、そのあたりの勘所を押さえましょう。

8.1 ┃ レスポンスとスループット

8.1.1 性能問題の2種類の原因

システムの性能問題は、多くの場合、ユーザーからのクレームとして発覚します。

- 「システムが遅い。使い物にならない！」
- 「クリックしていくら待っても、画面が返ってこない」
- 「バッチが朝までに終わらない……」
- 「昼ごろだけ突然システムが遅くなるのだけど？」

いずれも同じようなことをコメントしていますね。「仕様です」で返せないのが、インフラ技術者のつらいところです。さて、こういったクレームを受けた際には、インフラの観点では以下のことをユーザーに確認する必要があります。

- 「レスポンスが遅いのですか？」
- 「スループットが低いのですか？」
- 「それとも、その両方ですか？」

システムの性能を表わすときに、レスポンスとスループットという指標がよく使われます。レスポンス（応答）とは1処理当たりの所要時間を意味し、スループットとは単位時間当たりの処理量を意味します。日本語でも一般的な用語ではありますが、この2つが混同して利用されることが多いので、明確に区別することが重要です[※1]。

※1　ターンアラウンドタイムという言葉もあります。レスポンスとは答えが返ってくるまでであり、ターンアラウンドタイムは処理が完了するまでを指します。本書ではレスポンスで統一します。

たとえば、検索エンジンでキーワードを入力して「検索」ボタンを押してから、検索結果が表示されるまでの時間が、レスポンスタイムです。レスポンス（応答）にかかる時間、そのままですね。一方スループットは、その検索エンジンが秒間に受け付けるアクセスユーザー数などが該当します。

　レスポンスは「サービスを受ける1ユーザー」から見た指標であるのに対し、スループットは「サービス提供側」から見た指標であると言えます。

　図8.1に挙げたコンビニのレジの例で、もう少し詳しく説明しましょう。この店にはレジが2台あり、レジ担当者は2人とも能力的には同じくらいであると仮定します。お客さんの行儀もよく、2台のレジに対して均等に人が並んでいるとします。このとき、レジ行列の末尾に並んでから、会計が終わるまでの時間がレスポンスタイムとなります。また、1台のレジで1人分の会計に1分かかるとします。レジが2台あるので、この場合1分当たり2人分の会計を行なうことができます。これをスループットと呼びます。

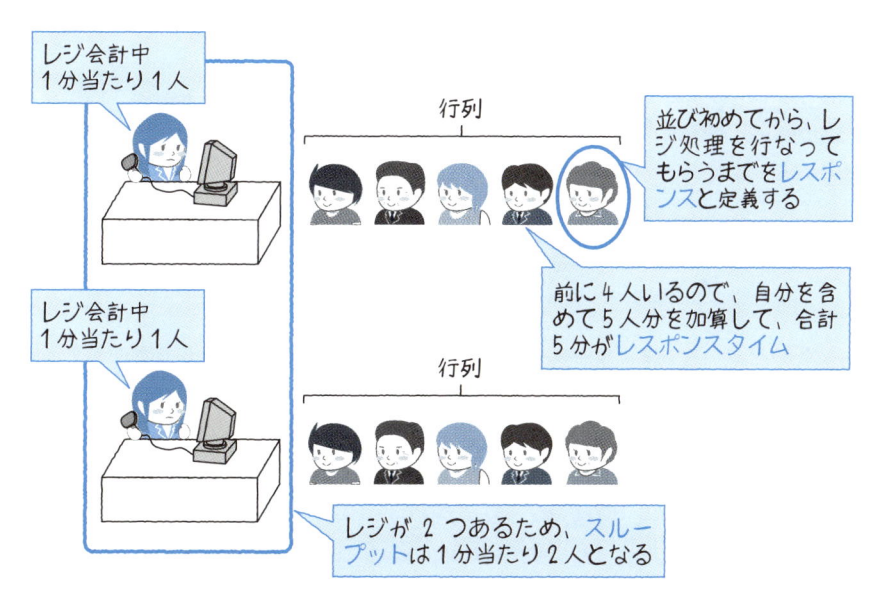

図8.1　コンビニのレジに見るスループットとレスポンス

続いて、同じことをシステム図で見てみましょう（図8.2）。Web/AP/DBサーバーを1セットのシステムとして見たとき、システム全体で1分間に10,000のHTTPリクエストをさばくだけのスループットを持っているとします。レスポンスタイムは1ユーザーから見た指標なので、ユーザーがWebブラウザで特定の操作を行なってから、目に見える結果が返ってくるまでの時間となります。これには、Webサーバーのレスポンスだけでなく、APサーバーやDBサーバーのレスポンスも含まれていることにご注意ください。

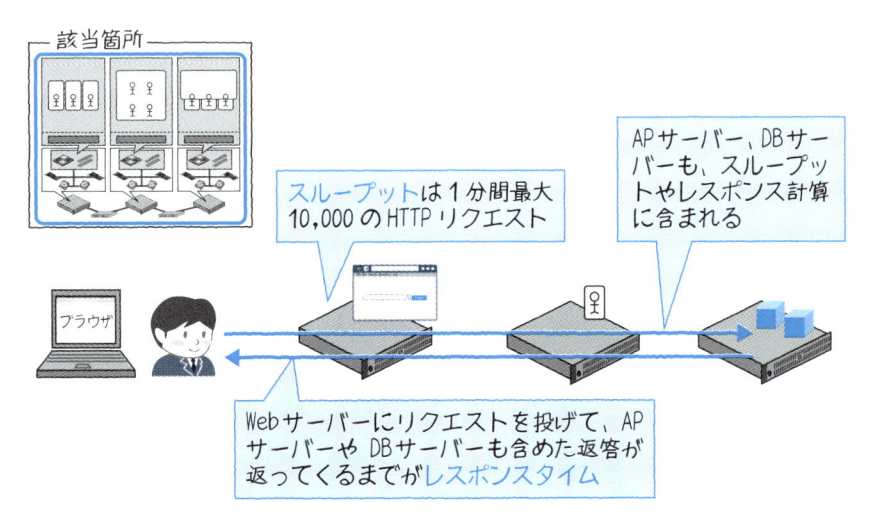

図8.2　3階層型システムに見るスループットとレスポンス

　実際のシステムでは、単一ユーザーのレスポンスタイムだけでは足りないので、複数のユーザーの平均値を利用します。このとき、統計学で利用される「パーセンタイル」[※2]の考え方を利用します。極端にレスポンスタイムが長いユーザーは、別の問題を抱えていた可能性があるので誤差として切り捨て、平均値には含めません。10%のユーザーの値を切り捨て、残りの90%のユーザーのレスポンスタイムの平均値を利用するような形をとります。

※2　パーセンタイルは、値の分布を考慮し、グループ化した上で平均値などを算出するやり方です。これを利用することにより、たとえば100人中90人から見たレスポンスタイムが1秒であり、残り10人から見たら5秒であった、といったように、よりユーザー目線に近い平均値がわかります。

最も重視すべきレスポンスタイムとは？

　システムから見たとき、個々のユーザーのレスポンスよりは、前述のパーセンタイル値を重視します。たとえば先着5名だけ高レスポンスを維持できても、ほかの大多数のユーザーの満足度を得られないようであれば、意味がないからです。逆に、レスポンス劣化を感じているのがほんの一部のユーザーであれば、システムよりはユーザー自身のPCの問題などの可能性が高いとも言えます。

　プロジェクトにおける性能試験フェーズではこれでよいのですが、多くの現場では、「お偉いさんが実際にシステムを使ってみる」フェーズが入り込んだりします。「どれ、ちょっと俺が見てやろう」というやつです。性能試験が満足のいく結果を出していたとしても、その人から見て遅いシステムは、ダメというレッテルを貼られることになります。しかも、こういった上から目線のチェックはレスポンス確認のみであり、スループットは無視されているので、注意が必要です。

　また、こういう方々は、時に「すべての画面は3秒以内の表示を目指せ！」と宣言したりします。これはデータ量やサーバー性能を無視したコメントですね。これに対して、たとえば「現構成はクエリごとに、総件数10億件の最明細から積み上げおよび集計を実施しています。その目標値を達成するのは非現実的であるため、サマリー表を作成してもよろしいでしょうか？」まで答えられれば、相手も黙るしかないでしょう。

　こういった問題も、すべてをメモリ内に納める時代が来れば解決するという意見もありますが、システム性能の進化とデータ量の増加は同じようなペースであるため、いつまでも性能問題はなくならない、というのが筆者の考えです。

8.1.2　レスポンス問題

　図8.3では、レスポンスタイムに含まれる時間を図解化してみました。ユーザーの体感時間には各レイヤーでの処理時間が含まれるので、レスポンス問題が発生している場合は、ログや実機試験を通じて、具体的にどのレイヤーでレスポンス遅延が発生しているのか切り分けを行なう必要があります。

　システムの問題としてユーザーからの問い合わせを受けて、分析してみたらユーザーが使っているWebブラウザの処理速度（レンダリング速度）が遅かった、という話は決して笑い話ではなく、現実によくあることです。

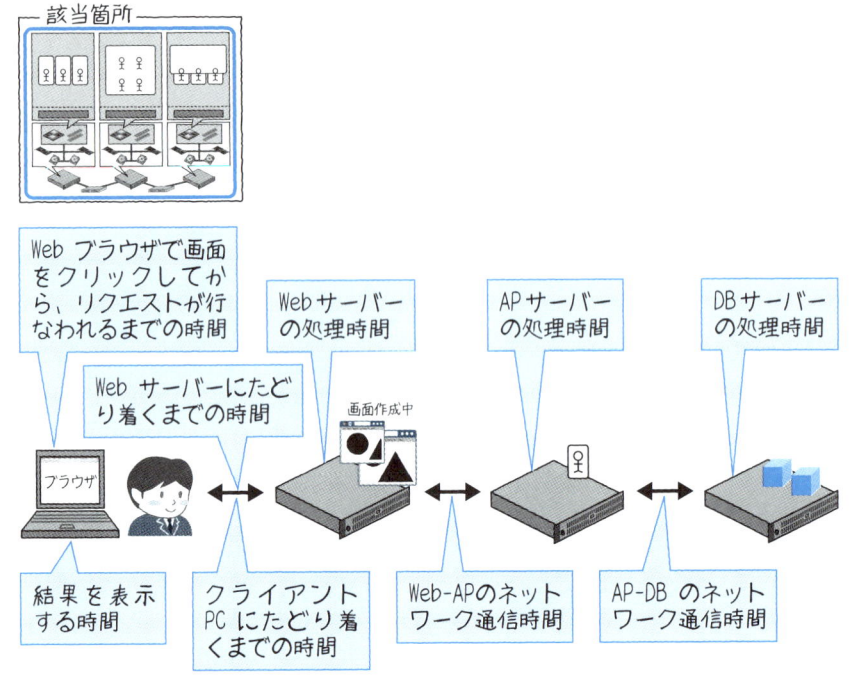

図8.3 レスポンスタイムに含まれる時間

　各サーバーにおけるレスポンスタイムについては、ログなどを見れば、ある程度問題の切り分けは可能です。では、ネットワーク時間はどうでしょうか？　レスポンスの重要な要素として、システムにたどり着くまでの時間と、返ってくるまでの時間があります。電気回線を通っているので、この時間は光の速度と同等だと思いますか？ 1秒間に地球を7周半できるのでしょうか？　いいえ、たとえばWebブラウザからのアクセスを考えてみると、このリクエストはさまざまなスイッチやルーターを経由してから、最終的にシステムまで到達します。個々のスイッチを通るたびに経過する時間は、ゼロではありません。経路の複雑さに応じて、遅延は大きくなります。これは、情報のやり取りは一方通行ではなく、必ず何かしらを返答しながら進む必要があるからです。

　図8.4にあるように、インターネット経由であっても、社内システムであっても、程度の差はあれ、同じような遅延が発生します。もし機会があったら、ぜひデータセンターで、直接システムにアクセスしてみてください。速度が体感的に異なることがあります。

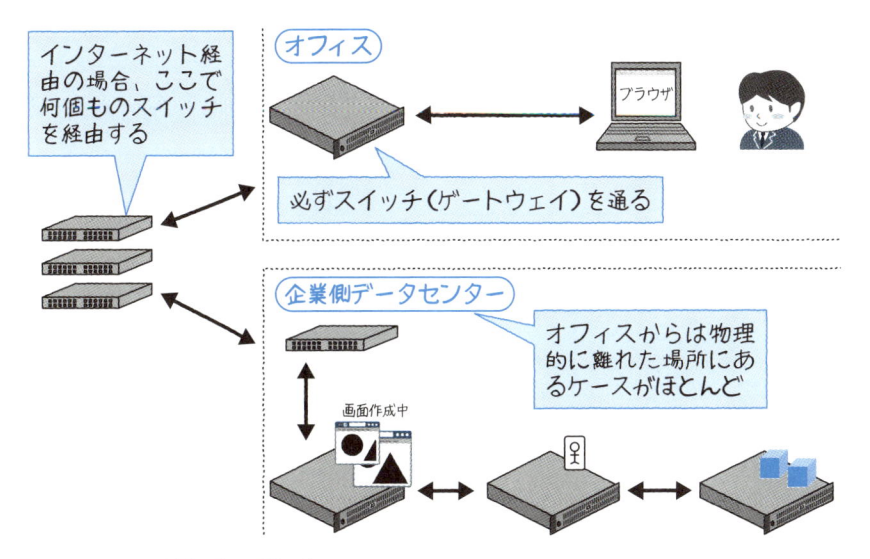

図8.4　システムに到達するまでの道のり

　話を本章冒頭の質問に戻しましょう。「システムが遅い」「クリックして待っても、画面が返ってこない」といったクレームは、レスポンス問題から生じている可能性が高いので、まずその観点で調査します。

　先ほど1秒間に地球を7周半という例を出しましたが、すべてのレスポンスタイムには必ず物理法則上の制限があります。データという情報が、物理的に行ったり来たりする以上は、やむを得ないのです。これらを改善する仕組みとしては、第4章で紹介したデータ構造や探索アルゴリズムの改善がありますが、これにも限界があります。

　レスポンスタイムの改善に限界が見える場合は、次に紹介するスループットを改善させることで、システム全体としての利用率を改善するアプローチを取ることが一般的です。

8.1.3　スループット問題

　さて、スループットはどうでしょうか？　第2章で出てきた物理構成で考えると、大量のデータをやり取りしたいのに、帯域が足りない場合に発生します。2車線の道路では、よほどのアクロバット走行を行なわない限り、3台同時に通るのは無理ですよね。物理的にデータを通すことができない場合、それはスループット上のボトルネックとなります。

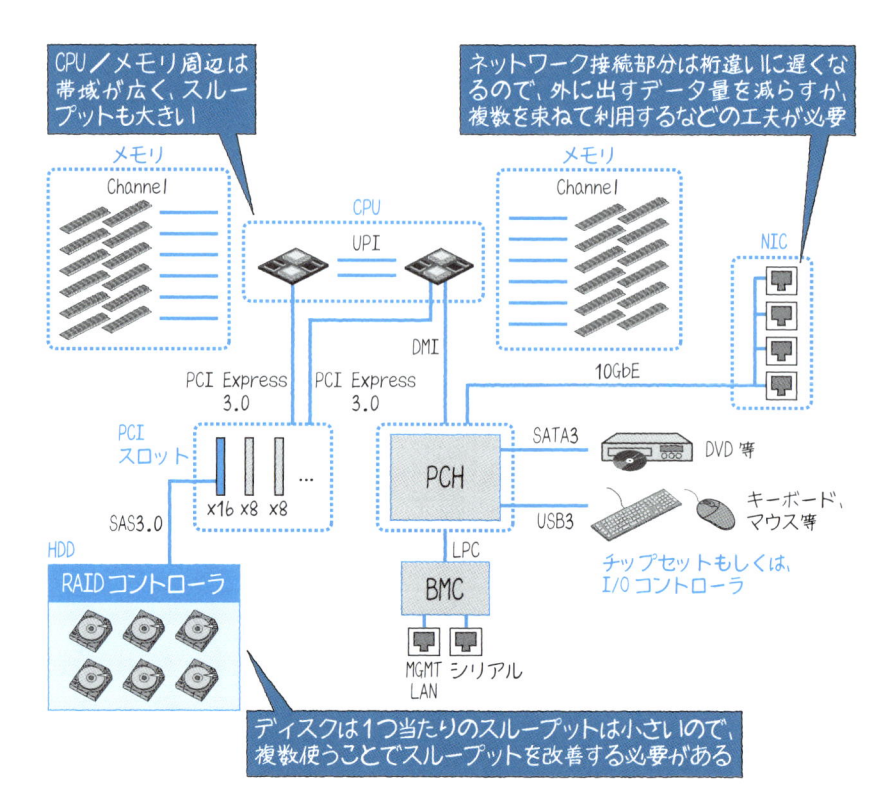

図8.5　ボトルネックの発生箇所

図8.5に第2章のバスの図を再度挙げてみました。この図でもわかるように、たとえばCPUやメモリ周辺のスループットは高いですが、ディスクやネットワーク通信の帯域は小さく、ボトルネックとなりやすくなっています。一般的に、CPUから離れるほどそのスループットが低くなっていきます。

ソフトウェアの観点では、たとえばCPUが処理しきれないようなリクエストが入り続けている場合、「待ち行列」が発生し、結果としてスループット限界を迎えることがあります[※3]。つまり、スループットとは、多数のリクエストが同時に発生している場合に、詰まりやすいことになります。たとえば「バッチ時間が遅い」「昼ごろだけ遅い」といったクレームは、その時間帯にシステムが多数のリクエストをこなしているから発生している可能性が高いものとなります。

ここで注意する必要がありますが、レスポンスとスループットは密接な関係にあります。たとえば、レスポンスが非常に遅いシステムの場合、多数のユーザーリクエストがシステム内に滞留するため、全体的なスループットも低くなります。また、ス

※3　この待ち行列の考え方は第4章でも紹介しましたが、ボトルネック分析においても重要であるため、本章でも後ほど取り上げます。

ループットが飽和状態に陥ると、リソースが足りないことから、レスポンスも併せて悪くなることがあります。性能ボトルネックを改善する上では、必ず両方をイメージしながら進めるようにしてください。

8.2 ║ ボトルネックとは？

8.2.1 処理速度の制限要因となるボトルネック

さて、ここまで「ボトルネック」という言葉を特に説明なしで使っていました。一般的な用語であるため皆さんも何となくのイメージはあると思いますが、改めてボトルネックとは何かを考えてみましょう。インフラ技術者にとって、ボトルネックを理解せずに性能を改善することはできません。非常に重要なコンセプトです。

インフラアーキテクチャ用語としてのボトルネックとは、スループットを制限している要因を指します。言葉の通り、瓶（ボトル）の首（ネック）をイメージしてください（図8.6）。

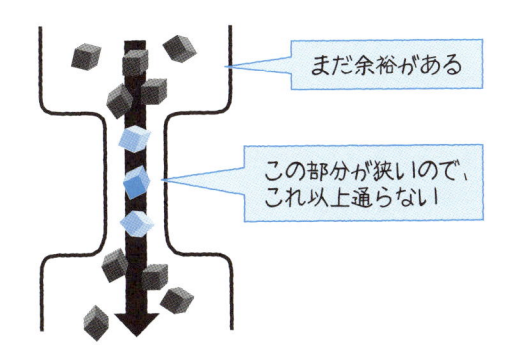

図8.6　ボトルネックという言葉の意味

このように瓶の首は細いため、いくらほかの部分が太くても、流れる水量は首の太さにより制限されます。このとき、首の部分はボトルネックと呼ばれます。

システムではどうでしょうか？　もう一度、3層型システム図に戻ってみます。たとえば図8.7のように、APサーバーでCPU使用率が高騰しており、スループットの限界を迎えているとします。スループットが飽和しているので、APサーバーのレスポンス時間も劣化します。ユーザーから見たレスポンスタイムは、全体的に遅延してい

るように見えます。このとき、APサーバーがボトルネックである、と言えます。

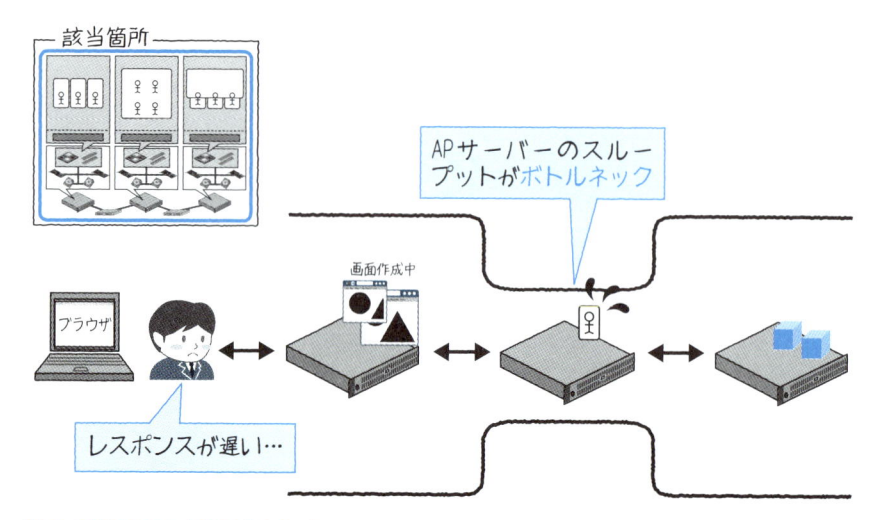

図8.7　3層システムにおけるボトルネック

ボトルネックはどう解消すべきか?

　ボトルネックがあることがわかっても、それはユーザーのレスポンス低下という形で現われるため、どこが原因だったのかわかりません。「なんか遅いぞ」という本章最初のクレームに戻ります。

　性能分析の第一歩は、まずこのボトルネックが起きている場所を正確に把握することです。そのためには、各サーバーのスループットやレスポンス状況のログを取得し、どのサーバーがボトルネックとなっているか、突き止めるところから始めます。この作業では、本書で用いた3層図をイメージしながら進めると、ボトルネックの特定だけでなく、他者との情報共有にも役立ちます。特に性能問題が発生している現場は、いわゆる「空中戦」と言われる口頭ディスカッションが白熱することが多いです。このとき、冷静にホワイトボードに3層図を書き、ボトルネックとなり得るポイントを列挙できれば、現場のヒーローになれます。

ボトルネック解消のアプローチ

　ボトルネックが判明したら、それを解消する必要があります。このアプローチは、主に2つあります。

1つは、ボトルネック箇所を把握して、何とかすることです。これは、チューニングと呼ばれる作業になります。チューニングでは、ボトルネックとなっている部分を、より細かい単位で「ドリルダウン」して、ボトルネックとなっている領域をより「ピンポイントで」突き止めるアプローチが有効となります。サーバーの中には複数のハードウェアやソフトウェアが動いているので、各コンポーネントのログを確認していく必要があります。

　そしてもう1つは、システム利用者の数を制限することです。「それを言ってはおしまいよ」と思われるかもしれませんが、これは流量制御という名前が付いているくらい、極めてまっとうなアプローチです。多くのボトルネックは、当初想定していた以上の負荷が掛かっていることに起因して発生します。流量制御は、適切なレイヤーにて利用者数を制限するアプローチとなります。

　たとえば一般的なWebシステムなどでも、「このシステムは現在高負荷です。時間をおいてからアクセスしてください」などと表示されることがありますよね。これはWebサーバーのレイヤーで流量制御が起きています。

　メッセージではなく、実際のエラーコードが表示されることもあります。これは流量制御が失敗し、APサーバーやDBサーバーのレイヤーで何らかの領域やリソースがあふれてしまい、エラーという形で制限された結果を示します。

　ただし流量制御では、ユーザーにエラーが返るだけなので、根本的な解決にはなりません。その上で、第1章で紹介した「水平分割」（Sharding）を行ない、サーバーを増やしていくことで、システム全体のキャパシティを増やしていくようなアプローチを併用する必要があります。

8.2.3　ボトルネックは必ず存在する

　ボトルネックについて、1つ重要なポイントがあります。ボトルネックはシステム上「必ず」存在します。これは、すべてのサーバー、ソフトウェア、物理機器が、均等のスループットを実現することは理論上あり得ないためです。少しでも特定箇所のスループットが低ければ、そこがボトルネックとなります。これは何を意味するのでしょうか？

　たとえば、図8.7の例ではAPサーバーがボトルネックであったため、図8.8のようにAPサーバーを追加したとします。

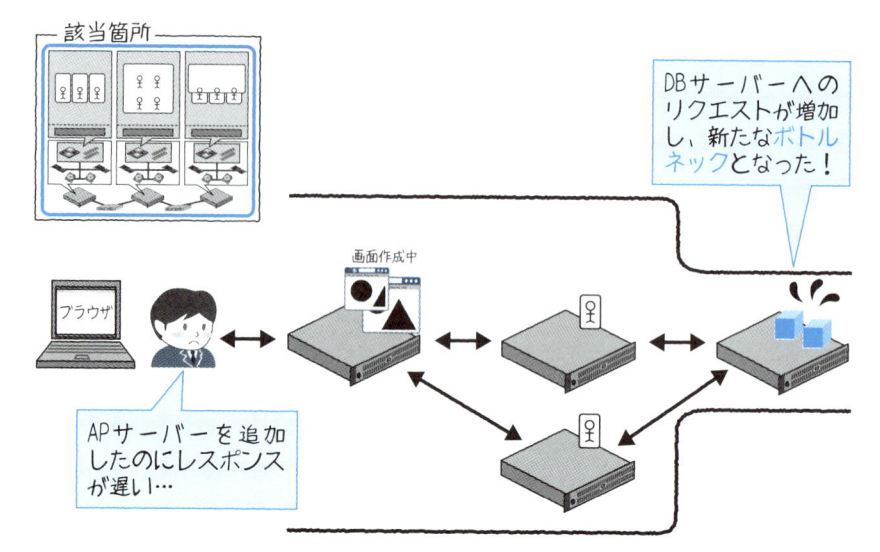

図8.8　APサーバーを増やしてみると……

　Webサーバーは、2台のAPサーバーに対して均等にリクエストを分散します。1台のAPサーバーが受け取るリクエスト量は半分になるため、ボトルネックが解消し、スループットが改善します。DBサーバーには2台のAPサーバーからリクエストが飛んで来るわけですが、APレイヤーでのスループットが改善しているため、これまでよりも多くのリクエストが飛んで来ます。その際、DBサーバーが新たなボトルネックとなることがあります。

　このように、1つのレイヤーでのボトルネックを解消すると、必ず別の箇所でボトルネックが発生します。「見えるボトルネックをすべてつぶす」という性能改善アプローチには、終わりがありません。性能改善時は、必ず「特定のレスポンスを何％改善させる」「あと100人が追加でアクセスしても問題ないようなスループットを実現する」など、インフラだけでなく、システム全体視点でのゴールを設けることが非常に重要となります。

8.3 ┃ 3階層型システム図から見たボトルネック

　さて、理論的／概念的なことを散々書いておいて言うのもなんですが、性能問題は「習うより慣れろ」であり、いくら「べき論」を読んだところで、その内容が身につくことはありません。ここでは、3階層型システム図の一部分に着眼し、その箇所が実際のシステムで起こし得る性能問題などを取り上げながら、説明していきます。性能を引き出すためのインフラの仕組みを、以下の5つに分類します。

- ・CPUボトルネック
- ・メモリボトルネック
- ・ディスクI/Oボトルネック
- ・ネットワークI/Oボトルネック
- ・アプリケーションボトルネック

8.3.1　CPU ボトルネックの例

　皆さんは、どういうときにCPUがボトルネックだと判断しているでしょうか？CPU使用率が高いときでしょうか？

　必ずしも「CPU使用率が高い＝悪」ではありませんし、逆に「CPU使用率が低い＝

善」というわけでもありません。実は、CPU使用率は処理の効率性を示すだけであり、ボトルネックの有無を示すわけではありません。ここは間違えやすいところなので、注意してくださいね。

図8.9をご覧ください。ハンバーガー屋さんがあるとします。普段、皆さんはどういう状況を「混んでいる」と判断していますか？　店員の様子を見て、絶望しそうなくらい働いていたら、混んでいると感じるかもしれません。逆に、行列が順調にさばけていれば、店員がある程度忙しく仕事していても、それほど混んでいると思わないかもしれません。お客の側から見て、ハンバーガーさえ早くもらえれば、文句を言うことはありませんよね。

図8.9　ハンバーガー屋さんは忙しい？

これと同じことが、CPU使用率でも言えます。プロセスが効率的に処理を進めている場合、CPU使用率は100%になることがあります[※4]。これはシステムとして非効率な状態ではなく、むしろ逆です。図8.10をご覧ください。

※4　本章では、すべてのCPUコアの使用率が100%に達することを「CPU使用率が100%である」と定義します。

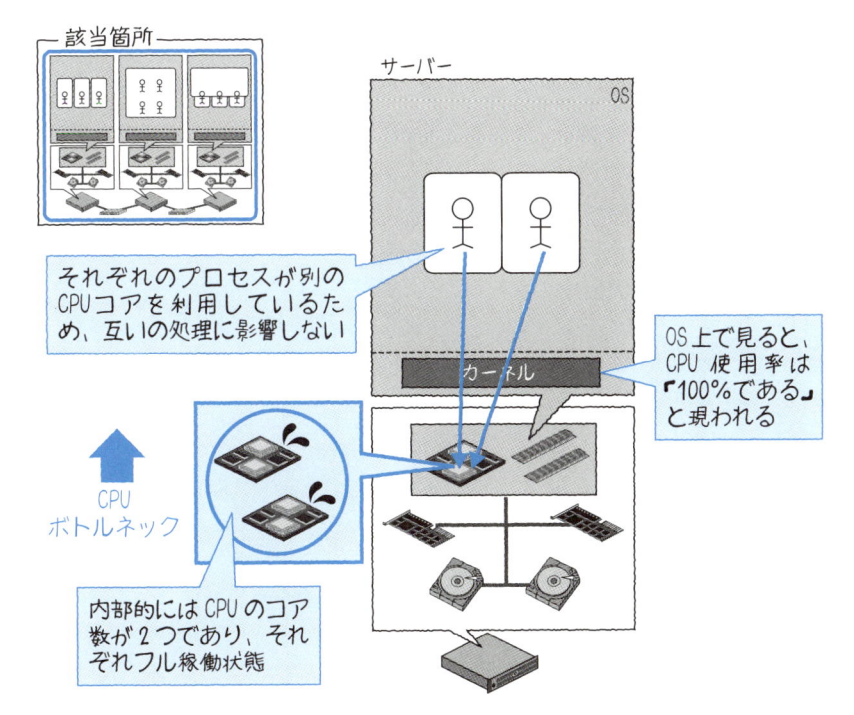

図8.10 CPU使用率が高騰している状態

　図8.10の状態は、ほかのレイヤーのスループットが非常に良い値となっており、最終的にボトルネックがCPUである状態を指します。CPUが有効活用されており、システムへの投資対効果が高いと、CIOからもほめられるべきです。CPUがボトルネックであったとしても、ユーザーが満足していれば、この状態は問題にはなりません。

　このように、CPU使用率は1つの状況を示す指標でしかありません。CPU使用率の高騰が問題かどうか判断するには、ユーザーから見たレスポンスや、システム全体のスループットを確認する必要があります。ユーザーが満足していないのであれば、CPU使用率が上がっている事実自体を問題視するのではなく、その根本原因を調べるようにします。

　CPUに起因した性能問題は、主に以下の2つの原因に分類されます。以降では、これらについて説明していきます。

　・CPUを利用する処理が多いため、待ち行列（第4章で紹介したキュー）が発生している
　・CPUのレスポンスが遅い

CPU使用率が100%であれば効率的、と言いましたが、実際の現場ではこれは「余裕がない」状態であるため、注意すべき状況です。システムのユーザー数がこれ以上増えなかったり、データ量も増えなかったりするような「塩漬けシステム」であれば問題ないかもしれませんが、ほとんどのシステムは成長していくため、ある程度の余裕がないと、拡張に耐えることができません。

また、可用性を高めるためにサーバー分割しているような場合では、フェイルオーバーが発生することも想定する必要があります。たとえば普段はサーバー2台で動いているシステムが、あるときは1台だけで動く必要が生じるわけです。こういった状況が想定される場合、システム側はあらかじめCPU使用率を50%程度で運用できるユーザー数に抑えておく必要があります。

ここまでやれば、余裕のある「大人の」システムと呼べるでしょう。コーヒーを飲む余裕さえ、生まれてくるというものです。

待ち行列でのボトルネック

再びハンバーガー屋さんを見てみましょう（図8.11）。店員が100%の稼働率で働いているのに、お客さんの行列が一向に短くならない状況だとしたら、店員が待ち行列でのボトルネックとなります。店員は忙しく働いているので給与分の仕事をこなしていると言えますが、お客さんからは待ち時間が長いとクレームが入ることでしょう。誰も幸せにはなれません。

図8.11　繁盛しすぎているハンバーガー屋さん

　CPU使用率でも同じことが言えます。第4章の待ち行列の図（p.96）でも紹介しましたが、図8.12のようにCPU使用率が高く、かつOS上で稼働しているプロセス数が多いと、待ち行列でのボトルネックが出てくることがあります。図8.12のカーネル領域には、OSがCPU待ちプロセスを管理するキューがあります。このキューはOSカーネルが管理するので、この図でもカーネル部分に記載しています。

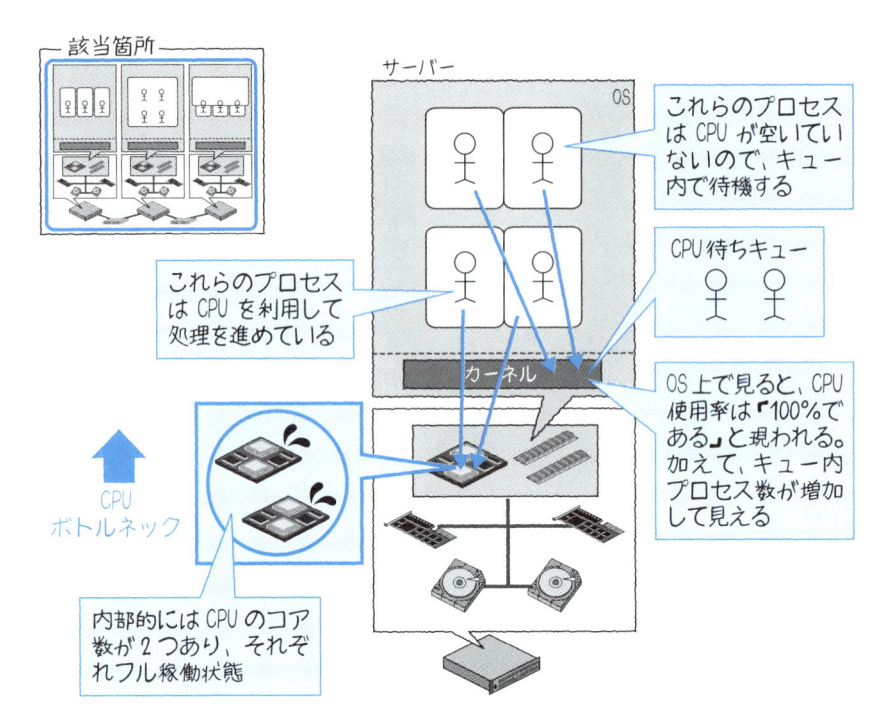

該当箇所

サーバー

OS

これらのプロセスは CPU が空いていないので、キュー内で待機する

これらのプロセスは CPU を利用して処理を進めている

CPU 待ちキュー

カーネル

OS 上で見ると、CPU 使用率は「100%である」と現われる。加えて、キュー内プロセス数が増加して見える

CPU ボトルネック

内部的には CPU のコア数が 2 つあり、それぞれフル稼働状態

図8.12　繁盛しすぎているCPU

　キュー待ちプロセス数が増加していると、vmstatなどのユーティリティで、Run Queueという値が増加していることが確認できます。これは、CPU使用率だけを見ていると気づきにくいポイントなので、注意しましょう。

　待ち行列は、CPUが順調に処理を進めていけば、いつかは解消します。しかし、CPUのスループットよりも、ユーザーからのリクエストが多い場合、この待ち行列はどんどん長くなり、最後には某遊園地のような満員御礼の状態となります。どんなに楽しいシステムであったとしても、マウスクリックから4時間待ちというのは受けいれがたいでしょう。

　待ち行列のボトルネックは、スループット面での問題を示します。ハンバーガー店の例では、レジを増やすことで、スループットは高くなります。または、注文システムそのものを改善する（たとえば、セットを番号制にする）などで、単一顧客当たりの処理時間を短くすることも有効です。実際のお店でも、行列が長くなってきたら、別レジをオープンして対応を始めますよね。

　システムの場合、図8.13のようにCPUをよりコア数が多いものにしたり、サーバーを追加して複数で並列処理したりすれば、スループットが増加します。または、処理

自体を短くするようチューニングすることも有効です。

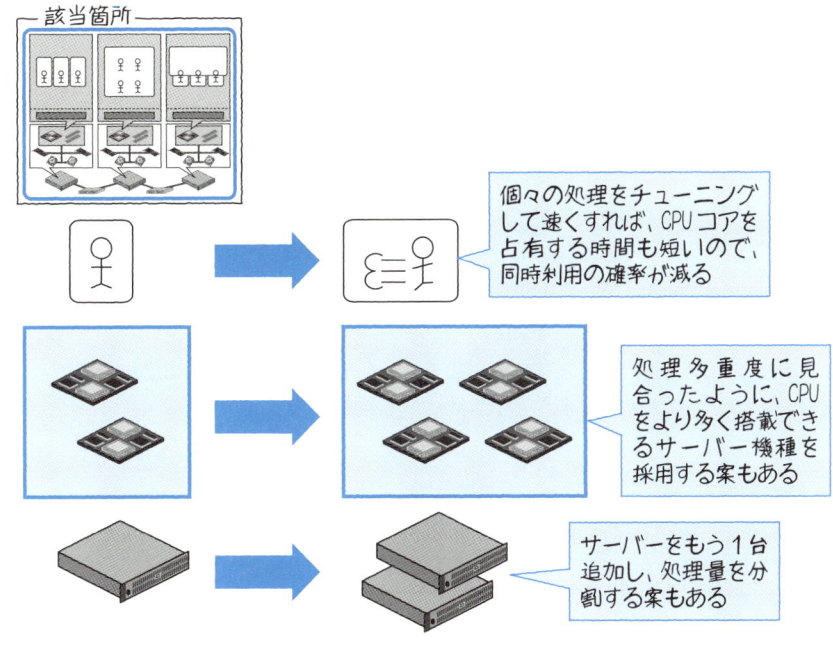

図8.13　待ち行列のチューニング

　これらの対応のうち、ハードウェアのCPUコア数を増やしたり、水平分割によりサーバーの数を増やしたりするチューニングを「スケールアウト」と呼びます。「スケール」という言葉は「規模」という意味があり、スケールアウトは「規模を大きくする」という意味で使います。

　企業向けのシステムでは、利用ユーザー数の増減が少ないこともあります。しかし、大規模Webサービス系のシステムでは、世界中のユーザーがアクセスすることができ、爆発的にユーザー数が増加していくため、ユーザーの増加に合わせてサーバーを追加してスケールアウトするアーキテクチャの採用が必須となります。

レスポンスでのボトルネック

　待ち行列に対するチューニングを実施すれば、スループット問題は解決します。しかし、スループット問題を解決しても、必ずしもレスポンス問題が解決するとは限りません。

　たとえばハンバーガー屋さんのケースでは、レジ係の会計処理や、ハンバーガー作

成処理がそもそも遅ければ、店員が何人いたとしても、1人のお客さんから見たレスポンスタイムはあまり変わりません。レスポンスタイムに対する改善ポイントは大きく2つあります。

処理能力を向上させる

まず1つ目は、処理能力を向上させる方法です。これを「スケールアップ」と呼びます。ハンバーガー屋さんであれば、スーパーカリスマ店員を雇うことが解決策となります。処理能力が2倍の店員にスケールアップすると、処理に要する時間が半分になるので、レスポンスタイムも半分程度になることが期待できます。

CPUであれば「クロック数」がこの速度に該当します。CPUのクロック数の単位は「ヘルツ（Hz）」であり、これは1秒間当たりの処理命令数を示します。ギガヘルツ（GHz）といった単位が一般的です。図8.14のように、CPUのクロック数が2倍になれば、レスポンスタイムも半分となることが期待できます。

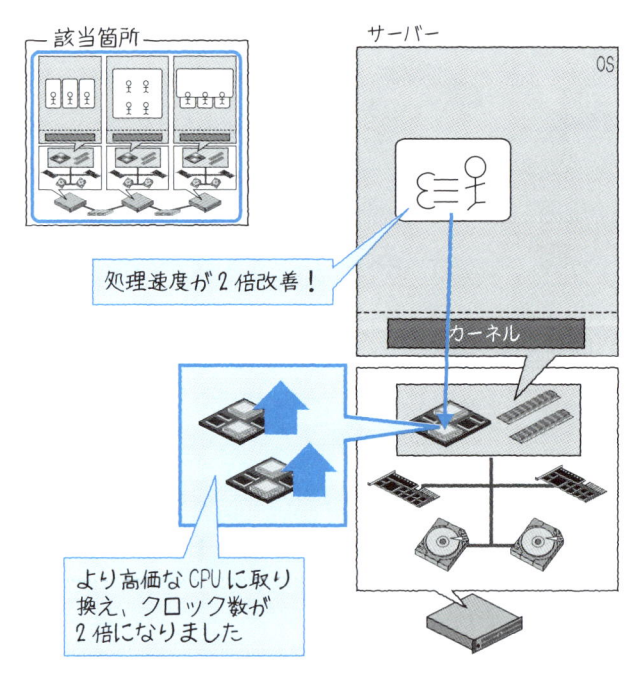

図8.14　単体処理性能を改善させる

ただし、スケールアップでの性能向上には限界があります。ハンバーガー屋さんのレジで例えてみると、お客さんの数が増えた場合、高い報酬を払ってレジのエキスパートを雇うより、レジとレジ係を増やすほうが容易です。また、いくらレジのスーパーカリスマエキスパートを雇ったとしても、10倍の速さで会計するのは物理的に不可能でしょう。CPUも同じで、昨今のCPUはCPUクロック差があまりないので、これによる劇的な改善は期待できません。

並列で処理をさせる

　2つ目は、処理を分割して、複数のCPUコアに同時処理させる方法です。ハンバーガー屋さんの例では、会計係、ハンバーガー準備係、ドリンク準備係、ポテト準備係が分かれています。これは複数の店員が、同じお客さんへ向けた処理を同時に進めることで、1人のお客さんへのレスポンスタイムを向上させるアプローチです。

　図8.15のように、システムでも、処理を「並列化」「マルチプロセス化」「マルチスレッド化」して複数CPUコアを利用させることで、処理全体として見たときのレスポンスタイムを向上させることができます。

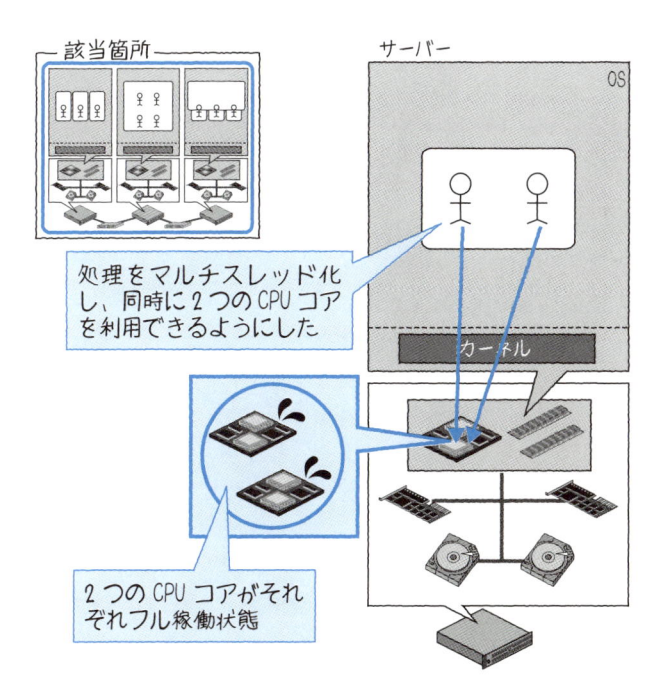

図8.15　処理分割して並列処理する

処理を並列化できるかが大きなポイントとなります。処理によっては並列化するのが非常に難しいものもあり、並列化できないのであれば、いくらCPUコア数を増やしたり、サーバーを増やしてスケールアウトを行なったりしても、あまり効果が出ません。並列化の検討は、インフラ側だけでは限界があるため、アプリケーション開発者の協力が必須となります。

CPU使用率が上がらない

　さて、大部分のアプリケーションでは、CPU使用率が100%に達することは、あまり多くありません。その前に、ディスクI/OやネットワークI/Oで詰まるケースが多いからです。

　第4章の4.2節でも紹介した通り、同期I/Oはシステムコールとしてカーネルに命令がいきますが、これが完了しないとプロセスは次の処理に進めません。この状態のプロセスはアイドル状態となり、CPUを利用できないため、CPU使用率は上がりません。こういった場合、図8.16のように、CPU使用率が低くても、I/O待ちキュー上で待機するプロセス数が増加します[※5]。

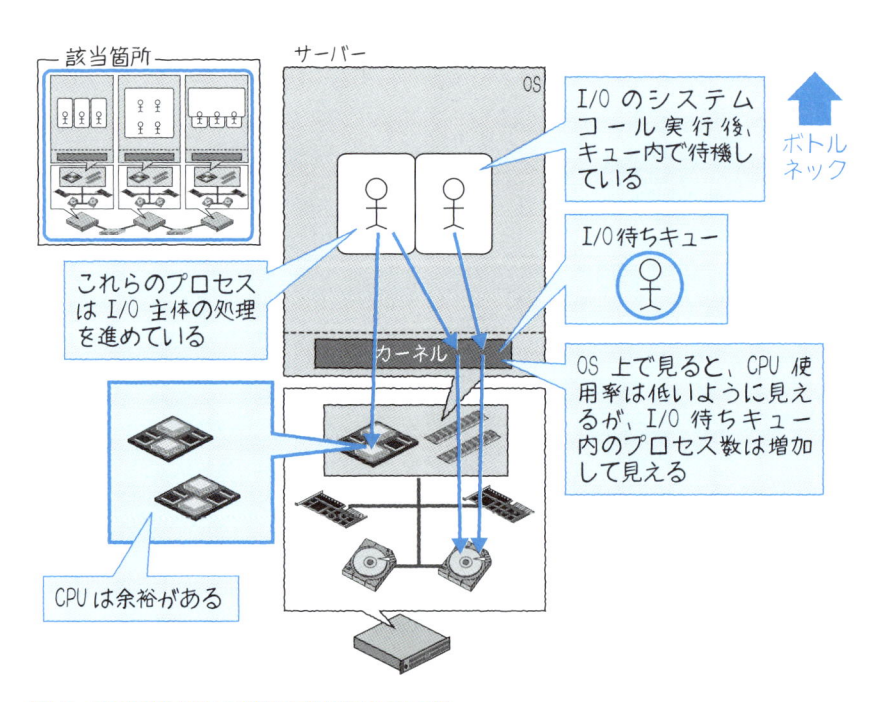

図8.16　CPU使用率が低いのに待ち行列が発生している例

※5　第4章でも紹介した通り、カーネルにはいくつかのキューがあり、OSによっても異なります。

この状態はCPUボトルネックでしょうか？　どちらかというと、I/Oボトルネックです。しかし「I/Oボトルネックです」と宣言した瞬間、ディスク装置の担当者から「ディスク側のレスポンスは問題ありません」と物言いがつくでしょう。実際、問題がないからです。ディスク側には負荷が来ていないのですから。

正確には、アプリケーションがCPU、メモリ、I/Oなどのハードウェアリソースを有効活用できていないことが主問題です。この状態を説明する適切な言葉はありませんが、アプリケーションボトルネックと呼んでしまうと、今度はアプリケーション開発者から怒られます。難しいものです。「並列度ボトルネック」と言ったほうがよいかもしれません。

CPUを利用するような処理と、ディスクI/O処理を比較すると、後者のほうが完了までの時間が長いため、こういった状況になることがあります。特にデータベースはI/Oが多いため、発生頻度が高いです。

こういったケースでの改善ポイントは大きく2つあります。

処理の多重化

1つ目は、図8.17のように処理を多重化し、CPUを有効利用させることです。前述のレスポンス改善でも紹介した処理の並列化と、基本的には同じ考え方です。たとえばスレッドを複数起動し、同期I/O命令をスレッドごとに並行して実行すれば、CPU使用率もI/O負荷も増加します。これにより、サーバー全体でのリソースの使用状況としては、改善することになります。

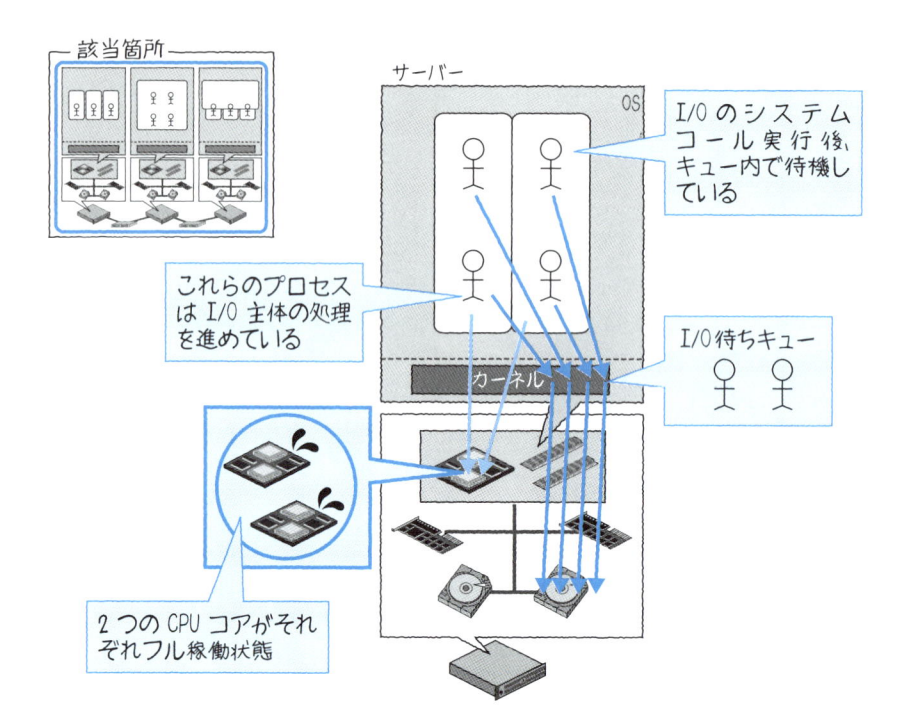

図8.17　処理の多重化によるI/O 負荷の増加

I/Oの非同期化

2つ目は、I/Oを非同期化することです。非同期I/Oを利用することで、プロセスは I/O処理の完了を待たずに、次に進むことができます。CPU処理とI/O処理を同時に進めることができるので、リソース使用状況は改善します。これについては第4章の4.2 節で詳しく説明しているので、そちらを参照してください。

⫼ Column

CはJavaより速い？

「Javaだと遅いのでC言語でバッチ処理を開発する」という話を現場で聞くことがあります。しかしこれは必ずしも正しいアプローチではありません。たとえば、SQLを使ってデータベース側での処理時間がほとんどの時間を占める場合、プログラミング言語の選択よりも適切なスキーマ設計と効率的なSQLを記述するほうが重要になります。

プログラマの世界では古くから「推測するな、計測せよ」という格言がありますが、どの処理で本当に時間がかかっていてどの部分を改善すべきかを正確に把握する必要

があります。プログラミング言語でもソフトウェア製品でもメリットとデメリットを理解してうまく使いこなすことが重要だと筆者は考えています。Cで書いても非効率なコードを書けば、簡単にJavaより遅いプログラムを書くことが可能です。また、どんなプログラミング言語を使ってもコンパイラやインタープリタが機械語に翻訳して実行されるため、どちらが効率的な機械語になるかだと思います。また、実行のされ方も実行時にプロセスを起動するのか、あらかじめ起動しておくのか。性能を引き出す上ではある程度ハードウェアやOSなど低レイヤーの知識を知っておく必要があります。

　最終的にはハードディスクのように物理的に動く仕組みや電気信号で実行されるため、究極的には性能は物理法則との戦いです。メモリアクセス、ディスクI/O、CPU命令などがいかにハードウェアの性能を最大限に引き出すかということになるので、プログラムが実行される際にハードウェアで動作するイメージができることが重要だと筆者は考えています。

8.3.2　メモリボトルネックの例

メモリ領域のボトルネックは、大きく2つに分割できます。

・領域不足
・同一領域への競合

領域不足によるボトルネック

　プロセスが起動し、何かしらの処理を行なうには、必ず自分専用のメモリ領域が必要となります。しかし、サーバー上のメモリ領域は有限です。64ビットマシンでは2の64乗ビットの領域まで利用することはできますが、これは16エクサバイト（EB）、または172億ギガバイト（GB）に相当します。非常に大きな領域ですよね。それでも、有限です。

　この有限のメモリ領域が足りなくならないように、OSカーネル側で「ページング」または「スワッピング」といった処理を行なうことで、空きメモリを確保する仕組みがあります。端的に説明すると、足りない部分についてはディスク領域を補完的に利用することで、仮想的に大きなメモリがあるように見せる技術です（Virtual Memoryと言います）。

要は、自分の領域があたかも大きいかのように、見栄をはっているようなイメージです。見栄なので、当然のことながら、実際は制限があります。このあふれた情報はディスク上に退避され、退避された情報は、そのプロセスが再びその領域を利用するときにメモリに戻されます。第2章でも説明しましたが、メモリとディスクでは圧倒的な性能差があるため、少しでもディスクへの退避および戻しが発生すると、明確な性能劣化が発生します。これが見栄をはったことへのペナルティです。

この問題はWeb/AP/DBサーバーや、クライアントPCなど、どこでも発生し得る問題ですが、特にDBサーバーでは、そのメモリ特性を正しく理解していないがゆえに大きな問題となることがあります。

図8.18をご覧ください。これはOracle Databaseの例です。

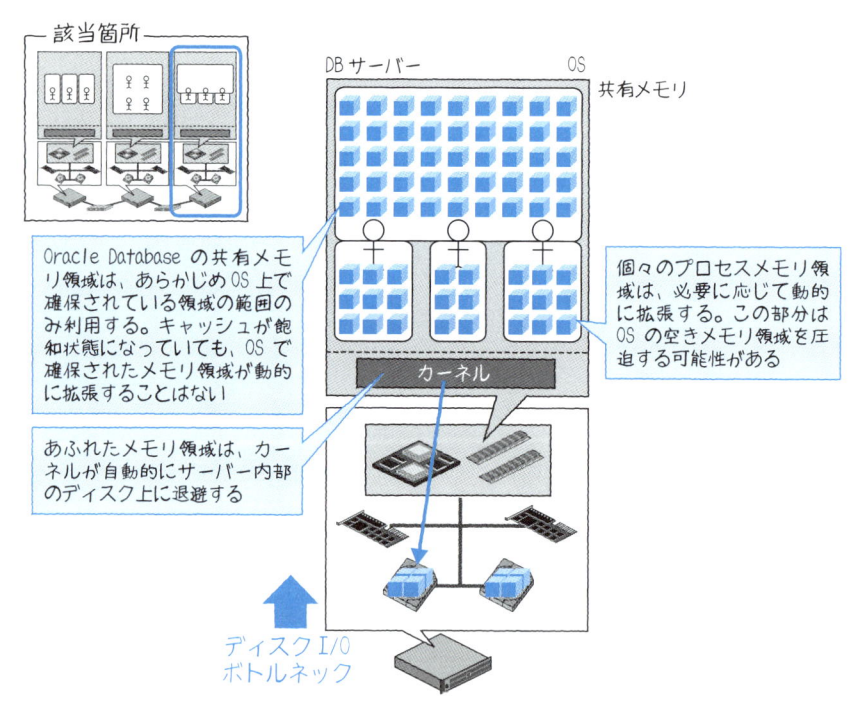

図8.18　メモリ領域の枯渇

Oracleにおける共有メモリ（SGA）は、あらかじめ指定したサイズが確保され、それ以上拡張することはありません。つまり、Oracleが利用するキャッシュ領域などの不足が発生したとしても、それがOSレベルでの過度なページングを引き起こすことはありません。その一方で、Oracleの個々のプロセスが利用するメモリ領域（PGA）は、自動的に拡張する領域です。PGAは、プロセス数が増えた場合や、個々のプロセスで必要となるメモリ領域が増えた場合に拡張します。これがOS全体のメモリ領域を圧迫し、ページングが多発し、大幅な性能劣化を引き起こすことがあります。

このようにOracle Databaseを利用する場合は、共有メモリだけでなく、プロセスごとのメモリのサイジングを行なうことも重要となります。それ以外のソフトウェアでも、同じように注意してくださいね。

同じデータに対するボトルネック

これまで、第5章でも紹介したキャッシュという概念が何度か出てきました。ディスクI/Oを読み込む時間を短縮するために、メモリ上にキャッシュとしてデータを配置するのも、ボトルネック解消の一例です。キャッシュは本書でも何度も出てきたので、万能な技術のように見えたかもしれません。「全部キャッシュすれば問題解決するのでは？」と思った方もいるでしょう。

しかし、図8.19のように、やみくもにメモリ上にデータをキャッシュしても、メモリ上で競合することがあります。

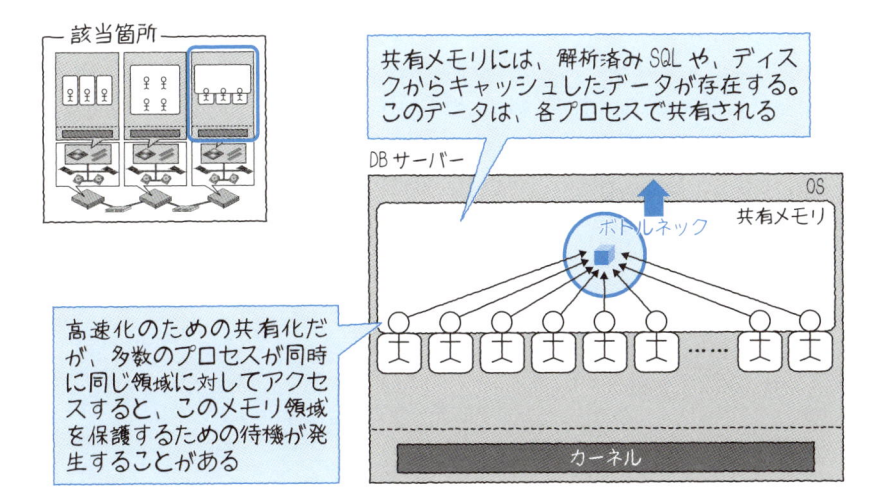

図8.19　特定メモリ領域へのアクセス集中

この例は、メモリ領域へのアクセスは非常に高速です。OS上のプロセスやスレッドからアクセスした場合、ナノ秒（ナノはミリの100万分の1）単位でのアクセスとなります。これなら、たとえば1,000プロセスが同時にアクセスしたとしても、十分さばけるように見えますよね。こんなに高速なのに、なぜ詰まるのでしょうか？

　特定の領域を複数プロセスで共有する場合、メモリ領域を参照や更新する際に、誰かがその領域を更新していないかをチェックする必要が生じます。この仕組みを示したのが図8.20です。

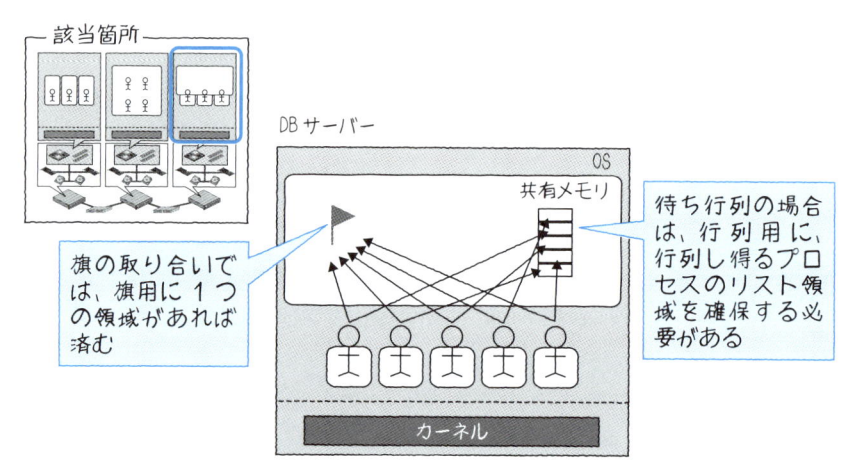

図8.20　なぜ待ち行列ではいけないのか？

　このチェックの仕組みには、かなり簡易的な仕組みが用いられます。たとえばOracle Databaseでは、第4章でも紹介したラッチという管理の仕組みを利用します。ラッチでは、参照や更新を行ないたいプロセス同士が競い合い、早い者勝ちでその領域を独占します。独占されているので、自分以外のプロセスが同じ領域を更新することはありません。このイメージに近いのは、筋肉自慢系のTV番組で見かける「ビーチフラッグ競技」です。

早い者勝ちとなると、それぞれのプロセスやスレッドが競い合う分、CPUリソースを無駄に消費するので、非効率です。これを「待ち行列」とすればみんなお行儀よく並ぶことができますが、なぜそうしないのでしょうか？　たとえば1バイトのメモリ領域を管理するのに待ち行列を作成した場合、その領域は配列（第4章参照）として管理され、1バイト以上の行列領域を必要とする可能性があります。管理領域のほうが大きくなってしまうのですね。

　なお、Oracle Databaseでは、この待ち行列の仕組みはエンキューと呼ばれ、行ロックなどの排他処理に利用されます。待ち行列などのロック管理には、第5章で紹介したマスター／ワーカーの考え方（5.7節）も重要となるので、そちらもご参照ください。

　こういった問題を防ぐには、そもそも競合させないように、複数のプロセスやスレッドが同じメモリ領域を必要としないような仕組み作りが有効となります。たとえばOracle Databaseでは、特定のデータベースブロックで競合が起きることがあるため、競合するデータをそれぞれ別のパーティションに格納すれば、必然的に別メモリ領域上にデータが格納され、競合を防ぐことができます。

8.3.3　ディスク I/O ボトルネックの例

　I/Oボトルネックは、ハードディスクなどのストレージ装置へのI/Oのボトルネックです。第2章のほか、これまで散々触れてきましたが、メモリと比較してディスクのI/Oは非常に遅いです。SSDなどの高速なディスクであっても限界があります。

　I/Oがボトルネックになっている場合は、CPUの数を増やしたり、クロック周波数を上げたりしても効果はありません。I/Oの効率を上げるか、I/Oを減らす工夫が必要となります。

外部ストレージ

　多くのエンタープライズ環境では、データベースのデータ格納先として、外部ストレージ装置を利用します。Storage Area Network（SAN）経由のSANストレージや、ネットワーク経由でのNetwork Attached Storage（NAS）ストレージなどがあります。
　図8.21は、DBサーバーからSANストレージへのアクセスを表わしています。

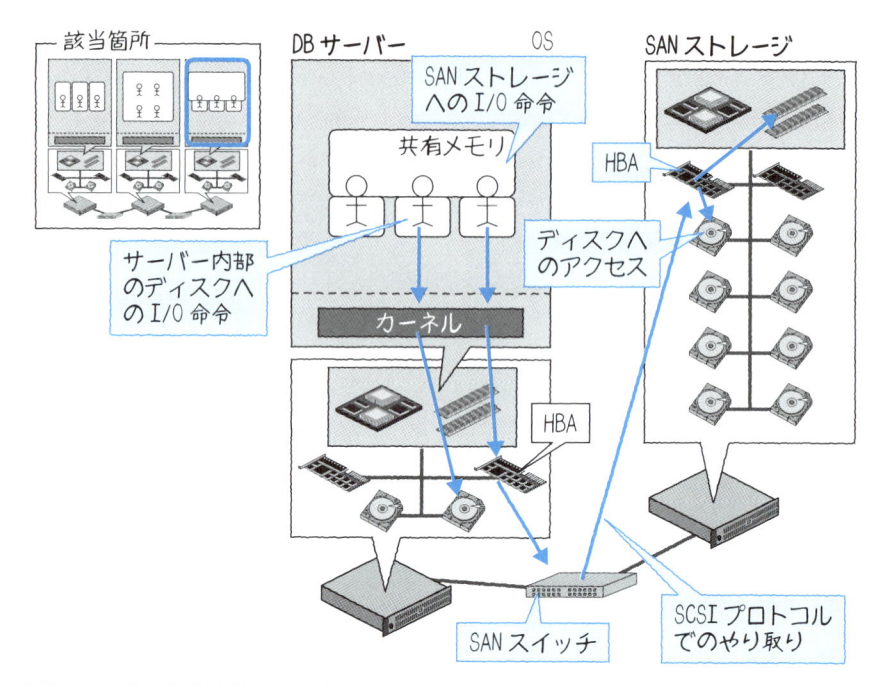

図8.21 ローカルディスクとSANストレージ

　物理的にはHBAインターフェースとSANスイッチを通じてストレージ装置につながっています。論理的にはシステムコールを通じてI/O命令を出しており、これが内部的にSCSIプロトコルとして伝搬されます。NASストレージの場合でも、絵は大きく変化しません。HBAがNICになり、SANスイッチがネットワークスイッチに変更される点が物理面での変更となります。論理面では、プロトコルがNFSなどに変更されます。

　基本的にどの経路を通ったとしても、アプリケーションの観点では、ディスクI/Oのシステムコールが発行され、OSカーネル側でリクエストを必要なプロトコルに変換し、ディスクやストレージ側にリクエストを送ります。書き込み先がローカルなのか外部ストレージなのか、特に意識する必要はありません。しかしインフラ技術者としては、この違いを意識する必要があります。

　図8.22をご覧ください。たとえば性能という観点では、多くの場合、ローカルディスクは3〜4本のディスクでRAID構成を組んでおり、キャッシュとしてはサーバー上のOSのメモリが利用されます。それに比べて、外部ストレージは十数本〜数十本単位のディスクが配置してあり、さらにキャッシュ専用のメモリ領域を積んでいます。ディスクの数に応じてスループットは増加するため、スループット観点では、外部ス

トレージが圧倒的に有利です。

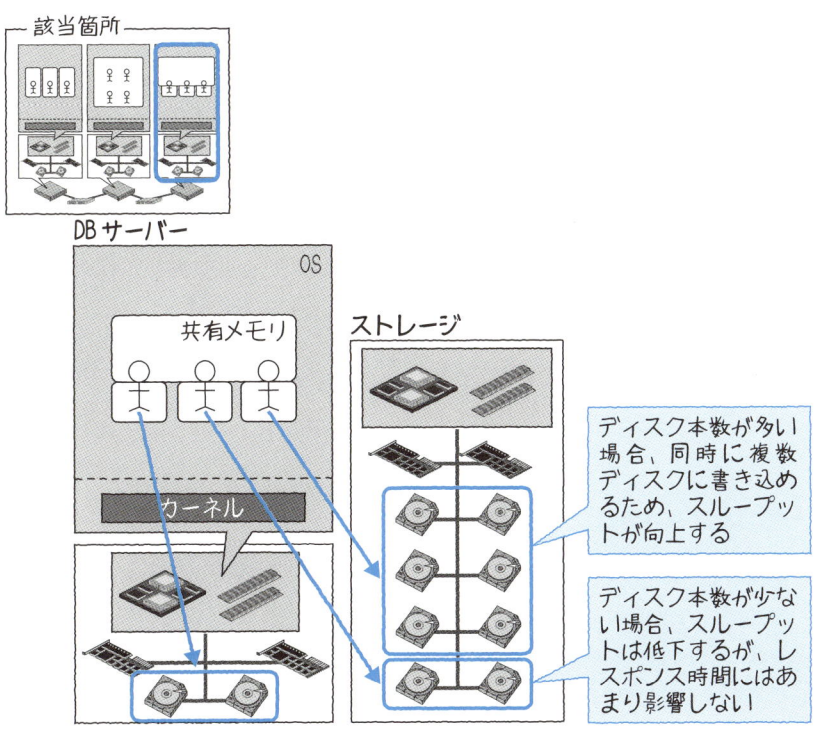

図8.22　RAIDを構成するディスク本数が多いほどスループットは高くなる

　スループットは、同じ領域を利用しているユーザーが多いほど低下します。1つの
RAIDグループを占有できている場合はよいですが、ほかのアプリケーションと領域
を共有している場合もあります。これはOSおよびストレージ設定に依存するので、
アプリケーションからは気づけないポイントであり、注意が必要です。

　レスポンスはどうでしょうか？　「近ければ速い」というルールは第2章でも紹介
しましたが、その通り単体レスポンスはローカルディスクが最も高速になることがあ
ります。その差を縮めるため、外部ストレージは自身が持つメモリ領域（またはSSD
などのフラッシュメモリ）をうまく活用し、データのキャッシュを効率良く作成する
ことで、このレスポンスを改善する努力をしています。

子どもは公園で遊ばせましょう

　なぜ、ローカルディスクをもっと活用しないのでしょうか？　最近では容量も十分にありますし、何よりサーバー内部にあるので、高速化の余地があります。この疑問への答えとしては、一般的に、ローカルディスクにはOSのバイナリファイルや、OSメモリのページング／スワップ領域なども格納されるからです。データベースなどのユーザー側データで負荷が高くなると、OSそのものの動きが不安定になることがあります。その理由から、あまり大量の負荷を掛けることはお勧めしません。

　たとえば、皆さんのお子さんが外の公園で思いっきり走り回って遊んでいるのはよいことですが、自宅で走り回られると何か壊すんじゃないかとハラハラしますよね。これと同じことです。

シーケンシャルI/OとランダムI/O

　実機検証でProof of Concept（PoC）やベンチマークを実施する方も多いでしょう。その際には、I/O特性を理解しておく必要があります。

　ディスクI/Oには、シーケンシャルアクセスとランダムアクセスがあります。シーケンシャルは「逐次」（順を追って）という意味で、先頭から間を抜かさずアクセス（読み／書き）することです。一方、ランダムアクセスはヘッドを動かしながらとびとびにアクセス（読み／書き）することです。この2つは、将棋で言えば香車と桂馬のような関係です。

　図8.23のように、DVDなどの光学ディスクで例えると、シーケンシャルアクセスは最高速で早送りしているイメージ、ランダムアクセスは常に頭出しをしているイメージです。頭出しをすると「うっ」と一瞬息が詰まったような感覚があると思いますが、頭出しは目的の場所を探して針（正確にはアクチュエーター）を移動させるので、時間がかかります。

　単一ディスクが書き込み先である場合、シーケンシャルは高速であり、ランダムは低速となります。たとえばOracle Databaseでは大きなファイルのやり取り——REDOログ（トランザクションログ）のアーカイブ化処理やRMANバックアップ処理などは、シーケンシャルI/O特性を持つので、処理効率が良いです。第5章で紹介したジャーナリング系のログはこちらに属します。

　逆に、普通のデータファイルへの書き込みはランダム特性を持つので、非効率とな

ります。ランダム特性による低速さを解消するため、Oracleではデータファイルへの書き込みを担うDBWRプロセスを多重化し、並列処理することで効率性を向上させています。

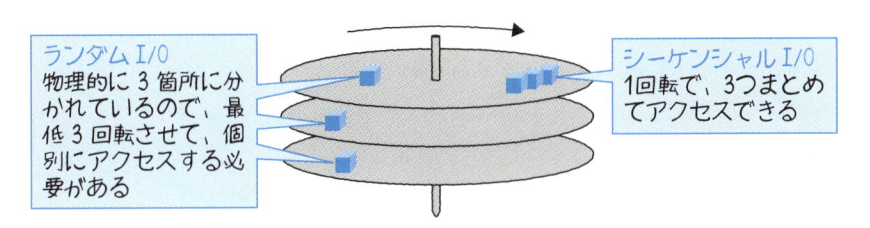

ランダム I/O
物理的に3箇所に分かれているので、最低3回転させて、個別にアクセスする必要がある

シーケンシャル I/O
1回転で、3つまとめてアクセスできる

図8.23　ディスク単体で見たシーケンシャルI/OとランダムI/O

さて、企業システムにて利用されるストレージ装置は、内部に多数のディスクを持っています。このI/O特性はどう活かされるのでしょうか？　図8.24をご覧ください。

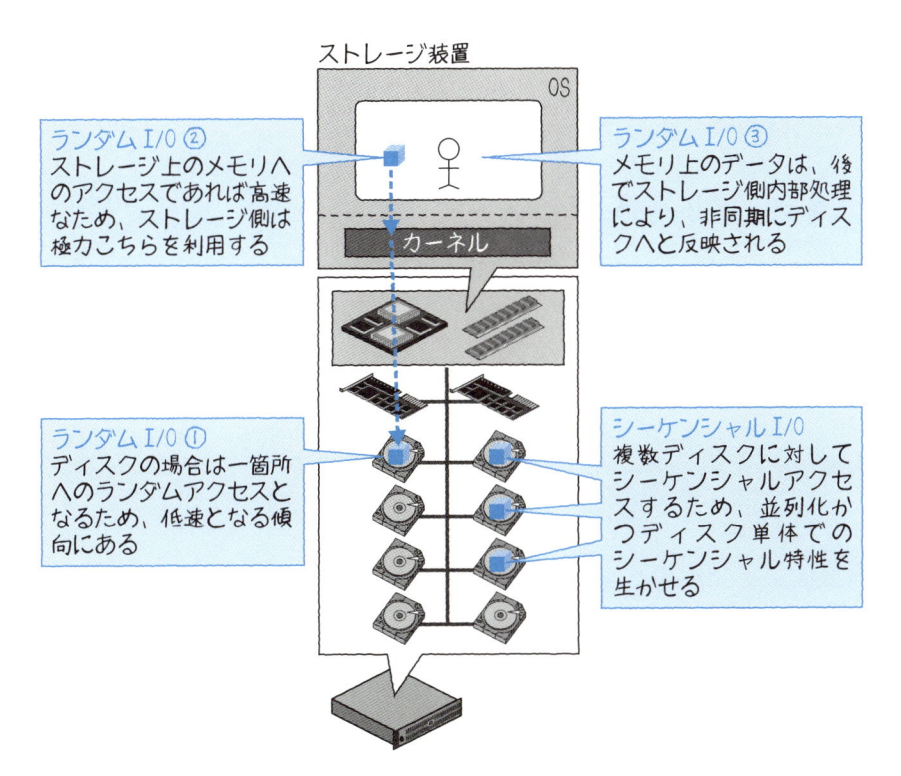

ランダム I/O ②
ストレージ上のメモリへのアクセスであれば高速なため、ストレージ側は極力こちらを利用する

ランダム I/O ③
メモリ上のデータは、後でストレージ側内部処理により、非同期にディスクへと反映される

ランダム I/O ①
ディスクの場合は一箇所へのランダムアクセスとなるため、低速となる傾向にある

シーケンシャル I/O
複数ディスクに対してシーケンシャルアクセスするため、並列化かつディスク単体でのシーケンシャル特性を生かせる

図8.24　ストレージ層で見たシーケンシャルI/OとランダムI/O

ストレージ装置側では、大きなファイルへの一括読み書きがあった場合、複数のディスクに対して、同時にシーケンシャルアクセスする形を取ります。これにより、シーケンシャルかつ並列でのアクセスができるため、大容量データであっても、高速に処理することができます。

　しかし、小さなファイルのアクセスについては、単一ディスクへのランダムI/Oとなるので、あまり高速化する余地がありません。そのため、ストレージ装置側では、前述のメモリやSSDなど、ランダムI/Oに強い記憶領域を利用し、ディスク上の内容をキャッシュする仕組みを取ることで、効率化を図ります。

　なお、シーケンシャル／ランダム特性は、ファイルサイズに依存するものではありません。たとえば同じサイズのデータにアクセスする場合でも、データがあちこちに分散していて何度も頭出しをすると遅くなります。

　自分のPCでデフラグ（デフラグメンテーション）を行なったことはありますか？デフラグは、ハードディスク上に分散したデータを同じ場所にまとめます。1つのファイルでもそのデータは1箇所にあるとは限らず、あちこちに散らばっていることがあります。散らばっているとランダムアクセスになり、ファイルを開くと何度も頭出しをしながらデータを読み出すため遅くなりますが、1箇所にまとまっていると頭出しは1回で済み、後は読み出すだけです。

　デフラグは、ランダムアクセスをできるだけ減らすための処理です。第4章の4.6節（可変長／固定長）も参照してください。

ORDER(N) 一丁あがりました

「オーダー表記」や「O記法」と呼ばれるアルゴリズムの計算量を表わす便利な記法があります。たとえば、テキストファイルを検索するときにファイルの先頭から末尾まですべて検索すると、検索スピードはテキストファイルのサイズが大きくなればなるほど遅くなります。1万件のデータがあれば1万回の探索を行ないます。N件のデータに対してN回の探索が必要なため$O(n)$（オーダーn）のアルゴリズムと呼びます。また、このような探索を線形探索（リニアーサーチ）と呼びます。

ハッシュテーブルは、$O(1)$でデータ件数にかかわらず常に一定の計算量で探索することができます。完全に一致する値を探索する場合、最も高速な探索方法の1つです。二分木の場合は$O(\log_2 n)$、B-Treeのような多分木の場合は$O(\log_m n)$となります。

プログラミングやデータベースの設計の際には、選択するデータ構造やインデックスの種類などについてオーダー表記で表わすとどうなるかを考え、データ量が増加した場合の計算量の変化を考慮するようにするとよいでしょう。たとえば、非常に大量のデータの中から目的のデータを高速に取得することが要求される大規模Webサービスでは、$O(1)$のアルゴリズムを使っているKVS（KeyValue Store）が採用されることが多いようです。$O(n)$のアルゴリズムである線形探索はデータ量が少ない場合は高速ですが、データ量が増えるのに比例して計算量が大きくなるので、将来的にデータ量が大幅に増加する場合には適していないことがわかります。

8.3.4　ネットワーク I/O ボトルネックの例

ネットワークを経由したI/Oは、CPUバスよりも、メモリ間I/Oよりも、レスポンスタイムのオーバーヘッドが大きくなります。そのため、レスポンスを根本改善することは難しく、スループットを改善するようなアプローチや、そもそもネットワークI/Oを起こさないようにするアプローチが有効です。

通信プロセスのボトルネック

先ほど、外部のストレージ装置への帯域の話題に触れました。ネットワーク回線では、特にこの帯域が重視される傾向にあります。帯域幅が大きい＝高速通信と勘違いされることがありますが、帯域幅が大きければどのような通信を行なっても一定のスループットが得られるのでしょうか？

レスポンスとスループットの説明でも挙げましたが、図8.25のように1つのプロセスで処理を行なっている場合、高スループットを実現するのは非常に難しくなります。その理由は、通信には必ず「データ転送」「通信結果の確認」といったやり取りが挟まれるため常にフルパワーでデータを送受信しているわけではないからです。また、通信が高速になってくると、CPUがボトルネックとなることもあります。

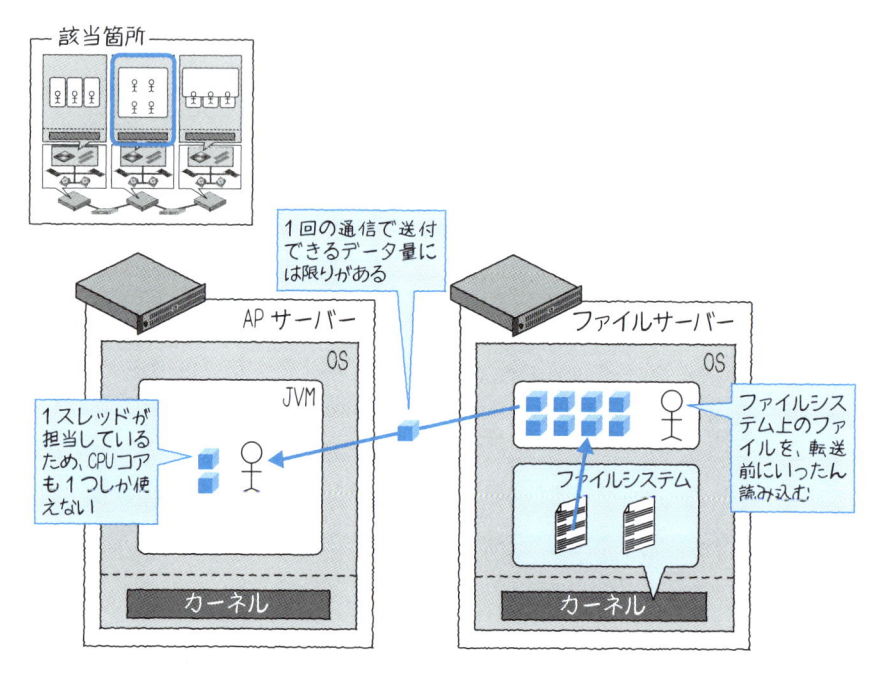

図8.25　ファイル転送のボトルネック

　帯域を使い切った通信を行なうには、図8.26のように処理を多重化し、並列化する必要が出てきます。多重化するほど通信量が多くなり、より帯域幅の制限に近いスループットが実現できます。OSやソフトウェアによっては、この多重化を自動的に実現しているものもあります。そういった特性を持っているか、確認するようにしましょう。

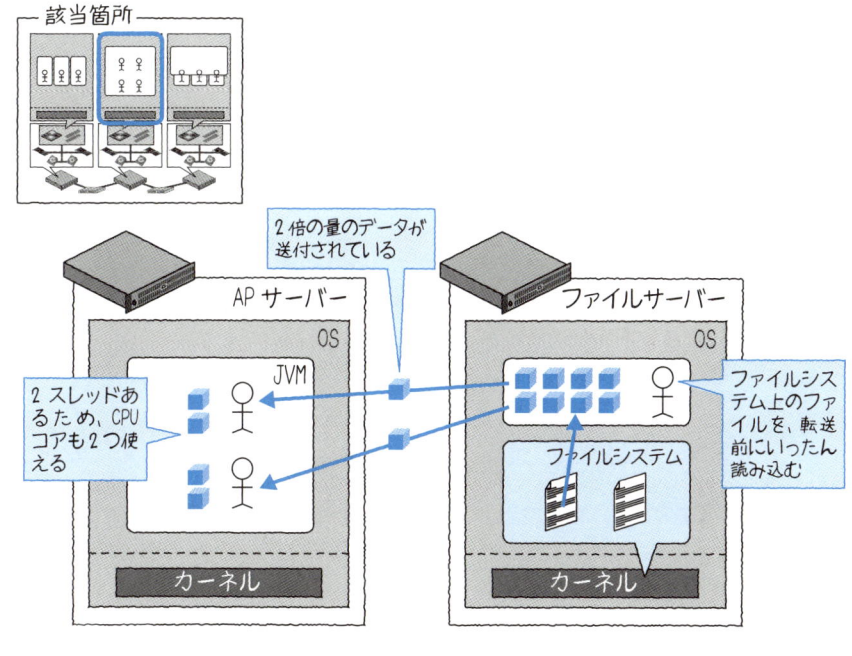

図8.26　ファイル転送の並列化

　CPUボトルネックの例でも触れましたが、並列化という考え方は、帯域を使い切るという観点では非常に有効なアプローチです。特にCPUのマルチコア化が進んでいるので、処理の並列化の有用度が大きくなっています。並列化を常に念頭に置いてチューニングするようにしましょう。

　また、第5章で紹介した「圧縮」を利用して、転送する量を削減するのも1つのアプローチとなります。ただし、これは圧縮および解凍に伴うCPUオーバーヘッドとのトレードオフとなります。

ネットワーク経路のボトルネック

ネットワークでは、目に見えにくい部分がボトルネックとなることもあります。ここではその一例を紹介します。

現在の分析システムが古くなったため、新規に分析システムに置き換えることになりました。分析システムということから、データベースI/Oが重たく、1回の帳票出力に対し、重たいSQLが流れるに違いない、と考えて、ディスクに最もコストをかけました。分析システムのAPサーバーは並列に拡張できる構成です。

プロジェクトは順調に進み、性能テストも完了し、システムがリリースされました。ところが、想定よりもレスポンスが出なかったのです。負荷を見ると、DBサーバーは余裕があり、APサーバーが比較的リソースを使用していました。APサーバーにボトルネックがあるに違いないと、APサーバーを増設しました。しかし、性能は一向に変わりません。いったい何が悪かったのでしょうか？

原因はデフォルトゲートウェイにありました（図8.27）。APサーバーからクライアントPC、DBサーバーからAPサーバーなど、大きなトラフィックがすべてデフォルトゲートウェイであるルーターを経由し、ルーターの処理限界に達したのが主な原因です。また、このほかにもさまざまな社内システムとクライアントの間のゲートウェイになっていたことも原因の1つでした。

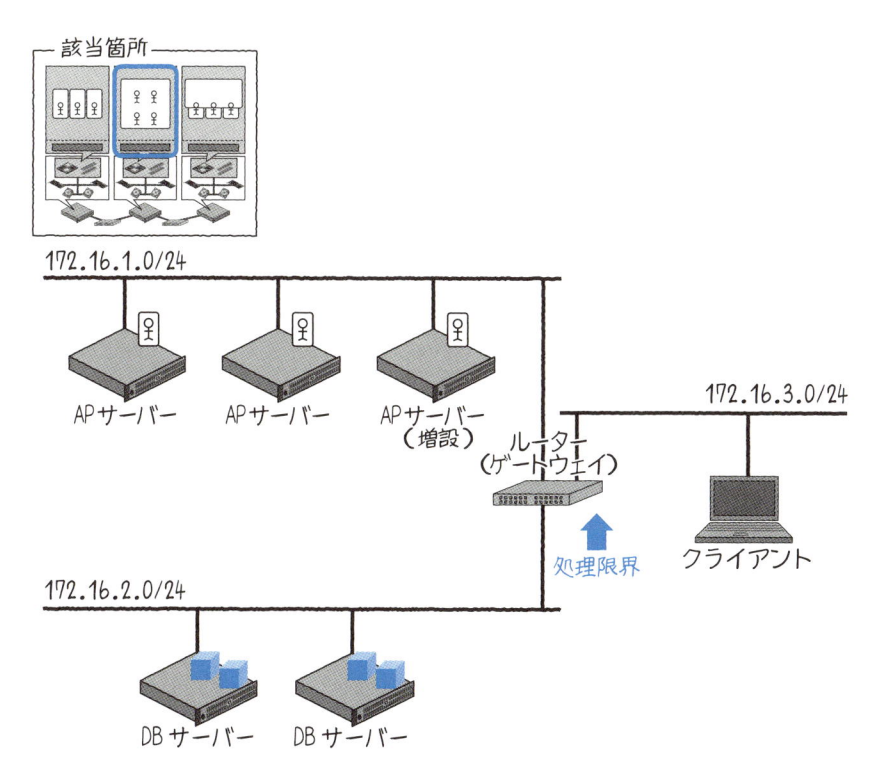

図8.27　ゲートウェイのボトルネック

　図8.28のように、APサーバーとDBサーバー用に専用のネットワークを増設し、トラフィックを分割しました。この結果、APサーバーからクライアント間のみの通信分だけとなり、レスポンス問題を解決できました。

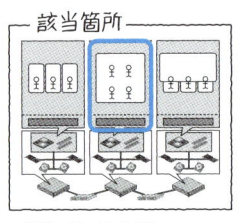

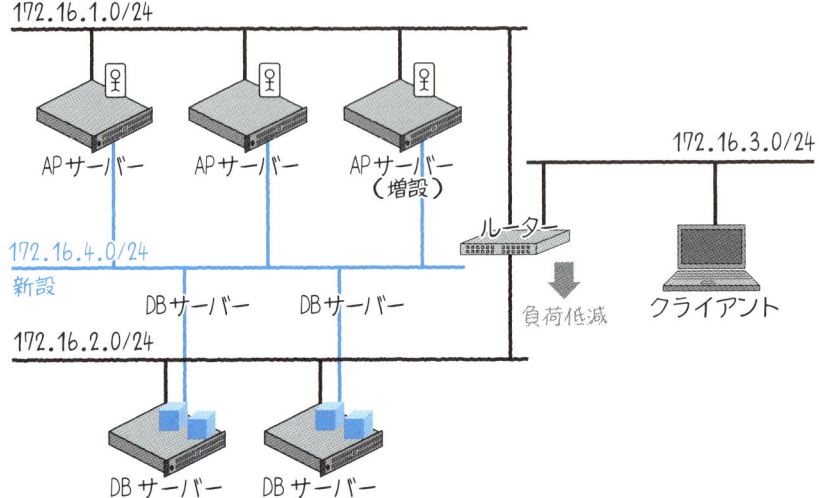

172.16.1.0/24

AP サーバー　　AP サーバー　　AP サーバー（増設）

172.16.4.0/24
新設

DB サーバー　　DB サーバー

172.16.2.0/24

DB サーバー　　DB サーバー

172.16.3.0/24

ルーター

負荷低減

クライアント

図8.28　ゲートウェイのボトルネック改善

　ルーターには、ファイヤウォール機能を持っていたり、セッション監視を行なって長時間アイドル接続しているセッションは強制的に接続終了する機能を持っていたりなど、高機能なものもあります。システムを新規構築する際は、IPアドレス数が足りるかどうかだけではなく、その経路とトラフィック増加についても検討しましょう。

8.3.5　アプリケーションボトルネックの例

　アプリケーションボトルネックとは、いったいどのようなボトルネックでしょうか？

　インフラ側は、これまで出てきた「スケールアップ」「スケールアウト」の概念により、増強は可能です。しかし、アプリケーション側が同じようにスケールできない場合、アプリケーションがボトルネックとなることがあります。

　ロジック上の問題である場合、インフラ側のリソースをいくら増やしても、アプリケーション処理のスループットは高くならず、また、レスポンスを改善させることも

できません。

データ更新のボトルネック

　データベースを利用したシステムでよく発生するのが、特定データに依存した処理によるボトルネックです。

　たとえば、売り上げ個数を記録するのに「必ず在庫個数から値を1つ引く」という処理がある場合、一般的には表の特定行の値を変更するように実装されます。これは図8.29のように、特定行に対するボトルネックです。この特性については、第4章の4.3節（キュー）、4.4節（排他制御）も参考にしてください。

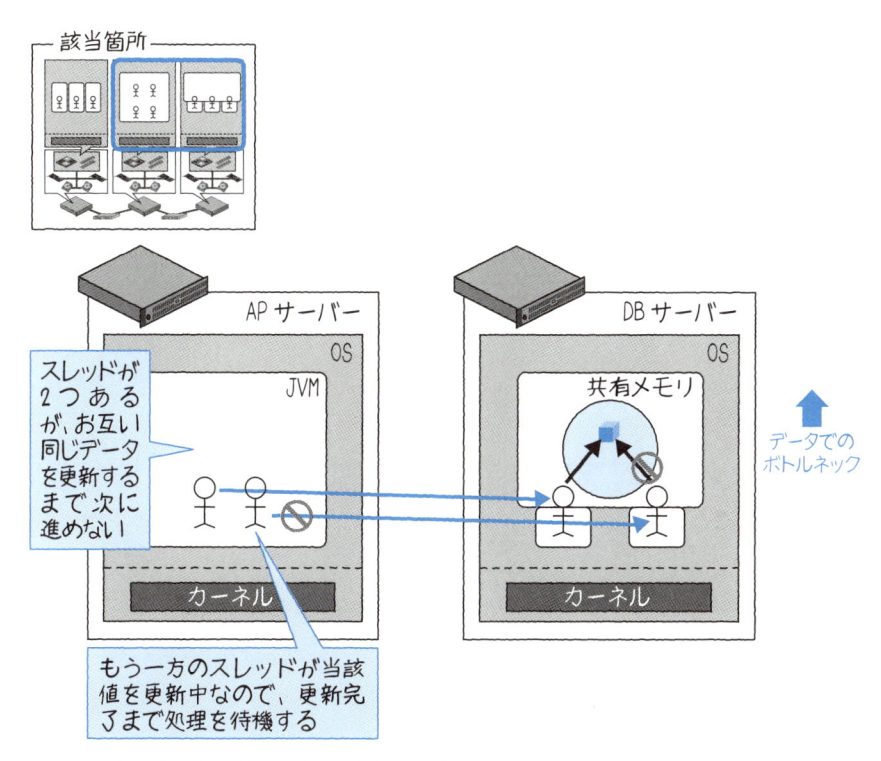

図8.29　すべての処理が同じ表の同じ行を更新するまで先に進めない

　在庫確認をリアルタイムかつ厳密に行なおうとすると、この形が必須となりますが、改善案としては2つあります。

値のキャッシュ化

　1つ目は、図8.30のように値をキャッシュ化する方法です。これまでの多くのケースと同様に、別サーバーへの問い合わせがボトルネックであるならば、より近い場所にキャッシュ化するのは常とう手段です。ネットワーク経由の問い合わせがなくなるため、処理効率は改善することが期待できますが、相変わらずボトルネックであることには変わりなく、根本解決にはなりません。

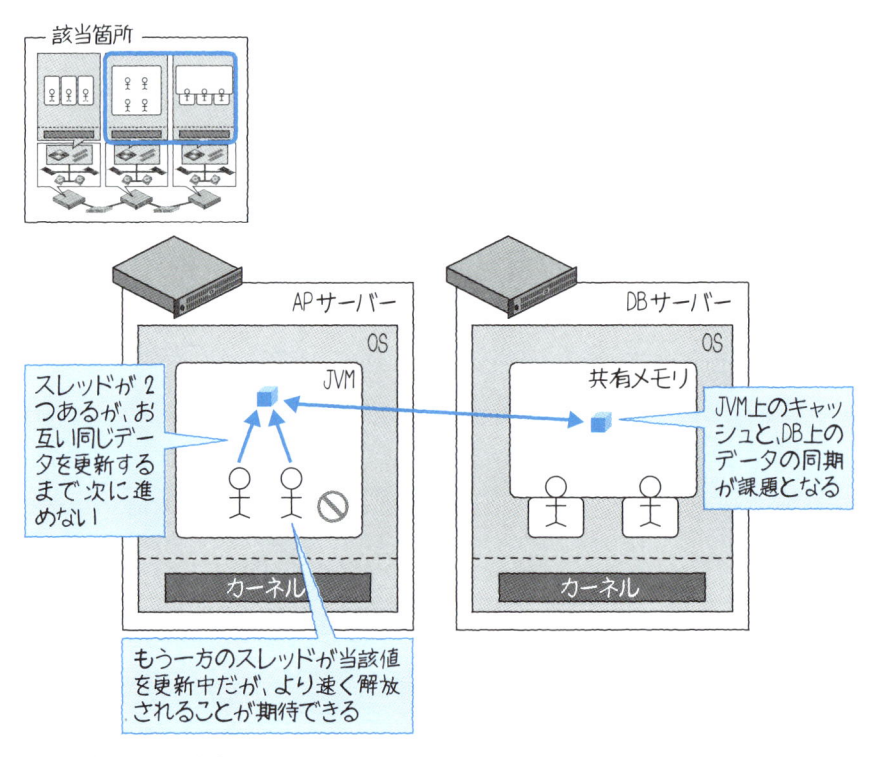

図8.30　値をキャッシュ化する

ボトルネックの分割

　もう1つは、図8.31のように在庫確認を厳密には行なわず、行を2つに分けてしまう形です。たとえば在庫が200個あるのであれば、100個ずつで行を分割します。この場合、同時に2つの処理を進めることが可能となり、処理の多重実行が可能となります。ただし、最終的に在庫がいくつあるのかというデータの整合性上の問題と、片方だけ先に枯渇した場合のデータの最新性の問題が新たに発生します。最新性に関しては、第5章で説明したレプリケーションなども考慮する必要があります。

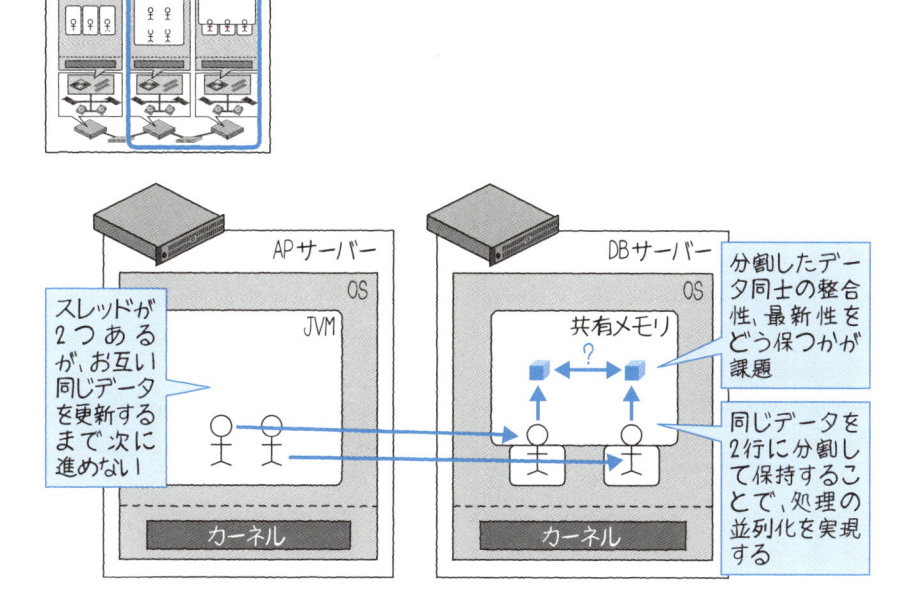

図8.31　ボトルネックを分割してしまう

なお、Oracle Databaseの場合、行を分割しても、同じデータベースブロック内部に格納される可能性があるため、そのままではボトルネック解消にはならないケースもあります。こういった場合は表自体を分けるか、メモリボトルネックの例と同じようにパーティション機能を利用して、それぞれの行を別パーティションに格納するようなアプローチが有効です。こういったチューニングは、インフラ担当者だけでは実施することができません。アプリケーション自体がボトルネックとなっている場合、アプリケーション担当者とインフラ担当者が協力して進める必要があります。現場では「すべてインフラ側にて対応せよ」と言われることも少なくありませんが……。

外部問い合わせのボトルネック

システムは1つだけで完結することは少ないです。多くのシステムにおいては、ほかのシステムとのデータ連携など、協力し合う必要があります。この部分がボトルネックとなるケースも多いです。

たとえば、基幹システムのユーザー管理を一元化したいというプロジェクトがあったとします。ユーザー情報はLDAPとActive Directoryを連携させ、Windows上およびLinux/UNIX上のユーザーアカウントを同一情報として実現し、切り替えを行ないま

した。ところが、切り替えの後、業務バッチジョブが大幅に遅延し、処理が予定時間内に終了しなくなるようになりました。原因は何でしょうか？

この業務バッチジョブは、毎回バッチジョブの1トランザクション実行時に、ユーザー情報を確認するものでした。それまでは、システムのローカル内にユーザー情報が格納されていたので、この問い合わせに時間がかかることはありませんでした。しかし、図8.32のように毎回LDAPに認証するようになったため、この処理にボトルネックが発生することになったわけです。第5章で紹介したI/Oサイズの例ですね。

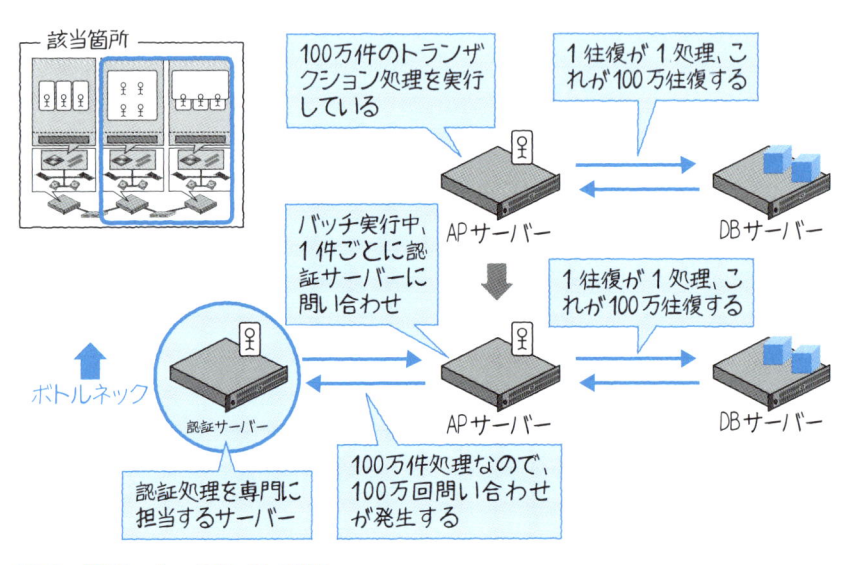

図8.32　認証サーバーへの問い合わせ増加

1回の問い合わせで1バッチジョブ内のユーザー情報を取得し、アプリケーション側で一次ファイルをキャッシュとして保持し、差分を確認する方法に変更したところ、本事象は解消しました。

このような処理の確認方法は、地道なアプローチが多くなります。処理を作成する際は、常にスケールするかどうかを意識するようにしましょう。

8.4 まとめ

本章では、レスポンスとスループットの違いと、ボトルネックの考え方を説明しました。3階層型システムにおけるボトルネック事例と、それを解消するためのアプローチ例を組み合わせたことで、より理解が深まっていれば幸いです。

性能が悪くてもシステムは動きますが、ユーザーから使ってもらえないかもしれません。性能を常に意識して、満足度の高いシステムを作っていきましょう！

Column
オーバーコミットは営業だけのものじゃない

「大丈夫！ 要件はすべて実現してみせます！」「わが社はそのプロジェクトを3か月で実現してみせますよ！」なんて営業の過剰な提案を「オーバーコミット」とよく言いますよね。

オーバーコミットには、それ以外の意味もあります。仮想環境における、物理リソースの能力以上に、仮想サーバーを搭載することです。仮想サーバーは、割り当てられたリソースを常に100％使用しているわけではないので、物理リソース以上に割り当てを行なっても、意外と性能問題も起きず、なんとかなるものです。

この仮想サーバーの詰め込み度合いを統合率と言うことがあり、仮想化によるコスト効果を示すときによく用いられます。業務上のSLAが低いサーバーは詰め込めるだけ詰め込んだほうがお得というわけです。

安全に統合率を高めるためには、物理リソースの競合や、キャパシティの監視を強化しなければなりません。つまり、運用者の腕の見せどころになるわけですが、運用者のミッションは安定運用なので、オーバーコミットしたいビジネス側の要求とは相反することになります。

どちらがよいということはなく、そういう技術があるということを知っておくのが重要で、適材適所に利用できればスマートだと筆者は思います。

参考文献

●ホワイトペーパー／マニュアル

『DELL EMC Power Edge R740 サーバー構成ガイド』

『Oracle Enterprise Manager SNMP サポート・リファレンス・ガイド リリース10.2』

『Oracle Fusion Middleware Oracle WebLogic Server クラスタの使い方 11g リリース1 (10.3.3)』

●Web公開資料

「intel xeon scalable processor architecture deep dive」https://en.wikichip.org/wiki/File:intel_xeon_scalable_processor_architecture_deep_dive.pdf?page=9

「VFS and Block I/O」http://sourceforge.jp/projects/linux-kernel-docs/document/D2_VFS_BlockIO/ja/1/D2_VFS_BlockIO.pdf

「MySQLクラスター」http://www.mysql.gr.jp/workshop/20041120/ndb_200411.pdf

「Linux Ethernet Bonding Driver HOWTO」http://www.kernel.org/doc/Documentation/networking/bonding.txt

「INTERNET PROTOCOL(RFC 791 September 1981)」http://www.ietf.org/rfc/rfc791.txt

「Architectural Principles of the Internet(RFC 1958 June 1996)」http://www.ietf.org/rfc/rfc1958.txt

「TCP Selective Acknowledgment Options(RFC 2018 October 1996)」http://www.ietf.org/rfc/rfc2018.txt

「TCP Congestion Control(RFC 2581 April 1999)」http://www.ietf.org/rfc/rfc2581.txt

「Hypertext Transfer Protocol -- HTTP/1.1(RFC 2616 June 1999)」http://www.ietf.org/rfc/rfc2616.txt

「The Internet is for Everyone(RFC 3271 April 2002)」http://www.ietf.org/rfc/rfc3271.txt

●書籍

『Linuxカーネル2.6解読室』(ソフトバンククリエイティブ、ISBN：9784797338263)

『最前線UNIXのカーネル』(ピアソンエデュケーション、ISBN：9784894711891)

『Solarisインターナル—カーネル構造のすべて』(ピアソンエデュケーション ISBN：9784894714588)

『詳解Linuxカーネル第3版』(オライリー・ジャパン、ISBN：9784873113135)

『プロセッサを支える技術——果てしなくスピードを追求する世界』(技術評論社、ISBN：9784774145211)

『Unixシステムパフォーマンスチューニング 第2版』(オライリー・ジャパン、ISBN：9784873111520)

『並行コンピューティング技法——実践マルチコア/マルチスレッドプログラミング』(オライリー・ジャパン、ISBN：9784873114354)

『「アルゴリズム」のキホン』(ソフトバンククリエイティブ、ISBN：9784797360691)

『アルゴリズムクイックリファレンス』(オライリー・ジャパン、ISBN：9784873114286)

『The Art of Computer Programming Volume 3 Sorting and Searching Second Edition 日本語版』(アスキー、ISBN：9784756146144)

『Linux-DBシステム構築/運用入門』(翔泳社、ISBN：9784798120720)

『Webエンジニアのためのデータベース技術［実践］入門』（技術評論社、ISBN：9784774150208）

『［24時間365日］サーバ/インフラを支える技術—スケーラビリティ、ハイパフォーマンス、省力運用』（技術評論社、ISBN：9784774135663）

『Oracle8I Internal Services for Waits, Latches, Locks, and Memory』（Oreilly & Associates Inc, ISBN：9781565925984）

『Oracle8i&UNIX パフォーマンスチューニング——Oracle8i+UNIX のための最適化技法』（ピアソンエデュケーション、ISBN：9784894714595）

『Oracle Core: Essential Internals for DBAs and Developers』（Apress, ISBN：9781430239543）

『絵で見てわかるOS／ストレージ／ネットワーク 新装版』（翔泳社、ISBN：9784798158488）

旧版 『絵で見てわかるOS/ストレージ/ネットワーク　データベースはこう使っている』（翔泳社、ISBN：9784798117034）

『パフォーマンス改善と事前対策に役立つ Oracle SQLチューニング』（翔泳社、ISBN：9784798125381）

『仮想化の基本と技術』（翔泳社、ISBN：9784798123707）

『情報理論』（産業図書、ISBN：9784782890097）

『TCP/IP Illustrated Volume 1: The Protocols』（Addison-Wesley Professional, ISBN：9780201633467）

『TCP/IP Illustrated Volume 2: The Implementation』（Addison-Wesley Professional, ISBN：9780201633542）

『インターネットのカタチ—もろさが織り成す粘り強い世界—』（オーム社、ISBN：9784274068249）

『改訂新版 Cisco Catalyst LANスイッチ教科書』（インプレス、ISBN：9784844319733）

『マスタリングTCP/IP 入門編 第5版』（オーム社、ISBN：9784274068768）

『ゼロからはじめるスイッチ＆ルータ 増補・新装版』（アスキー、ISBN：9784756150042）

『Software Design 2012年4月号「スイッチングハブの教科書」』（技術評論社、ASIN：B007EWCINO）

● 数字

3ウェイハンドシェイク（3-wayhandshake）	209
3階層アーキテクチャ	46
3階層型	11
3階層型アーキテクチャ	11, 13
3階層型システム	12
Webデータの流れ	57
全体像	46

● A

ACK	210
Ajax	87
Apache HTTP Server	49, 83, 256
APサーバー	12
冗長化	264
ARPANET	193
ARP監視	246
ARPリクエスト	246
ASIC	232
Avg. Disk Queue Length	100

● B

BMC（Baseboard Management Controller）	26
Bonding	86, 244, 279
B-Treeインデックス	127
仕組み	129

● C

C/S	10
C10K問題	95
cache	134
CDN	64, 135
Channel	31
CIDR	218
compare and swap（CAS）	107
CPU（Central Processing Unit）	27
コードネーム	32
CPUコア	28
CPUボトルネック	319
CRC	180, 182

● D

db file scattered read	154
db file sequential read	154
DBMS	
非同期I/O	90

排他制御	104
DBWR	86
DBサーバー	8, 12, 65
冗長化	269
Dell EMC PowerEdge R740	24
CPU	27
I/Oの制御	36
NIC	36
DIX仕様	192
DM-Multipath	254
DNSラウンドロビン	259
Docker	76
Docker Hub	77
Dockerイメージ	77

● E

ECCメモリ	181
Edge Computing	16
EtherChannel	281
Ethernet	225
Ethernet II	192
Ethernetフレーム	152, 227
Ethernetヘッダー	152, 226
ext3	156, 157

● F

F/O	17
FAN	25
FC	34
FCポート	34
Function as a Service（FaaS）	78

● G

GET	197
GPU	37

● H

HA（High Availability）構成	17, 270
HBA	34
HDD	32
冗長化	248
中身	32
HTTP	60, 112, 190
処理の流れ	196
ステータスコード	258
ステートレス／ステートフル	113

httpdプロセス 49, 60

● I
I/Oサイズ 148, 149
I/Oデバイス 32
I/Oの制御 36
I/Oボトルネック 335
IAサーバー 9, 24
IEEE 192
IETF 192
Input/Output 53
Intel Architecture（IA） 9
Intel Xeon Gold 5115プロセッサ 27
　　キャッシュ構造 29
　　メモリインターリーブ 31
Intel Xeonスケーラブルプロセッサ 27
　　I/Oの制御 36
　　バス接続 25, 36
IOPS 43
iostat 100
IP（Internet Protocol） 215, 216
IPv4 220
IPv6 220
IPアドレス 59, 200, 218
IP層 195
IPパケット 216
IPヘッダー 152, 152, 217
ITインフラ 2
　　集約型 5
　　分割型 7

● J
jar 175
jarファイル 174
Java Virtual Machine（JVM） 62
JVM 62

● K
Keep-Alive 202
Keep Aliveタイマー 210
KVS（Key Value Store） 123

● L
L1キャッシュ 29
L2 196
L2キャッシュ 29
L2スイッチ 196
　　冗長化 279
L3 196
L3スイッチ 196
　　冗長化 282
L4 196
L7 196
LAN 35
LGWR 66
LISTEN 208
LU（Local Unit） 250

● M
MACアドレス 228
MIB 297
MII監視 245
MSS（Maximum Segment Size） 119, 153, 205
MTBF 238
MTTR 238
MTU（Maximum Transfer Unit） 119, 153, 205, 227
MySQL 65
　　レプリケーション 164

● N
NIC 26, 35
NTFS 116
NTP 146
NVMe（NVM Express） 43

● O
Oracle Database 65
　　ブロックサイズ 150
Oracle MySQL Cluster 276
Oracle Real Application Clusters（RAC） 169, 275
OS 28, 47
OSI 194
OSI 7階層モデル 187
OSI参照モデル 187
OSカーネル 52
　　排他制御 105
O記法 341

● P
Partitioning 13
Path MTU Discovery 228
PCH（Platform Controller Hub） 36
PCIe（PCI Express） 36
PCI Express（PCIe） 36
PCIスロット 26, 34
　　I/Oレーン 36
PCIバス帯域のボトルネック 43
PGA（プロセスごとのメモリ） 51, 333
POST 197
PostgreSQL 65
Processor Queue Length 99

● R
RAC 169, 275
RAID 249, 250
　　構成パターン 251
RAID1 252
RAID5 251, 252
RAID10 251, 252
RDBMS 68
Red Hat Enterprise Linux 254
REDO 66
REDOログ 157, 338
RPO（Recovery Point Objective） 301
RSTP 287
RTF（Request for Comment） 192

索引

RTO（Recovery Time Objective）	301

● S

SACK	211
SAN	34, 35
SAS（Serial Attached SCSI）	33, 43
SATA（Serial ATA）	33, 43
SGA（共有メモリ）	51, 333
Sharding	13, 14
SNMP	296
Solid State Disk（SSD）	33
SPOF（Single Point of Failure）	306
SQL	64
情報の管理	122, 123
SQL Server	65
SSD	33
STP	286

● T

TCP（Transmission Control Protocol）	203
再送制御	211
重要な機能（サービス）	204
TCP/IP	184
可変長のパケット	118
TCP/IP 4階層モデル	194, 195
TCP/IPプロトコルスイート	193, 194
TCPコネクション	209
TCPセグメント	152, 205
TCPフロー制御	213
TCPヘッダー	205
TCPポート	200
test and set	107
TTL（Time to Live）	223

● U

UPS	242, 255
URL	59
User-Agent	197

● V

Virtual Memory	331
Virtual Router Redundancy Protocol（VRRP）	283
VLAN（Virtual LAN）	230
vmstat	98, 100
VRRP	283

● W

WAL（Write Ahead Log）	157
warファイル	174
WebLogic Server	145, 264
Webサーバー	8
3階層アーキテクチャ	46
冗長化	256
Webデータの流れ	57
APサーバーからDBサーバーまで	64
APサーバーからWebサーバーまで	68
WebサーバーからAPサーバーまで	61
WebサーバーからクライアントPCまで	69

クライアントPCからWebサーバーまで	57

● X

x16	36, 41
x8	36, 41

● Z

zip	174

● あ

アーキテクチャ	2, 3
集約型	4
垂直分割型	9
水平分割型	13
地理分割型	17
分割型	7
アクティブスタンバイ構成	17, 244
アクティブバックアップ	243, 244
アダプティブロック	105
圧縮	171, 173, 174
アプリケーション（AP）サーバー	12
3階層アーキテクチャ	46
アプリケーション層	11, 12, 195
アプリケーションプロトコル	199
アプリケーションボトルネック	346
アプリケーションレイヤー	196
誤り検出	177
検出方法	179, 180
ネットワークプロトコルにおける誤り検出	182
誤り訂正	180
ECCメモリ	181
アラートログ	295

● い

一次キャッシュ	29
イベントドリブン	142
インデックス	128
インデックスがある場合	127
インデックスがない場合	126
仕組み	129
インフラ	2
インフラアーキテクチャ	2

● う

ウィンドウ	213
ウィンドウサイズ	213

● え

エッジコンピューティング	16, 17
エラー監視	292
エラー検出	177

● お

オーダー表記	341
オーバーコミット	351
オープン系	7
オールフラッシュストレージ	43
オペレーティングシステム（OS）	28, 47

● か

カーネル	52
階層構造	186, 188
システムの階層構造	188
階層モデル	185
OSI参照モデル	187
外部ストレージ	67
書き込み（ライト）キャッシュ	35
可逆圧縮	174
カスケード	279
仮想	73
仮想化	72
OS	72
種類	74, 75
仮想経路	200, 208
仮想マシン	74
可変長	114, 116, 119
ネットワークのデータ	119
カレントREDOログ	157
監視	292
勘定系	6
完全仮想化	74
管理情報ベース	297

● き

ギガトランスファー	42
基幹系	6
キャッシュ	134, 135, 137
注意点	138
多段に配置	30
転送	275
不向きなシステム	138
向いているシステム	137
キャッシュサーバー	135
キャッシュフュージョン	275
キュー	96, 97
共有メモリ（SGA）	51, 333
共有メモリ空間	50

● く

クライアント	10
クライアントサーバー型	10
クライアントサーバー型アーキテクチャ	10
クラウドと仮想化技術	78
クラサバ	10
クラスタ構成	269
クラスタ構成向きなサービス	273
クラスタソフトウェアのフェイルオーバー	271
クラスタデータベース排他制御	106
グローバルサーバーロードバランシング（GSLB）	291
クロック数	326

● け

経路表	222

● こ

コア	28
高可用性	238

固定長	114, 116, 119
コネクション	208
コネクションプーリング	266
一般的な設計指針	269
コンテンツ監視	299
コンテンツデリバリネットワーク（CDN）	64, 135

● さ

サーバー	8, 22
前面	24
内部構成	25
設置時に重要な情報	24
データの流れ	44
サーバー仮想化	74
サーバー冗長化	242, 259
サーバールーム	22
災害対策型アーキテクチャ	18
サイトの冗長化	290
サイト間の冗長化	291
サブネットマスク	218
参照モデル	187

● し

シーケンシャルI/O	339
シーケンシャルアクセス	338
シーケンス番号	210
シェアードエブリシング型	274, 275
シェアード型アーキテクチャ	15, 16
シェアードナッシング型	274
死活監視	293
時刻同期	146
システム構成図	71
システムコール	53, 58
システムコールインターフェース	52, 53
システムの性能問題	308
システムバックアップ	302
実行可能状態	112
実行状態	112
シャーディング（Sharding）	13
ジャーナリング	155, 158, 161
注意事項	160
不向きなシステム	159
向いているシステム	159
ジャーナル	155, 156
シャドウページング	161
ジャンボフレーム	236
重複ACK	211
重複排除	175
集約型	4
集約型アーキテクチャ	4, 6, 7
受信ウィンドウ	213
準仮想化	74
状態	108, 110
状態遷移図	110
冗長化	239

● す

垂直分割型	9

索引

垂直分割型アーキテクチャ	9, 11
水平分割	14
水平分割型	13
水平分割型アーキテクチャ	13
スケールアウト	325
スケールアップ	326
スタンバイ型アーキテクチャ	17
スタンバイ構成	17
ステータスコード	258
ステートフル	108, 110, 113
HTTP	113
プロセス	111
ステートレス	108, 110
HTTP	112, 113
ストライプサイズ	250
ストレージ	33
レプリケーション	163
ストレージエリアネットワーク（SAN）	34, 35
ストレージキャッシュ	33
I/O	34
ストレージ冗長化	248
スパニングツリープロトコル（STP）	286
スピンロック	104, 107
スプリットブレイン	271
スライディングウィンドウ	213
スループット	40, 308
スループット問題	313
スレッド	47, 49, 50
スロースタート	215

● せ

静的コンテンツ	60
性能監視	295
性能問題	308
セグメンテーション違反	142
セグメント	205
セッション	112
セッション情報の冗長化	264
セッションレプリケーション	265
接続監視	145
接続プール	145

● そ

ソケット	152, 199
ソケットバッファ	205
ソフトウェア割り込み	142

● た

ターンアラウンドタイム	308
帯域	40
耐障害性	238
冗長化による耐障害性	241
タイマー割り込み	140
タグVLAN	230
たすき型	288
単一障害点	306
探索アルゴリズム	125
単純水平分割型アーキテクチャ	13, 15

端末	10

● ち

チェックサム	180, 182
遅延	30
チップ	29
チャネル（Channel）	31
チューニング	317
直列	80, 86
地理分割型	17
地理分割型アーキテクチャ	17

● つ

通信プロトコル	189, 190

● て

ディザスタリカバリ（Disaster Recovery）構成	18
ディスクI/O	53, 99
ディスクI/Oボトルネック	335
データ構造	120, 125
データ層	11, 12
データバックアップ	304
データブロック	149
データベース	
DBへのコネクションの冗長化	266
ディスクI/O	99
データベース（DB）サーバー	46, 65
冗長化	12, 269
デデュプ	175
デバイスドライバー	52, 56
デフォルトゲートウェイ	222
デフラグ	340
電源、デバイスなどの冗長化	242

● と

同期	87, 88, 93
同期I/O	91, 92
動的コンテンツ	60, 61
投票デバイス	270
ドライバー	62
トラップ	297
トランクポート	280
トランザクション	164
トランザクションログ	338
トランスポート層	195

● な

名前解決	59

● に

二次キャッシュ	29

● ね

ネットワーク	184
データの分割	152
各層におけるデータの分割	153
標準化団体	192
ネットワークI/O	53

ネットワークI/Oボトルネック	341
ネットワークアドレス	219
ネットワークインターフェース（NIC）	26, 35
冗長化	243
ネットワーク機器の冗長化	279
ネットワーク構成の代表的なパターン	287
ネットワークスイッチ	23, 232
ネットワークスタック	52
ネットワークトポロジー	285

● の
ノンブロッキングI/O	95

● は
パーシステンス	261
パース	122
パーセンタイル	310
バーチャル（Virtual）	73
バーチャルサーキット	200, 208
パーティショニング（Partitioning）	13
ハードウェア割り込み	142
ハードディスクデバイス（HDD）	32
冗長化	248
中身	32
ハートビート	270
排他制御	102, 103, 106
DBMS	104
OSのカーネル	105
マルチプロセッサシステムでの	107
ハイパーバイザー型	74
配列	120, 121, 124
はしご型	287
バス	26, 40
帯域	41
ボトルネック	42
バス接続	25
一般例	25, 36
バスの冗長化	254
バックアップ	301
ハッシュインデックス	131
ハッシュテーブル	131
SQL情報の管理	123
パフォーマンスモニター	99, 101
パブリックアドレス	221
パリティチェック	179
パリティビット	179
汎用機	5

● ひ
ピアツーピア（P2P）	167
非可逆圧縮	174
ビッグカーネルロック（BKL）	105, 107
非同期	87, 88, 93
非同期I/O	90, 92
非同期処理	89

● ふ
ファイバーチャネル（FC）	34
ファイル	55
ファイルシステム	55
固定長	116
ファイルシステム管理	52, 54
フェイル	17
フェイルオーバー	17, 244, 246
輻輳ウィンドウ	213
輻輳制御	204, 214
物理サーバー	9, 10
サーバーの外観と設置場所	22
論理サーバーとの違い	9
物理リソース	72
プライベートアドレス	221
ブラウザキャッシュ	135
フラグメンテーション	217
ブランチブロック	129
フルスキャン	127
プレゼンテーション層	11, 12
フロー制御	213
ブロードキャスト	246
ブロードキャストアドレス	219
ブロードキャストストーム	289
プロセス	28, 47, 49, 50
プロセス管理	52, 54
プロセスごとのメモリ空間（PGA）	51
ブロッキングポート	286
ブロックサイズ	149
プロトコル	189
分割型	7
分割型アーキテクチャ	7, 8
分散システム	8

● へ
平均故障間隔	238
平均修復時間	238
並行	87
並列	80, 86, 87
並列化	66, 80, 327
DBサーバー	84
WebサーバーとAPサーバー	83
注意点	86
非同期処理を使う場合の注意点	94
並列処理	80
非同期通信による並列処理	89
ボトルネック	83

● ほ
棒人間	51
ポート	208
ポート番号	207
ポーリング	143, 144, 146, 297
注意事項	148
不向きな処理	147
向いている処理	146
ホスト	5, 195
ホストOS型	74

ホットスペア	253	
ボトルネック	42, 315	
3階層型システム図から見たボトルネック	319	
解消のアプローチ	316	
ボンディング	86	

● ま

マイクロカーネル	56
マスター	167
マスター／ワーカー	167, 169, 170
待ち行列	96, 97
待ち状態	112
マルチスレッド化	327
マルチプロセス化	327

● め

メインフレーム	5
メニーコア	80
メモリ	29
レイテンシーを軽減	31
メモリインターリーブ	30, 31
メモリ管理	52, 54
メモリ空間	48
メモリボトルネック	331
メンバ	157

● も

モノリシックカーネル	56

● ゆ

ユニキャスト	220

● よ

読み込み（リード）キャッシュ	34

● ら

ライト（書き込み）キャッシュ	34
ライトスルー	35
ライトバック	34
ラウンドロビン	262
ラック	22
前面／背面イメージ	23
ラックマウントレール	24
ランキュー	98
ランダムI/O	339
ランダムアクセス	338

● り

リアセンブル	217
リーストコネクション	262
リード（読み込み）キャッシュ	34
リーフブロック	129
リカバリ	301
リカバリ復旧時点	301
リカバリ目標時間	301
リクエスト	40, 57, 197
リストア	301
流量制御	213

リンクアグリゲーション	280, 281
リンクアップ	245
リンク層	195

● る

ルーティング	222
ルーティングテーブル	222
ルーティングプロトコル	222
ルートブロック	129
ループ	286

● れ

例外	142
例外処理	140
レイテンシー	30, 31, 43
レイヤー	9, 188
レイヤー2	196
レイヤー2スイッチ	196
レイヤー3	196
レイヤー3スイッチ	196
レイヤー4	196
レイヤー7	196
レジスタ	29
レスポンス	198, 308
レスポンスタイム	262, 310, 311, 312
レスポンス問題	311
レプリカ	162
レプリケーション	162, 163, 165
向いていないシステム	166
向いているシステム	165
利用時の注意事項	166
連結リスト	120, 121, 124

● ろ

ローカルエリアネットワーク（LAN）	35
ロードバランサー	260, 299
割り振りアルゴリズム	262
ロードバランシング	260
ロールバック	160
ロールフォワード	160
ログ監視	294
ログ先行書き込み	157
ロック	104
論理構成	47
論理サーバー	8
物理サーバーとの違い	9

● わ

ワーカー	167
割り込み	139
割り込み処理	28, 139

著者紹介

●山崎泰史（やまざきやすし）

Site Reliability Engineer @ Oracle.
シェルスクリプトで世界を制す。
第1章、第3章、第8章を主に担当

●三縄慶子（みなわよしこ）

ヴイエムウェア株式会社 プロフェッショナルサービス統括本部ビジネスソリューションストラテジスト

仮想基盤、パブリッククラウド活用におけるIT中期計画策定支援や、主婦の感覚によるROIシミュレーション、システムアーキテクチャ策定を担当。近年は、デジタルトランスフォーメーション時代のインフラの在り方についてコンサルティングしている。
第2章、第5章（一部）、第7章を主に担当

●畔勝洋平（あぜかつようへい）

Big Data Consultant. Professional Services, Amazon Web Services Japan KK

ネットベンチャーで開発／インフラから運用まで幅広く経験を積んだ後、金融SE、ドワンゴ（DBA兼開発セクション・マネージャー）を経て、前職の日本オラクルではデータベースコンサルタントとして、金融機関を中心にのミッションクリティカルシステムの設計／運用支援に従事。2017年4月より現職。
第4章、第5章（一部）、第8章（一部）を主に担当

●佐藤貴彦（さとうたかひこ）

Solutions Engineer @ Cloudera

アプリ方面が好きだったが、NAISTでネットワークを学び、Oracleでデータベースを学んだことで、インフラの魅力にとりつかれる。最近はデータそのものに興味が移りつつある。
第4章、第5章、第6章を主に担当

監修者紹介

●小田圭二（おだけいじ）

日本オラクル株式会社 コンサルティングサービス事業統括 ディレクター

マネージャ業のかたわらで、ITのノウハウの共有、エンジニアの育成に力を入れている。本書もその一環。主な著書／関係書籍『絵で見てわかるシステム構築のためのOracle設計』『絵で見てわかるOracleの仕組み』『絵で見てわかるOS／ストレージ／ネットワーク』『44のアンチパターンに学ぶDBシステム』『新・門外不出のOracle現場ワザ』など。

装丁＆本文デザイン	NONdesign 小島トシノブ
装丁イラスト	山下以登
DTP	株式会社アズワン

絵で見てわかるITインフラの仕組み　新装版

2019年6月19日 初版第1刷発行

著者	山崎泰史（やまざきやすし）
	三縄慶子（みなわよしこ）
	畔勝洋平（あぜかつようへい）
	佐藤貴彦（さとうたかひこ）
監修	小田圭二（おだけいじ）
発行人	佐々木幹夫
発行所	株式会社 翔泳社（https://www.shoeisha.co.jp）
印刷・製本	株式会社ワコープラネット

ISBN978-4-7981-5846-4 Printed in Japan

本書内容に関するお問い合わせについて

本書に関するご質問、正誤表については下記のWebサイトをご参照ください。
お電話によるお問い合わせについては、お受けしておりません。

| 正誤表 | ● https://www.shoeisha.co.jp/book/errata/ |
| 刊行物Q&A | ● https://www.shoeisha.co.jp/book/qa/ |

インターネットをご利用でない場合は、FAXまたは郵便にて、下記にお問い合わせください。

送付先住所 〒160-0006　東京都新宿区舟町5
（株）翔泳社 愛読者サービスセンター　　FAX番号：03-5362-3818

ご質問に際してのご注意

本書の対象を越えるもの、記述個所を特定されないもの、また読者固有の環境に起因するご質問等にはお答えできませんので、あらかじめご了承ください。
※本書に記載されたURL等は予告なく変更される場合があります。
※本書の出版にあたっては正確な記述につとめましたが、著者や出版社などのいずれも、本書の内容に対してなんらかの保証をするものではなく、内容やサンプルに基づくいかなる運用結果に関してもいっさいの責任を負いません。
※本書に掲載されているサンプルプログラムやスクリプト、および実行結果を記した画面イメージなどは、特定の設定に基づいた環境にて再現される一例です。
※本書に記載されている会社名、製品名はそれぞれ各社の商標および登録商標です。